약용식품재료학

도대홍 저

JN434580

보문각

▶ 저자소개

도대홍 충청대학교 식품영양외식학부

약용식품재료학

초판발행 2018년 2월 26일
초판인쇄 2018년 2월 22일

지은이 도대홍
펴낸이 이호동
발행처 보문각
블로그 http://bomungak.blog.me
e-mail bomungak@naver.com
주소 서울시 서초구 바우뫼로7길 8
등록번호 302-2003-00085
전화 02)468-0457
팩스 02)468-0458

값 17,000원

ISBN 978-89-6220-343-1 93520

• 잘못된 책은 교환해 드립니다.
• 본서의 무단 전재나 복제를 금합니다.

머리말

인간의 건강에 대한 관심은 고대로부터 많은 관심을 가져왔다. 수많은 수단을 통하여 다양한 방법을 모색하여 왔다. 이러한 수단의 대부분은 자연으로부터 획득하여 전통의약이나 전통식품 등의 형태로 나타나게 되었고, 자연에 존재하는 약용자원이 하나의 수단으로 활용되었으며 흔히 사용되는 대체요법, 약용식물 및 현대에는 건강기능식품 등으로 활용되고 있다.

약용자원이나 약용식품으로 사용되는 대부분의 자원은 천연생물자원에서 유래한다. 이러한 자원의 활용은 안전과 효능에 대한 전통적인 경험에서 기인한며 고대로부터 전통, 토착 및 향토 문화로 융합되어 전래되고 있다. 고대 동아시아 신농씨 전설을 비롯한 수많은 기록으로 확인할 수 있다. 점차 문명과 문자의 발전과 함께 약초 지식은 수많은 기록과 서적으로 만들어져 전하게 되었고, 이러한 전래한 지식의 축적은 전문 약초 치료사가 출현하고, 오랜 시간 축적된 고유한 문명으로 한의학(韓醫學), 중의학(中醫學) 및 인도 아유르베다(Ayurveda) 의학, 페르시아 아베스타(Avesta) 의학 등의 특색 있는 약초학과 치료학이 발달하게 되었다.

이러한 전통 약용자원의 지식을 이용하여 다양한 활용법은 현대에는 과학적 해석과 연구로 다양한 의약품으로 발견, 발전되어 약용 제품으로 활용되고 있다. 주로 건재, 엑스제, 정제, 드링크제 등으로 건강식품, 화장품 및 산업제제로 사용되고 있다.

최근에는 생물산업이나 바이오산업의 형태로 각국에서 활발하게 발전되는 분야이다. 한국을 비롯한 중국, 일본 등의 동아시아는 물론 유럽 및 미국 등지에서 중요한 산업분야의 하나로 활발하게 발전되고 있다. 이러한 약용 및 식용자원은 세계 각국에서 높은 관심을 기울이는 산업분야로 대두되어 전통농업, 전통의약, 전통식품 등의 측면에서 약용식물의 미래적 가치에 대해 주목하고 있고, 미용, 치유, 식이 등의 새로운 신 성장 산업으로도 발전하고 있다.

따라서 약용식물자원을 바탕으로 하는 약용 · 건강자원 관련 전문가의 수요가 증가하고 있으며 이러한 약용생물자원 분야 특히 식품약용자원 분야를 연구하는 데 조금이나마 보탬이 되었으면 하는 마음으로 이 책을 엮는다. 또한 어려운 출판 여건에도 불구하고 출판하여 준 이호동사장님께도 감사의 말씀을 드립니다.

저자 올림

Contents

목차

Contents

제 I 편

약용식물자원 개론

제 1 장

전통의학과 전통약재

제 1장 전통의학과 전통약재

지구상에 인간이 태어나기 전부터 이미 각종 질병을 유발시키는 박테리아나 바이러스와 같은 병원균이 존재하였다. 최초로 번성한 생물군은 약 30억 년 전의 화석에서도 확인되는 세균과 바이러스이다. 이들은 대부분 다른 생물체에서 필요한 에너지를 획득하며 많은 미생물이 동물이나 식물에 의지하면서 소위 질병을 유발하게 된다. 더구나 바이러스는 세균보다 수백 배 이상 작아서 거름종이를 통과할 정도이며 여과성 세균이라고도 부른다. 크기도 작고 빠르게 변이되고, 살아 있는 세포내에서만 번식이 가능하다. 바이러스는 생물과 미생물의 중간형체로 활물기생, 자기복제, 돌연변이 등을 일으키며, 효소가 없는 단백질 결정체이다.

지금도 인류가 각종 바이러스 질환에 고통스러워하는 것처럼 초기 인류도 이러한 고통에 직면하였을 것이다. 병으로 인한 고통은 이를 벗어나기 위한 갖가지 수단을 강구하게 되었고, 이는 자연스럽게 주위의 식물들에 대한 관심과 경험적인 효과를 확인하게 되었을 것이다. 이러한 경험의 축적과 지식은 다른 사람과 지역, 후세대로 전해지고, 점차 씨족과 부족국가의 정착사회로 발전하면서 약초에 대한 지식의 축적과 발전도 가속화되었다. 더구나 문자의 발달과 더불어 기록에 의한 지식의 전달이 가능하게 되면서 초보적인 약초학에 대한 전문적인 지식인들이 나타나게 되고, 이들 전문가들에 의하여 문자의 기록형태로 남겨지게 되었다.

고대 동아시아 신농씨 전설을 비롯한 수많은 기록으로 확인할 수 있다. 점차 문명의 발전과 함께 약초 지식은 수많은 기록과 서적으로 만들어져 전하게 되었고, 이러한 지식의 축적으로 전문 약초 치료사가 생기면서 오랜 시간 축적된 고유한 문명과 함께 한의학(韓醫學), 중의학(中醫學) 및 인도 아유베다 (Ayurveda) 의학, 페르시아 아베스타(Avesta) 의학 등의 특색 있는 약초학과 치료학이 발달하게 되었다.

이러한 지식은 현대의 과학적 해석이나 연구로 수많은 현대 의약품으로 발전, 발견, 제조에 기여되고 있다. 약초자원의 다양한 활용법의 개발로 건재, 엑스제, 정제, 드링크제 등 제품과, 건강식품, 화장품 및 산업제제 등으로 다양한 방면으로 활용되고 있고, 한국은 물론 일본, 중국 등 동아시아, 독일과 프랑스 등 유럽 및 미국 등지에서 많은 생산과 유통으로 활발한 산업분야의 하나가 되었다.

제 1절 본초의 정의

1. 본초학(本草學)

본초학은 「식물계·동물계·광물계의 산물로서 질병에 대한 치료와 처방을 목적으로 인류위생에 광범위하게 쓰이는 약물을 연구하는 학문」으로 정의한다. 본초라는 말은 약재의 대부분이 식물인 풀과 나무로 식물의 뿌리인 본(本)과 잎인 초(草)를 대표적으로 본초라고 한 것이다. 현재 한의학에서 임상에 응용하는 약물범위는 천연적 원약(原藥)과 그 제제 및 인공제조 순화학품이며 이러한 약물에 대한 기원·성미·효능 등을 연구하는 학문이다. 비슷한 개념의 생약학(生藥學, Pharmacognosy)은 「식물·동물의 전부 혹은 일부분, 또는 그 산출물이나 분비물을 채취하여 가공이나 정제를 하지 않은 순품을 생약(Crude drug)이라 하며 과학적으로 식물이나 동물성 생약의 기원·성장·감별·성분·효능 등을 연구하는 학문」을 말하며 본초학의 한부분으로 볼 수 있다.

이러한 의미로 본다면 최초의 본초학자는 회남자(淮南子)의 수무훈(修務訓)에 "옛 사람들이 풀을 먹고 물을 마시고 과실을 채취하고 말린 귀뚜라미도 먹었는데, 이 시기에는 독으로 인한 해가 많았다. 신농 (신농황제, 신농씨)이 나타나서 백성들에게 오곡을 파종하고 토지를 살펴서 건조한지 습기가 있는지, 비옥한지 메마른지, 지대가 높은지 낮은지를 알게 했고, 100가지 풀의 맛과 물의 달고 씀을 맛보아 백성들이 피해야 할 것, 취해야 할 것을 알게 했다. 이때 하루에 70가지의 독 맛을 보니 의학이 흥하게 되었다"라고 기록되어 있다. 그 후 명나라때 본초강목 등 수많은 본초학 서적이 저술되어 전하고 있다.

고대 이집트에도 파피루스에 유사한 본초학 기록 문헌이 있으며 가훈파피루스(The Kahun papyrus, BC 2000), 스미스파피루스(The Edwin Smith papyrus, BC 1600), 소베를린파피루스(The Lesser Berlin papyrus, BC 1600) 등이 발견되었고, 또한 BC 459~370년대 히포크라테스의 히포크라테스선서(The Oath of Hippocrates), BC 371~287년대 테오프라스토스의 식물의 역사(Historia plantarum, De Causis plantarum)라는 저서가 있다. 그리스시대에는 페도니오스 디오스코리데스의 저술 의학물질(De Materia medica, 77), BC 23~79년 플리니우스는 박물지(Historia Naturalis) 37권 책에서 1,000여 종의 식물을 소개하였다. 그 이후 13세기 초 이븐 바이타르는 경제식물과 약용식물을 기록한 「Liber megnae collections simplican alimentorum et mentorium」 저술이 있다.

1) 동아시아 본초학의 역사

(1) 한국 한의학(韓醫學, Korean Medicine)

흔히 한국의 본초학은 단군신화에서부터 시작한다고 한다, 단군신화에 등장하는 쑥과 마늘에 관한 이야기이다. 삼국유사에는 "쑥 한 다발과 마늘 20쪽을 주면서 이것만을 먹되 햇빛을 100일 동안 보지 말라"라고 기록하고 있어 이미 약재가 사용되었다는 것을 추측할 수 있다. 따라서 역사적 맥락으로 보아 중국과는 다른 독자적인 발전과정을 거친 것으로 보인다. 삼국시대를 거치면서 독자적인 의약제도와 서적이 발간되었고, 국경을 접하고 있는 중국과도 교류하였다. 특히 고구려 평원왕 때는 오나라 지총(智聰)에 의하여 의약서적의 전파가 있었고, 백제에는「백제신집방」및 채약사 관직이 있었으며 신라에는 약전과 같은 체계적인 약초관리가 있었다. 통일신라시대에는 중국 의약서적, 약재 및 서역과 남방의 약물까지 수입되었다. 고려시대에는 더욱 뚜렷한 한국 고유의 본초학이 확립되면서「삼화자향약방」,「향약고방」,「향약혜민경험방」,「향약간이방」등의 의약서가 출판되었고, 또한 지역의 약초로 질병을 치료하려는 향약 본초사상이 한반도의 약초에 대한 연구가 실시되었다.「향약채취월회」,「향약집성방」등이 조선시대에 출판되었으며 민간요법과 처방을 집대성하면서 향약 집대성이 이루어졌다. 조선 선조 때는 국가 주도적으로 각종 서적과 향약을 집대성하여 편집한 허준의「동의보감」은 한의학의 꽃을 피웠고, 최근에는 UN의 기록문화유산으로도 지정되었다. 구한말에는 사상체질 의학의 발전과 다양한 과학적 의료기기를 활용한 축적되고 있다. 최근에는 한의학의 국제화라는 정책적인 지원으로 새로운 본초학 발전기회가 되었다.

(2) 중국 중의학(中医学, Chinese medicine)

중국 본초학은 동한(東漢)「신농본초경」에 약물 365종을 상・중・하의 3품으로 분류하고 기술하여 본초학의 기초가 되었다. 이후 많은 본초서적이 발간되었고, 명(明)대에는 이시진이 800여 본초서적과 민간 전래 경험방과 요법 등을 27년간 집대성하여「본초강목(本草綱目)」이 편찬되어 중국 중의학이 획기적으로 발전하였다. 최근 1977년에는「중약대사전」에 5,767종의 약물을 수록한 백과사전을 발간하였다.

(3) 일본 한방의학(漢方医学, Kampo medicine)

일본의 본초학은 한국을 통해 전래되었고, 다양한 서적과 약재를 수입하였다. 일본의 본초학 발전은 도쿠가와막부(德川幕府) 중기에 막부와 영주들이 의관제도를 도입하면서 발전하기 시작하였다. 그 후「야마토혼조(大和本草)」,「혼조즈호(本草圖譜)」서적이 출간되었다. 또한 네덜란드 문화와 의술이 도입되면서 새로운 발전의 계기가 되었다고 볼 수 있다.

2) 인도와 페르시아 등의 본초학 역사

(1) 인도 전통의학의 기원과 역사

인도의 전통의학은 아유르베다(Ayurveda) 의학에서부터 시작되어 지금도 중요한 전통의약으로 활용되고 있다. 아유르베다 의학은 B.C 15세기~8세기에 이르는 시기에 초기 베다경전으로 시작하여 B.C 6세기에서 A.D 10세기에 크게 발전하였다. B.C 5세기 경에 외과의사 수스르타(Susruta)는 저술서에 각종질병과 수술기법을 확립하고, A.D 7세기경에는 바그바타(Vagbhata)는 독창적인 이론체계를 확립하여 당시에 내과, 소아과, 정신과 등의 전문 진료과목이 확립되어 아유르베다 의학의 최고 전성기가 되었다. 베다시대와 브라만시대를 거쳐 발전된 아유르베다 의학은 19세기 영국 식민지 지배로 서양의학이 주류의학이 되었고, 최근 새롭게 아유르베다 의학의 복원을 위하여 노력하고 있다. 베다시대(기원전 1500~기원전 600년까지)에는 주로「리그베다(Rigveda)」,「아타르바베다(Atharvaveda)」두 문헌에 기본을 두고 있다. 아유르베다는 아타르바베다의 8개 분파중의 한 가지 분파로 발전하였다. 베다시대 의술은 기록으로 남지 않고 주로 경험적 치료에 의존하였고, 전기에는 기도(祈禱), 후기에는 마법(魔法)이 주로 사용되었다. 치료의식으로 고해(苦解), 축술(呪術) 축문(呪文), 찬가(讚歌) 등이 행하여 졌다.

아유르베다의 체계화는 기록으로 문서화된 브라만시대에 이르러 시작되었고 많은 저술이 이루어졌다. B.C 9세기경에는 외과와 내과가 독립 발전하였고, 아트레야(At reya)는 학교를 설립하여 제자를 가르쳤다. 아트레야 개론서는 가장 오래된 현존 의서로 많은 교정, 편집, 보충되면서 발전하였다. 수스루타(Susruta)의 수스루타 개론서에는 안과시술과 코의 성형술을 설명하였고, 바그바타(Vagbhata)의 개론서인 아쉬탄가리가야(Asht angarhigaya)는 내과와 외과의 최고 편집물이다.

그러나 10~12세기에 걸친 이슬람문화의 침입으로 종말을 맞았고, 이슬람교도들에 의하여 수도원과 의과학교는 파괴되었다. 8세기경 네팔과 티베트로 아유르베다가 전파되면서 많은 학자와 서적들이 이동하였고, 현재 티베트어 아유르베다 서적의 형태로 남아 있다. 이슬람문화의 지배하에 인도문화의 격변기에도 회교의학인 우나니티비아(Unani tibbia) 즉 우나니의학의 도입에도 아유르베다는 계승되었다. 우나니(Unani) 의학과 아유르베다의학은 많은 공통점이 있으며 체액이론을 근거로 신체의 구성성분들의 균형유지로 체내의 저항력을 향상시킨다는 접근 방법이 동일하다.

19세기 영국의 인도지배로 전통적 교육은 파괴되고 유럽의학을 선호하게 된다. 인도의학의 교육은 가정과 소수의 시술자에게 제한적으로 보존되다가 국가적 위상을 위해 정책적으로 1920년대부터 점차 국가주의와 함께 현대 서양의학과의 연계와 인도의학을 장려하면서 인도의학을 가르치는 정규대학이 생기고, 약 26만여 명의 아유르베다 의사가 양성되었다고 한다.

(2) 이집트, 페르시아, 그리이스 전통의약과 본초학 역사

B.C. 1,550년에 작성된 거대한 두루마리(길이 20.8m 폭 30m)인 에버스 파피루스(Ebers papyrus)에는 눈병, 피부, 사지손발, 부인과 질병 등 외과적 질병 등과 내부 복용 의약에 대한 877기

록들과 400약물들이 기술되어 있고, B.C. 1,600년경에 작성된 약 5m 길이의 에드윈 스미스 파피루스(Edwin Smith papyrus)에는 외과술의 심장박동, 내장 및 대혈관 등에 대한 기록이 있다.

메소포타미아에서도 이집트와 마찬가지로 초보적인 의학이 존재했으나 마술적인 측면이 강하였고, 동양과 서양의 교차로에 위치한 선 이슬람 페르시아(Pre-Islamic Persia)는 많은 전쟁과 침략으로 대부분 소실되었지만 BC 6세기경에 편찬된 것으로 추정되는 조로아스터교의 경전인 아베스타(Avesta)는 다양한 수정과 변화를 거쳐 6세기의 사산(Sassanid) 왕조시대에 필사하여 현존하고 있는 비데브다트(Videvdat) 혹은 벤디다드(Vendidad)에는 발작, 수술, 약초, 위생규칙과 간질, 구루병, 백색증 등과 같은 질병들의 치료법 등이 기록되어 있다.

고대 이집트에서는 종교 행사를 위해 향을 피우기 시작하였고, 아로마 테라피의 역사가 시작된 것으로 생각할 수 있다. 이집트인들은 허브식물을 약용, 식용, 미용, 의식용으로 사용했다. 가장 오래된 기록으로는 B.C. 2890년 파피루스 기록에는 식물 추출 성분들을 알약, 가루약, 연고, 좌약, 크림, 물약, 고약 등을 만들어 사용한 것으로 보이고, 사용한 허브로는 아니스, 카스터, 시더, 코리안더, 쿠민, 갈릭, 그레입, 워터멜론 등이 있다. 고대 이집트 피라미드 안에서 많은 고약, 화장품 용기, 오일 용기가 발견되는 것으로 보아 허브를 증류하여 에센셜 오일을 추출한 것으로 추정하고 있다.

그리스에서도 아로마 오일을 의학용이나 미용으로 사용되었고, 서기 50~70년경 그리스 의사인 페다니우스 디오스코리데스(Pedanius Dioscorides)는 약물학을 집대성시킨 약물학자로서 지금도 많은 치유법이 오늘날에도 아로마테라피에서 사용되고 있다. 로마인들은 그리스의 많은 의학 지식을 받아들여 허브식물의 방향성 기능성을 목욕문화에 접목시켰고, 목욕 후에도 갖가지 오일 마사지를 하였다고 한다. 십자군 정복시대에 방향제, 마사지 오일 및 향기 이용기술 등이 극동과 아시아까지 전해졌다고 한다. Avicenna(980～1037년)는 장미 에센스 증류방법을 처음 사용하였다.

향기치료법(아로마 테라피)는 기원전 약 6천 년 전부터 인도의 아이우베다 의학에서도 사용되었고, 아로마 마사지가 이용되었다. 남미의 아즈텍(Aztec)의 수많은 식물요법과 북미 쥬니(Zuni) 인디언의 아로마 오일과 허브요법은 영국 등 유럽으로 전해졌다. 이러한 향기와 허브용법은 19세기 유럽에서 많은 관심으로 항균이나 치료효능에 대한 연구가 이루어져 1937년 프랑스의 르네 모리스 가테포스(Rene-Maurice Gattefosse)는 오일의 향균 효능에 대한 저술에서 처음으로 아로마테라피라는 용어를 사용하였다. 또한 비슷한 시기에 프랑스인 알베르 꾸레(Albert Couvreur)는 정유의 의학적 사용법에 대한 서적을 출판 하였다.

제 2절 동아시아 전통의학 원리와 이론

1. 전통의학과 문명의 교류와 영향

기원전 고대 문명은 지구상의 여러 민족과 지역에서 독특한 문화권을 형성하면서 발전하였다. 또한 독특한 치료법과 약초 활용법이 출현하고 전승되면서 전통의학과 전통약물이 체계화되어 고대 이집트 파피루스나 중국의 신농초본 등의 기록물로 남아 있다.

이러한 전통적 의학과 약물은 인근의 문명과 교류하고 흡수되면서 더욱 발전하였다. 인도 아유르베다의학과 중의학의 오랜 교류하였고, 이집트 파피루스의학이 그리스와 로마시대를 거쳐 향기치료와 오일마사지의 형태로 발전하여 실크로드교역을 통하여 페르시아 약물과 함께 고대 중국과 극동아시아 지역까지 전파되었다.

한편 정복시대 중남미의 아즈텍이나 아프리카의 전통약물들도 유럽으로 전파되어 많은 현대 약품 개발의 계기가 되었다. 각 지역 전통의학은 초기에는 종교적, 주술적 치료법으로 발전하여 지역 고유의 자원을 활용하고 생활환경에 가장 적합한 치료방법으로 발전하였다.

동양 특히 극동아시아 한국, 중국, 일본 및 베트남을 중심으로 서로 독창적으로 발전하여 극동의 만주와 한반도를 중심으로 한의학(韓醫學), 중국 양자강과 황하를 중심으로 중의학(中醫學), 일본의 캄포의학(和漢醫學)이 전승되고 있다. 특히 전통약물의 경우 거의 모두가 천연약물이고 이들 약효성분을 순수하게 분리하여 현대적 신약으로 제품화되었다. 동서의학 결합은 한국과 중국을 중심으로 진행되고, 치료법의 일부는 서양 의학계에서도 프랑스, 독일, 미국 등을 중심으로 침구, 뜸질 등을 임상에 활용하고 있다. 서양의학에서는 동양 전통약물과 치료법이 보완대체의학(complementary and alternative medicine)으로 부르고, 미국 등지에서는 침술 치료가 미국 전역에서 널리 확산되고 있다. 최근에는 전통약물을 활용하여 건강기능성식품, 물론 천연화장품, 미용재료, 천연건강용품 등의 건강산업에 활용되고 있다.

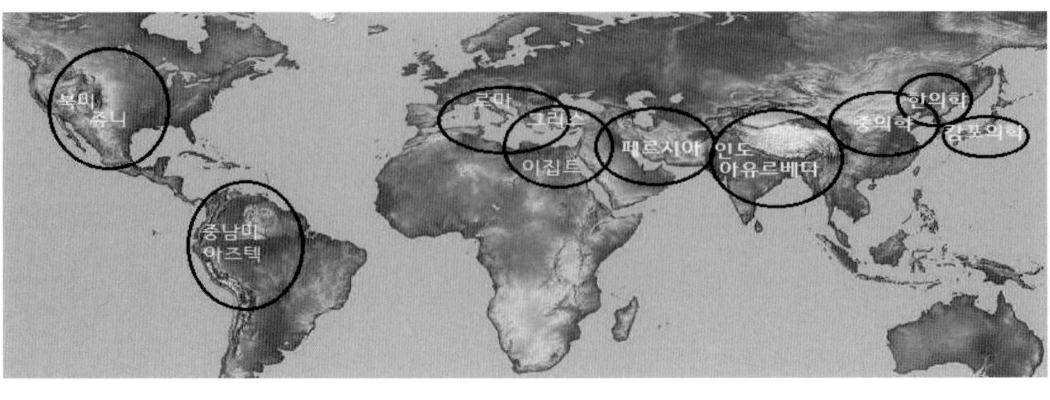

2. 전통 동양의학의 원리

1) 동양의학의 발현과 변천

동양의 전통의학(한의학 혹은 중의학)은 4,000~5,000년 전부터 동아시아의 남쪽 아열대 지역의 강남문화, 황하와 만주 일원의 추운 한대지방 황하문화, 온화하고 평원지대인 양자강문화로 대별된다. 각 문화권은 기후와 민족적 차이가 많아 서로 다른 양상으로 발전하였다. 이러한 넓은 지역의 약초와 민족들의 독특한 치료법을 집대성한 것이 동양의학이다.

북쪽의 추운지방은 주로 목축 유목민이 많아 약초를 이용하는 약물치료보다 침이나 뜸과 같은 치료법이 발달하였고, 불교사상이 융성한 지역으로 인도의학의 영향도 함께 받았다. 따라서 흔히 오늘날 동양의학의 특히 한의학(韓醫學)의 사상적 기초가 이 지역에서 확립되어 음향오행설이 탄생하고, 이를 체계화하여 「황재내경(黃帝內經)」이라는 의학서로 출현하게 되었다.

양자강유역은 주로 약물을 이용한 치료법이 발달하였고, 중국인들의 나라인 주나라가 탄생한 지역으로 신선사상과 도가사상 등의 다소 종교적이고 주술적인 사상과 함께 양생술, 신선이 되는 금단제조술, 불로장생약 등의 사상이 발달하였다. 따라서 불로초를 구하고, 보약과 양생법, 건강수련법 등이 출현하게 되었고, 주로 「신농본초경(神農本草經)」이 기원으로 명(明)대에 이시진의 본초강목(本草綱目)이 대표적인 저술이다.

중국 남부지방의 덥고 습한 아열대 기후인 강남문화권에서는 각종 병원균과 해충 등에 의한 질병이 많고, 다양한 종류의 약초자원이 산재하여 주로 약물요법이 발달하였다. 이러한 약재에 대한 고전 의학서로는 후한시대에 장중경의 「상한잡병론(傷寒雜病論)」이 대표적인 것이다.

이러한 지역과 민족의 고유한 전통의학은 시대적으로는 기원전 1,500년 전 하(夏), 은(殷), 주(周)의 삼황시대(三皇時代)를 거쳐서 중국을 최초로 통일한 진시황(秦始皇)의 진나라시대에 이르러 도교사상과 결합하여 각 지역의 의학과 약물이 집대성되었다. 당(唐)과 송(宋)대에는 실크로드 무역과 인도의 교류를 통하여 인도와 아랍지역 약초가 유입되고, 불교와 회교의 유입은 문화적으로 많은 영향을 받으면서 의학의 사상적체계도 변화를 받는다. 또한 13~14세기에 몽골 원(元)대에 이르러 유라시아 정복과정에서 많은 질병과 함께 새로운 약물과 의술이 도입되어 회회약원(回回藥院)이 생겼고, 다양한 이민족의 의학과 약물, 전통의학이 융합되면서 새로운 통합이 이루어진다. 원대의 주단계(朱丹溪)의 양음설(養陰說)이 대표적인 이론체계이다.

한편 고조선, 부여, 고구려 및 삼국시대로 이어지는 동북아시아 지역에서는 단국신화의 마늘과 쑥에 대한 기록에서부터 혹독한 자연과 질병을 이겨내는 다양한 약물과 치료법이 독창적으로 발전하였다. 백제는 국가의료기관이 설치되었고, 신라는 중국과 남방의 약재까지 수입하여 활용하였다. 통일신라와 고려시대로 이어지면서 한반도의 토착 약재와 민간 활용법에 관심을 갖게 되면서 고려시대에 향약구급방(鄕藥救急方)이라는 향방서적이 저술되었고, 또한 약재자원의 한계성은 자연스럽게 뜸문화와 침구치료법이 발달하게 되었다. 조선시대에는 한의학이 최고 전성기로 방대한 의학자료를 집대성한 허준의 동의보감(東醫寶鑑)이 편찬되었다.

(1) 한의학(韓醫學)

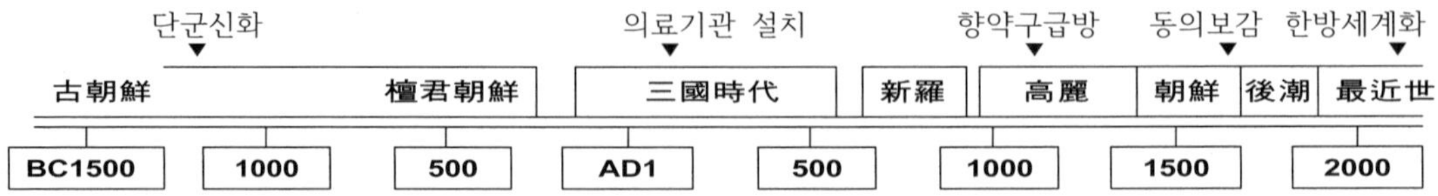

2) 중의학(中醫學)

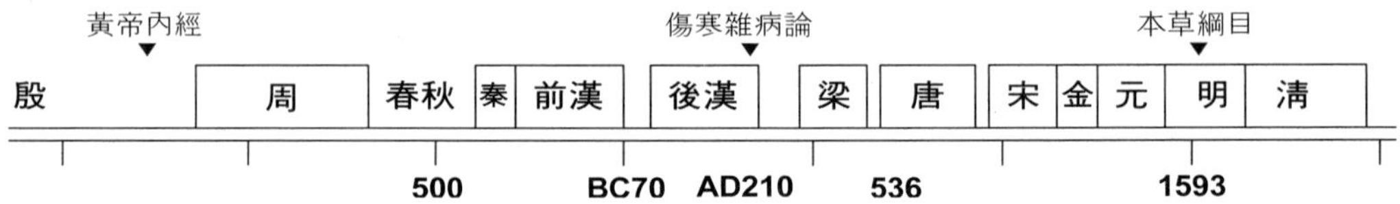

(3) 이집트, 그리스・로마 의학

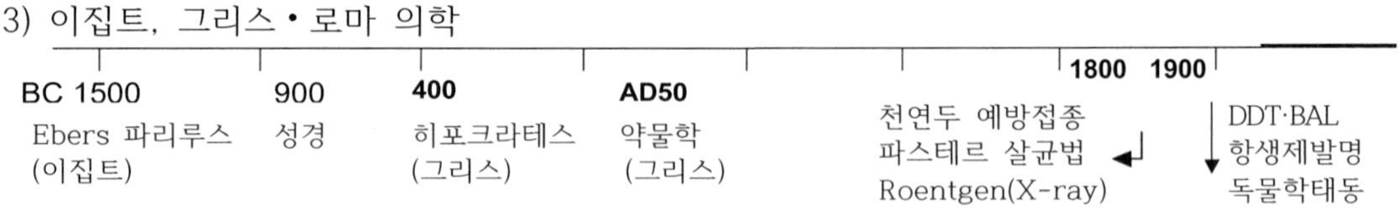

(4) 인도 전통의학

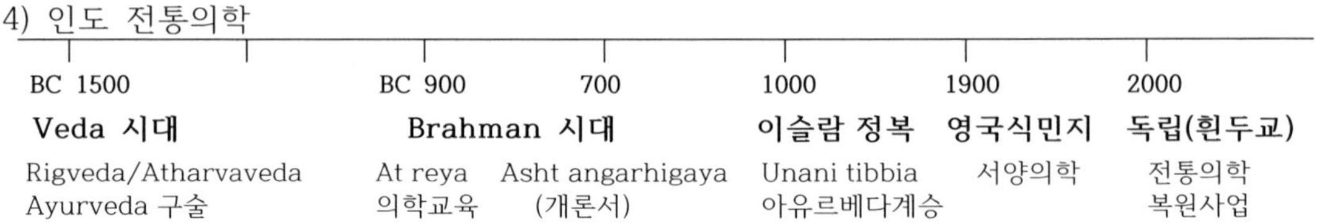

2) 동양의학의 이론체계

(1) 음양오행설 (陰陽五行說)

동양의학의 기본적인 이론체계는 음양설과 오행설이며 흔히 음양오행설이라고 한다. 다분히 관념적인 자연관과 우주관이지만 동양인의 사상의 기본이 되어 뿌리 깊게 자리 잡고 있어 다양한 생활방식에 영향을 주고 있다. 실험적인 가설로서 자연법칙은 아니며 주역(周易)에서부터 차용하여 다만 전통의학이 발전하면서 인체의 생리적 병리적 현상을 설명하기 위하여 기존의 음양오행설을 도입한 것이다. 인간은 자연의 일부로 탄생과 죽음은 자연에서 와서 자연으로 돌아간다는 사상으로 인체의 생로병사를 이러한 음양의 오행과정으로 설명하고 있다. 자연과 우주를 거시적이고 포괄적으로 관념화하여 우주와 천지의 생성, 자연의 변화를 설명하였다.

우주생성 이전 상태를 **태극(太極)**으로 고요하고 움직임이 없는 무(無)의 상태로서 태극이 동(動)적인 상태에서 생성되는 것을 **양(陽)**, 정(靜)적인 상태에서 생성되는 것을 **음(陰)**으로 본다. 하늘(天)은 양의 성질이 있고, 땅(地)은 음의 성질이 있으며 하늘의 기운인 **천기(天氣)**와 땅의 기운인 **지기(地氣)**가 서로 작용하여 삼라만상을 만들고 소멸된다. 자연현상은 이러한 음과 양이 서로 조화와 균형을 이루면서 변화된다. 따라서 우주와 자연, 삼라만상과 인체 등은 생성과 소멸이 평형을 유지하면서 조화를 이루어 유지되는 것으로 본다. 이는 음양이 움직여 만물(인간)이 생성되어 소멸(죽음)되고, 다시 무(無)의 태극에서 음양이 태동하고 움직여서 생성되는 과정을 수없이 반복된다. 이러한 상호작용과 변화에는 다섯 가지 방법(혹은 방향)이 있으며 이것이 **오행설**이다. 즉 5가지 목(木, 나무), 화(火, 불/열), 토(土, 흙), 금(金, 금속), 수(水, 물) 요소이다.

* 오행설의 확장 및 응용 요소

오행(五行)	목(木)	화(火)	토(土)	금(金)	수(水)
오미(五味)	산(酸)	고(苦)	감(甘)	신(辛)	함(鹹)
오관(五官)	눈(目)	혀(舌)	입(口)	코(鼻)	귀(耳)
오장(五臟)	간(肝)	심(心)	비(脾)	폐(肺)	신(腎)
오체(五體)	근(筋)	맥(脈)	육(肉)	피(皮)	골(骨)
오시(五時)	춘(春)	하(夏)	장하(長夏)	추(秋)	동(冬)
오색(五色)	청/녹(綠)	적(赤)	황(黃)	백(白)	흑(黑)
오기(五氣)	풍(風)	열(熱)	습(濕)	조(燥)	한(寒)

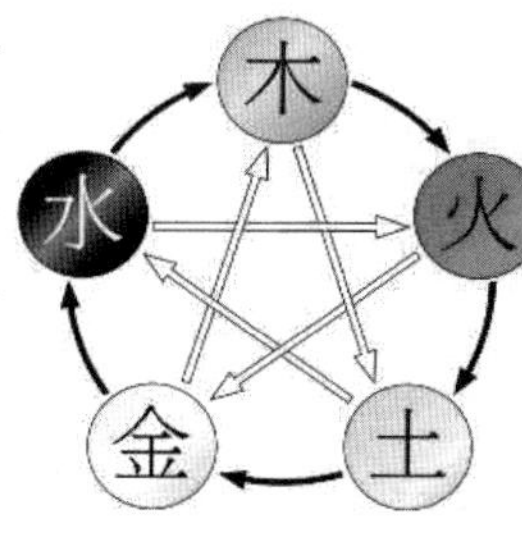

➡상생(相生) ⇨상극(相極)

5가지 요소는 서로 변화하는데 이러한 변화과정에는 서로 도와주는 **상생(相生)**과 방해하는 **상극(相極)**이 있다. 상생과 상극에는 일정한 법칙이 있으며 상생에는 목(나무)은 화(불)를 만들고(혹은 자라게 하고), 화는 토(재/흙)를 만들고, 토는 금(쇠/금속)을 만들고, 수(물)는 목(나무)을 만들다. 또한 상극에는 목은 토(흙/양분)를 이기고(나무는 땅속의 양분을 섭취), 토는 수를 이기며(흙 혹은 토양은 물을 흡수하고 흐름을 막음), 수는 화를 이기며(물로 불을 끄서 소멸시킴), 화는 금을 이기며(불로 쇠 혹은 금속을 녹임), 금은 목을 이긴다(쇠로 나무를 자르고 쪼갬). 오행의 상생과 상극에는 다섯 가지 시기(時期)인 춘(春), 하(夏), 장하(長夏), 추(秋), 동(冬)이 관계하고, 하늘의 기운 즉 천기(天氣)변화 요소로 오기(五氣)인 조(燥), 한(寒), 풍(風), 열(熱), 습(濕)이 있다. 만물을 변화시키는 근원적 요소인 오행의 성질과 맛을 파악하는 요소로 오미(五味)인 산(酸), 고(苦), 감(甘), 신(辛), 함(鹹)이 있고, 목은 산(신맛이나 신맛을 만듦), 화는 고(쓴맛이나 쓴맛을 만듦), 토는 감(단맛이나 단맛을 생성), 금은 신(매운맛이나 자극적인 맛), 수는 함(짠맛이나 짜게 됨)의 성질을 갖거나 맛을 낸다. 이러한 땅의 성질은 땅의 변화에 지배를 받는 인간(인체)는 이러한 오행의 성미(性味)와 연계되어 지배를 받는 것으로 파악하고, 인체의 구성, 생리적 변화, 질병 등에 대하여 오행설을 이용하여 체계적으로 이론화시켜 치료방법을 설명한다.

(2) 인체와 음양오행설

땅의 변화에 종속되는 생명체는 오행에 의하여 생멸되고, 오행은 성미가 오미에 연계되어 **목·화·토·금·수(木·火·土·金·水)**의 다섯 가지 맛은 각각 인체를 구성하는 오장(五臟)에 영양을 미친다고 생각하여 **오장론(五臟論)** 즉 간장(肝臟), 심장(心臟), 비장(脾臟), 폐장(肺臟), 신장(腎臟)을 오미와 연계시켜 이롭게 한다고 본다. 따라서 산(酸, 신맛)은 간장(肝), 고(苦, 쓴맛)은 심장(心), 감(甘, 단맛)은 비장(脾), 신(辛, 매운맛)은 폐장(肺), 함(鹹-짠맛)은 신장(腎)에 이롭게 하거나 영향을 끼친다고 한다. 또한 이러한 오행의 연계는 근육(筋), 핏줄(血), 살(肉), 살갗(皮), 뼈(骨)와 연계되어 간장(肝)은 근육(筋)과 힘줄(腱)을 다스리고, 심장(心)은 혈맥(血脈, 피와 핏줄)을 만들고, 비장(脾,지라)은 살(肉)을 만들고, 허파(肺)는 살갗(털, 피부)을 만들고, 신장(腎, 콩팥)은 뼈(骨, 骨髓)를 만든다. 오장은 음이 되고 육부는 양이 되어 유기적으로 작용한다는 오장육부론(五臟六腑論)으로 육부(六腑)인 쓸개(膽), 밥통(胃,) 큰창자(大腸), 작은창자(小腸), 오줌보(膀胱), 삼초(三焦)는 오장의 기능을 조정하여 인체의 생리작용을 조절하고 운행한다. 삼초(三焦)는 해부학적으로 불명확하지 않지만 복부 상단부를 상초(上焦), 복부의 단전부위를 중초(中焦), 하복부 배꼽아래부분을 하초(下焦)라고 설명하고 있다. 음양설과 오행설에서 연계되어 오장육부와 인체의 형성과 생명유지 현상이 관념적이지만 체계적으로 구성되어 설명되고 있다.

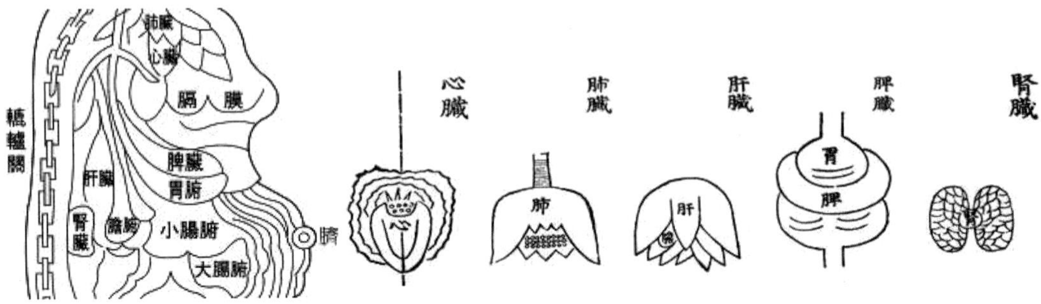

또한 주위의 중요한 현상과 변화, 심지어 정신적 변화까지도 오행설에 연동시켜 적용하고, 연동된 요소끼리 잠재적 동질성을 은연(隱然)하게 연결시켜 설명함으로서 복잡하게 구성하고 있다. 인체의 감각과 감정까지 오행설로 이해하고 있다. **목(木)** - 눈(目) - 시(視) - 누린내(燥) - 눈물(泣) - 노(怒), **화(火)** - 혀(舌) - 미(味) - 불내(焦) - 땀(汗) - 희(喜), **토(土)** - 입(口) - 촉(觸) - 단내(香) - 침(涎) - 사(思), **금(金)** - 코(鼻) - 후(嗅) - 비린내(腥) - 콧물(梯) - 비(悲), **수(水)** - 귀(耳) - 청(聽) - 썩은 내(腐) - 뱉음(唾) - 공(恐)과 같이 상호 연계하였다, 식품의 경우도 오곡, 오과, 오채, 오축으로 오행설과 대입하였고, **목(木)** - 닭(鷄) - 보리(麥) - 오얏(李, 자두) - 부추(舊), **화(火)** - 양(羊) - 기장(黍) - 살구(杏) - 염교(薤), **토(土)** - 소(牛) - 피(稷) - 대추(棗) - 아욱(葵), **금(金)** - 말(馬)

- 벼(稻) - 복숭아(桃) - 파(蔥), **水(水)** - 돼지(豚) - 콩(豆) - 밤(栗) - 콩잎(藿) 연계하고 있다.

* 오행설과 인체 오장육부 연계표

오행(五行)	목(木)	화(火)	토(土)	금(金)	수(水)
오장(五臟)	간(肝)	심(心)	비(脾)	폐(肺)	신(腎)
오체(五體)	근(筋)	맥(脈)	육(肉)	피(皮)	골(骨)
육부(六部) (현대해석)	담(膽)	위(胃)	대장(大腸)	소장(小腸)	삼초(三焦)
	(쓸개)	(소장 · 삼초)	(위)	(대장)	(방광)
오관(五官)	눈(目)	혀(舌)	입(口)	코(鼻)	귀(耳)

* 오행설과 식품 연계표

오행(五行)	목(木)	화(火)	토(土)	금(金)	수(水)
오축(五畜)	닭(鷄)	양(羊)	소(牛)	말(馬)	돼지(豚)
오곡(五穀)	보리(麥)	기장(黍)	피(稷)	벼(稻)	콩(豆)
오과(五果)	오얏(李)	살구(杏)	대추(棗)	복숭아(桃)	밤(栗)
오채(五菜)	부추(韮)	염교(薤)	아욱(葵)	파(蔥)	콩잎(藿)

*오행설 연계 기능표

오행(五行)	목(木)	화(火)	토(土)	금(金)	수(水)
오감(五感)	시(視)	미(味)	촉(觸)	후(嗅)	청(聽)
오취(五臭)	누린내(燥)	불내(焦)	단내(香)	비린내(腥)	썩은내(腐)
오액(五液)	눈물(泣)	땀(汗)	침(涎)	콧물(涕)	뱉음(唾)
오지(五志)	노(怒)	희(喜)	사(思)	비(悲)	공(恐)
오성(五聲)	부르짖음(呼)	웃음(笑)	노래부름(歌)	슬픔(哭)	신음(呻)
오정(五精)	혼(魂)	신(神)	의지(意智)	백(魄)	정지(精志)
오상(五禮)	인(仁)	예(禮)	신(信)	의(義)	지(智)

*오행설 연계 기능표

오행(五行)	목(木)	화(火)	토(土)	금(金)	수(水)
오수(五數)	3, 8	2, 7	5, 10	4, 9	1, 6
방향(五方)	동쪽(東)	남쪽(南)	중앙(中央)	서쪽(西)	북쪽(北)
오신(五神)	청룡(青龍)	주작(朱雀)	구진(句陳)	백호(白虎)	현무(玄武)
오음(五音)	각(角)	치(徵)	궁(宮)	상(商)	우(羽)
천간(天干)	갑을(甲乙)	병정(丙丁)	무기(戊己)	경신(庚辛)	임계(壬癸)
지지(地支)	인묘(寅卯)	사오(巳午)	진술축미	신유(申酉)	해자(亥子)

3) 인체 생명・생리현상과 온병학설(溫病學說)

삶을 영위하는 인체 생명현상(Life phenomenon of human body)을 유지하고 지지하는데 필요한 요소는 동양의학에서는 영(營), 위(衛), 기(氣), 혈(血)의 4가지 요소와 정(精), 신(神), 진액(津液)의 3가지가 서로 인체의 생리현상을 조절하면서 생명현상을 유지하게 된다. 영(營), 위(衛), 기(氣), 혈(血)은 인체의 영양작용(營養作用), 위기기능(衛氣機能), 기혈순환(氣血循環) 등의 인체생리 현상의 기본요소이고, 병리학적으로도 중요한 요소들로서 질병의 발병은 영, 위, 기, 혈의 4가지 요소간의 균형이 무너져 일어나기 때문이다. 이러한 변화를 분석하고 판단하여 4가지 요소 중 필요한 치료법을 실시하는 소위 **온병학설(溫病學說)**은 영(營), 위(衛), 기(氣), 혈(血)을 운용(運用)하여 병증을 분류하고, 질병의 경중을 판별하여 치료하는 근거로 삼는 방법으로 이러한 치료법을 발전시킨 의학체계를 온병학설(溫病學說)이라고 한다.

(1) 영(營)의 생성기원

황제내경 영추 영위생회편(靈樞 營衛生會篇) : "사람은 곡(穀)에서 기(氣)를 받고 곡(穀)은 위(胃)에 들어가서 폐에 전하여져서 오장육부가 모두 기를 받게 된다. 그 청(淸)한 것은 영(營)이고, 탁(濁)한 것은 위(衛)가 된다. 영(營)은 맥내(脈內)에 있고, 위(衛)는 맥외(脈外)에 있다. 또 위는 수곡(收穀)의 정기(精氣)이다."라고 기술되어 있다. 따라서 영에는 운영(運營)과 영양(營養)이 있고, 음식물을 섭취하여 인체에 생성되는 정기(精氣)로서 수곡(收穀) 음식물이 비위(脾胃) 즉 비장의 소화효소와 위장의 소화작용으로 소화되어 음식물에 함유된 정화(精華)물질 즉 에너지원(열량 영양원)을 흡수하여 생성된다. 영은 폐를 통하여 혈맥(血脈)을 따라 전신의 맥내(脈內)를 운행하고 순환한다고 한다. 즉 음식물을 통한 영양분 획득과 인체 내 영양분대사 과정에 해당한다고 생각되며 현대적으로 인체의 영양분 소화흡수 및 대사에 상응된다.

(2) 위(衛)의 생성분포

황제내경 영추 사객편(靈樞 邪客篇) : "위기(衛氣)는 그 한기(悍氣)의 신속성 때문에 사지(四肢)의 분육(分肉)과 피부사이를 쉬지 않고 순행한다."라고 기록되어 있다. 위(衛)에는 방위(防衛)와 보호(保護)를 뜻하는 방어력 요소로서 인체를 방어하고 보호하는 물질 즉 방어체이다. 위(衛)도 영(營)과 마찬가지로 음식물인 수곡(收穀)이 비위(脾胃)에 소화 흡수되어 생성된 것이지만 영(營)은 맥내(脈內)를 순행하는 것과 다르게 위(衛)는 맥외(脈外)의 피부와 근육을 순행하면서 영(營)의 순행을 돕고 인체를 방어한다. 즉 외부 위해현상으로부터 인체를 방어하는 면역체계와 유사한 계념으로 보인다.

(3) 기(氣)의 생성분포

황제내경 영추 자절진사편(靈樞 刺節眞邪篇) : "진기(眞氣)란 천(天), 즉 하늘로부터 품수(稟受)하여 곡기(穀氣)와 더불어 신체에 가득 차 있다."라고 기술되어 있다. 기(氣)라는 뜻은 매우 광범위하지만 여기서는 주로 인체의 진기(眞氣)로서 기(氣)의 래원(來源)은 두 가지로 하나는 폐 호흡으로 흡입되는 천공(天空)의 기(氣)이고, 또 다른 하나는 비위를 통하여 흡수되는 음식물의 기(氣) 즉 땅의 지기(地氣)로 두 가지기(氣)가 합쳐진 것이 진기이다. 진기는 전신에 영양을 충만하게 하는 작용이 있으며 분포상황이나 작용에 따라 여러 종류의 이름으로 부른다. 장씨류경(張氏類經)」에 따르면 "진기(眞氣)는 원기(元氣)이다. 천(天), 즉 하늘에 있는 기(氣)는 비로 흡인(吸人)되어 후(喉)가 이를 관할(管轄)한다. 수곡(收穀)에 있는 기(氣)는 구(口) 즉 입으로 입(入)하여 인(咽)이 관할(管轄)한다. 아직 출생하기 전(前)의 것을 선천(先天)의 기(氣)라 하고, 생후(生後)의 것을 후천(後天)의 기(氣)라고 한다. 기(氣)가 양분(陽分)에 있는 것은 양기(陽氣), 음분(陰分)에 있으면 음기(陰氣), 표(表), 즉 겉에 있는 것은 위기(衛氣), 내(內), 즉 속에 있는 것은 영기(營氣), 비(脾)에 있으면 충기(充氣), 위(胃)에 있으면 위기(胃氣), 상초(上焦)에 있는 것은 종기(宗氣), 중초(中焦)에 있는 것은 중기(中氣), 하초(下焦)에 있는 것은 원음(元陰), 원양(元陽)의 기(氣)라고 한다."라고 하였다. 즉 인체의 기(氣)운행, 에너지(Energy)운행을 의미하는 것으로 보이며 인체 내의 산화환원반응과 에너지대사에 상응되는 계념으로 이화작용이다.

(4) 혈(血)의 생성분포

황제내경 영추 결기편(靈樞 決氣篇) : "영기(營氣)는 진액(津液)을 분비(分泌)하며, 이것이 맥(脈)으로 주입(注入)되어 변화(變化)하여서 혈(血)이 된다. 사말(四末), 즉 사지(四肢)를 영(營)하여 내부(內部)에 있어서는 오장육부(五臟六腑)에 주(注)한다."라고 기술되어 있다. 영기(營氣)와 진액(津液)은 서로 결합하여 중초(中焦)의 기화작용(氣化作用)을 거쳐 생성된다. 그리고 혈(血)은 영기(營氣)와 함께 혈맥(血脈) 속으로 순행하면서 안으로는 오장육부, 밖으로는 사지백해(四肢百骸)를 기르며 전신에 영양을 공급하지 않는 곳이 없다. 영(營)과 혈(血)은 모두 수곡(收穀)속의 정기(精氣)에서 내원(來源)되지만 모두 중초(中焦)에서 생성되어 경맥(經脈)으로 간다. 인체 내의 영(營)과 진기(眞氣)가 결합된 영기(營氣)가 체내와 오장육부에서 작용하는 인체의 영양생리대사를 관여하는 물질에 의한 작용과 영향으로 생명현상의 표현이나 현상으로 이해된다.

* 영(營), 위(衛), 기(氣), 혈(血)의 상호관계

영(營)은 주로 영양작용(營養作用)을 하고, 위(衛)는 외부를 보호한다. 위가 외부를 보호함으로서 영은 내장에 영양을 공급할 수 있고, 내장에 영양이 충분하게 공급되는 것은 외부의 보호기능이 정상적이고 정밀하다는 것을 의미한다. 혈(血)은 기(氣)에서 생겨서 기(氣)따라 운행하지만, 기(氣)는 반드시 혈(血)을 기반으로 생성되고 운동한다. 혈(血)과 기(氣)의 상호의존하고 상호촉진하면 양생음장(陽生陰長)되고, 영위(營衛)가 불화하면 기혈(氣血)이 실조되며, 음양(陰陽)이

실조되면 많은 병증이 나타난다. 소문 조경론(素問 調經論)에 "기혈(氣血)이 사기(邪氣)와 함께 하면 음양(陰陽)이 기울어지고, 기(氣)가 위(衛)를 혼란케 하고, 혈(血)이 경(經)에 반역하고, 혈기(血氣)가 정상적인 협조체제를 벗어나 일부가 실(實)하거나 허(虛)하게 된다."고 하였다. 즉 기혈(氣血)에 우열이 생기면 음양(陰陽)은 실조되고, 기혈(氣血)의 운행이 문란하여 허(虛)와 실(實)이 편향되어 각종 병변(病變)이 발생한다. 따라서 영(營), 위(衛), 기(氣), 혈(血)은 서로 화생(化生)하고 협조하는 동일운행체로 4가지는 서로 불가분의 관계이다.

(5) 정(精)의 생성과 그 작용

정(精)에는 오장육부, 즉 인체를 활동•운행하게 하는 정(精)과 다른 하나는 생육번식의 정(精)이다. 황제내경 소문(素問) 상고천진론(上古天眞論)에는 "남자는 15~16세가 되어 신기왕성(腎氣旺盛)하면 천계(天癸)가 지(至, 끝까지 충만), 즉 이르러 정기(精氣)가 충일(充溢)한다."라고 하고, 영추 본신편(靈樞 本神篇)에는 "정(精)이 상(傷)하게 되면 골(骨) 즉 뼈가 아프고 족(足)이 무거워지고 냉(冷)하여 때때로 유정(遺精)한다."고 하였다. 오장육부의 정(精)은 인체의 중요한 영양물질로 비위(脾胃)의 소화흡수 및 기화(氣化)작용으로 수곡(收穀)으로부터 생성된다. 생성된 정은 신(腎)에 저장되었다가 오장육부가 급양(給養)을 필요로 할 때 신(腎)에 저장하였던 정(精)을 배분한다.

(6) 신(神)의 생성과 그 작용

황제내경 영추 본신편(靈樞 本神篇) "생(生)의 내원(來源)을 정(精)이라 하고 양정(兩精)이 상합(相合)한 것을 신(神)이라고 한다." 영추 평인절곡편(靈樞 平人絶穀篇)에 "신(神)은 수곡(收穀)의 정기(精氣)이다."라고 하였으며, 소문 육절장상론(素問 六節藏象論)에 "오미(五味)는 입으로 들어가 위장(胃腸)에 저장된다. 미(味)가 저장되면 오기(五氣)를 자양하고, 기(氣)는 변하여 진액(津液)이 되며, 신(神)은 거기서 자연히 발생(發生)한다."고 하였다. 신(神)이란 사유(思惟)의식과 정상적인 일체의 생명활동 상태를 나타내는 추상명사이다. 신(神)의 근원은 생명과 같아서 부모 쌍방의 정기(精氣)가 교합하여 생기고. 배태(胚胎)되면서 생명의 신(神)도 동시에 육성된다. 태어나 음식물을 섭취하면 신(神)도 함께 자양(滋養)되어 사용하여도 소진되지 않고 항상 보존될 수 있다.

* 신(神)과 정(精)과 기(氣)의 관계

정(精), 기(氣), 신(神)을 삼보(三寶)라고 하였다. 정(精)은 후천적으로 수곡(收穀)의 정미(精微)에서 낳은 물질로 인체활동의 물질적 기초이다. 기(氣)는 수곡의 정기(精氣)와 흡수된 대기(大氣)가 합생(合生)된 물질로 온갖 생리작용을 일으키게 하는 중요한 물질이다. 신(神)은 인체의 정상적 모든 생리활동을 총괄하는 것이다. 즉 기는 정에서 생산되고, 정 또한 기에 의하여 생성된다. 또 정과 기가 공동으로 작용하여 신(神)이 나타난다. 따라서 정기(精氣)가 넘치는 사람은 신도 왕성하다. 반대로 신(神)이 왕성하지 못하면 정기도 부족한 것이다. 따라서 정(精)을 지나치게 소모하면 기(氣)의 생산이 약해지고, 기(氣)를 과도하게 소비하면 정(精)의 발생이 저하된다. 신(神)은 정(精)과 기(氣)에서 생산되지만 과도한 정신활동으로 신(神)을 손상시키면 오히려 정(精)과 기(氣)에 영향을 주어 형체가 쇠약해 진다.

(7) 진액(津液)의 생성과 작용

진액(津液)이란 체내의 정상적인 수액(水液)을 총칭한 것으로 주로 음식물에서 기원하며 음식물이 장기(臟器)의 협력과 작용으로부터 형성된다. 진(津)은 전신에 산포되어 살을 윤택하게 하고, 피부에 영양을 공급하며 증변(蒸變)하여 살갗을 통해 땀으로 체외에 배설된다. 액(液)은 유연윤택(柔軟潤澤)하며 근골, 관절에 주입되어 관절을 부드럽게 펴고 구부리게 하고, 골공(骨空) 및 뇌공(腦空)에 침투해서 뇌수(腦髓)를 보충하고 영양(營養)을 공급한다. 또한 살갗으로 유출되면 피부를 윤택하게 한다. 진액(津液)은 분포위치와 작용에 따라 **양진(陽津)과 음액(陰液)**으로 나눈다. 양진은 인체를 방어하는 힘의 원천인 위기(衛氣)를 따라 전신에 퍼져 위기를 돕고, 음액은 영기(營氣)로 생성된 영혈(營血)을 따라 경맥을 통하여 전신에 순환됨으로 진(津)과 액(液)의 순환은 영, 위, 기, 혈, 정, 신, 진액이 원활하게 작용하여 건강한 생명을 유지하는데 중요한 역할을 한다.

황제내경(黃帝內徑)에는 음식물이 소화된 후 영양분이 되는 물질을 정(精) 혹은 정기(精氣)라 한다. 정기(精氣)는 비장(脾臟)을 거쳐 폐장(肺腸)으로 들어가 폐의 기화(氣化)작용으로 모든 수액(水液)은 기(氣)에 따라 변하되어 전신으로 운행한다. 정기(精氣)는 소장과 방광의 기화작용 후에 청(淸)과 탁(濁)으로 나누어진다. 탁(濁)한 것은 방광(膀胱)으로 배출되고, 청(淸)한 것은 오장(五臟)의 경맥(經脈)에 주입되어 전신으로 퍼진다. 사실상 이러한 정(精)이 진액(津液)이다. 폐(肺)는 기화(氣化)를 주관하고, 신(腎)은 수(水)를 주관하며, 방광(膀胱)은 진액(津液)을 저장하고, 삼초(三焦)는 수(水)가 활동하는 통로로 모두 전신의 수액(水液)을 관리하는 기능이 있다. 따라서 인체가 수액의 생성, 분포, 조절, 전화(轉化) 및 수액의 평형을 유지할 수 있는 것은 폐(肺), 신(腎), 방광(膀胱), 삼초(三焦)가 상호 유기적으로 관계하기 때문이다.

* 진액(津液)과 정(精), 기(氣), 혈(血)의 관계

진액(津液)과 영(營), 위(衛), 기(氣), 혈(血)의 내원(來源)은 모두 음식물로서 내경(內徑)에서는 정(精), 기(氣), 진(津), 기(氣), 혈(血), 맥(脈)가 모두 실제로는 하나의 기(氣)로서 같은 근원(根源)에서 발생하였을 뿐 아니라 상호 자생(子生)하고 작용하기 때문에 진액(津液)이 소모되면 기혈(氣血)도 부족해지고, 기혈이 부족하면 또한 진액도 부족해진다. 진액(津液)이 소모되면 기혈(氣血) 부족 증상으로 호흡에 지장이 오고, 맥박이 약하여 지며 심계항진(心悸亢進)과 사지궐

냉(四肢厥冷) 등의 증상이 나타난다. 또한 혈(血)이 과다하게 소모되면 구건(口乾), 소변감소, 변비 등의 증상이 생긴다. 영추 영위생회편(靈樞 營衛生會篇)에는 "혈(血)이 탈(奪)한 자(者)는 한(汗) 즉 땀이 없고, 한(汗) 즉 땀이 탈(奪)한 자(者)는 혈(血)이 없다." 또한 상한론(傷寒論)에는 "혈(血)을 잃은 사람은 즉 한(汗)을 흘리게 해서는 안 된다."고 한다. 따라서 땀은 진액이 변하여 생성되므로 진액이 부족한 사람은 땀을 흘리는 것을 삼가야한다라고 한다.

4) 경락(經絡)

인체의 정신적 육체적 생명력을 유지하기 위한 기와 혈이 움직이는 통로를 경락이라 한다. 인체의 각 기관과 부위로 영양소를 공급하고, 각종 진액(혹은 수액)이 순환하는 통로가 있으며 이러한 인체의 기와 혈의 순환하는 통로역할을 하는 길을 경락이라고 한다.

경락에는 진액이 인체의 상하로 움직이는 경맥(經脈)이 있고, 경맥에서 사방으로 수많은 락맥(絡脈)의 잔가지가 연결되어 있다. 인체 각 기관과 장기를 연결하는 경맥은 중요한 12경맥과 독맥(督脈)과 임맥(任脈)의 2가지 기경(奇經)맥이 있다. 경맥에는 각각 경혈(經穴)이 배열되어 있고, 12경맥은 음양이 있으며 인체의 뒷면과 측맥을 흐르는 **양경**(양경맥)이 있고, 복부와 팔다리의 안쪽으로 흐르는 **음경**(음경맥)이 있다. 경맥과 락맥이 만나는 지점에는 혈(穴)이 있고, **침이나 뜸자리**로 활용된다. 외부의 질병 원인요소는 경락을 통하여 유입되고, 유입한 질병의 상태는 경락의 이상현상을 관찰하는 진맥(診脈)을 통하여 판단한다. 해부학적으로 경락은 명확하지 않으나 경락의 순환통로를 원활하게 유지하는 것은 건강유지에 매우 중요한 수단이다.

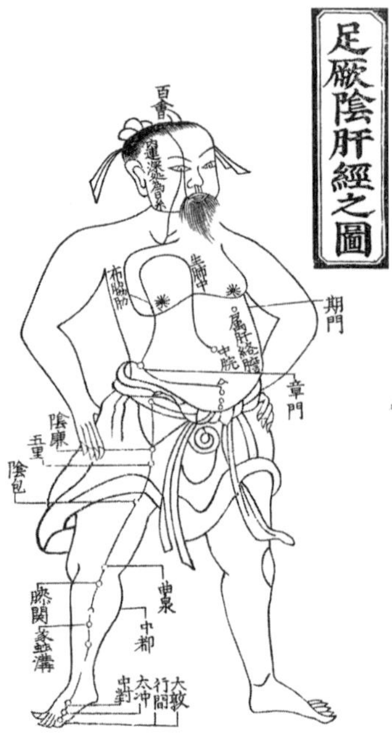

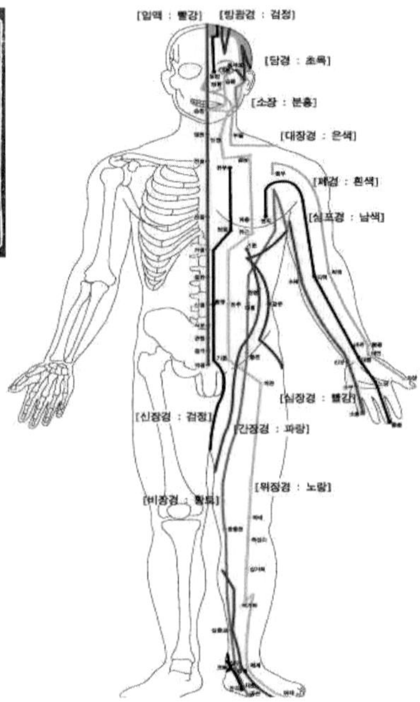

제 3절 약성론과 전통약물 이용

1. 전통약물의 특징

한의학에서 사용되는 한방전통약물은 대부분 식물성 생약이지만 동물성과 광물성 생약도 있으며 특히 건조하고 추운 몽골과 티베트지방에서는 상대적으로 광물성 생약을 많이 사용하고 있다. 약재는 흔히 처음에는 형태나 특징에 의존하여 약의 효과를 기대하는 **동류개념**과 약초의 맛을 직접 느껴보고 성질을 파악하는 **경험적 방법**을 사용하였다. 약초는 가장 오래된 본초서적인 「신농본초경」에는 300여종의 약초가 기록되어 있고 약성에 따라 상약, 중약, 하약으로 구분하고 있다. 즉 상약은 무독하여 장기 복용할 수 있는 보약재, 중약은 다소 독성이 있어 장기 복용할 수는 없는 치료제, 하약은 독성이 강하여 단시간만 사용하는 투약재이다. 이러한 구분은 2,000년 전에 이미 약재의 성미를 경험적으로 구분한 것이다. 후기에는 경험적 성미로 구분하던 약재를 **음양오행설을 적용**하여 분류하였으며 즉 오미(五味), 오기(五氣) 등의 관념적인 이론을 적용하여 성질을 파악하게 되면서 소위 **약성론**이라는 약재 활용법이 탄생하게 된다. 따라서 약초의 상승효과를 위하여 혼합하여 사용하거나 질병의 복합적인 증상에 맞게 약재를 복합적으로 적용하는 다미(多味) 즉 **복합처방**이 사용되었다. 복합처방은 동양의학의 특징 중의 하나로 대부분 증상에 맞추어 약제를 사용함으로서 증상을 판단하는 진단법과 증상에 맞는 처방법이 매우 발달하게 되었다. 약재는 채집이나 수집하여 사용에 적합하도록 전 처리하는 과정을 거친 후 복합처방이나 단독처방에 사용하게 된다. 이러한 전처리 과정을 **수치(修治) 혹은 포제(炮制)**라고 한다. 동양의학에서 사용되는 약재는 한국과 중국은 물론 열대지방의 베트남, 인도차이나, 인도 및 페르시아의 약재까지 수입되어 사용되었다. 약재에 대한 본초서적으로 가장 오래된 **신농본초경(神農本草經**, 300여종)을 비롯하여 중국 명나라 이서진의 **본초강목(本草綱目**, 1800여종)이 있고, 한국에는 허준의 **동의보감(東醫寶鑑)**이 있다. 현재 한약재로 사용되는 생약은 최대 2,000종, 상용 약재는 500종정도가 되고, 약재는 수치 혹은 포제과정을 거쳐 전 처리되는 것이 대부분이고, 수치한 약재의 대부분은 복합처방으로 사용된다.

2. 약성론(藥性論)

약물은 자연산물이므로 당시의 기본 자연관인 <u>음양오행설을 적용하여 약재를 오미(五味), 사기(四氣)로 구분하여 약성(藥性)을 파악하였다.</u> 오미는 약재를 산(酸), 고(苦), 감(甘), 신(辛), 함(鹹)의 하나로 구분하여 나타내고, 또한 사기(四氣)는 온(溫), 열(熱), 냉(冷), 한(寒)의 하나로 성질을 나타낸다. 약재의 인체에 작용하는 특성으로는 보(補), 화(和), 사(瀉)의 작용으로 표현하였다. 약재는 병증에 맞도록 사용해야 한다. 이와 같이 약재를 사기와 오미를 기본으로 구분하고 사용하는 것을 **기미약성론(氣味藥性論 혹은 氣味論)**이라 한다. 이 외에도 **승강부침이론(昇降浮沈理論), 칠정론(七定論)**등의 이론을 포괄하여 약성론이라고도 한다. 약재의 온량한열(溫凉寒熱)

사기의 반응은 약재의 **승강(昇(降)효능**으로 약의 기운을 올리기도 하고 내리기도 하는 것이 있고, 약재 **보사(補瀉)효능**으로 몸의 허(虛)한 곳은 보태주고 실(失)한 곳은 사(瀉)하여 주는 것이고, 약재 **표리(表裏)효능**은 약이 밖으로 가는 것과 안으로 가는 것을 말하며 발한해열제의 종류가 모두 여기에 속한다. 또한 발산(發散)은 배기와 소화의 가스를 발산하는 것이고, 수렴제(收斂)은 땀이나 설사나 기침 등을 멈추게 하는 약성이다. 약재의 산고감신함(酸苦甘辛鹹) 오미의 특성은 **감미(甘味)**인 단맛은 혀의 가운데서 느끼고, 중앙토로서 중화와 화합으로 부족한 경락을 보해서 음혈을 완화시킨다. **신미(辛味)**인 매운맛은 혀끝에서 느끼고, 올라가는 기운과 발산하는 기운이기 때문에 폐장의 기운을 활성화 시켜 모든 기관을 확산, 발산시켜 땀을 흐르게 한다. 대체로 땀을 내는 감기약은 맵고 더운약이다. **고미(苦味)**인 쓴맛은 혀의 목구멍 쪽 뿌리에서 느끼고, 내리는 기운과 수렴하는 기운이 있기 때문에 심장의 흥분을 가라앉히고 음식의 소화를 촉진한다. **산미(酸味)**인 신맛은 혀의 양쪽 언저리에서 느끼며 간과 담이 오장 중에 반음반양(半陰半陽)의 방어 효능이 있다. **함미(鹹味)**인 짠맛은 혀의 거의 전체에서 느끼며 침을 모으고, 혈관을 수축시킨다.

3. 수치(修治) 혹은 포제(炮制)

약재를 전통적인 방법으로 **<u>사용전에 전처리한 후 사용한다.</u>** 이는 약효가 떨어지지 않도록 유지하는 방법들이 대부분이지만 약성을 상승시키는 목적도 사용되고, 독성을 약화시키기 위한 목적으로도 사용된다. 약 60~70% 약재는 전통적으로 오래전부터 내려오는 수치과정을 거쳐서 사용한다. 인삼을 삶고 말려 홍삼으로 만든다거나 지황을 삶고 말리는 과정을 9번 반복하여 소위 **구증구포(九蒸九曝)법** 등이 효능을 향상되도록 처리하는 방법이 있고, 독성이 강한 반하 같은 경우는 백반물이나 감초 및 생강즙에 충분히 침지하여 약독화시켜 사용한다. 최근에는 이러한 전통적 수치법이 산업적으로 규격화될 필요성 때문에 한국, 중국 등 천연약재를 전통적으로 사용해 온 각국에서는 법률적으로 기준과 규격을 만들어 관리한다. 또한 국가 간 약재의 수출입이 빈번하여 통일된 **국제 규격과 기준**이 필요하여 한중일간의 통일된 약재 관리를 위한 노력도 진행되고 있다. 최근에는 건강식품이나 천연화장품의 원료 수요도 많다.

4. 복합처방(複合處方)

단방 혹은 단일처방은 하나의 약재만 사용하는 것이고, 복방 혹은 복합처방은 여러 가지의 약재를 섞어서 사용하는 것을 말한다. 복합처방의 경우는 약성론의 원칙에 입각하여 처방을 구성하며 이러한 혼합약재의 약효는 흔히 다른 경우가 많으며 이러한 현상을 방향전화라고 부른다. 복방의 경우 사용되는 약재는 목적과 약효에 따라 처방의 <u>약효의 주체가 되는 약재를 **군약(君藥)**이라고 부르고, 군약의 효능을 보조하여 상승효과를 내는 약재를 **신약(臣藥)**이라고 한다.</u> 또한 <u>군약의 독성을 완화시켜주는 약재를 **좌약(左藥)**, 군약이 작용하는 부위까지 이동하여 약효</u>

능을 발휘하도록 도와주는 약재를 **사약(使藥)**이 있다. 보통 처방약의 구성약재의 함량은 군약(君藥), 신약(臣藥), 좌약(左藥), 사약(使藥)의 순으로 사용량을 줄어 사용한다. 대부분의 처방약의 구성약재의 용량은 군, 신, 좌, 사의 순으로 줄어든다. 보통 복방의 경우 사용량은 약간 다르게 처방변화를 주면 약효가 다르게 나타난다.

5. 약재 복용방법과 제형(劑形)

전통약물의 복용을 용이하게 하거나 약효를 잘 나타나도록 여러 가지 방법으로 복용하다. 흔히 **탕(湯), 산(散), 환(丸), 고(膏), 단(丹)** 등으로 보통 탕제(湯劑), 산제(散劑), 환제(丸劑), 고제(膏劑), 단제(丹劑) 등으로 부른다. **탕제**는 흔히 쌍화탕, 계지탕처럼 물로 끓인 후 끓인 물을 복용하는 형태이고, 산제는 약재를 갈거나 분쇄하여 가루로 만들어 복용하는 것으로 보통 미지근한 물과 함께 복용한다. **환제**는 우황청심환고 같이 약재를 갈거나, 탕약처럼 끓여 그 용액을 가루와 함께 섞고, 꿀이나 찹쌀풀 등을 넣고 알약으로 빚은 것으로 목적에 따라 다양한 크기로 만든다. **고제**는 흔히 외용약과 내용약이 사용되며 고약은 외용약으로 사용되고, 경옥고와 같은 내복약은 탕액으로 만들어 달여서 점조성의 유동액으로 졸인 것을 고(膏)라고 부른다. **단제**는 좁쌀처럼 작은 알약으로 만든 것으로 주로 광물성 약재나 고형상 수지 약재를 복용할 때 사용한다. 탕제는 약성분의 약재로부터 용출이 용이하고 복용이 흡수속도도 빨라 좋으나 저장성이 떨어지지만 현재는 흔히 살균 포장하여 보존성을 향상시킨 제품이 처방약 혹은 건강기능식품으로 판매되기도 한다. 산제와 환제는 흡수속도는 탕제에 비하여 떨어지나 저장이나 휴대에 간편하여 장거리 이동이나 저장시 편리하다. 최근에는 살균과 가공기술의 발달로 유효성분을 추출 정제하여 주사제로도 사용하고, 산제나 환제를 드링크제품으로 유통되기도 한다. 최근에는 건강식품, 생물농약, 화장품원료, 식품첨가물, 방향제 및 향기제품 등 다양한 용도와 방법으로 이용되고 있다.

제 4절 인도 전통의학 원리

1. 인도 우주관(宇宙觀)

아유르베다(Ayurveda)는 우주와 인간을 상호연관지어 사유하는 의학체계로 산스크리트로 아유(Ayu)는 삶 또는 일상생활을 의미하고, 베다(Veda)는 앎 혹은 지식이라는 뜻이다. 아유르베다에서는 인간을 소우주(小宇宙)로 대우주(大宇宙) 인 우주(자연)의 자식으로 서로는 분리될 수 없는 존재로 본다. 인간의 건강과 질병 등을 우주와 인간과의 상호작용으로 즉 개체령(個體靈)과 우주령(宇宙靈), 개체의식과 우주의식 등의 각종 현상을 우주와 인간의 관계로 고찰한다. 대우주는 5가지 요소 즉 Akasha(아카샤, 空間), Vavu(바유, 風), Tejas(테자스, 火), Jala(잘라, 水), Prthivi(프로티비, 地)가 상호 변화되고 작용하여 모든 유기체와 삼라만상이 생긴다고 한다.

태초에 우주는 형성화되지 못한 의식으로 존재하다가 무성(無聲)의 성(聲)인 우주적인 진동 **Aum(옴)**의 미묘한 진동에 의하여 처음으로 나타난 요소가 **Akasha(아카샤)**라는 공간(空間)이 생겨나서 이 Akasha가 서서히 움직임을 일으켜 **Vavu(바유)**라는 움직이는 Akasha인 풍(風)을 만들었다. 미묘한 움직임이 있는 아카샤는 서로간 움직임으로 마찰을 일으키면서 열이 생기고, 이러한 열을 구성하는 요소들이 단단하게 뭉쳐 강열한 빛을 발산하면서 **Tejas(테자스)**라는 화(火)의 요소가 생겨났다. Tejas의 뜨거운 열기는 내재되어 있던 Akasha 요소가 완전히 녹아내려 액화되어 **Jala(잘라)**라는 수(水)의 요소가 나타나고, 다시 고체화되어 **Prthivi(프로티비)**라는 지(地)의 분자가 생성되었다. 이와 같이 아카샤(Akasha)가 바유(Vavu)→ 테자스(Tejas)→ 잘라(Jala)→ 프로티비(Prthivi)의 4가지 요소로 변화되면서 프로티비(Prthivi)인 땅에서 풀과 곡식 등의 식물이 만들어지고 또한 동물과 인간과 같은 온갖 유기체가 만들어져 대자연과 대우주가 형성되었다. 대우주와 소우주는 서로 분리될 수 없는 관계로 대우주의 5가지 요소가 변하여 만들어진 소우주인 인간에게도 5가지 요소가 존재한다고 본다.

따라서 인간의 몸 안에는 **아카샤(Akasha)의 공간 요소**인 입, 코, 소화기 등의 많은 빈 공간이 나타나고, **바유(Vavu)의 운동성 요소**는 몸 안에 근육 활동, 심장의 박동과 같은 운동 상태로 나타나고, **테자스(Tejas)의 불의 요소**는 인체 내의 온갖 감각과 신경 활동, 뇌의 지적작용, 소화작용 등 몸의 물질대사와 정신작용 및 생명활동을 통제하고 운행한다. **잘라(Jala)의 물의 요소**는 소화액이나 침의 분비하여 인체의 각종 조직과 기관의 기능에 활력을 불어 넣어 각 부위 기능을 갖게 한다. 단단한 **프로티비(Prthivi)의 땅의 요소**는 인체의 단단한 성분인 뼈, 연골, 손톱, 근육, 힘줄, 머리카락 등을 구성하고, 모든 생명과 무생명체의 물질적인 기초를 만든다.

2. 인도 소우주론과 트리도샤(Tridosha)

아카샤(Akasha, 空間, 에테르), 바유(Vavu, 風, 공기), 테자스(Tejas, 火, 불), 잘라(Jala, 水, 물), 프로티비(Prthivi, 地, 흙)의 5가지 요소는 인간의 육체 안에서 바타(Vata, 운동의 성분), 피타(Pitta, 물의 성분), 카파(Kapha, 열의 성분)의 3가지 성분인 트리도샤(Tridosha)로 나타난다. 즉 아카샤(Akasha)와 바유(Vavu)에서 바타(Vata)가 나타나고, 잘라(Jala)와 테자스(Tejas)에서 피타(Pitta)가 나타나며 프로티비(Prthivi)와 잘라(Jala)에서 카파(Kapha)가 나타난다. **바타(Vata)**는 운동의 성분으로서 인체의 생물학적 운동을 관장하는 미묘한 에너지로 신체에서 **이화작용(異化作用)**을 담당하고, **카파(Kapha)**는 생화학적 수분을 의미하며 육체를 이루는 물질을 공급하여 각종 요소들을 굳혀 몸을 만드는 **동화작용(同化作用)**을 담당한다. **피타(pitta)**는 열에너지를 의미하며 육체의 신진대사, 소화흡수, 영양섭취 등의 **생화학적 대사작용** 즉 동화와 이화작용 전반을 관활한다고 한다. 아유르베다의학에서는 3가지 성분이 육체의 모든 기능을 조절하며 정상적 생리학적 상태에서는 균형과 조화를 이루어 육체를 보호하고, 균형이 깨어지면 질병이 생긴다고 한다.

* 三焦의 부위 배속 및 기능

요소	감각기능	감각기관	기본특성
아카샤(Akasha, 空間)	청각	귀	미세한 소리, 저항과 경계 없이 가볍게
바유(Vavu, 風)	촉각	피부	압박감, 한랭감, 거칢, 건조감
테자스(Tejas, 火)	시각	눈	불, 빛, 활동성, 깨끗함, 신랄함
잘라(Jala, 水)	미각	혀	액체, 한랭감, 점착성, 부드러움
프로티비(Prthivi, 地)	후각	코	고무, 무거움, 견고함, 느림, 정지

* 아유르베다 의학의 3가지 체질 특성

<table>
<tr><td>카파(Kapha)</td><td rowspan="3">
</td><td>피타(Pitta)</td><td rowspan="3">
</td><td>바타(Vata)</td><td rowspan="3">
</td></tr>
<tr><td>물과 흙의
조화</td><td>불 또는
뜨거움</td><td>공간(기)
조화와 연합</td></tr>
<tr><td>11가지 성질</td><td>7가지 성질</td><td>7가지 성질</td></tr>
<tr><td colspan="2">차가움, 밀집성, 탁함, 점액성, 유체성, oily, soft, 정적(靜的), 두터움, 무거움, 느림.</td><td colspan="2">뜨거움, 가벼움, 유동성 움직임, 날카로움, 섬세함, 깨끗함</td><td colspan="2">차가움, 가벼움, 건조함, 변동성, 움직임, 엷어짐, 거침</td></tr>
<tr><td colspan="2">육체 형성/성장/유지 에너지</td><td colspan="2">신진대사 에너지</td><td colspan="2">신체운동 에너지</td></tr>
<tr><td colspan="2">신체구조 형성, 신체 및 유지, 수분공급, 면역체계 관장 등</td><td colspan="2">소화기계 소화 및 흡수, 영양공급, 체온유지 등</td><td colspan="2">혈액순화, 심장박동, 눈·호흡작용, 눈깜박임 등</td></tr>
</table>

* 인도 전통의학의 세가지 Prakrti (체질)별 특징

구분	카파(Kapha)	피타(Pitta)	바타(Vata)
골격	크고 넓은 잘 발달된 체격	중간 보통 발달된 체격	작고 덜 발달된 체격
몸무게	무겁고 약간 비만형	중간형, 준수한 근육질	가볍고 도드라진 골격질
용모	희고 창백함	붉고 혈색이 좋음	검고 어두움
피부	희고/차고/습하고/매끄러움	촉촉/따뜻/보드럽고 윤기	건조/거칠고/얇고/갈라짐
머리	크고 단단함	보통	작고 무름
이마	큼	주름 많음	작음
눈	크고/공격적/청색·백색공막	예리함/붉은공막/녹·회색눈	작고/흐리고/유순/갈·흑색
코	크며 단단함	중간	얇고 구부러짐
입술	크고 매끄럽고, 단단함	중간, 부드럽고 핑크색	작고 건조하며 어두운 색
어깨	넓고 단단함	중간	작고 쳐짐
가슴	넓고 잘 발달됨	중간	좁으며 쳐짐
팔	크고 길며 발달됨	중간	얇고 뼈가 보임
손	두텁고 크고 차며 단단함	중간, 붉고 촉촉하고 따뜻함	작고 건조, 차고 주름 많음
다리	둥글고 단단하며 균형 잡힘	부드럽고 단단하지 못함	가늘고 작으며 단단함
발	크고 두툼하고 견고함	중간, 부드럽고 핑크색	작고 건조하고 거침
무릎관절	크고 두툼하고, 견고함	중간, 유연하고 다부짐	얇고 작으며 흔히 소리가 남
식욕	변화가 거의 없음	강하며 음식 앞에서 못 참음	불규칙하고 까다로움
질병	호흡기 질환, 부종, 비만	발열, 감염, 염증, 피부질환	신경병, 동통, 관절염, 불면
대화	느림, 반복적, 낮음, 조화로움	정확, 따짐, 설득력, 날카로움	수다스러움, 빠름, 끼어들기
기억력	길다	보통, 명료함	짧다, 잘 잊음
Stress	만족, 단아함, 느림	분노, 질투, 불안	공포, 근심, 걱정
정신성향	논리적, 완고한	결단력, 예리한 분별력	의문형, 이론적
경제감각	저축형, 부유함	중간형, 부유	소비형, 결핍
걸음걸이	느리고 견실함, 우아함	엄중하고 단호함, 중간	빠르고, 잦고 짧은 보폭

대한한의학회지, 26(2), 2005, 참조

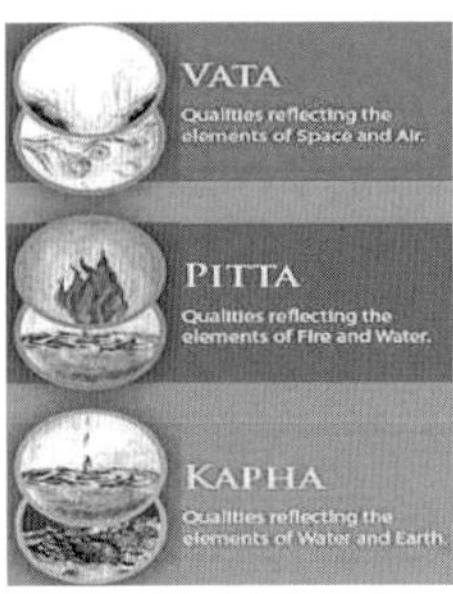

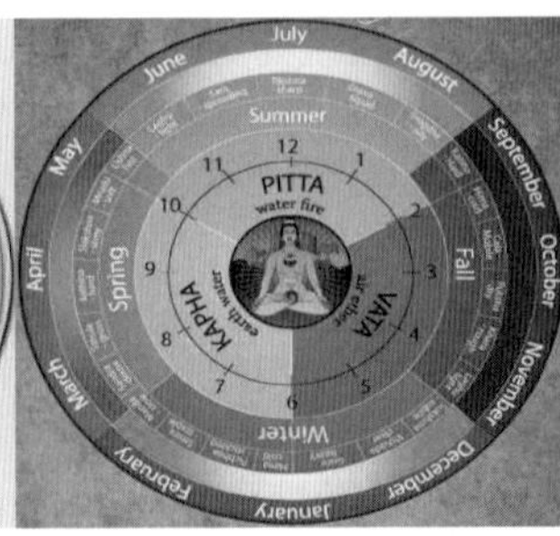

3. 인도 전통의학 치료법

아유르베다의학에서는 인체는 고유한 비율로 3요소인 바타(vata), 피타(pitta), 카파(kapha)로 이루어져 있고, 이러한 비율은 사람의 특성에 따라 다르다고 한다. 특정 비율의 균형이 무너져 3요소 중 어느 하나라도 우세하면 몸의 균형이 깨어져 병이 된다. 이런 경우 생활습관이나 음식을 바꾸어 체내에 과도하게 축적된 요소를 조절을 해야 한다. 이러한 3요소의 균형을 조절하는 치료술은 고대 인도에서 높은 평가를 받으면서 발전하여 왔다.

1) 판차카르마(Pancha karma)

판차카르마는 아유르베다의학의 핵심으로 질병이 발생한 근본 원인을 조절해주는 치료법이다. 음식물이 소화흡수가 안 되고, 동화되지 못한 음식물 잔재는 만병의 근원이 되는 독소를 생성시키므로 체외로 배출시켜야 한다. 이러한 **체내독소를 배출하는 치료법이 판차카르마이다.** 치료법은 구토요법(嘔吐療法), 완하요법(緩下療法), 관장요법(灌腸療法), 비강약투여법(鼻腔藥投與法), 사혈요법(瀉血療法) 등이 있고, 치료는 물론 예방 목적으로도 사용되었다. 보통 치료법을 실시하기 전에 정화과정을 거치고, 치료 후 심신의 안정화 관리단계도 함께 실시한다. 우선 치료 전 몸의 불균형 요인을 파악하고 과거에서부터 지금까지의 3가지 요소의 과부족 상태를 판단을 하고 필요한 치료를 실시한다. 치료 후 손상된 신체부위를 보충하거나 저항력 강화를 위한 몸조리를 시행한다.

(1) 구토요법 (嘔吐療法, Vamana, Emesis)

카파(Kapha)의 조절, 피타(Pitta, 불(E), 신지대사)에 의해 발생하는 비생리적인 열과 호흡기 질환을 치료하기 위해 사용한다. 폐의 울혈로 인하여 유발되는 기관지염, 기침, 감기, 천식 등에 구토를 일으켜 **축적된 카파를 제거**하는 치료법이다. 또한 **과다한 피타**로 인하여 피부질환, 만성 천식, 당뇨, 만성 감기, 임파선 장애, 만성 소화불량, 부종, 간질, 편도선염 등에도 사용한다. 일반적인 **최토(催吐)제**로 마다나(Madana)를 사용하여 치료한다. 치료 후에는 신체의 회복과 안정을 위하여 휴식을 취하거나 단식, 약연초 흡연 등을 한다. 소아나 노약자, 비만, 허약자, 신장과 폐질환, 월경이나 임신자는 치료를 피해야 한다.

(2) 완하요법(緩下療法, 下法, Virechana, Purgation)

위장관 기능저하로 인하여 생기는 구취 등에 소화기계를 정화시킬 목적으로 완하요법을 실시한다. 이는 피타(Pitta, 불(E), 신진대사)를 정화하는 방법이다. 흔히 혈액의 독소를 정화하는데도 응용한다. 주로 완하요법의 **완하제** 원료로 트리팔라(Triphala)를 사용한다. 완하요법을 실시하기 전에 먼저 음식물의 종류와 섭취량을 조절하여 3가지 요소가 균형을 이루도록 섭취한다. 완하제는 고열, 심한 변비, 직장이나 폐강 출혈이 있는 사람은 금하고, 관장으로 몸이 허약한자와 탈장된 경우에도 복용하지 않는다.

(3) 관장법(灌腸法, Niroohavasti, Decoction enema)

관장법은 소화액을 정화시키고, 환자의 기운을 자양할 목적으로 사용한다. 관장법은 변비, 만성적인 발열, 감기, 신장결석, 흉부의 통증, 구토증, 목의 통증, 위산과다증 등을 완화시키고, 좌골신경통, 관절염, 류마티즘, 통풍 등과 같은 여러 바타(Vata, 운동, 이화작용)성 질환도 관장법으로 치료한다. 관장을 통해 소화기관이 비우게 되면 바타(Vata)성분이 악화될 수 있기 때문에, 관장 전에 약간의 거친 음식을 먹고, 관장 후에는 따뜻하고 부드러운 스프 등을 먹는다.

(4) 비강투약법(鼻腔投藥法, Nasya, Nasal medication)

비강 안에 약물을 투여하는 것으로 목, 코, 부비동 혹은 머리에 축적된 과다한 성분을 제거하는 목적으로 사용된다. 전통인도의학에서 **코는 뇌와 의식이 들어가는 문**으로 생각한다. 생명 에너지인 프라나(Prana, Life energy)가 호흡을 할 때 코를 통하여 몸 안으로 들어온다고 생각한다. 비강투약은 **머리의 질병치료**에 좋은 방법으로 투약하는 약물의 성분에 따라 다양한 형태로 실시된다. 카파(Kapha, 수분, 동화작용)를 위한 배출, 바타(Vata, 운동, 이화작용)를 위한 자양, 바타(Vata)와 피타(Pitta, 열, 신진대사)를 위한 정화에 효과가 좋다. 흔히 치료방법은 기름 혹은 액체 버터 방울을 코안으로 넣어주는 방법과 점막을 약지(藥指)로 마사지하는 방법 등이 있다. 이 치료법은 코의 건조, 부비강(副鼻腔)의 충혈, 인후의 질환, 편두통, 경련, 안질환의 경우에 이용되고, 대뇌기능, 운동기능, 감각기능에 영향을 미치는 프라나(Prana, 氣, 전우주 에너지)의 이상을 바로 잡고, 감각기능과 운동기능을 유지시켜 주는데도 비강투약법을 실시한다. 목욕, 식사, 성행위, 음주 후에는 사용하지 않으며 임신이나 월경 중인 사람도 금한다.

(5) 사혈요법(瀉血療法, Rakthmokshana, Blood letting)

아유르베다의학에서는 독소는 소화기관을 통하여 혈관 속으로 흡수되어 체내를 순환하면서 **피부나 골관절 부위에서 질병**을 일으킨다고 생각한다. 혈액 폐기물에서는 피타(Pitta, 열, 신진대사)가 생성되어 피타성 질환을 유발한다. 이러한 독소를 제거하거나 오염된 혈액을 정화하는 방법으로 사혈법을 실시한다. 독소는 혈관을 타고 순환하므로 혈관에서 소량의 혈액을 뽑아내는 사혈법으로 혈액속의 독소를 제거하여 증상을 해소시킨다. 보통 두드러기, 발진, 습진, 여드름, 옴, 만성 가려움증 등의 피부질환에 사용한다. 사혈은 빈혈, 부종, 허약자에게는 금기이며, 어린이나 노인에게도 사용하지 않는다. 과량의 설탕, 소금, 요구르트나 신맛을 내는 음식들은 혈액에 나쁜 영향을 미치므로 혈액의 독소로 생기는 질병에는 섭취를 않도록 한다.

2) 기타 치료법

(1) 향기요법(Aromatherapy)

향기요법은 수천년 전부터 인도를 비롯하여 중국(황제내경), 한국(동의보감)에서도 사용되었다. 주로 공기정화를 위하여 식물 정유를 사용하였다. 현대에도 프랑스를 비롯하여 서구문화에서 중요한 **대체의학 수단**으로 활용되고 있고, 육체치료는 물론 정신치료에도 활용되고 있다. 전통적으로 인도에서는 코는 뇌와 의식의 출입구로 생각한다. 생명 에너지인 프라나(Prana, Life energy, All cosmic energy)가 호흡을 할 때 코를 통하여 몸 안으로 들어온다고 생각한다. 인간의 후각은 잠재의식 속에서 코로 들어온 냄새에 대한 정보를 기분, 감정, 기억 및 학습을 조절하고 제어하는 역할을 하는 뇌로 보내져 프라나를 조절할 수 있다고 생각한다. 따라서 뇌를 자극하는 각종 식물의 기름, 정유를 활용한다. 향기요법은 특히 스트레스, 불안, 심신장애, 근육통, 류머티즘, 소화장애 및 PMS(생리전증후군), 갱년기장애, 산후우울증 등에 활용된다.

(2) 요가(瑜伽, Yoga)

요가는 육체와 정신의 건강을 위하여 호흡과 명상을 결합시킨 것이다. 즉 육체의 영혼을 우주의 삼라만상과 기운을 합일화시키는 것으로 육체의 근원요소인 Vata, Pitta, Kapha 3요소의 균형을 조화시키는 수단으로 사용된다. 인도의 철학이나 종교의 하나로서 일종의 정신수련법이다. 정신적으로 초월적 자아와 하나가 되어 무아지경, 삼매경 혹은 황홀경 상태에 도달하는 것을 목표로 보통 특정한 자세를 통해 몸과 마음을 수련한다.

기원전 150년 요가학파의 창시자인 파탄잘리(Patañjali)에 따르면 인체에는 나니(Nani, 통로)와 차크라(Chakra, 중심)가 있으며 자극을 주면 인체의 잠제된 근원적 에너지인 군달라니(Kundalini)가 깨어난다고 한다. 군달라니는 생명과 영혼의 근원으로 이것이 있으면 살고, 없어지면 죽는다고 한다.

요가는 이러한 인체의 우주 에너지를 잠에서 깨우는 방법으로 **박티요가**(Bhakti yoga, 감정순화 요가), **즈냐나요가**(Jnana yoga, 이성개발 요가), **라자요가**(Raja yoga, 심리적 통제 요가), **카르마요가**(Karma yoga, 사회활동 요가), **탄트라요가**(Tantra yoga, 욕정통제로 육신해방의 요가), **하타요가**(Hatha yoga, 음양조화의 심신조화 요가), **쿤달리니요가**(Kundalini yoga, 신경영역 개발 요가), **만트라요가**(Mantra yoga, 발성통제의 성축(聖呪)요가) 등이 있다.

* 요가는 8단계

야마(Yama), 니야마(Niyama), 아사나(자세), 프라나야마(호흡 조절), 프라트야하라(외부를 향한 감각의 통제), 다라나(집중), 디아나(명상), 사마디(삼매경)로 체계화하여 설명했다.

제1단계 : 금계(禁戒, 야마, Yama) ; 불살생(不殺生), 성실(誠實), 부도(不盜), 정결(貞潔), 불탐욕(不貪慾)등의 5가지 계율로 규범.

제2단계 : 권계(勸戒, 니야마, Niyama) ; 청정(淸淨), 만족(滿足), 학습(學習), 고행(苦行), 헌신(獻身)의 5가지 교육.

제3단계 : 좌법(坐法, 아사나, Asana) ; 1, 2단계의 도덕률(道德律)로 심신의 안정 후의 요가 체조로 호흡 · 동작 · 정신집중의 삼위일체로 심신통제.

제4단계 : 조식(調息, 프라나야마, Pranayama) ; 생리작용의 통제, 정식(正食) · 호흡법 등으로 수련, 흡시(吸息)의 우주의 정기(精氣, 프라나, Prana) 섭취와 지식(止息, 숨 멈춤)의 정기 자기화(自己化)하는 호흡법.

제5단계 : 제감법(制感法, 프라티아하라, Pratyahara) ; 3, 4단계의 육체적 통제를 거쳐 인간의 육감 · 본능을 지배하는 선천적 중추(先天的 中樞)인 간뇌(間腦) 개발. 제6, 7, 8단계(綜制: 사미아마, Samyama)에 들어가기 위한 준비로 제감법을 실천하고 요가수련의 최상급 과정인 종제에 임한다.

제6단계 : 다라나(凝念/執持, Dharana) ; 정신집중 혹은 정신통일 수행법.

제7단계 : 디아나(瞑想, Dhyana) ; 무념(無念) · 무상(無想) · 무심(無心)으로 정려상태(靜慮狀態) 수행법.

제8단계 : 사마디(Samadhi) ; 정견(正見) · 정사(正思) · 정행(正行) 수행법.

대우주의 본성인 견성(見性)을 깨달기 위하여 심신평형으로 일체의 대상에서 무조건(無條件) · 무대립(無對立) 수련을 통하여 소우주인 나를 대우주인 자연에 일체화시키는 신아일치(神我一致)에 도달하는 것이다.

(3) 명상(瞑想·冥想, Meditation)

요가라는 뜻이 자아와 신성한 존재인 우주적인 근원과 합일시키는 것'을 뜻한다. 파니니(Pāṇini, 기원전 7세기경)시대부터 요가는 자이나교를 비롯한 인도의 거의 모든 종교에서 사용하는 수행법으로 범종교적 혹은 범종파적이다. 명상은 건강에 해로운 스트레스를 단절하는 방법으로 명상을 통하여 육체, 정서, 정신의 상태를 균형을 유지시키는 방법이다. 마음을 진정시켜 자각 과정을 거쳐 맑은 정신을 유지시키는 것으로 대우주와 소우주인 나를 일체화시키는 것이 목표이다.

명상요가 단계는 감각기관에 의한 감정의 흐름을 제어하는 **제감(制感 : Prathyahara)**, 구심적(求心的) 사고인 **응념(凝念 : Dharana)**, 원심적(遠心的) 사고인 **정려(靜慮 : Dhyana)**, 자의식과 우주의식이 육체에서 혼연일체(渾然一體)된 무념무상(無念無想)의 경지에 도달하는 **삼매(三昧 : Samadhi)**의 단계로 수련한다.

이외에도 다양한 인도의학과 치료법으로 아유르베다와 유사한 특징이 있는 타밀어권의 **싯다의학**이 있고, 아유르베다의 약제에 자석이 등장하고 **자기(磁氣)요법**은 16세기경부터 연구되기 시작하여 현대 자기요법으로 발전하고 과학적으로 인정받아 널리 인정받고 있다. 그 외 소아과 치료법인 발라치키차(Bala chikitsa), 기름, 연고, 탕제 등으로 정형외과적 치료를 하는 칼라리치키차(Kalari chikitsa), 안과 치료법인 네트라치키차(Nethra chikitsa), 천연두치료법인 바수리치카차(Vasuri chikitsa), 독사, 전갈 등과 같은 동물에게 물린 독을 제거해주는 치료법인 비샤치키차(Visha chikitsa), 약초증기탕 치료법인 약초증기탕(Herbal Steam Bath), 류머티즘, 관절염 및 각종 강직성 근육 질환을 고치는 치료법인 피지칠(Pizhichil), 약성 식물유를 이마와 두부에 부어 치료하는 시로다라(Sirodhara), 안면신경마비, 두부 및 목 부위 질환에 좋은 치료법인 시로바스티(Sirovasthi), 약성분이 함유된 푸딩을 천주머니에 싸서 발라주는 자바라키찌(Njavjrakkizhi) 등이 있다.

제 5절 기타 전통의학

1. 페르시아 전통의학과 아베스타(Avesta)

건강과 병에 관한 페르시아의 최초의 원전은 BC 6세기경에 편찬된 조로아스터교의 경전인 **아베스타(Avesta)**로 추정하며 대부분의 경전들이 소실되었지만 각가지 수정과 변화를 거쳐서 현존하는 것은 4개의 텍스트(text)가 남아 있다. 이들 중 6세기경 사산(Sassanid) 왕조시대에 육필로 옮겨 쓴 **'비데브다트(Videvdat)** 또는 벤디다드(Vendidad)'가 가장 인기가 있다. 여기에는 의사 자격증, 발작, 수술, 약초, 위생규칙과 간질, 구루병, 백색증과 같은 질병들의 치료법을 기록하고 있다. 아베스타에는 의학을 보건과학(Ashoo pezeshk), Daad paeshk(법의학), Kard pezeshk (외과), Gyaah pezeshk(약초학) 및 Mantreh pezeshk(정신의학) 5분야로 로 나뉜다.

1) 보건과학(Ashoo pezeshk) : 위험한 질병에 대한 검역과 물, 불, 흙, 공기의 신성한 4대 원소의 관리법, 가정과 주변의 청결법 등을 기록하고 있다.

2) 법의학(Daad pezeshk) : 질병 검시를 위한 시체해부법과 시체를 검시한 후 사망 원인 규명, 매장허가 등에 대한 책임 규명 등이 기록.

3) 외과(Kard pezeshk) : 성공적인 두개골 수술 및 수술의사들의 이름이 기록되어 있다.

4) 약초학(Gyaah pezeshk) : 약초의 성질과 사용법을 배우고, 환자의 병을 치료하는데 약초를 사용하였다.

5) 정신의학(Mantreh Pezeshk) : 정신병은 영혼과 마음에서 오는 병으로 약초(약)로 치료할 수 없는 것으로 규정하고, 영혼에 상처를 받아 생긴 정신적 장애는 가장 좋은 치료방법은 경전 아베스타의 가타스(Gathas)를 암송하거나 시를 읽고 음악을 듣는 것이 좋다고 소개하고 있다.

2. 유나니의학(埃及·希臘醫學, 애급·희랍의학, Unani medicine)

지중해 연안에서 시작된 고대 전통의학의 하나로 그리스, 로마를 벗어나 중동에서 꽃을 피우고 더욱 발전하게 되었다. 초기에는 **갈릭**이라고 불렀으며 이는 그리스 출신 의사 갈렌(Galen, 130~201, 로마)에서 유래한 것으로 칼렌이 제창한 의학 원리를 기반하고 있다. 후세에 우나니(Unani)의학은 고대 그리스 히포크라테스(Hippocrates, BC 460~ 377)가 약호를 연구해온 것을 계승발전시킨 것으로 아라비아 철학자인 아부시나(Ibn Sina, 980-1037)에 의하여 커다란 발전을 이루었다. 인도에서는 10세기경 이슬람의 침입으로 보급되었다. 그 후 중국을 거쳐 **한국에도 전파**되었으며 서양에서는 르네상스를 거쳐 근대 **유럽의학의 기초**가 되었다. 유나니의학에서는 음식물이 위에서 따뜻한 기운으로 새로운 유익한 물질로 변하여 혈액을 따라 신체 각 기관으로 운반되고, 노폐물은 몸 밖으로 배출된다고 한다.

몸 안의 음식물에서 기원한 유익함 물질은 4가지 체액인 **혈액, 점액, 황담액, 흑담액**으로 변하고, 다시 4가지 본질은 같은 온기, 냉기, 습기(수분), 건기(건조)와 결합된다. 유나니의학에서는 4가지 체액과 4가지 본질이 균형을 이루고 있을 때 건강한 상태가 되고, 이들 중 하나라도 균형을 이루지 못하면 건강이 무너지며 이러한 원인은 외부적인 요인에 의하여 영향을 받는다. 유나니의학은 아유르베다의학과 마찬가지로 영국식민지시대 방치되다가 최근에 다시 인도의 전통의학 복원사업으로 재조명 받게 되었다.

3. 티베트의학

2천년 전 티베트 원주민에게는 그들의 정신세계와 밀접한 전통의학이 존재하였으며 불교철학 원리, 천문점성학, 심신관계론에 바탕을 두고 소와릭바(Gso-ba Rig-pa, 치유의 과학) 또는 체이릭제(Tshe-yi rig-byed, 생명학)으로 알려진 치유체계로서 설명되어 왔다. 이러한 체계는 약사여래로 화현(化顯)하여 가르침을 전한 석가모니로부터 유래한 것으로 가르침에 대한 핵심내용은 티베트의학의 근본 경전인 **사부의전(四部醫典**, Rgyud-bzhi)에서 폭넓게 수록되어 있다. 아유르베다(Ayurveda), 본포스(Bonpos)의 샤머니즘, 중국의학, 페르시아의학 등의 특성이 불교철학과 신앙체계로 통합시켜진 것으로 본다. 티베트의학은 티베트 및 네팔, 시킴, 부탄, 라다크, 몽골, 러시아와 폴란드 등지에도 전파되어 시행되고 있다.

티베트의학에서는 인체는 4가지 기본적인 에너지인 불, 공기(가스), 물, 흙이 있고 3가지 정신적 요소인 롱(Rlüng), 트리파(Mkhris-pa), 바칸(Bad-kan)으로 이루어져 있다. 이러한 기본적 힘과 요소들이 불균형해지면 신체적으로 정신적으로 병이 생긴다고 본다. 세상의 고통과 질병은 내면의 **집착, 분노, 무지**에서 기인하고, 이러한 균형을 깨는 가장 주요한 원인은 무지(無知)라고 한다. **이러한 3가지 독(毒)적인 요소가 육체적으로 발현**되어서 룽(Rlung, 氣 또는 風), 크리스파(Mkhris-pa, 痰 또는 火), 바드칸(Bad-kan, 膽 또는 粘液) 3가지 삼인(三因)에 상응한다.

룽(Rlüng)은 미세한 에너지의 흐름으로 물질과 힘(에너지)을 운반하는 능력이다. 인체에 순환하면서 움직이는 모든 것을 조절한다. 말하기, 신체적 운동과 활동, 혈액순화, 신경작용, 정신활동, 신체운동 등을 관장하며 **인간의 집착**에 의해 쉽게 영향을 받는다.

트리파(Mkhris-pa)는 불과 열에너지로 인체를 순환하면서 심신기능을 담당한다. 체온조절, 소화작용, 간기능 작용, 생명력의 균형 유지 등을 관장하고, **미워하는 마음(미움)**에 의하여 쉽게 영향을 받는다.

바칸(Bad-kan)은 트리파와 함께 유체에너지로 인체를 순환하면서 신체 구성, 관절의 유연성 유지, 소화, 정신적 및 신체적 균형과 안정, 림프계를 돕는다. 바칸에 영향을 미치는 부정적인 기운은 영적 무관심, 즉, **자각의 결여**라고 말한다.

<u>티베트의학에서는 환자의 증상으로만 치료하지 않고, 환자의 사회적인 환경 즉 정신적 수준, 교육수준, 부의 정도 등을 감안하여 치료함으로서 육체적 정신적 치료를 완벽하게 하는 것을 목표로 한다.</u> 특히 만성질환 중풍, 담석증, 정신질환, 관절염 등에 효과가 좋다. 진단법은 환자의 맥박과 오줌을 관찰하고 문진을 통해 세부적인 치료를 적용한다. 치료는 체중조절, 행동처방, 약초처방, 침술, 마사지 등을 행한다. 최근에는 서구에서도 많은 관심을 갖고 있다.

제2장

한국 약용식물과 활용

제 2장 한국 약용식물과 활용

제 1절 한국의 기후와 생태 환경

한국은 북쪽의 백두산으로부터 남쪽의 제주도에 이르기까지 북위 32°~45°에 걸쳐 있는 남북으로 길게 뻗은 반도형 국가로 3,200여 개의 섬으로 이루어져 있다. 면적은 22만 3,348 ㎢(2015년 기준, 북한 9만 9461㎢. 남한 12만 2762㎢)이고, 극북(極北)은 북위 43°1'(함경북도 온성군 유포진 북단), 극남(極南)은 북위 33°6'(제주 남제주군 마라도 남단), 극동(極東)은 동경 131°52'(경상북도 울릉군 독도 동단), 극서(極西)는 동경 124°11'(평안북도 용천군 마안면 서단)이다. 한국의 남부 및 서부는 대체로 평야이며, 동부 및 북부는 산지이다. 한국에서 가장 높은 산은 백두산(2,744m)이며, 관모봉(冠帽峰, 2,541m), 북수백산(北水白山, 2,522m)의 순이다. 한국 북부의 개마고원은 '한국의 지붕'이라고 불리며, 반도의 동해안을 따라 달리는 산맥인 태백산맥은 백두대간이라고도 불린다.

기온에 따른 사계절의 봄, 여름, 가을, 겨울 구별이 뚜렷하고, 계절마다 기온, 강수량의 차가 많다. 8월이 연중 가장 더우며 월평균 기온은 25°c 이고, 가장 추운 달은 1월이며 평균 기온은 영하 0.7도로 연교차가 크다. 전체 강수량의 70%가 6~9월에 집중적으로 내리고 겨울에는 조금 내린다. 강수량은 울릉도와 제주도 지역은 1,400~1,800mm, 남해안 지역은 1,400~1,400mm, 북부지역은 570~1.50mm로 북쪽으로 갈수록 강수량이 적어진다. 특히 제주도와 울릉도에는 강설량이 많고, 겨울철 강우량이 많다. 섬의 크기는 제주도, 거제도, 진도, 울릉도 순이며 제주도와 울릉도는 화산 활동으로 생성된 화산섬이다. 황해안과 남해안은 리아스식 해안이 발달되어 있고, 조수 간만의 차가 크다. 남북의 위도차가 식생을 지배하고, 태백산맥을 중심으로 한 겨울에 눈이 많이 오는 영동지방과 건조한 서해지방의 기후 차이도 크다.

한국은 지역에 따라서 서로 다른 삼림을 나타내며 일반적으로 북한의 낮은 구릉지대와 저지대, 남한의 자연림에서는 주로 신갈나무·떡갈나무·참나무 등을 주종으로 하는 낙엽활엽수림이 우세하다. 남쪽지방으로 내려갈수록 식생은 점차 온난계 수종이 혼재하여 느티나무·팽나무·서나무·혹송·참대 등이 늘어나고, 온대성 식물은 점차 줄어들고 있다. 남쪽 제주도와 남해안에 있는 동백나무·북가시나무·사철나무 등의 상록 활엽수가 분포하는 난대 자연림이 형성되어 있다.

산지가 70% 이상인 한국은 식생이 수직분포를 이룬다. 특히 북한의 산악지대와 남한의 한라산에서 뚜렷하게 분포를 나타낸다. 낙엽 활엽수림은 고도가 높아질수록 침엽 혼합림으로 변하고, 더 높은 지역으로 올라가면 분비나무·가문비나무 등의 침엽수림으로 바뀌고, 백두산 등의 고산지대는 아고산성 관목과 초본 군락이 나타난다.

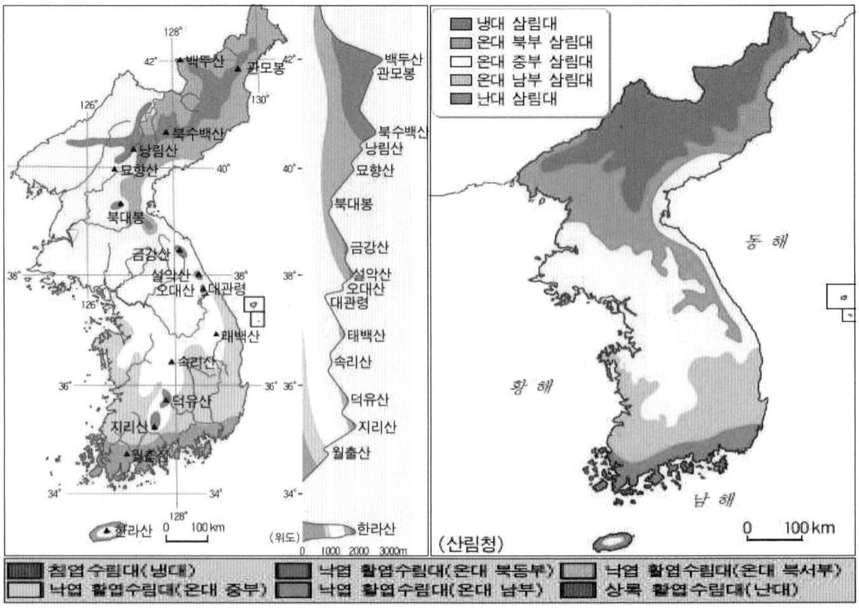

1. 낙엽 활엽수림

북한과 남한의 대부분은 냉온대의 낙엽 활엽수림대에 속하며 북방 침엽수림과 스텝(온대초원, Steppe)의 중간지대이다. 잎이 달리는 기간은 보통 5-8개월이고, 잎은 보통 얇고 부드럽고, 앞뒷면의 차이가 분명하며 엷은 녹색이다. 단풍은 노란색이나 붉은색으로 변하고 낙엽으로 떨어진다. 온도가 떨어지면 지온(地溫)이 내려가 수분 흡수가 불가능하여 휴면한다. 줄기와 가지부분은 코르크질로 덮이고 싹은 비늘잎으로 덮여 추위를 견딘다. 낙엽 활엽수의 대부분은 풍매화이며 꽃은 잎이 달리기 전이나 함께 핀다. 꽃도 겨울에 비늘잎으로 보호되며 겨울 동안에 서서히 성장하여 봄에 핀다. 대표적인 수종으로는 참나무·신갈나무·밤나무 등이다.

2. 상록 활엽수림

북위 35°남쪽 한반도의 남해안과 제주도 및 여러 섬들은 난온대에 속하고, 상록 활엽수림으로 붉가시나무·녹나무·후박나무·동백나무·구실잣밤나무·사철나무 등이 대표적인 수림이다. 특히 이들은 조엽수라고도 부르며 잎이 두껍고 비교적 적고, 표면에 큐티클층(Cuticular layer)이 발달하여 윤이 난다. 조엽수들의 겨울 싹은 비늘잎, 털, 밀랍으로 덮여 보호된다. 아열대나 열대의 우림을 형성하는 활엽수들과는 잎과 눈이 특징적으로 차이가 많다.

3. 침엽수림

북한 북동부 고산지대는 아한대에 속하며 상록 침엽수림이 우세하다. 추운 겨울과 짧은 생육기간에 알맞은 상록 침엽수가 북반구의 북부에 널리 분포되어 있다. 겨울동안 지온(地温)이 떨어져 뿌리가 물을 흡수하지 못하여도 침엽의 증산작용으로 인한 수분손실을 최소화하여 겨울을 지날 수 있다. 봄이 기온과 지온이 오르면 겨울동안 달려있는 푸른색 침엽은 곧 바로 생리적 활동을 시작하여 광합성을 실시함으로서 짧은 겨울을 보충한다. 상록 침엽수림의 산지로 올라가면 위쪽에는 아고산대의 상록 침엽수림대만 존재하고, 기후적으로 아한대에 속하는 가문비나무·분비나무·구상나무·눈잣나무 등의 상록 침엽수가 주종을 이룬다. 아고산대는 월평균 5℃ 이상이며 적산 온도가 15-45℃인 지역으로 한국에서는 제주도 한라산의 1,500m 이상, 금강산의 1,200m 이상, 백두산의 900-2,000m 지역이다. 아한대지역에서 생육기간은 6-7개월 정도로 짧아 추운 기후조건에서는 상록 침엽수가 가장 적당하며 강추위로 땅속이 얼어 있어 겨울동안 증산작용을 더욱 줄이기 위하여 잎이 비늘모양을 한다.

4. 고산대

고산대의 하한조건은 삼림 한계선으로, 1년 중 가장 더운 달의 평균 기온이 10℃인 온도선과 일치하는 지역으로 한국에는 북위 42°의 백두산에서 해발 1,000m 지점에 해당된다. 한반도에서는 다른 지역에는 고산대 기후가 없다. 흔히 한국에서는 고산대를 눈잣나무대라고도 부르며 이는 고산대 하부에 눈잣나무 군락이 있고 상부에는 고산초원이 나타난다. 고산초원에는 좀바늘사초·높산절구대 등의 식물이 우세하고, 더러는 월귤나무·들쭉나무·철쭉나무 등의 군락이 발달되어 있다. 고산대의 잔설이 많은 습지에는 키 작은 식물들이 군락을 이룬다.

5. 기후대와 대표적 지역 특산식물

식물의 분포 특성에 따라 일반적으로 북부, 중부, 남부 및 울릉도와 제주도로 구분한다.

북부지방은 황해도 장산곶과 원산만을 연결하는 선의 북쪽으로 백두산 및 개마고원 같은 산악지대가 대부분이고, 잣나무를 비롯하여 장군풀, 월귤, 삼지구엽초 및 노란만병초 등이 풍부하게 자생한다.

중부지방은 장산곶 및 원산만을 잇는 선의 남쪽에서 태안반도와 영일만을 잇는 선의 북쪽사이다. 동쪽은 태백산맥에는 향나무, 주목, 노간주나무, 소나무가 군락을 이루어 자생하고 서해안의 섬지방에는 후박나무, 동백나무가 자생한다. 그 외에 삼지구엽초, 미치광이풀, 매자나무, 시호, 당귀, 쥐오줌풀, 산수유, 오미자 등 다양하게 약초들이 자생하고, 재배도 많이 한다.

남부지방은 태안반도와 영일만을 잇는 선의 남쪽지역으로 식물의 분포가 가장 많은 지리산을 중심으로 덕유산, 가야산, 가지산 등이 있다. 지리산에는 특산물인 구상나무 및 지리오갈피, 지리바꽃, 참당귀 등의 많은 약초가 자생하고, 해안지방에는 동백나무, 사철나무, 굴거리나무, 차나무가 분포한다. 해안가 진도에는 붓순나무, 거제도에는 팔손이나무가 자생하고 있다.

울릉도는 화산활동으로 생겨난 화산섬으로 성인봉을 중심으로 자생하는 수목의 종류는 대략 표고 600m을 기준으로 식생의 차이가 있다. 600m 이하에는 해류 중 난류의 영향을 받아 남부지방에서 자생하는 식물인 후박, 사철, 동백나무 및 송악, 자금우, 순비기 등의 식물이 자생하고, 고지대는 너도밤나무, 마가목, 섬대가 자생한다. 울릉도는 고위도에 위치하지만 난류의 영향으로 남방계 식물이 많고, 오랜 기간 육지와 격리되어 진화되면서 특산식물도 많다.

제주도는 홍적세 3세기 말에 대륙과 분리된 것으로 추정되며 일본의 큐우슈우에서 분리된 것으로 추정된다. 제주도는 난대구에 속하고, 일본의 큐우슈우 식물분포와 비슷하다. 제주도는 해안을 중심으로 한 식물대와 한라산을 중심으로 한 식물대로 크게 나눈다. 해안식물군으로는 방기, 후박나무, 굴거리나무, 동백나무, 순비기나무, 한라돌쩌귀, 흑오미자 등이 있고, 한라산은 아열대에서 아한대 기후대까지 수직분포를 보이고 있어 난대림에서 한 대림까지 다양한 식물이 분포한다. 해안에서 한라산 정상까지 해발고도에 따라 해안식물대, 초지대, 상록활엽수림대, 낙엽활엽수림대, 침엽수림대, 관목림대로 크게 구분되며 수많은 희귀식물을 포함하여 제주지역에는 약 2,000여종의 유관속식물들이 자란다. 이는 한국의 총 식물 종류인 약 4,500여종의 45% 정도에 해당하고, 동아시아의 보기 드문 풍부하고 특색 있는 식물상을 이루고 있다.

한라산 1,100m에는 특산종인 좀찔레, 한라부추, 곡정초, 오이풀, 고비, 묏미나리, 바위미나리아재비, 덩굴용담, 물매화 등이 찬 습지에 의존하여 사는 식물들이다. 최근 온난화로 시로미, 돌매화나무, 눈향나무, 구상나무 등의 한라산 아고산대식물군들은 취약한 환경에 몰리고 있다.

제 2절 약용식물(생약)의 종류

1. 생약과 한약

생약은 자연계 산물 중에 사람이나 동물에 약 효능을 가진 것과 약효가 있다고 믿고 사용되는 것이다. 생약은 식물성, 동물성, 광물성으로 대별하며 생약 혹은 약재의 유통은 포제(炮製)되어 상품으로 유통되고 있다.

포제(혹은 수치)법은 전통적으로 전해지는 방법이 대부분이며 주로 채취한 원료를 사용하기 편리하고 보존성과 효능이 좋아지도록 처리하는 방법이다. 절단, 건조, 분쇄, 증자, 볶음, 소금이나 꿀에 침지하는 등의 방법 등이 사용된다.

최근에는 가공기술의 발달과 국제간 유통으로 사용목적, 이동편리성, 부피와 무게감소, 성분 고농도 및 고순도, 특정성분이나 부위만 이용하는 등의 다양한 방법으로 바뀌어 유통된다. 또한 약용만이 아니라 건강식품, 화장품, 식품첨가물, 제약원료 등의 원료로도 이용되고 있다.

따라서 생약이란 전통적인 한방의학적 치료용이 아닌 동식물의 부분, 세포내용물, 추출물 및 광물질을 모두 포함한다. 각국에서는 생약을 법적으로 관리하는 경우가 대부분이며 한국에서도 식품의약품안전처에서도 대한약전, 약사법 등의 법 규정에 따라 엄격히 관리하고 있다.

최근 한국, 일본, 중국 및 국가 간 다량의 약재 유통으로 적용하는 법제도와 관리법이 서로 차이가 있어 어려움이 있다. 비슷한 유교문화권의 한국, 중국, 일본, 대반 및 베트남 등에서는 서로 통일된 생약의 규격과 기준이 절실한 실정이다.

* 생약 및 생약제제

생약	동식물의 약용으로 하는 부분, 세포내용물, 분비물, 추출물 또는 광물	대한약전
생약제제	의약품등 제조·수입 품목허가 신청서 검토에 관한 규정 「서양의학적 입장에서 본 천연물제제로서 한방의학적 치료목적으로는 사용되지 않는 제제」, 다만, 천연물을 기원으로 하되 특정성분을 추출, 정제하여 제제화한 것은 생약제제가 아님 예) Taxol 항암제 : 주목나무(Taxus brevifolia)의 껍질 추출물)	대한약전

* 한약 및 한약제제

한약	동물, 식물 또는 광물에서 채취된 것으로 주로 원형대로 건조, 절단 또는 정제된 생약	약사법
한약제제	한약을 한방원리에 따라 배합하여 제조한 의약품	약사법

2. 생약학(生藥學)

생약학이란「생약을 대상으로 연구하는 학문」을 말하며 좁은 의미로는 생약재료학이라고 볼 수 있고, 약재의 내외부 형태학, 성분화학 등을 연구하는 것이다. 상세하게는 생약을 생약학적으로 기원물질, 약용부위, 산지, 형태, 색깔, 냄새, 맛, 함유성분 등을 분석하고, 약재의 효능, 재배, 채집시기, 가공방법, 등급 등에 대한 연구이다. 또한 전통적으로 사용된 약재의 기원과 사용법 및 문헌적 기록과 자료에 대한 연구도 중요하다.

서양에서는 생약학을 독일어로 Pharmakognosie로서 1815년 자이들러가 논문제목으로 처음 사용하였으며 최근에는 각각의 약물 품질평가법의 개발 및 형태적, 성분화학적, 생화학적, 약리학적, 임상학적 수단이 포함된 종합적인 연구가 진행되고 있다.

3. 생약의 종류와 품질

생약은 전통적으로 대부분 식물성 생약이지만 동물성과 광물성 생약도 있다.

식물성 생약은 대부분 식물의 잎, 뿌리, 줄기, 수피이지만 식물의 삼출물(樹脂), 벌레의 집(蟲癭) 및 가시나 겨울눈과 같이 특정부위만 사용하는 경우도 있다. 동물성 생약의 경우는 식품으로 사용되는 것 외에 동물의 전체 또는 특정부위나 분비물이나 저장물질은 사용하며 대표적 생약제로 사향, 웅담, 벌꿀 및 두꺼비 독소 등이 있고, 개체 전체를 이용하는 것으로는 일부 곤충이나 파충류, 소동물류가 있다. 종류는 적고 이용되는 빈도는 낮지만 광물성 생약도 이용되었으며 주로 천연재료를 간단히 가공하여 사용하였다. 광물성 생약으로 망초, 석고, 주사, 운모 등이 있다.

한국의「대한약전(大韓藥典)」에는 생약이 152종 수재되어 있고, 내용구성은 생약에 관한 통칙조항(通則條項) 및 생약의 공정시험법이 규정되어 있다.

한방의 생약은 전통적으로 물로 달여 탕액(湯液)으로 복용하였다. 탕액재의 원료를 **건재(乾材)**라고 한다. 생약의 원료 농산물은 가공과 유통상 법적인 문제로 생산자가 직접 소비자에게 판매하는 것이 어려운 실정이다. 즉 일부 건강보조식품을 제외하고는 생산자가 직접 소비자에게 공급할 수 없으며, 반드시 수집상, 도매상, 한약상 등의 중간상을 거쳐 소비되고, 생산과정에서는 농산물이면서도 유통, 소비과정에서는 약재로서 약사법의 적용을 받는다.

약용식물에 대한 성분, 약효 등의 일정한 기준이나 표준화 규격화 없이 전통적인 관례에 따라 거래되고, 가공, 건조, 보관 등의 전처리 즉 포제 기술이 부족하다.

1) 식물성 생약

(1) 전초류(全草類)

식물체의 전체 또는 지상부 부분을 약용하는 것으로, 대부분이 한약재가 전초류이다. 채취나 채집은 약효가 가장 좋은 시기에 수확하여 보통 건조, 볶음, 삶는 등으로 전처리하여 사용된다. 더러는 생물을 약재로 사용하는 경우도 있다. 또한 민간에서는 녹즙, 착즙, 침지, 침출 등으로 이용되기도 한다. 최근에는 건강식품의 원료로도 수요가 많다.

(2) 잎류 생약

잎을 약용으로 사용하는 것으로 보통 건조시 증자 등의 열처리로 산화효소를 분해하여 사용하는 경우가 많다. 흔히 잔가지나 잎자루를 함께 건조하여 사용하는 경우도 많다.

(3) 뿌리류

땅속의 뿌리와 뿌리줄기를 포함한 지하부를 사용하는 것이다. 주근과 잔뿌리가 있는 것은 주근만 약용하는 경우도 있다. 대부분 건재로 사용되며 인삼 등 중요한 약재들이 많다.

(4) 과실류

열매와 종자를 이용하는 것으로 보통 성숙한 과실을 사용한다. 열매의 껍질, 씨앗, 과육 등 사용목적에 따라서 이용부위가 다른 것도 있다. 건재의 경우 통째로 말리지만 크기에 따라서는 절단이나 파쇄하여 건조하기도 한다. 드물게 꽃턱잎, 꽃받침, 열매자루를 사용하기도 한다.

(5) 꽃류

꽃 전체 혹은 꽃봉오리를 사용하지만 사프란 암술머리, 옥수수수염과 같이 꽃의 일부분을 사용하는 것도 있고, 송화가루처럼 꽃가루만을 채취하여 사용하는 것도 있다.

(6) 껍질류

줄기나 잔가지의 껍질인 수피(樹皮), 뿌리줄기 껍질인 근피(根皮)를 사용하는 것으로 보통 외부 코르크층은 제거하고 속껍질을 말려 약재로 쓴다. 대표적으로 계피와 오갈피가 있다.

(7) 줄기류

덩굴식물의 줄기, 잔가지를 사용하는 것으로 보통 잎과 함께 건조하여 사용하는 경우가 대부분이다. 굵은 덩굴줄기는 잘라서 건조하고, 보통 껍질과 관속까지 함께 사용한다.

(8) 수지류

식물체의 삼출물을 사용하는 것으로 보통 줄기 등에 상처를 내어 삼출되는 수액이나 유액을 채취하여 건조한다. 자연 중에서 채취하거나 인공적으로 채집하기도 한다.

(9) 엑스류

식물체를 물에 넣고 삶은 후 수용성 추출물을 모아 적당하게 농축한 것이다. 추출물의 농축 정도에 따라 추출액, 달임액, 농축액, 고(膏) 등으로 나눈다. 보통 복용 시에는 따뜻한 물에 넣고 녹여서 복용한다.

(10) 특정부위

식물체의 가시, 덩굴손, 벌레집, 혹 등을 약용하는 것이다. 특히 곤충이나 유충의 기생으로 생성되는 벌레집인 갈(Gall) 혹은 충영(蟲癭)이 있다. 대표적인 것으로 오베자가 있다.

2) 동물성 생약

보통 대형 동물의 전체 또는 일부를 사용한다. 대형 동물의 경우는 뿔, 가죽, 뼈, 내장, 이빨, 혀, 생식기, 배설물 등과 같이 일부분을 사용하고, 때로는 동물태아, 태반, 우황과 같은 담석증 결석, 교질(물렁뼈) 등을 이용하기도 한다. 소형 동물이나 곤충 등은 전체를 약용하는 경우가 많고, 곤충의 경우는 성충, 유충, 번데기, 알집이나 집, 허물이나 껍질 등과 배설물이나 납질(蠟質)도 이용된다. 또한 조개껍데기, 산호, 알껍질 등도 약용된다. 동물성 생약의 경우 쪄서 말리거나 구워서 사용한다.

3) 광물성 생약

천연 암석류, 물(약수 등), 동식물의 화석 등이 사용된다. 분말로 복용하거나 볶아서 먹고, 또한 법제(法製)로 열이나 산을 가하는 방법도 있다. 한국에서는 수재 생약재로 32종이 사용되며 경분, 노사, 녹반, 동청, 밀타승, 수은, 연단, 영사, 자황, 현정석, 금박, 노감석, 대자석, 망초, 백반, 석유황, 석종유, 양기석, 운모, 웅황, 은박, 자석, 자석영, 자연동, 적석지, 주사, 청몽석, 한수석, 해부석, 화예석, 활석, 주사수비 등이 있다.

제 3절 생약의 품질 및 관리

1. 생약의 품질평가

생약은 생물인 식물을 재배한 농산물로 생육환경과 기후, 재배조건 등에 따라 성분함량의 차이가 많고 더구나 자연채취의 경우에는 채취시기에 따라서도 차이가 많이 난다. 생물학적으로 같은 약재이지만 지역과 민족에 따라서 다른 이름으로 부르며 심지어는 시대에 따라서도 약재의 명칭이 다른 경우가 많다. 또한 채취하여 전 처리하는 과정에 따라 생약의 품질은 매우 다르게 변한다. 품질의 차이는 생약의 약리효과와 직접적인 영향을 준다. 이러한 차이를 최소화하기 위하여서는 생약재의 품질 등급과 성분, 생산지 등의 필요한 조건을 등급화하거나 일정한 품질이상의 품질규격화가 필요하다.

실제 생약의 품질을 각국에서 법적으로 품질평가 항목이나 규격을 정하여 관리하고 있다. 그러나 생약재의 대부분은 유효성분이 명확하지 않은 경우가 많아 품질을 평가 수단이 쉽지 않다. 흔히 지역적으로 오래전부터 사용되는 민간약은 문헌적 사료도 없는 경우도 있다.

2. 생약의 유통환경

천연과 자연에 대한 인간의 회귀본능으로 식품이나 생활환경은 물론 병을 치료하는 약재도 화학적으로 합성된 신약보다 천연약재를 선호하는 경향이 높다. 특히 목숨과 직접적인 관련이 적은 화장품 원료, 생활용품재제의 제품성분이나 원료는 천연 생약 추출물이나 정제품을 사용하는 경우가 대부분이다. 최근에는 건강관련 식음료 시장의 성장으로 천연 생약의 수요는 급증하고 있다. 이러한 수요는 생약의 특성상 재배지나 원산지의 생산물을 수입하는 경우가 대부분으로 연간 수입량이 수천 톤에 이르고, 국내 생산물도 급증하여 생산면적도 확대되고 있다.

수입량의 증가는 생약재의 품질검사는 물론 혼입되는 유해성분 및 위생검사 등이 필요하고 필요한 경우는 재배지에서의 농약이나 환경오염, 토양성분 등을 관리하여 함유 가능한 유해성분의 혼입을 원천적으로 차단하는 노력도 필요하다.

1) 수입산 생약재의 재배, 생산, 가공, 유통 중 혼입되는 유해물질 등의 위생검사.

2) 수입 목적과 유통단계에서의 목적 외 판매, 즉 식품용에서 의약용으로 전용 등

3) 수입된 생약의 유통 및 판매단계에서 생산지의 변경, 즉 수입산의 국내산으로 변경

4) 생산자와 가공업자, 유통업자의 생약재의 법적관리와 규제에 대한 법적 이해부족

한국에는 현재 1996년부터 「한약규격품유통제도」를 시행하여 제조업소, 제품명, 사용기한 등을 기재하도록 규정하여 책임소재 확인 및 처벌 등 사후관리에 노력하고 있으나, 약초재배농가, 전처리 가공이나 유통에 종사하는 사람들은 충분한 이해와 인식이 부족한 실정이다. 현재 한약은 「대한약전」 및 「대한약전외 생약규격집」에 총 520종이 약재가 수재되어 있고, 실제 약령시장에서 유통되는 한약재도 약 230여종 이상이다.

제 4절 생약제제 (대한민국약전)

1. 생약의 규정

1) 생약의 정의

동·식물의 약용으로 하는 부분, 세포내용물, 분비물, 추출물 또는 광물을 말한다.

2) 생약의 형태

(1) 전형생약 : 약용으로 하는 부분을 건조하거나 간단한 가공을 한 것

(2) 절단생약 : 전형생약을 작은 조각과 작은 덩어리로 절단, 파쇄, 조절, 중절, 세절한 것

(3) 가루생약 : 전형 또는 절단생약을 조말, 중말, 세말 및 미세말로 한 것

3) 생약 건조

생약은 별도 규정이 없는 한 건조는 보통 60℃ 이하에서 실시함(성분 변화 방지).

4) 전처리 위생

생약은 채취부터 가공, 포장 및 유통의 모든 단계에서 곰팡이, 곤충, 다른 동물에서 유래하는 혼입물(사체, 분비물, 털 등), 기타의 이물질 등의 혼입 차단 등의 위생적 관리

5) 생약보존

유통 중 생약재의 변질이나 오염을 막고, 습기 및 충해를 피하여 보존하여야 하고, 별도 규정이 없는 한 밀폐용기에 보존하여야한다. 외부로부터 원천적 혼입이나 유입 방지.

2. 경구투여 제제

1) 정제(錠劑, Tablets)

의약품을 일정한 형상으로 만든 고형제제이다. 이 제제는 복용을 용이하게 하거나 주성분이 분해되는 것을 방지하기 위해서 당류 또는 당알코올류 및 고분자화합물 등의 적절한 코팅제로 코팅할 수 있다. 또한 적절한 방법으로 **서방정** 또는 **장용정**으로 할 수 있다.

* 서방정(徐放錠, Sustained-released) ; 일정 시간동안 천천히 녹는 약

* 장용정(腸溶錠, Enteric coated) ; 장에서 녹는 약,

(1) 구강붕해정(口腔崩解錠, Orally disintegrating tablets) : 구강에서 용해나 붕해하는 정제

(2) 저작정(咀嚼錠, 추어블정, Chewable tablets) : 씹어서 복용하는 정제

(3) 발포정(發泡錠, Effervescent tablets) : 급속히 발포하면서 용해 또는 분산하는 정제

(4) 분산정(分散錠, Dispersible tablets) : 물에 분산시켜 복용하는 정제

(5) 용해정(溶解錠, Soluble tablets) : 물에 녹여 복용하는 정제

2) 캡슐제(Capsules)

의약품을 액상, 현탁상, 반고형상, 분말상, 과립상 또는 성형물의 형태로 캡슐에 충전하거나 캡슐기제(基劑)로 피포성형하여 만든 고형제제로 경구 투여한다. 경질과 연질캡슐제가 있다.

(1) 경질캡슐제(Soft capsules)

캡슐에 주성분 혹은 주성분에 적절한 부형제 등의 첨가제를 넣고 균질화 한 것을 적절한 방법으로 입상 또는 성형물로 한 것을 캡슐에 충진하거나 가볍게 성형하여 충진하여 만듦

(2) 연질캡슐제(Hard capsules)

주성분 혹은 주성분에 첨가제 등을 넣은 것을 젤라틴 등의 캡슐기제에 글리세린 또는 소르비톨 등을 넣어 소성(塑性)을 높인 것으로 일정한 형상으로 피포성형(皮包成形)하여 만듦.

3) 과립제(顆粒劑, Granules)

과립제는 의약품을 경구투여하는 입상으로 만든 제제, 필요에 따라 코팅하고, 또한 적절한 방법으로 서방성과립제 또는 장용성과립제로 만든다.

* 발포과립제(發泡顆粒劑, Effervescent granules) : 물에서 급속하게 발포하면서 용해하거나 분산하는 과립제이다.

4) 산제(散劑, Powders)

산제(散劑)는 의약품을 경구투여하는 분말상 또는 미립상으로 만든 제제, 보통 주성분에 부형제 등 첨가제를 넣어 균질하게 만든다.

5) 경구용 액제(經口用 液劑, Liquids and solutions for oral administration)

액상의 내용제로 보통 주성분을 그대로 쓰거나 또는 용제에 녹여 쓴다. 필요에 따라 교미제(矯味劑), 보존제, 안정제, 완충제 또는 다른 적당한 첨가제를 넣을 수 있다.

(1) 엘릭서제(Elixirs) : 감미 및 방향이 있으며 에탄올을 함유하는 맑은 액상의 내용제

(2) 현탁제(懸濁劑, Suspensions) : 주성분을 미세균질화하여 현탁한 액상의 제제

(3) 유제(乳劑, Emulsions) : 주성분을 미세균질화하여 유화한 액상의 제제

(4) 레모네이드제(Lemonades) : 감미와 산미가 있으며 보통 맑은 액상의 내용제제

(5) 방향수제(芳香水劑, Aromatic waters) : 정유 또는 휘발성 물질을 포화시킨 맑은 수용액의 제제

(6) 전제 및 침제(煎劑 및 浸劑, Decoctions and infusions)

보통 생약을 정제수로 침출하여 만든 액상의 제제로 사용할 때 만들어 쓴다. 생약은 잎, 꽃 및 전초는 조절(粗切)하고, 재(材), 경(莖), 피(皮), 근(根) 및 근경(根莖)은 중절(中切), 종자와 과실은 세절(細切)하여 달아 전침제기(煎浸劑器)에 넣고 만든다.

① 전제(煎劑) : 보통 1 일 복용량의 생약에 정제수 400~600㎖를 넣고 여러번 저어 섞으면서 30분간 가열하여 반량정도 되었을 때 무명으로 여과한다.

② 침제(浸劑) : 생약 50g에 정제수 50㎖를 넣어 약 15분간 적신 다음 열정제수 900㎖를 붓고 여러번 저어 섞으면서 5분간 가열하고 식힌 다음 무명으로 여과한다.

(7) 주정제(酒精劑, Spirits) : 보통 휘발성의약품을 에탄올 또는 에탄올과 물의 혼합액으로 녹인 액상의 제제.

(8) 틴크제(Tinctures) : 보통 생약을 에탄올 또는 에탄올과 정제수의 혼합액으로 침출하여 만든 액상의 제제, 생약을 조말 또는 세절하여 침출법 또는 퍼콜레이션법에 따라 만듬.

① 침출법(浸出法, Infusion method)

생약을 용기에 전체량의 약 3/4 가량 침출제를 넣고 밀폐하여 가끔 섞어주면서 약 5일간 또는 가용성분이 충분히 녹을 때까지 상온에서 방치한 다음 무명으로 여과한다. 다시 잔류물을 적

당량의 침출제로 세척하고 합하여 약 2일간 방치한 후 맑은 액을 취하거나 여과한다.

① 퍼콜레이션법(Percolation)

생약을 미리 소량의 침출제로 침지하고 밀폐하여 실온에서 2시간 두었다가 침출기에 틈이 없도록 치밀하게 채워 넣고, 침출기의 하부마개를 약간 열고 침출제를 위에서 넣어 생약이 덮여지고 침출액이 한 방울씩 떨어지면 마개를 완전히 막고 실온에 2~3일 두었다가 매분 1~3㎖ 유출속도로 침출액을 유출시고 다시 적당량의 침출제로 세척하여 모은다. 침출액을 2일간 둔 후 상부의 맑은 액을 취하거나 여과한다. 생약의 특성에 따라 침출시간과 유출속도를 다르게 할 수 있다.

6) 시럽제(Syrups)

시럽제는 경구투여하는 당류 또는 감미제를 함유하는 점조성의 액상 또는 고형의 내용제로서 보통 백당, 다른 당류 혹은 감미제의 용액 또는 단미시럽에 주성분을 넣어 용해, 혼화, 현탁 또는 유화하고, 필요하면 혼합액을 끓인 다음 식기 전에 여과한다. 필요한 경우 방향제, 보존제, 안정제, 유화제, 점조제, 착색제, 현탁화제 등을 넣는다.

* 시럽용 시럽제(건조시럽제) : 물을 넣을 때 시럽제로 되도록 만든 과립상 또는 분말상의 제제로 건조시럽제이며 보통 당류나 감미제를 써서 과립제나 산제로 만든다.

7) 경구용 젤리제(Jellies for oral administration)

경구용 젤리제는 유동성이 없도록 성형한 겔상의 제제로 보통 주성분에 첨가제 및 고분자겔기제(基劑)를 넣고 혼합하여 적절한 방법으로 겔화하여 일정한 형상으로 성형하여 만든다.

8) 다제(茶劑, Tea bags)

보통 생약을 조말(粗末) 내지 조절(粗切)의 크기로 하여 1 일 복용량 또는 1회 복용량을 종이 또는 포에 넣어 만든 제제로 보통 전제(煎劑) 및 침제(浸劑)의 제법과 같이 만든다.

9) 엑스제(Extracts)

보통 생약의 침출액을 농축하여 만든 제제로 연조(軟稠)엑스제와 건조(乾燥)엑스제가 있다. 조말(粗末)한 생약에 적당한 침출제를 넣어 일정시간 냉침, 온침 또는 틴크제의 퍼콜레이션법에 따라 만든 침출액을 적당한 방법으로 농축 또는 건조하여 만든다. 연조엑스제는 물엿과 같은 점조도(粘稠度)로 만들고, 건조엑스제는 분쇄할 수 있는 덩어리, 입상(粒狀) 또는 분말로 만든다.

10) 유동엑스제(Fluid Extracts)

생약의 침출액으로서 보통 유동엑스제 1mℓ 중에 생약 1g 중에 함유된 가용성 성분을 함유하도록 만든 액상의 제제이다. 보통 생약을 조말 또는 세절하여 침출법 또는 퍼콜레이션법에 따라 만든다.

11) 환제(丸劑, Pills)

의약품을 구상으로 만든 제제로서 보통 주성분에 부형제, 결합제, 붕해제 또는 다른 적절한 첨가제를 넣어 섞어 균질하게 한 다음 적절한 방법으로 구상으로 성형하여 만든다. 이 제제는 필요에 따라 백당이나 다른 적당한 제피제로 제피를 하거나 전분, 탤크 또는 다른 적당한 물질로 환의를 할 수 있다.

3. 구강내 적용하는 제제(Preparations for oro-mucosal application)

1) 구강용 정제(Tablets for oro-mucosal application)

구강내에 적용하는 일정 형상의 고형의 제제로 트로키제, 설하정, 박칼정, 부착정 및 껌제가 포함되며 정제의 제법에 준하여 만든다.

(1) 트로키제(Troches)

의약품이 입안에서 천천히 녹거나 붕해하도록 일정한 형상으로 만든 것으로 구강, 인두 등의 국소 또는 전신에 적용하는 제제이다.

(2) 설하정(舌下劑, Sublingual tablets)

주성분을 혀 밑에서 용해되어 구강점막으로 흡수되는 구강용 정제이다.

(3) 박칼정(Buccal tablets)

주성분이 어금니와 뺨 사이에서 서서히 용해되어 구강점막에서 흡수되는 구강용 정제이다.

(4) 부착정(附着錠, Mucoadhesive tablets)

구강점막에 부착시켜 사용하는 구강용 정제로 보통 하이드로겔을 형성하는 친수성 고분자화합물을 기제로 쓴다.

(5) 껌제(Medicated chewing gums)

입안에서 씹어 의약품의 주성분이 방출되도록 만든 일정한 형상의 제제로서 보통 식물성수지, 열가소성수지 및 탄성중합체 등의 적절한 물질을 껌 기제로 하여 만든다.

2) 구강용 스프레이제(Sprays for oro-mucosal application)

구강내 적용하는 유효성분을 안개모양, 분말상, 포말상 또는 페이스트상 등으로 분무하는 제제로서 용액 등에 주성분 및 첨가제를 녹이거나 현탁시키고 필요시 농축한 후 액화가스 또는 압축가스와 함께 용기에 충전한다.

3) 구강용 반고형제(Semisolid preparations for oro- mucosal application)

구강점막에 적용하는 제제이며, 크림제, 겔제 또는 연고제가 있다. 일반적으로 주성분을 첨가제와 함께 정제수 및 바셀린 등 유성성분을 유화하거나 고분자 유지를 기제(基劑)로서 주성분 및 첨가제와 함께 혼합하여 균질하게 한다.

4) 가글제(Gargles)

입안을 헹구어 구강, 인두 등의 국소에 적용하는 액상의 제제로서 사용할 때 녹여서 쓰는 고형의 제제도 있으며 정제, 과립제 등의 제법에 따라 만든다.

5) 구강용해 필름(Orodispersible films for oro-mucosal application)

의약품을 적당한 재질의 단일 또는 다층판으로 만든 제제이다.

4. 주사로 적용하는 제제(Preparations for injection)

1) 주사제(注射劑, Injections)

보통 피하, 근육내 또는 혈관 등의 체내조직·기관에 직접 투여하는 용액, 현탁액, 유탁액 또는 쓸 때 용제에 녹이거나 현탁하여 쓰는 고형의 무균제제이다.

(1) 수액제(水液劑, Parenteral infusions)

정맥내 투여하는 일반적으로 100㎖ 이상의 주사제로서 주로 수분보급, 전해질보정, 영양보급 등의 목적으로 투여하고, 지속주입 치료를 목적으로 다른 주사제와 혼합하여 사용한다.

(2) 동결건조주사제(凍結乾燥注射劑, Freeze-dried injections)

보통 주성분 혹은 주성분과 부형제 등의 첨가제를 주사용수에 녹이고, 무균여과하여 주사제용 용기에 충전한 후 동결건조하거나 전용 용기에서 먼저 동결건조한 후 충전하여 만든다.

(3) 분말주사제(粉末注射劑, Powders for injections)

보통 무균여과한 다음 결정화하여 얻은 분말 또는 그 분말에 멸균처리한 첨가제를 넣어서 주사제용 용기에 충전하여 만든다.

(4) 이식제(移植劑, Implants)

특별한 주입기나 외과적 수술에 적용하고, 정제(精製)된 의약품을 일정한 형상으로 압축 또는 주조(鑄造)하여 만든 무균상 제제이다.

(5) 지속성주사제(持續性注射劑, Prolonged release injections)

장기간 주성분의 방출을 목적으로 근육내 등에 적용하는 주사제로서 보통 주성분을 식물유 등에 용해, 현탁 또는 생분해성 고분자화합물을 사용한 마이크로스피어(Microsphere)의 현탁액이다.

* Microsphere : 크기가 1.4~2.5μm인 구형의 아미노산 중합체(重合體, polymer)

5. 투석 및 관류(貫流)용 제제(Preparations for dialysis and irrigation)

1) 투석제(透析劑, Dialysis solutions, dialysis agents)

복막투석 또는 혈액투석에 쓰는 액상제제 혹은 쓸 때 녹여 사용하는 고형의 제제로 복막투석제 및 혈액투석제를 포함한다.

① 복막투석제(腹膜透析劑, Peritoneal dialysis solutions, peritoneal dialysis agents)

복막투석에 쓰는 무균상태의 액상제제 혹은 쓸 때 녹여 사용하는 고형의 제제이다. 주성분에 첨가제를 넣고 용제에 녹여 일정용량으로 한 것 또는 주성분에 첨가제를 넣은 것을 용기에 충전하고 밀봉하여 만들며 필요에 따라 멸균한다.

② 혈액투석제(血液投石劑, Hemodialysis solutions, hemodialysis agents)

혈액투석에 쓰는 액상제제 혹은 쓸 때 녹여 사용하는 고형의 제제이다. 보통 주성분에 첨가제를 넣고 용제에 녹여 일정 용량으로 한 것 또는 주성분에 첨가제를 넣은 것을 용기에 충전하여 만든다.

2) 관류제(貫流劑, Irrigations)

체강(體腔), 상처부위나 체표면의 관류를 목적으로 만든 대량의 수용성 무균 제제로 보통 주사용수(注射用水)를 사용하며, 혈액 또는 체액과 등장(等張)으로 만들기 위하여 염화나트륨이나 다른 적당한 첨가제 혹은 pH조절을 위하여 무해한 산 또는 알칼리를 넣을 수 있다.

6. 기관지·폐에 적용하는 제제 Preparations for Inhalation

1) 흡입제(吸入劑, Inhalations)

주성분을 적당한 부형제에 녹이거나 분산시켜 증기상, 미세입자상 또는 에어로솔(Aerosol)상으로 호흡기에 적용하는 제제이다. 주성분에 추진제(推進劑), 용해보조제, 희석제, 보존제, 가용화제, 분산제, 등장화제(等張化劑), pH 조절제, 안정제 또는 다른 첨가제를 넣을 수 있다.

(1) 흡입분말제(吸入粉末劑, Dry powder inhalers)

흡입량이 일정하게 되도록 조제된 건조분말 상태의 고체 입자로서 흡입하는 제제이다.

(2) 흡입액제(吸入液劑, Inhalation solutions)

네뷸라이저(Nebulizer, 연무기, 煙霧機) 등으로 적용하는 액상의 흡입제이다. 주성분에 용액 및 적절한 등장화제, pH조절제 등을 가하고, 혼화(混化)하여 균질하게 용해 또는 현탁하고, 필요한 경우 농축한다.

(3) 흡입에어로솔제(吸引aerosol, Metered dose inhalers)

용기에 충전한 분사제와 함께 일정량의 주성분이 분무되는 정량분무식흡입제(正量噴霧式吸入劑)이다. 일반적으로 주성분에 용제 및 적절한 분산제, 안정화제 등을 가하여 용액 또는 현탁액을 만들고, 액상의 분사제와 함께 압력성의 용기에 충전한 정량펌프를 장착한다.

7. 눈에 투여하는 제제(Preparations for ophthalmic application)

1) 점안제(點眼劑, Ophthalmic solutions)

결막낭(結膜囊) 등의 눈 조직에 적용하는 액상의 무균제제 또는 쓸 때 녹이거나 현탁하여 사용하는 고형의 무균제제이다. 보통 주성분에 첨가제를 넣고 용제 등에 녹이거나 현탁하여 일정 용량으로 한 것 또는 주성분에 첨가제를 넣은 것을 용기에 충전하여 만든다.

2) 안연고제(眼軟膏劑, Ophthalmic Ointments

결막낭 등의 눈 조직에 적용하는 반고형의 무균제제이다. 보통 바셀린 등의 적당한 기제(基劑)와 주성분의 용액이나 미세한 가루를 섞어 균질한 상태로 하여 용기에 충전한다.

8. 귀에 투여하는 제제(Preparations for otic application)

1) 점이제(點耳劑, Otic solutions)

바깥귀 또는 중간귀에 적용하는 것으로 액상 또는 반고형 제제 혹은 쓸 때 녹이거나 현탁하여 쓰는 고형의 제제이다. 보통 주성분에 첨가제를 넣어 용제 등에 녹이거나 현탁하여 일정용량으로 한 것 또는 주성분에 첨가제를 넣은 것을 용기에 충전하여 만든다.

9. 코에 적용하는 제제(Preparations for nasal application)

1) 점비분말제(點鼻粉末劑, Nasal dry powder inhalers)

비강에 투여하는 분말상의 점비제(點鼻劑)이다. 일반적으로 유효성분을 적절한 분말도의 미세한 입자로 하고 필요에 따라 첨가제를 혼화하여 균질하게 한다.

2) 점비액제(點鼻液劑, Nasal solution, nasal drops)

비강(鼻腔) 또는 비점막(鼻粘膜)에 적용하는 액상제제 또는 쓸 때 녹이거나 현탁하여 사용하는 제제이다. 보통 주성분에 용제 및 첨가제 등을 넣어 녹이거나 현탁하고 필요에 따라 여과하여 만든다. 등장화제(等張化劑), pH 조절제 등을 쓸 수 있다.

10. 직장으로 적용하는 제제(Preparations for rectal application)

1) 좌제(坐劑, Suppositories)

보통 주성분을 기제(基劑)에 고르게 섞어 일정한 형상으로 성형하여 항문 또는 질에 적용하는 고형의 외용제이다. 체온에 의하여 녹거나 연화하거나 분비액에 천천히 녹는다.

2) 직장용반고형제(直腸用反固形劑, Semi-solid preparations for rectal application)

항문주변 또는 항문내에 적용하는 제제로서 크림제, 겔제 또는 연고제가 있다. 주성분을 첨가제와 함께 정제수 및 바셀린 등의 주성분으로 유화하거나 고분자겔 또는 유지를 기제로 하여 유효성 및 첨가제와 함께 혼화하여 균질화 한다.

3) 관장제(灌腸제, Enemas for rectal application)

항문을 통하여 적용하는 액상 또는 점조(粘稠)한 겔상의 제제이다. 일반적으로 정제수 또는 적절한 수용성 용제를 이용하여 주성분을 용제 등에 용해 또는 현탁하여 용기에 충전하며, 분산제, 안정화제, pH조절제 등을 사용할 수 있다.

11. 질에 적용하는 제제(Preparations for vaginal application)

1) 질정(膣錠, Vaginal tablets)

체액에 천천히 녹거나 분산하여 주성분을 방출하는 일정한 형상의 질에 적용하는 정제로 적절한 용출성 또는 붕해성을 갖는다.

2) 질용좌제(膣用坐劑, Suppositories for vaginal use)

질용좌제는 질에 적용한다. 체온에 의하여 용융하거나 체액에 서서히 용해 또는 분산함으로서 주성분을 방출하는 일정한 형상의 반고형 제제이다.

12. 피부 등에 적용하는 제제(Preparations for cutaneous application)

1) 외용고형제(外用固形劑, Solid dosage forms for cutaneous application)

피부(두피 포함) 또는 손발톱에 도포하거나 산포하는 고형의 제제로 외용산제가 포함된다.

(1) 외용산제(外用散劑, Powders for cutaneous application)

분말상으로 만든 외용고형제로 주성분에 부형제 등을 첨가제로 가하여 혼화(混化)하여 균질하게 한 후 분말상으로 한다.

2) 외용액제(外用散劑, Liquids and solutions for cutaneous application)

피부(두피 포함) 또는 손발톱에 도포하는 액상의 제제이다. 리니멘트제(Liniments) 및 로션제(Lotions)가 포함된다. 일반적으로 주성분에 용제, 첨가제 등을 가하여 용해, 유화 또는 현탁하고, 필요한 경우 농축한다. 이 제제중 변질하기 쉬운 것은 쓸 때 조제한다.

(1) 리니멘트제(Liniments)

리니멘트제는 보통 피부에 문질러 발라 쓰는 액상 또는 이상(泥狀)의 외용제이다. 보통 주성분을 물, 에탄올, 지방유, 글리세린, 비누, 유화제, 현탁화제 또는 다른 적절한 첨가제 또는 이들의 혼합물에 넣어 전체를 균질하게 만든다. 필요에 따라 방향제, 보존제 등을 넣는다.

(2) 로션제(Lotions)

로션제는 보통 주성분을 수성액제에 녹이거나 유화 또는 미세하게 분산시킨 외용제이다. 보통 주성분, 첨가제 및 정제수를 써서 용액, 현탁액 또는 유탁액으로 하여 전체를 균질하게 하여 만든다. 필요에 따라 방향제, 보존제 등을 넣을 수 있다.

3) 에어로솔제(Aerosols)

에어로솔제는 주성분을 같은 용기 또는 다른 용기에 충전한 액화기체나 압축기체의 압력을 이용하여 안개모양, 분말상, 포말상(泡沫狀), 페이스트상 등으로 피부, 구강내 및 혀에 분무하는 제제이다. 쓴다.

(1) 외용에어로솔제 Aerosols for Cutaneous Application

용기에 충전된 액화가스 또는 압축가스와 함께 주성분을 분무하는 에어로솔제이다. 주성분의 용액 또는 현탁액을 조제하고, 액상의 분사제와 함께 내압성의 용기에 충전하고 연속분사밸브를 장착한다. 필요한 경우 분사제, 안정화제 등을 사용한다.

4) 연고제(軟膏劑, Ointments)

피부, 구강점막, 항문 주위 또는 항문 내에 도포하는 주성분을 기제에 녹이거나 분산시킨 반고형의 외용제이다. 이 제제에는 유지성연고제 및 수용성연고제가 있다.

(1) 유지성연고제

보통 유지류, 납류, 파라핀 등의 탄화수소류 등의 유지성 기제를 가온하여 용융하고 주성분을 넣어 고르게 섞어 녹이거나 분산시켜 전체가 균질하게 될 때까지 섞어서 만든다.

(2) 수용성연고제

보통 마크로골(Macrogol, 고분자삼투제) 등의 수용성 기제를 가온하여 융해시키고 주성분을 넣어 전체가 균질하게 될 때까지 섞어서 만든다. 이 제제 중 변질하기 쉬운 것은 쓸 때 만듬.

5) 크림제(Creams)

피부, 구강점막, 항문 주위 또는 항문 내에 도포하는 수중유형(水中油形) 또는 유중수형(油中水形)에 유화시킨 반고형의 외용제이다. 유중수형에 유화시킨 친유성의 제제에 대해서는 유성크림제라 부를 수 있다. 보통 바셀린, 고급알코올 등을 그대로 또는 유화제 등의 첨가제를 넣어 유상으로 하고, 따로 정제수를 그대로 또는 유화제 등의 첨가제를 넣어 수상으로 하여 유상과 수상 어느 한쪽의 상에 주성분을 넣고 각각 가온하여 유상 및 수상을 맞추어 전체가 균질하게 될 때까지 흔들어 섞어 유화하여 만든다.

6) 겔제(Gels)

피부, 구강점막, 항문 주위 또는 항문 내에 도포하는 액체를 침투시킨 분자량이 큰 유기분자로 이루어진 반고형상(겔상)의 외용제이다. 이 제제에는 수성겔제 및 유성겔제가 있다.

(1) 수성겔제

주성분에 고분자화합물, 기타 첨가제 및 정제수를 넣어 녹이거나 현탁시켜 가온 및 냉각하여 만들거나 겔화제를 넣어 섞어 만든다.

(2) 유성겔제

주성분에 글리콜류, 고급알코올 등의 액상 유성기제 및 기타 첨가제를 넣어 섞어 만든다.

7) 경피흡수제(經皮吸收劑, Transdermal systems 혹은 Transdermal patches)

피부에 적용하여 주성분이 **피부를 통하여 전신순환혈류(全身循環血流)에 송달**될 수 있도록 설계된 제제이다. 보통 수용성 또는 비수용성의 천연 또는 합성고분자화합물 또는 이들의 혼합물을 기제로 하고 이들에 주성분을 녹이거나 현탁시킨 혼합물에 필요에 따라 점착제, 용제, 흡수촉진제 등을 넣어 지지체(支持體)에 전연(展延)하여 만든다.

8) 카타플라스마제(Cataplasma)

보통 주성분과 물을 함유하는 혼합물을 이상(泥狀)으로 만들거나 포상(布上)에 전연성형(展延成形)하여 **국소의 습포(濕布)에 쓰는 외용제로 습포제(濕布劑)**이다. 보통 주성분을 정제수, 글리세린 등의 액상의 물질과 섞고, 전체를 균질하게 하거나 수용성 고분자, 흡수성 고분자 등의 천연 또는 합성 고분자화합물을 정제수와 섞고 주성분을 넣어 전체를 균질하게 하여 무명 등에 전연시켜 성형하여 만든다.

9) 첩부제(貼付劑, Plasters)

보통 포(布) 또는 플라스틱제 필름 등에 주성분과 기제 또는 첨가제로 된 혼합물을 전연(展延) 또는 봉입(封入)한 다음 피부표면의 환부에 또는 피부를 통하여 국소환부에 주성분이 도달할 수 있도록 **점착(粘着劑)시켜 쓰는 국소에 작용하는 외용제**이다. 보통 수용성 또는 비수용성의 천연 및 합성고분자화합물 또는 이들의 혼합물을 기제로 하여 필요에 따라 이에 주성분을 기제와 섞어 균질하게 한 다음 전연 또는 봉입하여 성형한다.

10) 페이스트제(Pastes)

보통 의약품의 **분말을 비교적 다량 함유하게 만든 연고제와 같은 외용제**이다. 보통 지방, 지방유, 바셀린, 파라핀, 납, 글리세린, 물 또는 이들의 혼합물을 기제로 하여 이것에 의약품의 가루를 고르게 섞어 만든다.

제 5절 생약(한약)의 규격 및 전처리 방법

1. 생약의 전처리

생약(한약)을 전처리 방법인 수치(修治), 포제(炮製) 또는 법제(法製)한 경우「대한약전외한약(생약)규격집」(식품의약품안전청고시 제2007-90호, 2007)에는「포제법에 따라 제조공정을 상세히 기재하고 그 수득률을 기재한다.」라고 규정하고 있다. 생약의 포제는 한약의 안전성과 효능을 확보하기 위한 것으로 청결한 환경에서 포제하여야 하고, 사용하는 물도 대한약전에 수재된 상수(上水) 또는 정제수(精製水)의 기준규격에 적합하여야 한다. 또한 수득률(Yield, 收得率)은 원료물질로부터 어떠한 물리·화학적 과정을 거쳐 포제한 제품을 얻을 경우 목적물질의 양을 교한 비율로 수율(收率)이라고도 한다. 포제법은「대한약전외한약(생약)규격집」에 규정되어 있고, 이에 기술되어 있지 않은 포제방법은 기존 한약서에 따른다.

2. 생약 포제법「대한약전외한약(생약)규격집」에 규정된 포제법

한약(생약)재의 포제(炮製)는 전통의료에 있어 안전성과 효능을 보장하기 위하여 따로 규정하지 않은 것은 총칙 제19항에 의하고 일반적인 것은 다음과 같은 사항에 따라서 한다.

1) 정선(淨選)

생약재를 절제(切制), 포자(炮炙) 또는 조제(調劑), 제제(製劑)하기 전에 규정된 약용부위 이외의 이물 등을 제거하는 것이다.

2) 절제(切制)

생약재를 썰 때 부드럽게 하기 위하여 침포(浸泡)하여야 하는 것을 제외하고는 물에 잠깐 담가 눅눅하게 하여 썰어야 한다. 규정된 침포의 약재는 크기, 조세(粗細), 연경(軟硬) 등으로 나누어 응용하며, 곰팡이가 생기지 않도록 건조하여야 한다. 크기에 따라 편(片), 단(段), 괴(塊), 사(絲) 등으로 나누며 이들의 크기와 두께는 다음과 같다.

(1) 절편(切片) : 박편(薄片); 1~2mm, 후편(厚片); 2~4mm

(2) 절단(切段) : 길이 10~15mm 길이의 소단(小段)

(3) 절괴(切塊) : 약 1cm의 방괴(方塊)

(4) 절사(切絲) : 껍질류는 너비 2~3mm, 잎류는 너비 5~10mm

3) 포자(炮炙) : 따로 규정이 있는 것을 제외하고는 다음과 같다.

(1) 초(炒)

약재를 볶는 것으로 온도와 시간 및 볶는 정도에 주의하여야 한다. 볶을 때는 화력을 고르게 하고 쉴 사이 없이 저어 열을 고르게 받게 하여야 한다.

① 청초(淸炒) : 문화(文火 : 불꽃이 약한 불) 또는 무화(武火 : 불꽃이 강한 불)로 규정된 정도가 될 때까지 약재를 볶는 방법이다.

가. 초황(炒黃) : 약재를 용기에 넣고 문화로 규정된 정도가 될 때까지 볶는다.

나. 초초(炒焦): 약재를 용기에 넣고 무화로 바깥 면이 갈색이 되도록 볶고, 절단면의 색이 짙게 변하게 하거나 규정된 정도까지 볶는다. 볶을 때 쉽게 타는 약재는 맑은 물을 조금 품어서 다시 볶으면서 말리거나 햇볕에 건조한다.

다. 초탄(炒炭) : 약재를 용기에 넣고 무화로서 표면이 검게 탄 색 또는 속이 탄 황색이 될 때까지 규정된 정도까지 볶아서 맑은 물을 품어 적시어낸 다음 말린다. (예 ; 건강초탄, 두충초탄, 대황초탄)

② 보료초(輔料炒) : 고체 보조재료를 용기에 넣고 가열하여 일정한 정도로 되면 약재를 넣고 함께 볶은 후 보조재료를 걸러 버리는 방법이다.

가. 부초(麩炒) : 밀기울 껍질을 취하여 미리 뜨겁게 데운 용기에 넣고 연기가 날 때까지 가열하여 약재를 넣고 빠르게 저어 바깥 면이 황색이 되거나 또는 짙은 색으로 변할 때까지 볶아서 꺼내어 밀기울을 버리고 식힌다. 다른 규정이 있는 이외에는 100 kg의 약재에 밀기울 5~10 kg을 쓴다.

(2) 자(炙)

약재를 일정량의 액체 보조재료와 함께 볶아 보조재료가 약물조직 내에 스며들게 하는 방법이다.

① 주자(酒炙) : 따로 규정이 없는 한 일반적으로 발효주의 상징액(이하'술'이라고 한다)을 사용한다. 약재에 술을 넣어 섞어 용기속에서 문화(文火)로 규정된 정도로 볶아서 식힌다. 따로 규정이 없는 한약재 100kg에 대하여 술 10~15kg을 사용한다.

② 초자(醋炙) : 따로 규정이 없는 한 일반적으로 양조식초를 사용한다. 약재에 식초를 넣고 고르게 섞어 규정된 정도까지 볶아서 식힌다. 따로 규정이 없는 한 100kg의 약재에 10~15kg의 식초를 사용한다.

③ 염자(鹽炙) : 먼저 식염을 적당한 양의 물에 용해한 다음 여과하여 사용한다. 약재에 소금물을 고르게 섞거나 또는 고르게 품어 용기에 넣고 문화로 규정된 정도가 될 때까지 볶아서 식힌다. 따로 규정이 없는 한 100kg의 약재에 식염 2kg을 사용한다. (예 ; 오수유염자, 오수유감초자)

④ 강자(薑炙) : 먼저 생강을 찧어서 적당량의 물을 넣고 눌러 짜서 즙액을 취하여 강즙(薑汁)을 만든다. 또는 생강을 절구에 찧어서 2번에 걸쳐 끓여 즙액을 만든다. 약재에 생강즙을 섞어 용기에 담아 문화(文火)로 생강즙이 다 흡수되거나 규정된 정도에 이를 때까지 볶아서 실온에서 말린다. 따로 규정이 없는 한 100kg의 약재에 생강 10kg을 사용한다.

⑤ 밀자(蜜炙) : 먼저 꿀을 적당량의 더운물에 희석한 다음 여기에 약재를 담갔다가, 문화(文火)로 규정된 정도가 될 때까지 볶아서 건조한다. 따로 규정이 없는 한 100kg의 약재에 꿀 25~30kg을 사용한다.

(3) 자(煮)

약재 각 품목의 포제규정에 따라 액체보조재료를 첨가하여 보조재료가 완전히 흡수되거나 약재를 절단하였을 때 속에 흰색이 없을 때까지 삶아서 건조한다. 독성이 있는 약재는 삶은 후 따로 규정이 없는 한 일반적으로 남은 즙액은 버려야 한다.(예 ; 원지감초자)

(4) 돈(炖)

약재 각 품목의 포제규정에 따라 액체 보조재료를 적당한 용기안에 밀폐하고 수욕상에서 가열 하든가 수증기로 쪄서 보조재료가 완전히 흡수될 때까지 가열하여 말린다.

(5) 증(蒸)

약재 각 품목의 포제 규정에 따라 보조재료를 넣고 섞어서 (또는 보조재료를 넣지 않음) 적당한 용기에 담아 가열하여 찌거나, 규정된 정도가 될 때까지 쪄서 말린다.

① 주증(酒蒸) : 약재에 술을 넣어 고르게 섞고 상술한 증법(蒸法)에 따라 포제한다. 따로 규정이 없는 한약재 100kg에 술 20~30kg을 사용한다.

(6) 탕(燙)

깨끗한 모래, 합분(蛤粉), 활석(滑石) 등의 보조재료를 사용한다. 모래(합분, 활석)를 용기에 담아 가열하여 뜨겁게 하고 약재를 넣고 계속하여 저어가면서 규정된 정도까지 되었을 때 꺼내어 체로 모래 (합분, 활석)를 쳐내어 식힌다.

(7) 단(煅)

약재를 먼저 작은 덩어리로 만들고 연기가 나지 않는 화로(火爐) 또는 적당한 용기속에서 가열하여 붉게 되려고 할 때 꺼내어 식히거나 붉게 달군 즉시 규정된 액체 보조재료에 담그고 꺼내어 건조시킨 다음 부수거나 약연(藥碾)으로 가루로 한다(煅淬法 : 단쉬법, 예 ; 적석지, 자석영, 자석단쉬) 불에 붉게 달구는 정도를 주의해야 하며 부드럽고 쉽게 부서지게 해야 한다.

(8) 수비(水飛)

광물류의 약재를 적당량의 물과 같이 갈고 여기에 물을 넣고 교반하여, 혼탁액을 기울여 따라내고 가라앉는 부분을 다시 위의 방법으로 여러 번 반복하여 현탁액을 모아서 밑에 가라앉은 것을 취하여 건조한다. (예 ; 주사 등)

(9) 천(燀)

약재를 끓는 물속에 넣어 잠깐 저은 후 꺼낸다. 일부 종자류 약재는 종피가 벌어져 벗길 수 있을 정도가 되면 꺼내어 찬물에 담근 후 종피를 제거하고 말린다. (예 ; 행인, 도인 등)

(10) 외(煨)

약재를 물에 적신 면이나 종이로 싸서, 또는 기름종이로 균일하게 층층이 나누어놓고 가열처리 하거나 약재를 밀기울껍질(麩皮, 부피) 속에 묻고 문화로 규정된 정도가 될 때까지 볶는다. 따로 규정이 없는 한 약재 100kg에 밀기울껍질 50kg을 사용한다.

제3장

약용농산물의 이용

제 3장 약용농산물의 이용

제 1절 약선(藥膳)

1. 약선의 개념

인간의 생존에 필요한 에네지는 전적으로 다른 생물체에 의존하고 있다. 현존하는 생명체는 각자 독특한 특성이 있으며 이러한 특성들 중의 하나는 자기 방어수단이다. 생명체의 방어수단은 다양하지만 인간이 에너지원으로 사용하는 대부분의 식료원은 식물체이고, 식물체의 대부분은 방어수단으로 독성분이나 약리작용이 있는 알칼로이드 물질이 대부분 함유하고 있다. 식품도 생존을 위한 음식물이면서 위해작용이 함께 있는 독물이다. 더구나 신체의 조건, 영양섭취상태, 먹는 식재료의 종류 등에 따라 섭취한 식품의 인체 영향은 천차만별이다.

오래전부터 인간의 건강에 대한 욕망은 자연스럽게 음식물에 대한 관심을 갖게 되고 이러한 먹거리에 대한 고민이 음식의 특성과 섭취시 영향에 대하여 관심으로 표현된다. 최선의 섭취방법에 대한 관심이 높아지면서 자연스럽게 음식물과 식재료의 선택과 배합, 계절 등 다양한 특성을 적용하게 되었다. 동양철학과 전통의학에서 기본이 되는 음양오행설을 기본으로 하는 식재료의 특성을 구별하고, 각 특성의 품성이나 맛을 보다 정교한 이론체계와 경험적 효능을 조합하여 가장 적절한 음식배합비를 구성하는 찾아내는 것이다. 이러한 조합을 약식(藥食), 식양(食養) 등의 계념으로 식생활에 적용되면서 약선(藥膳)의 개념이 시작되었다.

본초학의 발전과 수많은 의학서적 저술로 약재가 되는 약료와 음식이 되는 식료의 구분과 차이에 대한 근본적인 이해로 질병은 섭생(攝生)과 밀접하게 연관이 있는 것을 이해하게 되었다. 동아시아 한국과 중국의 오랜 식문화에서 발생된 한의학의 이론에 근거한 한방요리가 대표적인 예이다. 또한 지역과 계절에 따라 다양한 약식(藥食)이 이루어져 계절식, 명절식 등이 형성되기도 하였다. 한의학의 이론에 근거하여 생약이나 그 밖의 약용가치가 높은 먹거리를 잘 조합하여 조리한 전통 영양식은 고문헌 음식조리, 의학서적에서 쉽게 접할 수 있다. 특히 동의보감의 섭생관련 내용을 포함하여 각종 약죽, 약술, 숙수(熟水) 등 다양하게 존재한다.

체계적으로 발전되기 시작한 것은 한국과 중국을 비롯하여 일본 등지에서 식료(食料)의 근본적인 약성(藥性)을 질병 예방 및 치료목적의 식양(食養)의 측면에서 학문적으로 접근하기 시작하면서 부터이다. 소위 약식동원(藥食同源)이나 식약동원(食藥同源)의 식문화와 전통적으로 내려오는 섭생법을 현대적으로 연구하는 소위 약선학(藥膳學), 식료학(食療學) 등으로 연구되고 있다. 최근에는 발전된 약선의 형태로 건강식품이나 기능성식품 등이 유형으로 발전하고, 또한 미용식품이나 스킨푸드(Skin food) 등의 뷰티산업으로도 확대되고 있다.

2. 약선의 역사

한의학에서는 약식동원(藥食同源) 또는 식약동원(食藥同源)의 약과 식의 개념에 대하여 일상 섭취하는 식품을 다량으로 섭취하는 약재로 생각하고, 약재는 소량 섭취하는 식품으로 보는 개념이다. 식품과 약재를 어떻게, 언제, 얼마나 섭취하며 인체의 질병이나 노화로 인한 비정상적 신체조건을 개선하기 위한 섭식법(攝食法) 등에 대한 방법이 중요하게 되었다. 오래 살고 싶다는 인간의 욕망에서 나온 동아시아의 오랜 식문화와 도교나 불교 등의 종교사상과 결합되어 고유한 선식(仙食), 한의학의 이론을 근거로 한방식 및 한방요리 등이 발전하기 시작하였다. 이러한 식재료는 전통적으로 약재로 사용되는 약재들 중에는 평상시 섭취하는 쌀, 보리, 밀, 콩 등은 물론 동물과 어류, 과일 등 모든 약재가 고려될 수 있다. 현재 생약재로 사용되는 약재는 약 5,800여종이 이용되고, 수많은 한의학 서적과 음식물에 대한 자료로 남아 있다.

중국에서는 당나라 때부터 약선이 독립적으로 발전하여 왔다고 알려져 있다, 한국에는 관련 기록이 많지는 않으나 중국 역사서의 기록에서 고려시대 음식을 이용한 양생과 치료를 담당하는 전담부서인 '사선서(司膳署)'를 두었다는 기록이 있고, 동의보감, 향약집성방, 의방유취 등의 의학서적에는 식이처방에 대한 상당한 기록이 있고, 조선시대 초기부터 식료찬요, 산가요록, 수운잡방, 음식디미방, 산림경제, 임원십육지, 규합총서 등의 조리서적이 있다. 대부분의 조리내용이 약선의 개념과 같다. 특히 각종 발효음식과 저장법도 소개하고 있다.

최근 약선에 대한 관심은 높으나 정교한 이론적 체계는 물론 약선에 대한 명확한 개념도 불명확한 점이 있다. 한국의 경우 많은 관심과 더불어 약선 관련 서적과 연구기관에서도 활발한 연구가 진행되고, 최근 한식세계화, 한방화장품 등의 발전과 세계화 정책과 연계되어 관련산업도 급격히 발전되고 있다, 특히 최근에 다양한 생약재가 세계 각국으로부터 대량으로 수입되고, 한류와 함께 전통한식 가공품과 생약재를 원료로 하는 한방화장품의 수출량이 급증하고 있어 약선 혹은 한방요리와 함께 전통한방화장품의 전망도 좋은 편이다.

3. 약선의 발전사

음식을 통한 병을 다스리고 예방하려는 욕망은 오래전부터 있었으며 꾸준히 발전하여 왔다. 중국 하우(夏禹)시대 기원전 20세기경부터 통경(通經) 및 활혈(活血) 등에 대한 인식이 있었다고 한다. 특히 기원전 6세기 상(商)나라 시대 이윤(伊尹)의 탕액경(湯液經)에 여러 가지 요리에 관한 기록이 있다고 전한다. 춘추전국시대의 황제내경소문(皇帝內徑素問)에 약선에 대한 기록이 있다. 본초학의 최초의 전문의학서적인 신농본초경(神農本草經)에는 다양한 약재와 식료에 대한

요법들이 있고, 특히 동한(東漢)시대 장중경(張仲景)의 상한론(傷寒論)에는 약물(식료)로 병을 치료하는 많은 기록이 있다. 동한은 중국 남부의 아열대지역 국가로 주로 많은 약초가 있어 주로 질병을 약물로 치료하였으며 이러한 상한론이 대표적인 약물요법 저술이며 지금도 전통의학에서 중요한 서적의 하나 취급되고 있다.

약선에 대한 본격적인 저술로는 당대(唐代) 손사막(孫思邈)의 비급천금요방(備急千金要方)의 식치(食治)편과 맹선(孟詵) 천금식치(千金食治)의 보양방(補養方)이며 약이 되는 식료 214종과 138종의 처방이 기록되어 있다. 그 후 장정인(張鼎人)은 보양방증보편으로 식료본초(食料本草)를 편찬하였다. 후대 구은(昝殷)의 식의심경(食醫心鏡), 남당(南唐)시대 진사량(陳士良)의 식성본초(食性本草) 등은 더욱 발전된 내용으로 식품 성미(性味), 효능, 용법 및 용량까지 기록되어 있다. 송대(宋代) 왕회은(王懷隱)의 태평성혜방(太平聖惠方) 식치문(食治文)에는 약선치료법이 구체적으로 잉어죽, 콩죽, 우유 등과 부종과 당뇨병 등에 대한 치료법이 실려 있다.

특히 송대(宋代) 진직(陳直)의 양노봉친서(養老奉親書)은 노인병 치료 전문서적으로 노인병의 예방과 치료는 약선처방 160여 가지가 수록되어 있다. 양노봉친서(養老奉親書)는 상적(上籍)과 하적(下籍)으로 구성되어 있다. 상적 16편에는 음식과 약물을 이용한 음식방이 있고, 하적 13편에서는 노인의 음식, 거주환경, 정신적 정서, 생활방법, 노인양생 등에 대한 처방이 수록되어 있다. 주요 약선들로 상적(上籍)에는 食治養老益氣方(기운보양식), 食治老人五勞七傷諸方(오로칠상치료식), 食治老人虛損羸瘦諸方(마르고 힘이 없을 때 먹는 보신음식), 食治老人脾胃氣弱方(소화기능보충식) 등의 보양식과 치료식으로 食治老人眼目方(눈병치료식), 食治耳聾耳鳴方(귀병치료식), 食治瀉痢諸方(설사치료식), 食治老人水氣諸方(부종치료식), 食治老人喘嗽諸方(기침과 천식 치료식), 食治老人脚氣諸方(각기병치료식), 食治老人諸淋方(소변질환치료식), 食治老人噎塞諸方(구역질치료식), 食治老人諸治方(치질치료식), 食治老人諸風方(중풍치료식) 등이 16편이 있다. 하적(下籍)에는 노인의 비위, 생리와 병리, 양생, 질병예방 등의 13편으로 구성되어 있다. 양노봉친서(養老奉親書)에 수록되어 있는 보양식과 치료식에 대한 처방이 있다.

養老奉親書 (양노봉친서) (서기 1085년)

上籍

1. 식치양노익기방(食治養老益氣方) : 우유방(牛乳方), 법제저두방(法制猪肚方), 구기전방(枸杞煎方), 법저양두방(法煮羊頭方), 전저방방(煎猪肪方), 유면박탁방(油麵餺飥方)
2. 식치노인안목방(食治老人眼目方) : 보간저간갱방(補肝猪肝羹方), 마치실방(馬齒實方), 오계간죽방(烏鷄肝粥方), 창이죽방(蒼耳粥方), 치자인죽방(梔子仁粥方), 계두실죽방(鷄頭實粥方), 만청죽방(蔓菁粥方), 연실죽방(蓮實粥方), 죽엽죽방(竹葉粥方)
3. 식치이롱이명방(食治耳聾耳鳴諸方) : 자석저신갱방(磁石猪腎羹方), 녹신죽방(鹿腎粥方), 오계고죽방(烏鷄膏粥方), 리어뇌수죽방(鯉魚腦髓粥方), 저신죽방(猪腎粥方)

4. 식치노인오로칠상제방(食治老人五勞七傷諸方) : 난요장양도병자방(暖腰壯陽道餠子方), 자계죽방(雌鷄粥方), 양신종용갱방(羊腎蓯蓉羹方), 녹신죽방(鹿腎粥方)
5. 식치노인허손리수제방(食治老人虛損羸瘦諸方) : 작아죽방(雀兒粥方), 골즙저병방(骨汁煮餠方), 양육죽방(羊肉粥方), 계자삭병방(鷄子索餠方), 석영수저죽방(石英水煮粥方)
6. 식치노인비위기약방(食治老人脾胃氣弱方) : 양육삭병방(羊肉索餠方), 즉어숙회방(鯽魚熟鱠方), 곽채갱방(藿菜羹方), 저두방(猪肚方), 계자박탁방(鷄子餺飥方), 곡말삭병자방(麴末索餠子方), 양척골죽방(羊脊骨粥方), 양혈방(羊血方), 속미죽방(粟米粥方), 생강탕방(生薑湯方), 호육자방(虎肉炙方), 황자계혼돈방(黃雌鷄餛飩方)
7. 식치노인사리제방(食治老人瀉痢諸方) : 즉어숙회방(鯽魚熟鱠方), 적석지박탁방(赤石脂餺飥方), 황자계자방(黃雌鷄炙方), 감초탕방(甘草湯方), 해백죽방(薤白粥方), 곡말죽방(麴末粥方), 차전자음(車前子飮), 저간전(猪肝煎), 초면죽방(椒麵粥方), 즉어죽방(鯽魚粥方), 서미죽방(黍米粥方), 마치채방(馬齒菜方)
8. 식치노인번갈열제방(食治老人煩渴熱諸方) : 구기음방(枸杞飮方), 대맥탕방(大麥湯方), 황자계갱방(黃雌鷄羹方), 저두방(猪肚方), 토두음방(兎頭飮方), 청두탕방(靑豆湯方), 동과갱방(冬瓜羹方), 녹두방(鹿頭方), 야계학방(野鷄臛方), 우유방(牛乳方), 청양미음방(靑粱米飮方), 노근음자(蘆根飮子)
9. 식치노인수기제방(食治老人水氣諸方) : 리어학방(鯉魚臛方), 수우육방(水牛肉方), 마자죽방(麻子粥方), 적두방(赤豆方), 욱리인죽방(郁李仁粥方), 상백피음(桑白皮飮), 대두방(大豆方), 단육갱방(貒肉羹方), 백자리어방(白煮鯉魚方), 수우피방(水牛皮方)
10. 식치노인천수제방(食治老人喘嗽諸方) : 저이주방(猪頤酒方), 조전(棗煎), 강당전방(薑糖煎方), 도인전방(桃仁煎方), 도인죽방(桃仁粥方), 당전방(餳煎方), 저지방(猪脂方), 소전방(蘇煎方), 오리방(煨梨方), 감자죽방(甘蔗粥方), 지황음방(地黃飮方)
11. 식치노인각기제방(食治老人脚氣諸方) : 저두생방(猪肚生方), 리어학방(鯉魚臛方), 마자죽방(麻子粥方), 오계갱방(烏鷄羹方),저신죽(猪腎粥), 두심주방(豆心酒方), 자소죽방(紫蘇粥方), 저신생방(猪腎生方), 욱리인음방(郁李仁飮方), 웅육엄방(熊肉腌方), 생율방(生栗方)
12. 식치노인제림방(食治老人諸淋方) : 청두방(靑豆方), 소맥탕방(小麥湯方), 수밀전방(酥蜜煎方), 소죽방(蘇粥方), 차전자음(車前子飮), 마자죽방(麻子粥方), 유피삭병방(楡皮索餠方), 장수음(漿水飮), 규채갱방(葵菜羹方), 포도장방(葡萄漿方)
13. 식치노인열색제방(食治老人噎塞諸方) : 양육삭병방(羊肉索餠方), 황자계박탁방(黃雌鷄餺飥方), 소밀전방(蘇蜜煎方), 계심죽방(桂心粥方), 밀장방(蜜漿方), 강귤탕방(薑橘湯方), 초면죽방(椒麵粥方), 소전병자(蘇煎餠子), 백미음방(白米飮方), 혼돈방(餛飩方)
14. 식치노인냉기제방(食治老人冷氣諸方) : 도인죽방(桃仁粥方), 수유음방(茱萸飮方), 초면박탁방(椒麵餺飥方), 계심주방(桂心酒方), 자소죽(紫蘇粥方), 염탕방(鹽湯方), 강귤피탕방(薑橘皮湯方), 필발죽방(蓽茇粥方), 건강주방(乾薑酒方)
15. 식치노인제치방(食治老人諸痔方) : 리어회방(鯉魚鱠方), 야저육갱방(野猪肉羹方), 점어방(鮎魚方), 묘리갱방(猫貍羹方), 창이죽방(蒼耳粥方), 만어학방(鰻魚臛方), 구욕산방(鴝鵒散方), 행인음방(杏仁飮方), 상이죽방(桑耳粥方), 원앙법자방(鴛鴦法炙方)

16. 식치노인제풍방(食治老人諸風方) : 마자음방(麻子飮方), 대두주방(大豆酒方), 백양두방(白羊頭方), 오계확방(烏鷄臛方), 산전(蒜煎), 보신지황주(補腎地黃酒), 안지주방(雁脂酒方), 거성주방(巨胜酒方), 창이다방(蒼耳茶方), 괴다방(槐茶方), 갈근죽방(葛根粥方), 형개죽방(荊芥粥方), 자웅육방(炙熊肉方), 우방박탁방(牛蒡餺飥方), 오려두방(烏驢頭方), 창이즙갱방(蒼耳汁羹方), 감초두방(甘草豆方), 타지주방(駝脂酒方)

下籍

1. 음식조치(飮食調治)
2. 형증맥후(形證脈候)
3. 의약부지(醫藥扶持)
4. 성기호기(性氣好嗜)
5. 연처기거(宴處起居)
6. 빈부화복(貧富禍福)
7. 계기보호(戒忌保護)
8. 사시통용남녀부인방(四時通用男女婦人方) : 선복화산(旋覆花散), 강활환(羌活丸), 조중목향인삼산(調中木香人蔘散), 지각목향산(枳殼木香散), 사순산(四順散), 황기산(黃芪散), 귤피자산(橘皮煮散), 향백지산(香白芷散), 균기산(勻氣散), 지룡고(地龍膏), 칠성산(七聖散), 온백원(溫白圓), 고본산(藁本散), 속단산방(續斷散方), 인삼반하환(人參半夏丸), 정향환(丁香丸), 향초산(香草散), 향지탕(香枳湯), 북정환(北庭丸), 오서환(烏犀丸), 진심환(鎭心丸), 비파엽산(枇杷葉散), 강활산(羌活散), 칠성환(七聖丸)
9. 춘시요제약방(春時用諸藥方) : 세신산(細辛散), 국화산(菊花散), 성성환(惺惺丸), 신효방(神效方), 타담음자(墜痰飮子), 연년초(延年草), 황기산(黃芪散), 서점탕방(黍粘湯方)
10. 하시용약제방(夏時用藥諸方) : 두구산(豆蔻散), 종용환(蓯蓉丸), 목향환(木香丸), 가자산(訶子散), 삼성환(三聖丸), 평보저실환방(平補楮實丸方), 사순탕(四順湯), 오배환(五倍丸), 이중환(理中丸), 귤홍산(橘紅散), 팔선환(八仙丸)
11. 추시용제질방(秋時用諸疾方) : 칠보단(七寶丹), 섭비환(攝脾丸), 위령선환(葳靈仙丸), 신수고청환(神授高靑丸), 보구단(保救丹), 생강탕(生薑湯), 건비산(健脾散)
12. 동시용약제방(冬時用藥諸方) : 진귤환(陳橘丸), 수풍순기견우환(搜風順氣牽牛丸), 변비치료방(便祕治療方)
13. 간묘노인비급방(簡妙老人備急方) : 진왕배지산(秦王背指散), 회성음자(回聲飮子), 제호주(醍醐酒), 두충환(杜冲丸), 세안약(洗眼藥), 명목천초환(明目川椒丸), 외장치방(外障治方), 목적산(木賊散), 당일지방(當日止方), 유향산(乳香散), 운향환(芸香丸), 백향산(白香散), 각성산방(刻聖散方), 호골산(虎骨散), 황기산(黃芪散), 신백산(神白散), 응통환(應痛丸)

한국 약선에는 실제 식생활에 약선의 개념이 녹아 있고, 특히 조선시대 요리서적의 내용을 보면 음양오행설을 적용하고, 밥상의 밥과 반찬 구성에도 약선의 개념이 있다. 특히 중국에도 잘 알려져 있는 신라 21대 소지왕(炤知王)때 고사(故事)에서 유래된 것으로 알려진 약식(藥食) 혹은 약밥(藥飯)이 대표적인 음식이다.

약식(藥食)은 찹쌀밥에 꿀과 간장, 대추, 밤, 잣 등을 넣고 찐 음식이다. 정월 대보름에 먹는 음식일 뿐 아니라 신라 소지왕 때는 까마귀에게 보은(報恩)하는 제물로도 쓰였다. 삼국유사(三國遺事) 금갑(射琴匣)조의 소지왕 관련 설화에 까마귀가 소지왕에게 위기를 알려줘 모반(謀叛)

을 사전에 모면하여 왕이 이에 보답하기 위해 정월 보름날 찰밥을 지어 까마귀에게 제사를 지냈다는 내용이다. 그 후 찰밥이 고려시대에는 잣, 밤, 꿀 등 여러 재료를 섞어 만드는 약식으로 발전하였으며 도문대작(屠門大嚼)에는 중국사신들이 좋아하였고, 중국에 가져가기도 하였으며 중국에서도 모두 좋아 하였다고 한다. 조선 1819년 김매순(金邁淳)의 열양세시기(洌陽歲時記)에 의하면 사신 일행이 북경에 머물고 있을 때 상원(上元, 정월 대보름)에 약식(藥食)을 꼭 해 먹었다고 한다.

약식은 주로 민간의 식생활과 밀접한 관련이 있으며 고대의 기록이 남아 있지 않아 상세한 내용은 없으나 고려시대부터 중국과 잦은 전쟁과 정치적 혼란으로 중국의 약재 수입이 어려워지면서 향토 약초에 대한 이용과 관심이 절실하게 되었다. 고려 중엽 이후에는 여러 가지 향약(鄕藥) 관련서적을 편찬 보급하여 향약구급방, 향약고방, 삼화자향약방, 동인경험방, 향약혜민경험방 등이 출간되고 경험적 향약처방이 집대성되었다. 이때부터 문헌적으로 한의학의 토착화가 실질적인 이루어진 것으로 보인다. 향약구급방(鄕藥救急方)은 고려 고종(高宗) 여몽전쟁중 강화도 대장도감(大藏都監)에서 간행된 한국 최고(最古)의 의서(醫書)로 초간본은 전하지 않고 조선 태종 17년의 중간본이 남아 있다. 내용으로 방중향약목초(方中鄕藥目草) 6장을 본문으로 하고, 부록으로 방중향약목초부(方中鄕藥目草部)에 향약 180종에 대한 설명이 있어, 고려 중기의 본초학 및 약용식물 등의 연구에 귀중한 문헌이다.

조선 태조 때에는 중앙의료기관인 제생원(濟生院)에 명하여 고려시대의 향약서적들을 집대성한 「향약제생집성방(鄕藥濟生集成方)」을 편찬하였고, 여말선초(麗末鮮初)의 김희선(金希善)은 당시의 향약 처방전들을 모아 저술한 삼화자향약방(三和子鄕藥方)과 조선초기의 의관인 권중화가 편찬한 향약간역방(鄕藥簡易方)이 저술되었다. 향약집성방(鄕藥集成方)은 조선 초기 세종 15년(1433)에 유효통(兪孝通), 노중례(盧重禮), 박윤덕(朴允德)에게 명하여, 조선 초기 의약처방과 향약처방, 민간처방에서 사용되는 약재를 중심으로, 제중원(濟衆院)에서 편찬하였으며 총 30권, 질병338종의 내용과 향약방문 2,803개를 담고 있다. 또한 조선 태조 때 시작하여 국내외의 약재서적 365권 및 한의학 관련 문헌을 1445년(조선 세종 27년)에 집대성한 의방유취(醫方類聚)을 완성하였다. 이러한 조선시대 초기에 한의학과 향약 및 민간의학 저술과 보급은 한의학이 획기적으로 발전하는 계기가 되었다. 동의보감(東醫寶鑑)은 허준 등이 1596년(선조 29)부터 편찬하여 1610년(광해 2)에 완성된 의학서로 내과학인 내경편(內景篇), 외과학인 외형편(外形篇), 잡병편, 약방 관계의 탕액편(湯液篇), 침구편 등으로 되어 있다.

조선시대의 약식동원사상(藥食同源思想)은 가장 근접한 약선의 사상으로 볼 수 있다. 최근에도 약식관련 많은 연구와 서적이 출판되고, 많은 한방식품, 한방식이요법 등으로 많은 레시피(Recipe)와 제품이 개발되고 있다. 특히 한국의 삼계탕, 비빔밥 등의 한방식품이 각국에서 인기가 높고 수출도 많이 되고 있다고 한다.

향약구급방 (鄕藥救急方) 고려 1236년 (고종 23) 강화도 대장도감(大藏都監)

1) 상권 18목(目) : 식독(食毒), 육독(肉毒), 균독(菌毒), 백약독(百藥毒), 별독(鱉毒), 골골(骨鯁), 식열(食噎), 졸사(卒死), 자액(自縊), 열탕(熱湯), 낙수(落水), 중주(中酒), 단주(斷酒), 타절(墮折), 금창(金瘡), 후비(喉痹), 중설(重舌), 치감(齒蚶)

2) 중권 25목 : 정창(丁瘡), 옹저(癰疽), 장옹(腸癰), 동창(凍瘡), 악창(惡瘡), 칠창(漆瘡), 탕화창(湯火瘡), 단독은마(丹毒癮痲), 벌지창(伐指瘡), 표저(瘭疽), 골저(骨疽), 선개과창(癬疥瘑瘡), 전족목죽첨자(箭鏃木竹籤刺), 치루상풍(痔漏傷風), 구장통(口腸痛), 냉열리(冷熱痢), 대소변불통(大小便不通), 임질(淋疾), 소갈(消渴), 소변하혈(小便下血), 음라음창(陰癩陰瘡), 비뉵(鼻衄), 안병(眼病), 이병(耳病), 구순병(口脣病).

3) 하권 12목 : 부인잡방(婦人雜方), 소아잡방(小兒雜方), 소아오탄제물(小兒誤呑諸物), 수종(水腫), 중풍(中風), 전광(癲狂), 학질(瘧疾), 두통(頭痛), 잡방(雜方), 복약법(服藥法), 약성상반(藥性相反), 고전록험방(古傳錄驗方).

4) 부록 : 향약목(鄕藥目), 초부(草部)에 향약 180종(향약명, 약성) : 창포(菖蒲), 국화(菊花), 지황(地黃), 인삼(人蔘), 백출(白朮), 토사자(兎絲子), 우슬(牛膝), 시호(柴胡), 충울자(茺蔚子), 맥문동(麥門冬), 독활(獨活), 승마(升麻), 차전자(車前子), 서여(薯蕷), 의이인(薏苡仁), 택사(澤瀉), 원지(遠志), 세신(細辛), 남칠(藍漆), 남즙(藍汁), 궁궁(芎藭), 질려자(蒺藜子), 황기(黃耆), 포황(蒲黃), 결명자(決明子), 지부묘(地0x965d苗), 사상자(蛇床子), 계화(戒火), 인진호(茵蔯蒿), 창이(蒼耳), 갈근(葛根), 고삼(苦蔘), 괄루(括蔞), 당귀(當歸), 통초(通草), 작약(芍藥), 여실(蠡實), 구맥(瞿麥), 현삼(玄蔘), 모추(茅錐), 백합(百合), 황금(黃芩), 자원(紫苑), 석위(石葦), 애엽(艾葉), 토과(土瓜), 부평(浮萍), 지유(地楡), 수조(水藻), 제니(薺苨), 경삼릉(京三稜), 모향화(茅香花), 반하(半夏), 선복화(旋覆花), 정력(葶藶), 길경(桔梗), 여로(藜蘆), 사간(射干), 백렴(白斂), 대극(大戟), 상륙(商陸), 택칠(澤漆), 낭아(狼牙), 위령선(威靈仙), 견우자(牽牛子), 파초(芭蕉), 초마자(草麻子), 맹곽(萌藿), 천남성(天南星), 노근(蘆根), 학슬(鶴虱), 작맥(雀麥), 여여(藺茹), 독주근(獨走根), 회향자(茴香子), 연지(燕脂), 목단피(牧丹皮), 목적(木賊), 연과누(鳶窠窠), 칠고(漆枯), 전초(剪草), 송(松), 괴(槐), 오가피(五加皮), 구기(枸杞), 복령(茯苓), 황벽(黃蘗), 무모(蕪茅), 저실(楮實), 율(栗), 치자(梔子), 담죽엽(淡竹葉), 지실(枳實), 진피(秦皮), 산수유(山茱萸), 천초(川椒), 욱리인(郁李仁), 목관자(木串子), 상실(橡實), 야합화(夜合花), 조모(皁茅), 수양(水楊), 풍(楓), 오수유(吳茱萸), 유(柳), 건우(乾藕), 대조(大棗), 호도(胡桃), 우(芋), 도인(桃仁), 호마(胡麻), 적두(赤荳), 생곽(生藿), 대두황(大豆黃), 녹두(菉豆), 소맥(小麥), 서미(黍米), 대맥(大麥), 교맥(蕎麥), 나미(糯米), 부비화(腐婢花), 마자(麻子), 편두(扁豆), 만청자(蔓靑子), 과체(瓜蒂), 동과(冬瓜), 나복(蘿葍), 숭(菘), 소자(蘇子), 마치현(馬齒莧), 박하(薄荷), 고과(苦과), 형개(荊芥), 완자(薍子), 낙소(落蘇), 대산(大蒜), ○○(원명 미상), 번루(繁蔞), 비(菲), 규자(葵子), 와거(萵苣), 백거(白苣), 동규자(冬葵子), 총(葱), 양하(蘘荷), 산조(酸棗), 위피(蝟皮), 모려갑(牡蠣甲), 노봉방(露蜂房), 구수(蠷螋), 석결명(石決明), 제조(蠐螬), 유연(蚰蜒), 섬여(蟾蜍), 사세피(蛇세皮), 두서요(杜鼠屎), 구인(蚯蚓), 오공(蜈蚣), 자충(蚝虫), 지주(蜘蛛), 사향(麝香), 우황(牛黃), 웅담(熊膽), 호경골(虎脛骨), 영양각(羚羊角), 소(酥), 녹각(鹿角), 황명교(黃明膠), 아교(阿膠), 웅작시(雄雀矢), 노자(鸕鷀), 계관(鷄冠), 황단(黃丹), 석회(石灰), 자석(磁石), 복룡간(伏龍肝), 활석(滑石), 백맥반석(白麥飯石), 매태(莓苔), 천문동(天門冬) 등

4. 음양오행설 약성론과 약선

온세상은 태극에서 음양이 태동하여 삼라만상이 이루진다는 음양오행설(陰陽五行說)에서 한약재 및 식료(食料)의 약성론(藥性論)으로 약리작용과 성미를 파악하고, 인체와 음식에 적용하는 것은 체질론(體質論)과 기미론(氣味論)을 응용한 것이다. 특히 오행론은 인간의 체질, 성격과 건강, 질병 등도 결정한다고 생각하고, 이와 상응하는 식료까지 오행설을 기초로 인체에 맞는 음식재료를 파악하고 적용한다.

약물은 자연산물이므로 당시의 기본 자연관인 음양오행설을 적용하여 약재로 오미(五味), 사기(四氣)로 구분하여 약성(藥性)을 파악하였다. 오미는 약재를 산(酸), 고(苦), 감(甘), 신(辛), 함(鹹)의 하나로 구분하여 나타내고, 또한 사기(四氣)는 온(溫), 열(熱), 냉(冷), 한(寒)의 하나로 성질을 나타낸다. 약재의 인체에 작용하는 특성으로는 보(補), 화(和), 사(瀉)의 작용으로 표현하였다. 약재는 병증에 맞도록 사용해야 한다. 이와 같이 약재를 사기와 오미를 기본으로 구분하고 사용하는 것을 **기미약성론(氣味藥性論 혹은 氣味論)**이라 한다. 이 외에도 승강부침이론(昇降浮沈理論), 칠정론(七定論)등의 이론을 포괄하여 약성론(藥性論)이라고도 한다.

약재의 온량한열(溫凉寒熱) 사기의 반응은 약재의 승강(昇(降)효능으로 약의 기운을 올리기도 하고 내리기도 하는 것이 있고, 약재 보사(補瀉)효능으로 몸의 허(虛)한 곳은 보태주고 실(失)한 곳은 사(瀉)하여 주는 것이고, 약재 표리(表裏)효능은 약이 밖으로 가는 것과 안으로 가는 것을 말하며 발한해열제의 종류가 모두 여기에 속한다. 또한 발산(發散)은 배기와 소화의 가스를 발산하는 것이고, 수렴제(收斂劑)는 땀이나 설사나 기침 등을 멈추게 하는 약성이다. 약재의 산고감신함(酸苦甘辛鹹) 오미의 특성은 감미(甘味)인 단맛은 혀의 가운데서 느끼고, 중앙토로서 중화와 화합으로 부족한 경락을 보해서 음혈을 완화시킨다. 신미(辛味)인 매운맛은 혀끝에서 느끼고, 올라가는 기운과 발산하는 기운이기 때문에 폐장의 기운을 활성화시키며 모든 기관을 확산, 발산시켜 땀을 흐르게 한다. 대체로 땀을 내는 감기약은 맵고 더운약이 많다. 고미(苦味)인 쓴맛은 혀의 목구멍 쪽 뿌리에서 느끼고, 내리는 기운과 수렴하는 기운이 있기 때문에 심장의 흥분을 가라앉히고 음식의 소화를 촉진한다. 산미(酸味)인 신맛은 혀의 양쪽 언저리에서 느끼며 간과 담이 오장 중에 반음반양(半陰半陽)의 방어 효능이 있다. 함미(鹹味)인 짠맛은 혀의 거의 전체에서 느끼며 침을 모으고, 혈관을 수축시킨다.

또한 우주만물과 삼라만상은 물론 인체도 음양오행이 조화를 이루면 건강하고, 균형이 무너지면 병이 생긴다고 본다. 따라서 인체의 균형이 무너지면 약초나 식료를 통하여 균형을 이루도록 보완하여 주면 음양오행이 균형을 원래상태로 회복됨으로서 건강을 유지하고 병은 낫는다고 본다. 건강을 유지하는 최고의 방편이 음식을 통하여 인체의 균형을 유지하는 것이고 이러한 방법의 하나가 약선(藥膳)이 된다. 이러한 음식 재료의 성질을 파악하고 조정하는 것은 음식재료의 특성을 잘 파악하여야 가능하게 된다. 사람마다 체질은 각기 다르므로 몸에 맞는 음식물의 섭취는 병의 예방과 치료에 매우 중요하다.

* 음양오행설과 기미론

오행(五行)	목(木)	화(火)	토(土)	금(金)	수(水)
오곡(五穀)	보리(麥)	기장(黍)	피(稷)	벼(稻)	콩(豆)
오과(五果)	오얏(李)	살구(杏)	대추(棗)	복숭아(桃)	밤(栗)
오채(五菜)	부추(韮)	염교(薤)	아욱(葵)	파(蔥)	콩잎(藿)
오축(五畜)	닭(鷄)	양(羊)	소(牛)	말(馬)	돼지(豚)
오미(五味)	산(酸)	고(苦)	감(甘)	신(辛)	함(鹹)
오감(五感)	시(視)	미(味)	촉(觸)	후(嗅)	청(聽)
오취(五臭)	누린내(燥)	불내(焦)	단내(香)	비린내(腥)	썩은내(腐)

5. 약선의 특징

당(唐)나라 때 고종(高宗)의 명을 받고 양상선(楊上善)이 편찬한 '황제내경태소(黃帝內徑太素)'에는 「오곡(五穀), 오과(五果), 오축(五畜), 오채(五菜)를 사용하여 굶주림에 충당할 때는 이것을 식(食)이라 하고 이것으로 병을 고칠 때는 약이라 한다.」 한국의 약과 음식에 대한 기본 사상인 약식동원(藥食同源) 사상이 약선(藥膳)과 약식(藥食)에 대한 압축된 의미이다.

그리고 중국의 가장 오래 된 본초학 서적인 「신농본초경(神農本草經)」은 약선의 가장 고전적인 서적으로 365종의 약제가 실려 있다. 그 약제를 그 효능과 사용목적에 따라 상품(上品), 중품(中品), 하품(下品)으로 분류하였다. 최근 발행된 「중약대사전(江蔬新醫學院編)」에는 모두 5767종의 생약(약물, 식물)의 효능이 각각 수록되어 있다.

* 신농본초경(神農本草經)

상품(하늘)	120종 : 인삼, 대추, 감초, 구기자, 율무 등 • 목숨을 부양하는데 사용 • 장기다량 복용, 불로장수, 경신익기(輕身益氣)의 목적으로 복용하는 약
중품(사람)	120종 : 말린 생강(乾薑), 백합, 해조류, 용안(龍眼) 등 • 성(性)을 부양하는데 사용 • 병을 예방, 체력 보강,
하품(땅)	125종 : 부자(附子), 대황(大黃) 등 • 병을 고치는데 사용 • 유독하여 장기복용 삼가.

6. 식료(食料)의 약성

음양오행설에서는 생명체는 음양(陰陽), 성명(性命), 천도(天道)에 순응하여 살아간다. 음양의 상호작용과 변화에는 다섯 가지 방법 혹은 방향이 있으며 즉 오행설로 5가지요소는 목(木), 화(火), 토(土), 금(金), 수(水)이다. 음양이 움직여 밤낮이 생기고, 하루 밤낮이 한 달이 되고, 사계절과 연연세세가 흘러간다. 이와 같이 땅에서 일어나는 지도(地道)는 음양의 천도에 시간적 운행 속에 귀속되어 있다. 따라서 땅에 살아가는 인간과 식품의 재료인 동식물은 음양의 천도 속에 존재한다. 인간의 삶의 원천인 식생활도 음양의 천도와 지도, 인도(人道)에 순응하면 불로장생한다고 한다. 천지지도(天地之道)는 음식지도(飮食之道)와 상통하는 것으로 천도(天道)에 의하여 지도(地道)가 드러나고, 지도 안에 인도(人道)가 들어 있기 때문이다.

* 오행설(五行說)

오행(五行)	목(木)	화(火)	토(土)	금(金)	수(水)
오기(五氣)	풍(風)	열(熱)	습(濕)	조(燥)	한(寒)
오시(五時)	춘(春)	하(夏)	장하(長夏)	추(秋)	동(冬)
오체(五體)	근(筋)	맥(脈)	육(肉)	피(皮)	골(骨)
오미(五味)	산(酸)	고(苦)	감(甘)	신(辛)	함(鹹)

약물은 자연산물이므로 당시의 기본 자연관인 음양오행설을 적용하여 약재로 오미(五味), 사기(四氣)로 구분하여 약성(藥性)을 파악하였다. 오미는 약재를 산(酸), 고(苦), 감(甘), 신(辛), 함(鹹)의 하나로 구분하여 나타내고, 또한 사기(四氣)는 온(溫), 열(熱), 냉(冷), 한(寒)의 하나로 성질을 나타낸다.

1) 식품의 오성(五性)과 오미(五味)

식품을 섭취하는 온도와는 무관하게 몸을 덥게 하거나 차게 해주는 성질이 있으며 식품의 성(性)에는 열(熱), 온(溫), 평(平), 량(涼), 한(寒)의 5가지 성(性)질 혹은 기(氣)질을 갖고 있다. 또한「동의보감」,「본초강목」등의 한의학서에는 식품마다 온•열성(溫熱性), 평성(平性), 한•량성(寒凉性)으로 분류하고 있다. 자연현상으로 가을과 겨울에는 온열성 식품을 많이 먹게 되고 봄과 여름에는 한량성 식품을 즐기게 되는 것이 자연의 이치이기도 하다.

한(寒)성식품은 몸을 식혀주는 음식으로 여름철에 먹으면 좋다. 몸이 병 등으로 비정상적으로 찬 한성(寒性)일 경우에는 한성식품을 먹으면 오히려 병이된다. 이러한 경우 보통 열성식품과 함께 먹어 평(平)성으로 조정하면 좋다. 흔히 열성식품 중에서 마늘, 고추, 후추, 계피, 식초 등의 조미료와 함께 섭취하여 성질을 교정한다. 이러한 식품의 성질을 조정하는 것을 **양념(藥鹽)** 이라고 부르고 이러한 식료들을 양념류다고 부른다. 대표적인 한성식품이 녹두, 메밀, 고사리, 오이, 가지, 아욱, 근대, 버섯, 참외, 수박, 차 등이며 주로 여름철에 나는 식재료이다.

열(熱)성 식품은 섭취시 몸을 덥게 하는 식품이다. 한성(寒性)으로 기울어진 병증[陰症]이나 차가운 몸을 조정하는데 사용할 수 있고, 흔히 탕약으로 많이 사용되며 한성식품을 평성으로 조정하기 위하여 조미료(양념)로 사용된다. 대표적인 식품은 후추, 마늘, 천초(川椒), 생강, 고추 등이다.

온(溫)성 식품은 몸을 따뜻하게 만드는 식품으로 음증(陰症)을 다스리는 데 좋고, 한성 또는 량성식품을 평성으로 조정하는데 조미료로 사용된다. 겨울철에 좋은 식품이다. 대표적인 식품은 도라지, 쑥, 마늘, 인삼, 부추, 파, 모과, 염소고기, 개고기, 오골계 등이다.

량(凉)성식품은 주로 여름철 식품으로 몸을 식히거나 온성이나 열성으로 생긴 병증[陽症]이나 온성이나 열성식품을 평성으로 만드는데 조미료로 사용된다. 대표적인 식품은 찹쌀, 오리, 대합, 우유, 굴, 상추 등이다.

평(平)성 식품은 기(氣)의 균형을 유지에 영향을 주지 않는 식품으로 매일 먹어도 좋은 음식이다. 식품의 성이 중성으로 사시사철 먹는 식품으로 가장 평범하고 몸의 균형과 상관없이 부담없이 먹어도 된다. 대표적인 식품은 멥쌀, 대두, 매실, 자두, 농어, 쇠고기, 팥, 감초 등이다.

＊식료(식품) 오성(五性)

한성(寒性)식품	• 몸을 식혀주는 여름철 음식, 여름철에 먹으면 좋음 • 몸에 열성일 때 평성으로 조정, 열성으로 기울여진 병증 치료 • 한상식품에 열성식품을 양념(藥鹽)으로 사용 평성(平性)으로 조정 • 녹두, 메밀, 고사리, 오이, 가지, 아욱, 근대, 버섯, 참외, 수박, 차 등
열성(熱性)식품	• 몸을 덥혀주는 식품 • 한성(寒性)으로 기울어진 음증(陰症)을 치료 • 한성식품을 평성으로 조정하기 위하여 조미료(양념)로 사용 • 후추, 마늘, 천초(川椒), 생강, 고추 등
온성(溫性)식품	• 몸을 덥혀주는 식품 • 겨울철에 좋고, 음증(陰症)을 다스리는 데 좋음 • 한성 또는 량성식품을 평성으로 조정하는데 조미료로 사용 • 도라지, 쑥, 마늘, 인삼, 부추, 파, 모과, 염소고기, 개고기, 오골계 등
량성(凉性)식품	• 주로 여름철 식품으로 몸을 식혀주는 식품 • 열성으로 생긴 병증[陽症] 치료 • 온성이나 열성식품을 평성으로 만드는데 조미료로 사용 • 찹쌀, 오리, 대합, 우유, 굴, 상추 등
평성(平性)식품	• 성이 중성으로 매일 또는 사시사철 먹어도 좋은 식품 • 가장 평이한 식품으로 몸의 균형과 무관하게 섭취 • 기(氣)의 균형을 유지에 영향을 주지 않는 식품 • 멥쌀, 대두, 매실, 자두, 농어, 쇠고기, 팥, 감초 등

2) 식품의 오미(五味)

고대에 오장을 연계하여 간장(木) • 심장(火) • 비장(土) • 폐장(金) • 신장(水)으로 나누고 상생론과 상극론에 연동(聯動)시켜 오장의 오기의 균형에 따라 질병의 발생과 식품의 오성(열(熱), 온(溫), 평(平), 량(涼), 한(寒)과 연동하여 식품과 인체의 균형을 서로 조정할 수 있다고 한다. 즉 간에 질병이 있으면 간(肝)은 목(木)의 성질이므로 木의 성질인 강한 신맛 식품류와 火의 성질인 소량의 쓴맛 식품과 土의 성질인 단맛 식물을 첨가하여 섭취하면 간장은 원래의 기운인 원기(元氣)로 회복되어 몸 전체가 좋아지게 된다고 한다.

* 오행설과 인체 오장육부 연계표

오행(五行)	목(木)	화(火)	토(土)	금(金)	수(水)
오장(五臟)	간(肝)	심(心)	비(脾)	폐(肺)	신(腎)
오체(五體)	근(筋)	맥(脈)	육(肉)	피(皮)	골(骨)
육부(六部) (현대해석)	담(膽) (쓸개)	위(胃) (소장 · 삼초)	대장(大腸) (위)	소장(小腸) (대장)	삼초(三焦) (방광)
오관(五官)	눈(目)	혀(舌)	입(口)	코(鼻)	귀(耳)
오미(五味)	산(酸)	고(苦)	감(甘)	신(辛)	함(鹹)

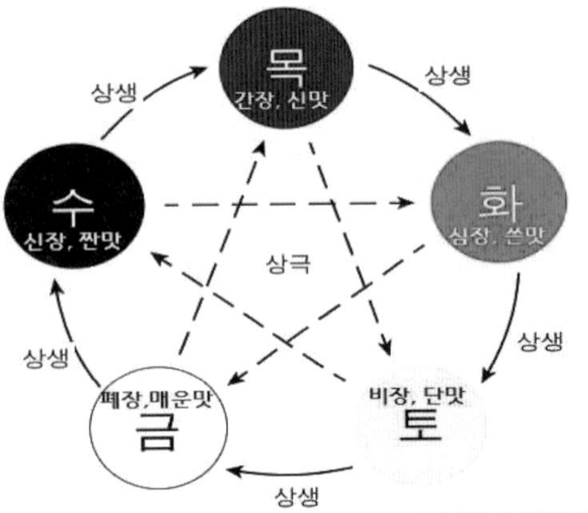

* 오행의 상생과 상극관계

상생 : 木生火, 火生土, 土生金, 金生水, 水生木

상극 : 木剋土, 土剋水, 水剋火, 火剋金, 金剋木

* 오장의 실기(失氣)

간장 = 신맛 식물 + 소량 쓴맛과 단맛 식물

신장 = 짠맛 식물 + 소량 신맛과 단맛 식물

폐장 = 매운맛 식물 + 소량 짠맛과 단맛 식물

심장 = 쓴맛 식물 + 소량 단맛 식물

비장 = 단맛 식물 + 소량 매운맛과 단맛 식물

식품에 따라서는 몇 가지 맛이 복합된 맛을 지닌 것이 있기는 하지만 음식에는 크게 달고, 시고, 쓰고, 맵고, 짠 다섯 가지의 맛이 있다. 식품의 맛 그 자체에 그 효능을 인정되며 맛에 따라 효능이 변한다. 즉 상생론과 상극론을 적용하여 보면 간에는 신맛 식품이 좋은 식품이지만 간에 병이 생기면 신맛 식품을 먹고, 혹시 함유될 수 있는 매운맛을 쓴맛으로 소멸시켜 주어야하기 때문에 쓴맛 식품을 소량 함께 섭취하고, 또한 단맛 식품을 소량 함께 섭취한다. 단맛은 토(土)의 성질로 모든 것에 조화를 이루게 하는 작용을 하기 때문이다. 이와 같이 오장의 원기가 균형을 잃게 되어 질병이 생길 경우 적절한 성질을 갖는 식품을 섭취함으로서 병을 고칠 수 있게 된다. 따라서 같은 논리로 각 장기에 상생과 상극론을 적용시키면 다음과 같다.

땅에서 생겨난 식재료는 땅의 지도(地道)인 오행(五行) 즉 목(木), 화(火), 금(金), 수(水), 토(土)의 유전으로 운행되며 상생(相生)과 상극(相剋) 작용이 상호교류하게 된다. 이러한 상생과 상극을 식품과 인체, 질병에 연계시켜 木生火, 火生土, 土生金, 金生水, 水生木은 상생관계이고 木剋土, 土剋水, 水剋火, 火剋金, 金剋木은 상극관계이다.

간에 병이 생기거나 나빠지면 신맛이 나는 식품과 적은 양의 쓴맛 식품과 약간의 단맛 식품을 함께 먹는다. 신장에 병이 생기거나 나빠지면 짠맛 식물에 소량의 신맛 식품과 약간의 단맛 식품을 함께 먹는다, 폐가 좋지 않으면 매운맛 식품과 소량의 짠맛과 단맛 식품을 먹고, 심장이 좋지 않으면 쓴맛 식품에 소량의 단맛 식품을 먹는다. 비장에는 단맛 식품에 소량 매운맛과 단맛 식품을 함께 먹는다.

＊식료(식품) 오미(五味)

단맛의 효능	• 단맛을 가진 식품은 비(脾)에 작용하며 비장을 보양 • 위의 긴장을 완화하여 통증을 없애 줌 • 몸이 쇠약한 것을 보양하고 자양강장의 작용이 있음
신맛의 효능	• 신맛을 가진 식품은 간(肝)에 작용하여 간장을 보양 • 몸이 지나친 것을 억제하여 근육수축과 소염(消炎)작용이 있음 • 도한(盜汗, 수면중 식은땀), 만성설사, 빈뇨, 유정(遺精) 등에 좋은 • 과식하면 근육 수축작용으로 인하여 몸 안의 발산을 방해 함
쓴맛의 효능	• 쓴맛의 식품은 심(心)에 작용하여 심장을 보양 • 몸의 열을 없애고 습기를 제거하는 작용이나 강하작용이 있음 • 몸을 쾌적하고 가뿐하게 만들지만 과식하면 양기를 잃게 됨
매운맛의 효능	• 매운맛의 식품을 폐(肺)에 작용하여 폐장(허파)을 보양 • 몸을 따뜻하게 해주고, 기혈(氣血)의 순환을 좋게 함 • 신체의 막힌 것을 발산시켜는 작용이 있어 감기 등에 효력이 있음
짠맛의 효능	• 짠 식품은 신(腎)에 작용하여 신장을 보양 • 응어리를 연화(軟化)시키는 작용이 있어 변비, 임파선 종창에 좋음 • 과식하면 신장의 기력이 약해 짐.

오미상생(五味相生)은 신맛→쓴맛, 쓴맛→단맛, 단맛→매운맛, 매운맛→짠맛, 짠맛→신맛은 서로 상승작용으로 맛이 좋아지고 건강에도 좋다. **오미상극(五味相剋)**은 반대로 단맛(土)은 신맛(木), 짠맛(水)은 단맛(土), 쓴맛(火)은 짠맛(水), 매운맛(金)은 쓴맛(火), 신맛(木)은 매운맛(金)에 의하여 맛이 억제된다. 따라서 맛의 상승은 물론 식품의 맛을 조정하는데 응용될 수 있다. 이러한 맛을 갖는 식품은 섭취하였을 때 인체 내에서는 **오미작용(五味作用)**은 신맛은 수검(收斂)작

용, 쓴맛은 건조(乾燥)와 결집(結集)작용, 단맛은 보력(補力)과 완화(緩和)작용, 매운맛은 발산(發散)과 확산(擴散)작용, 짠맛은 사하(瀉下)와 해응(解凝)작용이 있다.

3) 식품의 보성(補性)과 사성(瀉性)

식품은 성질에 따라 **보성(補性)과 사성(瀉性)**이 있으며 **보성**은 허(虛)한 체질에 상응되는 인체의 생리기능 쇠퇴나 부족을 보충하는 작용을 말한다. 보성의 성질을 갖는 식품(혹은 약재)을 보성 특성에 따라 구분하여 보기식품(補氣食品), 보혈식품(補血食品), 보양식품(補陽食品), 보음식품(補陰食品)이 있고, 허약한 체질이나 빈혈, 소화불량 등에 좋은 식품이다.

사성은 실(實)한 체질에 상응되는 몸의 여분(과잉)을 제거하는 작용을 말한다. 비만 체질이나 비만, 변비, 수분대사 및 신체항진 등에 효과적인 식품(약재)이다. **사성식품은** 껍질체 먹는 곡물, 섬유질 식품, 야채나 과일, 버섯류, 해조류, 차, 커피, 소금, 간장, 식초 등이 있다.

* 보성(補性) 식품과 약재

보기식품(약) 補氣食品(藥)	• 기(氣)가 허한 것을 보충해 주는 식품 • 보기식품 : 인삼, 마, 감자, 표고버섯, 대추, 밤, 닭고기, 꿩, 소고기, 쏘가리, 선어, 미꾸라지, 멥쌀, 동부, 꿀 등 • 보기약재 : 인삼, 황기, 백출, 산약, 오미자, 백편두, 감초, 대조, 봉밀
보혈식품(약) 補血食品(藥)	• 몸속의 혈액을 보충해 주는 식품 • 보혈식품 : 당근, 시금치, 포도, 땅콩, 땅콩기름, 간, 염통, 돼지족, 우족, 도가니, 오징어 등 • 보혈약재 : 당귀, 숙지황, 백작약, 적하수오, 아교, 용안육
보양식품(약) 補陽食品(藥)	• 양(陽)이 허한 것을 보해 주는 식품 • 보양식품 : 동충하초, 구자, 호두, 참새고기, 양고기, 개고기, 민물새우, 바다새우, 해삼 등 • 보양약재 : 녹용, 녹각, 녹각교, 녹각상, 파극천, 육종용, 선모, 음양곽, 호로파, 두충, 속단, 보골지, 구척, 익지인, 골쇄보, 동충하초, 호두육, 합개, 자하거, 토사자, 사원자, 쇄양, 구자, 양기석, 해구신, 해마, 사상자
보음식품(약) 補陰食品(藥)	• 음(陰)이 허한 것을 보해 주는 식품 • 보음식품 : 둥글레 구기자, 잣, 해바라기씨, 오골계, 달걀, 거위고기, 우유, 돼지고기 전복, 뱀장어, 굴, 맛조개, 홍합, 참깨, 참기름 등 • 보음약재 : 사삼, 맥문동, 천문동, 석곡, 옥죽, 황정, 백합, 구기자, 상심자, 한련초, 여정자, 구판, 별갑, 흑지마, 저실자

보성식품으로 **보기식품** 혹은 약재는 기(氣)가 허한 것을 보충해 주는 것으로 주로 몸이 약하여 땀을 많이 흐리거나 평상시에도 가슴이 두근거리며, 기운이 없는 사람, 쉽게 숨이 차고 감기

에 잘 걸리는 사람에게 좋은 식품이다. **보혈식품**은 혈액이 허하여 얼굴색이 누렇고, 입술과 손톱, 발톱의 색이 창백하고, 가슴이 두근거리며 머리가 어지러운 사람에게 좋은 식품이다. **보양식품**은 몸의 양(氣)이 허하여 허리와 무릎이 아프고 시큰거리고, 무릎이 찬기가 있는 사람에게 좋은 식품이다. **보음식품**은 몸의 음(氣) 허하여 진액(津液), 정(精), 혈(血) 등의 부족하고, 손바닥과 발바닥 및 가슴속이 후끈거리고, 아침에 조열(潮熱)이 나고 몸이 여윈 사람, 식은땀이 나면서 입과 목이 마르고, 맥박이 약하게 뛰는 사람에게 좋은 식품이다.

제 2절 약선 음식

약선(藥膳)은 음식을 약처럼 생각하고 먹는 것이다. 약을 과복용하지 않듯이 음식이나 약식도 지나치게 섭취하지 않아야 한다. 인체에서 오장 중 부족한 부분을 채우기 위하여 다른 동물 즉 소나 돼지의 신체부위로 채우는 것으로 소위「**이류보류(以類補類)**」라고 하여 전통적으로 사용하였다. 폐를 보강하기 위하여 소나 돼지의 허파를 먹고, 간을 보강하는데 소나 돼지 간을 먹었다, 또한 무릎과 뼈를 튼튼하도록 소의 무릎뼈 즉 도가니를 먹는다(도가니탕).

인체는 항상 평(平)한 상태를 유지하여야 심신이 편안한 상태가 된다. 이러한 평(평)한 상태가의 균형이 깨어지면 병이 생긴 것으로 본다. 실제 육체의 고통으로 아프지 않아도 병의 시작이나 초기단계로 이때는 먹는 음식을 조절하여 인체를 평성상태로 유지시킬 수 있다고 한다. 이러한 원리는 '음식이 보약이다', '음식이 약이다', 음식을 약으로 즉 음식이 약이라는 뜻으로 약식동원 및 약식(약과 식)에 상통하는 계념이다. 따라서 약식을 음양오행사상 이론에 맞추어 먹는 것이 약식이다. 음양오행이론에 따라 적용하면 식품재료 혹은 약재는 계절에 따라 맞는 성질을 갖는 생물이 자리고, 또한 인체도 같은 성질이 된다. 따라서 이를 식재료로 만든 계절식품이나 이를 사용하여 만든 음식물을 섭취하면 인체에도 같은 음양오행에 순응하게 된다.

따라서 계절식, 제철음식은 몸과 식품이 상통된 성질을 갖게 되고 건강한 상태로 된다고 본다. 즉 봄에는 쇠고기나 새싹 나물류, 여름에는 수박, 참외, 오이 등의 고채류, (늦)가을과 겨울에는 밤, 꿀, 사과, 꿩고기 등의 과일과 씨앗류 등을 기본으로 섭취하는 것이다. 반대로 겨울에 수박이나 참외를 먹고, 여름에 꿩고기를 먹으면 음양오행설에 맞지 않은 것이다. 또한 밥은 봄처럼 따뜻하게, 국은 여름처럼 뜨겁게, 장은 가을처럼 서늘하게, 술은 겨울처럼 차게 먹는 것이 순리에 맞고, 밥과 국과 반찬이 음식의 성질에 맞게 적절한 종류와 양으로 섭취하는 것이 좋고, 상차림의 기본원리가 되어 음(陰)과 양(陽)의 양성식품이 조화를 이루는 것이 좋다.

1. 약죽(藥粥)

죽(粥)은 쌀이나 조와 같은 곡식을 물을 넣고 끓여 묽게 만든 것으로 오랜 전부터 먹었다. 한방약죽은 특히 소화기능이 약한 사람이나 노인들의 건강식으로 사용하였다. 죽의 종류는 매우 다양하며 계절에 따라 각양각색의 죽이 있고 약죽은 더욱더 종류가 많다. 대표적으로 봄에는 채소죽 등, 여름에는 녹두죽 등, 가을에는 연근죽 등, 겨울에는 양고기죽 등을 먹었다. 약죽의 약재는 오랫동안 민간에서 사용하여 안전성이 확인되었고, 몸에 자극성이나 독성이 없는 약재를 사용하여 음양오행설에 따라 몸을 평성으로 조절하여 원기를 왕성하게 하고, 몸을 건강한 상태로 유지하게 한다. 한방약죽은 의사가 처방하는 치료약과 다르게 주로 병을 예방하는 목적으로 사용된다. 한국이나 중국에서는 고대부터 흔히 죽을 먹으며 특히 병자나 노인은 약죽을 먹는 것이 일상화되어 있고, 최근에는 연하(嚥下)식품 및 유동(流動)식품으로 상품화되어 있다.

1) 약죽의 종류

(1) 보기약죽 (補氣藥粥) : 기를 강화시켜 주는 약죽류

고구마죽 (紅薯粥)	• 음식재료 : 고구마(紅薯)와 멥쌀 (50 : 50), 필요시 소량 흑설탕 • 효능효과 : 허기제거, 비위강화, 산모최유, 야맹, 변비, 간장병, 황달에 좋음
삼령죽 (蔘苓粥)	• 음식재료 : 멥쌀, 백복령, 인삼 및 생강 (50 : 20 : 5 : 5) • 효능효과 : 비와 위 건강, 식욕 증진시키고, 구토와 설사를 멈추게 함

(2) 청열약죽 (淸熱藥粥) : 열을 식혀주는 약죽류

지황죽 (地黃粥)	• 음식재료 : 생지황(건지황)과 멥쌀 (50 : 50), 생강 2쪽 • 효능효과 : 열을 식혀 주고 진액을 생성함, 혈액을 생성하고 지혈작용 함
치자죽 (梔子粥)	• 음식재료 : 치자와 멥쌀 (5 : 50) • 효능효과 : 열을 식히고 화를 몰아 냄, 눈의 충혈을 완화시킴

(3) 활혈약죽 (活血藥粥) : 혈액순환에 좋은 약죽류

도인죽 (桃仁粥)	• 음식재료 : 도인과 멥쌀 (20 : 50) • 효능효과 : 혈액순환을 원활하게 하고, 어혈을 제거하고 통증을 멈추게 함
우엉죽 (牛蒡粥)	• 음식재료 : 우엉, 쌀 (50 : 50), 대추 1~2개 • 효능효과 : 혈액증진, 혈관강화, 노폐물배설, 변비, 고혈압, 뇌졸중에 좋음

2 약차(藥茶)

한약재를 물로 끓여 추출하거나 침지하여 우려낸 액상차이고, 전차(煎茶), 탕차(湯茶) 혹은 탕약(湯藥), 음차(飮茶), 차(茶) 등으로 비슷하다. 보통 탕약은 치료약으로 진한 액으로 복용하고, 약차는 건강차(음료)의 의미가 강하며 묽게 기호성 음료처럼 마신다.

탕약은 처방전에 따라 조제하고 엄격한 복용법이 필요하며 약차는 약재 중 상품(上品)으로 무독하여 장기다량복용에도 위해문제가 없는 것으로 일상적으로 상용할 수 있는 약차들이다.

그러나 기호차는 감성이나 감각, 정신적 효능/효과를 목적으로 복용하는 반면 약차는 몸의 보강(補强)이나 건강(健康)을 목적으로 복용한다.

1) 약차의 재료

약차재료는 대부분 생약재로 효능이 가장 우수한 시기에 채취하여 사용하며 전 처리하여 쓰거나 약재로 판매되는 건재를 사용하기도 한다. 주로 독성과 부작용이 없고 효능이 우수한 생약재로 장기복용하면서 몸에 유익한 즉 소위 상품(上品)을 사용한다. 약효는 물론 기호성도 좋아 맛과 향기 및 색 등도 만족스럽게 즐거움을 줄 수 있는 재료가 좋다.

약차재료는 신선하고, 채취, 가공 및 유통시 이물질, 곰팡이 번식, 벌레 등에 오염되지 않은 것이 좋다. 복용은 약효가 획득될 수 있도록 복용법을 준수하여 음용하는 것이 바람직하다.

2) 약차의 종류

(1) 고혈압에 좋은 약차

솔잎차 (松葉茶)	• 음식재료 : 솔잎에 물 10배가량, 기호에 따라 꿀이나 설탕 첨가 • 효능효과 : 솔잎차는 고혈압과 동맥경화에 좋고, 중풍예방, 위장병, 신경통, 소화불량, 불면증에도 효과
송화차 (松花茶)	• 음식재료 : 송화가루 꿀(설탕)물에 현탁 • 효능효과 : 중풍, 고혈압 및 심장병에 우수함, 폐를 보하고 신경통, 두통 등에도 효과, 송화(松花)는 송지(松脂), 송엽(松葉)보다 약효가 더 좋음
감잎차 (柿葉茶)	• 음식 재료 : 5~6월에 채취한 어린잎을 말린 감잎 2~3g/물 100㎖ • 효능효과 : Vit. C(레몬 20배), 이뇨작용, 해독작용이 있고, 고혈압 예방, 당뇨병, 뇌출혈, 괴혈병, 빈혈 및 고혈압 치료에 효과
다시마차 (昆布茶)	• 음식재료 : 약간 소금과 다시마(볶은 분말)에 물 10~20배량 사용 • 효능효과 : 고혈압, 신경통, 당뇨병, 위궤양, 노약 및 노인성 질환에 효과, Ca, 요오드 등 무기질 풍부, 청혈과 체질개선, 고혈압 예방에 효과
결명자차 (決明子茶)	• 음식재료 : (살짝 볶은) 결명자에 물 30배가량 사용 20g, 물 600㎖ • 효능효과 : 소화불량과 눈건강에 좋음, 시력증진으로 가성 근시에 좋음, 혈압강하, 현기증, 만성변비 및 노인변비 효과, 간장과 신장을 보호와 부종치료

(2) 자양강장에 좋은 약차

은행차 (銀杏茶)	• 음식재료 : 은행(분말)과 벌꿀 (2 : 1) 당장 후 2~3스푼 열탕에 용해 1컵 • 효능효과 : 정력 증강, 폐를 보하고 천식을 다스림, 진해작용과 이뇨작용, 소아야뇨증 치료, 과량섭취 중독(청산배당체)
구기자차 (拘杞子茶)	• 음식재료 : 구기자(잎)에 40배가량 물로 끓여, 꿀 약간 첨가 • 효능효과 : 자양강장약, 어린잎차는 자양강장, 피로회복, 모세혈관 등 강화, 동맥경화 예방, 열매차는 혈액순환 증진

오미자차 (五味子茶)	• 음식재료 : 오미자에 20배 물로 끓여 꿀 약간 넣어 복용 • 효능효과 : 오미(五味)의 오장(五臟)에 유익, 자양강장제로 체력증강, 피로회복, 해소(咳嗽)와 천식 진정, 눈을 밝게 함
산약차 (山藥茶)	• 음식재료 : 산약에 물 10배, 참마(生山藥)에 물 5배로 끓여 복용 • 효능효과 : 자양 강장, 불로장생의 약죽(참마죽), 기침, 천식, 식은땀, 숨가쁨 치료, 허약 체질 개선
산약산수유차 (山藥山茱萸茶)	• 음식재료 : 산약(건참마)와 산수유 (30:15), 13배량 물로 끓여 꿀/설탕 약간 • 효능효과 : 신장보호로 노화방지에 특히 효과, 불로장생죽으로 손꼽힘, 각종 성인병 예방, 신경통이나 산후풍, 빈혈, 거친 피부에 효과, 또한 감기예방, 정력 증진, 귀울음, 식은땀에도 효과
영지차 (靈芝茶)	• 음식재료 : 영지에 약 30배 물에 끓여 복용 • 효능효과 : 일명 만년차(萬年茶)로 건강과 장수에 복용, 인삼차처럼 대표적인 건강장수차, 장복용 불로장생차, 비만, 항암, 고콜레스테롤 예방효과
하수오차 (何首烏茶)	• 음식재료 : 하수오에 50배량 물로 끓여 복용 • 효능효과 : 뛰어난 강장과 불로장생, 관상동맥경화 예방, 심장병과 고지혈증 예방 및 치료, 자양강장 효과가 우수함
두충차 (杜沖茶)	• 음식재료 : 두충(수피)에 물 15~25배, 두충잎에 물 6~10배로 끓여 복용 • 효능효과 : 강장효과 및 신장과 간기능을 촉진, 등과 허리 및 다리의 통증, 생식기능의 증진 등에 효과적
두충감초차 (杜沖甘草茶)	• 음식재료 : 동량의 두충과 감초에 물 50배량에 끓여 꿀/설탕 약간 넣고 복용 • 효능효과 : 강장제로 많이 사용, 단방의 두충차보다 효과적이며 감초는 약효과 촉진, 정·기력증진, 특히 요통, 무릎의 통증에 탁월한 효과
연근차 (蓮根茶)	• 음식재료 : 연근 반 뿌리를 물 0.3리터에 끓여 마심 • 효능효과 : 식품용, 연근차는 맛이 담백함, 비위가 약한 사람에게 적합, 자양강장과 각종 출혈증상에 좋음
미삼차 (尾蔘茶)	• 음식재료 : 미삼 80g, 대추 10개, 황률 4개, 좁쌀 1/4컵, 물 1000㎖ • 효능효과 : 중추신경 흥분과 피로해소, 정력과 체력증진, 허약체질 개선, 냉증, 당뇨병 및 빈혈치료, 강장과 강정효과, 위장강화와 식욕부진에 좋음

(3) 피로회복에 좋은 약차

쌍화차 (雙和茶)	• 음식재료 : 작약, 숙지황, 황기, 당귀, 천궁(50:15:15:15:15)g, 생강/대추 6개 • 효능효과 : 심신피로와 병후에 허약, 지속적 허한(虛汗), 여름철에 더위 먹음
두향차 (豆香茶)	• 음식재료 : 대두 반되에 대추 2개를 삶아 건조하여 분말로 온수에 타서 복용 • 효능효과 : 대두로 만든 차로 여름철에 더위먹음과 피로회복에 좋음, 허약질 원기회복, 소아발육부진에 매우 좋음
죽엽대추차 (竹葉大棗茶)	• 음식재료 : 푸른죽엽 15g과 대추 20개를 물 0.6리터에 끓여 꿀을 타서 복용 • 효능효과 : 청혈과 해열작용, 더위로 식욕부진, 피로회복, 노폐물 배설, 심장보호, 만성 두통 및 불안증을 해소

오과차 (五果茶)	• 음식재료 : 황률, 대추 및 은행 각 10개, 진피(귤껍질)와 호두 각 5g, 꿀 0.6 리터를 함께 끓이고 달여 걸러서 대추나 잣을 띄워 복용 • 효능효과 : 허약 체질을 개선과 영양공급, 특히 병후, 산후의 회복 약차로 적합, 자양강장, 피로회복, 영양보충에 효과
매실차 (梅實茶)	• 음식재료 : 매실장아찌 3개, 생강 1쪽, 녹차 1 작은술, 설탕 1 작은술에 진한 녹차를 붓고 충분히 우려내어 마심 • 효능효과 : 피로회복과 피부미용, 숙취해소 등에 효과, 담석증 통증을 완화, 담즙분배 활성화와 담낭수축으로 담석증 예방과 치료, 담즙분비 촉진
대추차 (大棗茶)	• 음식재료 : 찐 말린 대추 20개를 4컵의 물을 붓고 약한 불 1/2로 졸여 복용 • 효능효과 : 기침과 변비, 피로회복에 효과, 노화방지, 강정과 강장효과, 변비 해소와 해열, 진해 작용, 단 덜 익은 것은 역효과

(4) 감기에 좋은 약차

유자차 (柚子茶)	• 음식재료 : 세절한 유자 10개에 설탕시럽을 붓고, 유자청을 만들어 복용 • 효능효과 : 감기, 몸살 더운물에 타서 복용, 심한 기침과 편도선 부은데, 발한. 해열, 소염(消炎), 진해 작용, 피부미용, 과음과 임산부가 입맛 증진
칡차 (葛根茶)	• 음식재료 : 칡뿌리 30g에 적당량 물로 끓여 복용, 생칡즙도 같음 • 효능효과 : 기침과 감기약, 갈근탕 주재료로 기침, 감기, 두통, 고혈압에 효과
생강계피차 (生薑桂皮茶)	• 음식재료 : 생강과 통계피 (80 : 20)을 물 0.8리터로 끓여 달인 탕액에 잣 1/2 큰술과 황설탕 4큰술을 넣고 마심 • 효능효과 : 추위 타는 허약 체질, 겨울철 감기기운이나 몸이 찰 때, 구역질, 입맛이 변한데, 자양강장, 흥분, 발한, 해열, 진통, 건위정장작용
생강대추차 (生薑大棗茶)	• 음식재료 : 대추 16개, 생강 20g을 물 0.6리터에 끓여 황설탕을 넣고 복용 • 효능효과 : 겨울철 목감기, 몸이 차고 떨릴 때, 자양, 이뇨 및 진해작용, 피로회복, 무기력해소, 노화방지에 좋음, 피부미백과 주근깨 제거

(5) 해독작용에 좋은 약차

민들레차 (蒲公英茶)	• 음식재료 : 민들레 뿌리 5g을 물 0.6리터에 끓여 2/3으로 졸여 복용 • 효능효과 : 기운이 쇠약하고 얼굴이 창백하며 몸이 찬 허증과 변비가 많은 실증체질, 청열해독, 염증억제, 화상과 여드름 등에 효과, 위장의 장기에 강한 열증, 위염, 변비, 식도염, 결막염, 갑상선기능 항진증, 등에 효과
황국차 (黃菊茶)	• 음식재료 : 말린 국화 꽃잎 20장을 물 0.3리터로 우려 복용 • 효능효과 : 해열, 해독, 감기로 인한 두통, 현기증, 귀울음, 눈의 충혈, 종기 등을 해소, 곽란, 복통 등에도 효과
감초차 (甘草茶)	• 음식재료 : 감초 10g을 물 0.6에 끓여 꿀/설탕를 넣어 복용 • 효능효과 : 해독작용, 맛을 순화와 효력 촉진, 부신피질호르몬 유사물이 있어 장대사작용 원활, 신경안정으로 위궤양, 신경과민에 효과, 통증과 경련완화

(5) 해독작용에 좋은 약차

민들레차 (浦公英茶)	• 음식재료 : 민들레 뿌리 5g을 물 0.6리터에 끓여 2/3으로 졸여 복용 • 효능효과 : 중국에서는 2천년 전부터 약용, 기운이 쇠약하고 얼굴이 창백하며 몸이 찬 허증(虛증과 변비가 많은 실증(實)체질, 청열해독, 염증억제, 화상과 여드름 등에 효과, 위장의 장기에 강한열증, 위염, 변비, 식도염, 결막염, 갑상선기능 항진증, 등에 효과
황국차 (黃菊茶)	• 음식재료 : 말린 국화 꽃잎 20장을 물 0.3리터로 우려 복용 • 효능효과 : 해열, 해독, 감기로 인한 두통, 현기증, 귀울음, 눈의 충혈, 종기 등을 해소, 곽란, 복통 등에도 효과
감초차 (甘草茶)	• 음식재료 : 감초 10g을 물 0.6에 끓여 꿀/설탕를 넣어 복용 • 효능효과 : 시베리아 동부와 중국 동북부가 원산, 해독작용, 한방약의 맛을 순화와 효력 촉진, 부신피질 호르몬 유사물이 있어 장대사작용 원활과 신경 안정 작용으로 위궤양, 노이로제에 효과, 통증과 경련을 완화

(6) 여름철에 원기회복에 좋은 약차

제호차 (醍湖茶)	• 음식재료 : 오매육, 백단향, 축사인 (80:50:80)을 물 1리터에 끓여 복용 • 효능효과 : 수렴, 건위, 정장, 구충 등 주로 소화기를 돕고, 백단향과 사인의 독특한 맛과 향기 약차, 더위먹음, 갈증해소, 건위와 장기능을 조절 및 지사 효능, 단오날에 제호탕을 먹는 풍습, 제호탕이라도 부른다.
백작약감초차 (白芍藥甘草茶)	• 음식재료 : 백작약, 감초 (50 : 25)을 물 0.6리터에 끓여 꿀/설탕 넣고 복용 • 효능효과 : 더위지고 식용부진, 소화불량에 건강약차, 몸속의 해독작용
모과차 (木瓜茶)	• 음식재료 : 세절 모과 3개, 설탕 0.5kg으로 모과청을 만들어 열수에 복용 • 효능효과 : 더위로 식욕부진, 원기부족, 피곤시 체력 보충, 기침과 변비해소

(7) 부종에 좋은 약차

옥수수수염차 (玉米须茶)	• 음식재료 : 옥수수수염, 결명자, 감국차 (20:10:5)을 물 0.6리터로 끓여 복용 • 효능효과 : 이뇨작용, 소염작용, 방광염, 고혈압, 심혈관 질병, 부종에 좋음, 장기복용하면 위장기능이 감퇴
수박차 (西瓜茶)	• 음식재료 : 말린 수박껍질 10g(생수박 껍질 30g)을 0,3리터 물에 끓여 복용 • 효능효과 : 이뇨작용, 더위먹음, 부종을 제거, 고혈압에 좋고 현기증 치료

(8) 기타

인동차 (忍冬茶)	• 음식재료 : 인동초를 그늘에 말려 뜨거운 물에 우려내어 복용 • 효능효과 : 줄기와 잎은 신경통과 요통에 좋음, 꽃은 감기와 목통증에 효과, 각종 염증질환치료, 해열과 해독작용

3. 약술(藥酒)

약술은 기호와 약재의 효능을 동시에 만족시키고, 에탄올에 의한 약리 용출성분의 함량과 종류 등이 수용성인 탕액이나 약차와 차이가 많다. 따라서 약술은 복용시 대상과 조건이 제한적이다. 또한 인체의 조건 즉 병에 걸려 있을 때는 더욱 신중해야 한다. 보통 적절하게 전 처리한 약재를 증류주인 소주(燒酒)에 침출시켜 만들며 최근에는 희석식소주를 사용하기도 한다.

1) 약술의 종류

(1) 자양강장에 좋은 약술

독활술 (獨活酒)	• 재료 : 독활뿌리(열매) 0.2~0.25kg/소주 1리터 • 효능 : 강장, 진통작용이 있으며 두통이나 현기증 등에 효과
마늘술 (大蒜酒)	• 재료 : 마늘 0.3kg/소주 1리터 • 효능 : 피로회복, 강장, 강정, 냉증, 노화방지, 감기 등에 효과
맥문동술 (麥門冬酒)	• 재료 : 맥문동 0.2kg/소주 1리터 • 효능 : 강장, 강심, 진해, 이뇨, 소염 효과
산약술 (山藥酒)	• 재료 : 산약(참마) 0.2kg/소주 1리터 • 효능 : 자양보정(滋養補精) 효과, 허약체질과 소화불량 개선, 원기회복, 설사, 신경쇠약, 식은땀, 가벼운 당뇨병에도 효과
생맥술 (生脈酒)	• 재료 : 인삼, 맥문동 및 오미자 (30:50:20)g/소주 1리터 • 효능 : 자양, 강장, 강심, 구갈해소, 중추흥분, 피로감, 숨가쁨, 더위먹음
용안술 (龍眼酒)	• 재료 : 용안육 0.15kg/소주 1리터 • 효능 : 자양 강장, 건위, 진정, 불면, 신경 쇠약, 정신 불안, 병후 쇠약 등
녹용술 (鹿茸酒)	• 재료 : 녹용 20g/소주 1리터 • 효능 : 강장, 강정, 강심, 허약 체질, 빈혈증, 신경쇠약, 병후 쇠약 등
잣술 (新羅松酒)	• 재료 : 잣 0.3kg/소주 1리터 • 효능 : 혈압강하, 자양, 강정, 피부 윤택 등
동백술 (冬柏酒)	• 재료 : 동백꽃 0.2~0.3kg/소주 1리터 • 효능 : 자양, 강장, 미용, 변비, 장출혈(腸出血) 등

(2) 혈액순환에 좋은 약술

솔잎술 (松葉酒)	• 재료 : 솔잎 0.3kg/소주 1리터 • 효능 : 강심, 강장, 고혈압, 각기병 등
하수오회춘술 (何首烏回春酒)	• 재료 : 하수오, 당귀, 구기자, 토사자, 연육 (30:15:15:15:15)g/소주 1리터 • 효능 : 강장, 근골 강화, 혈액 순환 개선, 정혈보온(淨血保溫), 노화예방 등

(3) 피로회복에 좋은 약술

머루술 (木龍酒)	• 재료 : 머루 0.3kg/소주 1리터 • 효능 : 강정, 강장과 발기 부전, 피로회복, 병후 회복 등
매실술 (梅實酒)	• 재료 : 매실 0.8kg/소주 1리터 • 효능 : 건위, 정장, 소화 불량, 피로 회복 및 건위, 강장, 진해, 거담 등
다래술 (藤梨酒)	• 재료 : 다래 0.2kg/소주 1리터 • 효능 : 자양 강장, 미용, 피로 회복 효과
오미자술 (五味子酒)	• 재료 : 오미자 0.1kg/소주 1리터 • 효능 : 강장, 건위, 피로, 권태, 무기력, 더위먹음, 기억력과 주의력 감퇴 등
정금술 (腺齿越桔酒)	• 재료 : 정금열매 0.2kg/소주 1리터 • 효능 : 피로회복, 강정과 강장 효과
더덕술 (沙蔘酒)	• 재료 : 더덕 3~4개/소주 1리터 • 효능 : 피로 회복, 건위, 정장, 강장(强壯), 거담, 쾌면 등
오디술 (桑實酒)	• 재료 : 오디 0.3kg/소주 1리터 • 효능 : 노화방지, 피로회복, 더위먹음, 빈혈 증세
고본술 (固本酒)	• 재료 : 지황, 숙지황, 인삼, 맥문동, 천문동 (25:25:10:20:20)g/소주 1리터 • 효능 : 무기력, 피로 권태, 식욕부진, 구갈증에 효과
보원술 (保元酒)	• 재료 : 인삼, 황기, 자감초, 계피 (30:40:15:15)g/소주 1리터 • 효능 : 무기력, 무력감, 식욕 부진, 만성 피로, 감기 등에 효과

(4) 부인질병에 좋은 약술

당귀술 (當歸酒)	• 재료 : 당귀 0.15kg/소주 1리터 • 효능 : 보혈, 혈색 불량, 월경 불순, 복통, 변비 등
홍화술 (紅花酒)	• 재료 : 홍화 50g/소주 1리터 • 효능 : 부인의 강장, 생리통, 무월경, 생리 불순, 냉증 등
익모초술 (益母草酒)	• 재료 : 익모초 0.15kg/소주 1리터 • 효능 : 산후 생리이상, 생리불순, 부인병 질환 효과
숙지황술 (熟地黃酒)	• 재료 : 숙지황 0.1kg/소주 1리터 • 효능 : 빈혈, 빈혈, 증혈(增血), 정혈(淨血), 조혈(調血), 피로, 손발 냉증, 병후 보양,
우슬술 (牛膝酒)	• 재료 : 우슬 0.15kg/소주 1리터 • 효능 : 부인의 무월경, 월경통, 혈액순환 조절, 울혈개선, 관절동통, 요통, 냉증과 손발 저림에 효과
산사자술 (山査子酒)	• 재료 : 산사육 0.15kg/소주 1리터 • 효능 : 소화불량, 허약체질, 피로회복, 식욕부진, 설사 등

(5) 식욕부진, 소화불량에 좋은 약술

정향술 (丁香酒)	• 재료 : 정향 0.1kg/소주 1리터 • 효능 : 건위, 정장, 식욕 부진, 소화불량 등
보온인삼술 (補溫人蔘酒)	• 재료 : 인삼, 백출, 자감초, 건강 (30:30:30:10)g/소주 1리터 • 효능 : 식욕 부진, 권태, 무력감, 복통, 구역질 등
팔진술 (八珍酒)	• 재료 : 인삼, 백출, 복령, 자감초, 숙지황, 당귀, 천궁, 작약 (15:15:15:10:10:10:10:10)g/소주 1리터 • 효능 : 식욕부진, 무력, 권태감, 원기부족, 만성피로, 허약체질, 혈색불량
진피술 (陳皮酒)	• 재료 : 진피 0.15kg/소주 1리터 • 효능 : 건위, 식욕 부진, 오심, 헛배 부름, 구토 등
소생진피술 (蘇生陳皮酒)	• 재료 : 소엽, 생강, 진피 (20:20:50)g/소주 1리터 • 효능 : 식욕 부진, 구역질, 소화 불량, 건위 등
회향후박술 (茴香厚朴酒)	• 재료 : 소회향, 후박, 생강 (30:40:25)g/소주 1리터 • 효능 : 복부 팽만감, 오심(惡心), 식욕부진, 건위, 소화불량 등

(6) 기침, 거담에 좋은 약술

은행술 (銀杏酒)	• 재료 : 은행(껍질 포함) 0.5kg/소주 1리터 • 효능 : 진해, 거담(祛痰), 자양(滋養) 작용
모과술 (木瓜酒)	• 재료 : 모과 0.6kg/소주 1리터 • 효능 : 피로회복, 진해, 기호성 좋은 과실주로 상용

(7) 고혈압에 좋은 약술

검은콩술 (豆淋酒)	• 재료 : 검은콩 0.2kg/소주 1리터 • 효능 : 고혈압에 효과, 지양강장 등
수오두충술 (首烏杜仲酒)	• 재료 : 하수오, 두충 (60:40)g/소주 1리터 • 효능 : 노화, 요통, 하반신 무력, 콜레스테롤, 혈관 강화 등
재실술 (梓實酒)	• 재료 : 개오동 열매 0.2kg/소주 1리터 • 효능 : 이뇨, 부종, 당뇨병, 신장병 등

(8) 요통, 신경통에 좋은 약술

부추술 (韭菜酒)	• 재료 : 부추 0.2kg/소주 1리터 • 효능 : 만성요통, 혈액순환, 통증완화 등
하밀감주 (夏蜜柑酒)	• 재료 : 하귤(夏蜜) 2개/소주 1리터 • 효능 : 근육통과 좌골신경통 등

4. 보약(補藥)

보약은 보양(補陽), 보음(補陰), 보기(補氣), 보혈(補血)하는 약재로 인체의 부조화를 조정하는 역할을 한다. 인체의 허약, 쇠약, 노약 등의 체질과 체력을 보강 목적으로 사용하는 보익기보양약(補益氣補養藥)이다. 전신의 음양평형 및 허와 실의 정도를 감안하여 체질과 목적 등에 따라 복합처방을 한다. 사용되는 약재는 상약(上藥)으로 중독과 부작용이 없이 장기복용할 수 있는 약재들로 처방된다. 보약재들은 자양과 조혈작용, 물질대사와 식욕촉진 효능이 있으며 인체 부조화의 허실보사(虛實補瀉), 음양형평(陰陽衡平) 목적으로 복용하는 것이 원칙이다.

1) 보기약(補氣藥)

보기약재 : (補氣藥材)	인삼(人蔘), 황기(黃), 산약(山藥), 백출(白朮), 대조(大棗), 감초(甘草), 황백(黃栢), 봉밀(蜂蜜) 등
보기처방 : (補氣處方)	사군자탕(四君子湯), 보중익기탕(補中益氣湯), 삼령백출탕(蔘白朮湯), 독삼탕(獨蔘湯), 삼기건중탕(蔘芪建中湯), 녹용대보탕(鹿茸大補湯), 황기팔물탕(黃八物湯), 육군자탕(六君子湯) 등

2) 보혈약(補血藥)

보혈약재 : (補血藥材)	숙지황(熟地黃), 하수오(何首烏), 백작약(白芍藥), 당귀(當歸), 아교(阿膠), 구기자(枸杞子) 등
보혈처방 : (補血處方)	사물탕(四物湯), 쌍화탕(雙和湯), 십전대보탕(十全大補湯), 교애팔물탕(膠艾八物湯), 고진음자(固眞飮子), 인삼영양탕(人蔘營養湯), 당귀보혈탕(當歸補血湯), 귀비탕(歸脾湯), 양심탕(養心湯), 양혈자생탕(養血資生湯) 등

3) 보양약(補陽藥)

보양약재 : (補陽藥材)	녹용(鹿茸), 녹각(鹿角), 해구신(海狗腎), 합개(蛤), 자하차(紫河車), 육종용(肉蓯蓉), 소양(銷陽), 파극천(巴戟天), 보골지(補骨脂), 익지인(益智仁), 음양곽(淫羊藿), 사상자(蛇床子), 두충(杜沖), 토사자(絲子), 양기석(陽起石) 등
보양처방 : (補陽處方)	신기환(腎氣丸), 삼용위생환(蔘茸衛生丸), 온신환(溫腎丸), 종용하차환(蓉河車丸), 수오구기탕(首烏枸杞湯) 등

4) 보음약(補陰藥)

보음약재 : (補陰藥材)	사삼(沙蔘), 천문동(天門冬), 맥문동(麥門冬), 석곡(石斛), 호마인(胡麻仁), 백합(白合), 여정실(女貞實), 귀판(龜板), 별갑(鼈甲), 해삼(海蔘) 등
보음처방 : (補陰處方)	육미지황환(六味地黃丸, 六味地黃湯), 대보음환(大補陰丸), 자신환(滋腎丸), 보신지황환(補腎地黃丸), 고음전(固陰煎) 등

* 부록1 : 효능별 보약처방 예, 157pg, 부록2 : 보양음료 종류와 처방, 161pg 참조

제4장

향료자원식물과 활용

제 4장 향료자원식물과 활용

제 1절 허브(Herb)

1. 허브의 정의

허브는 라틴어 「허바(Herba)」에 어원을 두고 있으며 "푸른 풀"이라는 의미이다. 또한 허브(Herb)를 Health(건강), Eating(식용), Refresh(상쾌한), Beautiful(아름다운)의 첫 번째 글자를 합성한 단어로 "먹으서 몸을 상쾌하고, 아름답고 건강하게 하는 식물"이라는 뜻이다. 사전에는 "향료나 약용으로 사용하는 풀이나 초본"이라는 의미이다. 즉 꽃, 열매(종자), 줄기, 잎, 뿌리 등을 **약용, 요리용(향신 및 기호), 향료용, 살균용, 식품첨가물용, 염료 및 미용 등**으로 이용되는 유용한 모든 초본식물을 의미하게 되었고, 동양이나 인도 등의 전통적으로 사용되고 있는 약초, 향초, 향신료, 채소류 등을 모두 포함한다. 동약의학에서 생약은 주로 질병예방과 치료목적으로 사용되는 것보다 더 넓은 범위이다. 또한 동약의학에서 생약의 성질을 평성으로 조절하기 위하여 사용하는 각종 양념(藥鹽) 흔히 사용되는 마늘, 파, 후추, 생강, 계파, 양파, 고추, 산초 등과 나물이나 과채류로 쑥, 달래, 산채, 과채, 산채류 등을 모두 포함한다. 최근에는 관상용으로도 이용되는 것까지도 포함하고 있다. 현재까지 대략 3-4천종이상이 보고되어 있으며 많이 사용되는 종류는 200～300여종이다.

2. 허브의 역사

허브역사는 고대 이집트의 파피루스 기록, 페르시아의 유나니(Unani) 의학, 인도의 아유르베다(Ayurveda)의학에서부터 시작된다. 최초의 기록은 BC 약 6,000년 전에 수메르인 들의 점토판 기록에 적혀 있고, 이집트에서는 BC 2800년경, 바빌로니아에서는 BC 2000년경에 허브를 사용한 기록이 있다. 이집트에서는 **미라 방부용**으로 허브와 향료를 사용하였고, 허브의 향으로 질병치료를 하였다. 고대 로마시대에는 아로마테라피(Aromathérapie)라는 **방향(향기)요법**이 정착시키기도 하였다. 십자군 전쟁과 인도를 통하여 전파되어 중국과 신라에도 향료를 이용한 기록이 있고, 불교와 회교의 전래와 함께 종교적 행사와 기복에 **향료**를 사용하게 되었다. 지금도 사찰이나 제사에 향을 피우고 정화하는 풍습이 있다.

지중해 연안과 페르시아 인도지역에서는 약용과 향신료를 중심으로 발전하였다. 고대부터 아라비아와 소말리아지역의 유향을 구하기 위하여 **유향루트(Incense route)**를 통하여 수입하였고, 로마시대에는 인도와 중국까지도 확대되었다. 이러한 무역로를 따라서 종교와 각종 문화가 교류 발전되었고, 천일야화(千一夜話) 또는 Arabian nights) 등의 작품도 출현되었다.

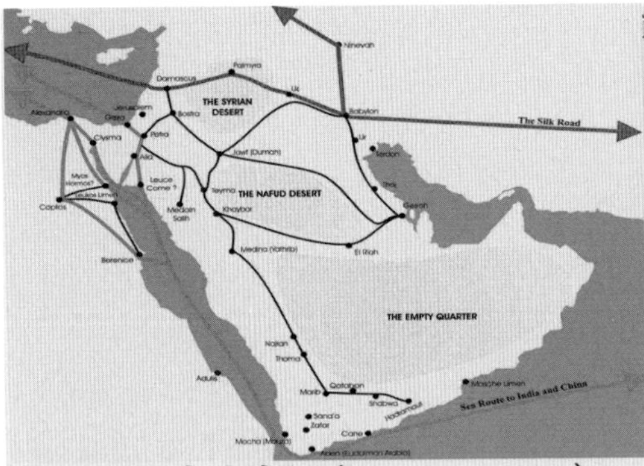

BC 2,000년 유향루트(Incense routes)　　BC 206~220년 향신료 무역로(Spice trade routes)

* Incense routes : 로마·그리스↔가자·알렉산드리아↔Mocha↔Aden↔인도·중국
* Spice trade routes : 유럽·로마·그리스 ↔ 페르시아 ↔ 큐산왕조 ↔ 漢代 ↔ 고구려·신라

또한 향신료무역은 동북 아프리카와 유럽 및 아라비아, 인도, 중국 및 동남아시아의 문명의 무역과 교류로 향신료와 다양한 문물이 전파되었다. 동양에서는 계피, 카다멈(Cardamom), 생강, 강황 등이 무역의 대상으로 기원전부터 중동지역으로 육상로를 통하여 전해졌고, 향신료 무역상들은 향신료 독점을 위하여 생산지나 무역로 정보를 숨기고, 각가지 거짓정보, 비현실적이고 환상적인 정보를 유포하면서 **아랍상인들이 독점**하였다. 인도와 스리랑카로 가는 해상무역로가 500년경에 개척되면서 육상무역로보다 행상무역이 더 활발하였다. **인도와 악숨**(Aksum) 왕국(에티오피아) 사람들이 인도양과 홍해의 해상교역을 지배하였다. 7세기 중엽부터 이슬람세력의 확장으로 스에즈와 이집트 일대를 통과하는 향신료의 육상무역로를 차단하여 인도와 악숨왕국 및 유럽으로 연결되는 향신료 공동체를 분열시키고, 다시 아랍상인들이 레반트(Levant, 가나안, 시리아, 요르단, 레바논 지역)와 **베네치아(Venezia)의 상인**들을 통해 유럽으로 향신료를 거래하였다. 이러한 무역은 1453년 오스만 제국이 무역로를 다시 끊어놓기 전까지 계속되었다. 초기에는 육상무역이 발달하였으나 해상무역은 대량 상업활동으로 발전하여 중세기 중후반부터는 아랍상인들이 인도양의 해상 향신료 교역을 독점하고, 인도와 동남아시아 향신료 생산지와 거래하면서 향신료를 페르시아만과 홍해로 실어 와서 육상무역로 공급하였다.

유럽의 향신료는 식생활에서 중요한 향신료로 특히 후추의 수요가 가격이 급등하였다. 대항해시대에 후추는 유럽상인에게는 노다지 품목으로 매우 중요하였다. 1498년 포르투갈의 항해탐험가인 바스쿠다가마(Vasco da Gama)가 유럽에서 **아프리카 남단의 희망봉**을 돌아 인도양으로 가는 항로를 발견하여 새로운 무역로를 개척하였다. 그로부터 중세 말부터 근세에 이르기까지 많은 향신료 무역이 이루어졌다. 유럽각국들은 벵골만 일대와 해상로 지배권 다툼이 극심하여졌다. 특히 1590년대부터 **네덜란드는 동인도회사**를 만들어 정향과 육두구 원산지와 동맹을

맺고 거래하였고, 영국의 동인도회사는 17세기 초반에 향신료무역을 주도하였다. 점차 경쟁국들의 향신료 무역 지배권을 확보하기 위하여 무력을 사용하기 시작하였고, 드디어 1641년에 네덜란드는 포르투갈령 말루쿠(Maluku) 제도를 점령했다. 네덜란드는 점령지에 정향과 육두구를 집중적으로 생상하고 1652년 체결된 바타비아 조약으로 주요한 향신료 시장을 지배하였다. 또한 점령지외 지역과 섬의 향신료 생산지는 철저히 파괴하고, 심지어는 반다제도의 인구감소까지 가져왔다. 영국은 피낭 섬을 1786년 후추 항구를 설립하고, 18세기에는 인도의 프랑스지역을 점령하고, 동쪽의 네덜란드 지역을 공격하여 영국의 영향력이 확대되면서 네덜란드 영향력은 감소하였다. 격심한 세력 다툼은 향신료를 서인도제도로 생산기지를 옮기는 결과가 되었다. 1585년에는 서인도 제도에서 중국남부 원산지인 생강을 재배하여 유럽으로 가져왔다. 이후 여러 가지 향신료가 원산지를 떠나 다른 지역에서 대량으로 재배되기 시작하였다. 대표적인 향신료인 육두구는 원래 인도차이나가 원산지였으나 1815년에는 수마트라 섬에서도 육두구가 생산되어 유럽으로 가져갔으며 그레나다(Grenada)와 같은 서인도 제도의 여러 섬에서도 향신료가 재배되고 새로운 생산지가 되었다.

향신료는 음식의 향과 맛을 강화시키는 목적 외에도 식품 특히 고기 부패를 억제하거나 지연하는 중요한 작용이 있어 맛과 더불어 식품방부제로 매우 중요하였으나 19세기 중엽부터 인공냉각기술의 출현으로 향신료 소비가 급격히 감소하고 무역도 쇠퇴하기 시작하였다.

3. 허브의 활용

1) 약용허브(Medicinal herbs) - 약초

여러 가지 질병치료 효능이 있는 허브 종류들이다. 민간 가정요법으로 치료나 예방약으로 사용한다. 보통 침출액, 찜질 및 도포제로 만들어 사용한다. 침출액으로는 약리성분을 차처럼 우려내어 복용하거나 허브술이나 리큐어를 만들어 먹고, 찜질은 외과용으로 피부의 상처부위에 페이스트상으로 붙여 약리성분을 침투시켜는 방법이며 도포제는 허브를 파쇄하거나 침출한 농축액으로 상처에 바른다.

2) 조리용 허브 - 채소

허브 자체에 영양성분이나 방향성분외에도 수렴, 소화, 이뇨, 살균 및 항균작용 등의 효능이 있어 요리에 사용한다. 허브의 특성에 따라 향신료로 사용하는 경우와 채소처럼 식용하는 경우가 있다. 또한 식품과 요리의 보존성을 높이는 방부제로도 사용되고 있다. 이밖에 식초에 허브를 넣어 향기식초나 피클(Pickles)과 샐러드(Salad)에도 사용한다.

3) 향기치료용 허브 -향초

향기가 좋아 각종 방향제의 원료로 사용되고, 건조하여 향단지나 향주머니를 만들어 사용한다. 또한 해충이 싫어하는 향기를 갖는 허브는 천연 방충제나 기피제로 사용된다. 보통 꽃이나 잎 등을 증류하여 **정유(精油, Essential oil)**를 만들어 치료효과를 높이거나 다른 식용유에 용해시켜 마사지용으로 사용한다. 향기치료는 Aromatherapy, 방향요법으로도 부르며 코 점막의 취각(臭覺)세포나 피부의 말초신경을 자극하여 감정을 조절하는 뇌세포를 자극하여 분비선(分泌腺)을 조절함으로서 심신의 긴장, 피로, 스트레스 등을 완화시키거나 해소시켜 준다.

4) 미용 허브 - 미용초

미용허브는 향기요법과 치료효과를 겸하여 사용되며 화장(化粧)이라는 수단을 통하여 이루어진다. 즉 화장은 화장품을 이용하여 방향요법과 피부관리를 함께 할 수 있는 수단으로 고대부터 지금까지 발전하여 왔으며 지금은 화학합성품을 이용하여 효능을 대체하여 사용하기도 한다. 고대 이집트에서부터 허브 향유를 피부를 보호하고 부드럽게 관리하고, 허브 목욕 후 향유 맛사지, 허브 화장크림, 및 향유 증류법으로 향수제조 등의 많은 사용법과 기술이 발전하였다. 역사적으로 가장 오래된 허브 이용방법으로 오늘날까지도 여성들의 중요한 관심에 있다.

최근 화학성분을 함유한 화장용품에 대한 기피로 폐해와 부작용의 위험성이 거의 없는 천연향수의 수요가 많아지고 있다. 주로 허브로션, 허브세제 및 향수 등으로 널리 이용되고 있다.

제 2절 향료(香料)

1. 냄새과학

1) 냄새 감지

코를 통해 흡입한 공기가 상갑개(上甲介)의 상방에 위치한 약 5cm^{2}의 후각조직에 도착하고, 도착한 공기 중에 있는 냄새 물질이 후각(嗅覺)조직의 후선모(嗅線毛), 후각소포, 후각세포, 후각신경섬유의 경로를 통해 뇌에 자극을 전달한다고 알려져 있다. 어떠한 형태로 뇌에 전달하는지는 정확하게 밝혀진바 없지만 다음과 같은 학설이 있다.

진동설(The vibrational theory)로 냄새를 내는 물질로부터 그것을 감지하는 동물이나 사람에게 광이나 음과 같은 진동에 의해서 냄새가 전파되어 후각을 자극하여 냄새가 난다는 설 및 **흡착설**(The theory of interfacial adsorption)로 후각막과 점액의 소수성, 친수성의 공유 영역에서 일어나는 반응에 의해서 자극되어 진다는 등의 다양한 이론이 있다.

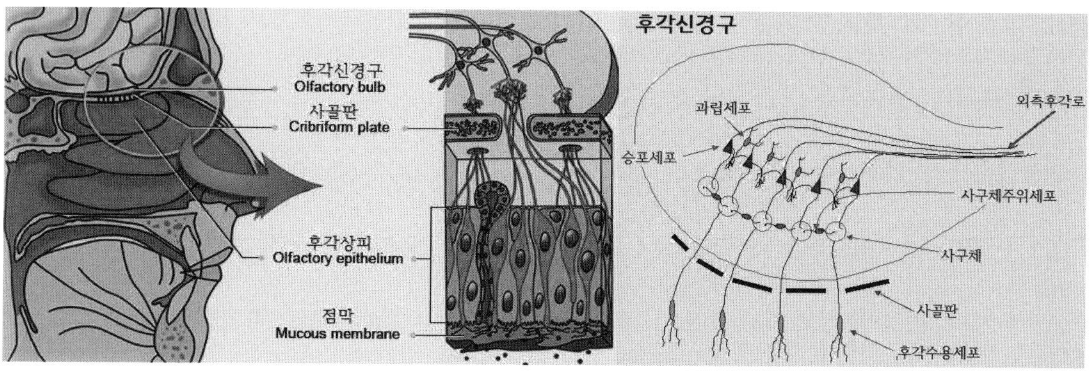

2) 후각 피로현상(Olfactory fatigue)

(1) 후각 피로(순응)현상 : 후각세포 30~40일 만에 갱신 됨

• 순응적 피로 : 동일한 냄새에 대하여 피로 현상이 나타난다. 이는 악취에 대한 인체의 방어적 생리작용, 일정시간 후에는 같은 냄새 특히 강한 악취에 대한 감지능력이 떨어지는 현상이다. 매초 2.5%씩 민감성이 감퇴되어 1분 이내에 70%가 소멸한다.

• 선택적 피로 : 순응상태 하에서도 다른 냄새는 식별이 가능하여 냄새를 맡을 수 있다.

• 습관적 순응 : 습관적으로 접촉하는 특정 장소의 냄새는 방문시 냄새를 잘 느끼지 못함.

(2) 악취의 소멸, 은폐와 변조

• 후각 회복 : 자극강도와 순응시간에 비례하여 피로나 순응에서 회복되는 시간은 짧다.

- 반응시간 : 냄새에 대한 반응시간은 0.2~0.5초, 순응시간은 15~30초 정도이다.

- 온도 : 악취물질은 26~30℃에서 강하게 반응하며 온도가 낮아질수록 감소한다.

- 습도 : 습도의 60~80%의 상대습도에서 악취에 가장 민감하게 반응한다.

- 호흡 : 호흡속도와 호흡량에 영향을 받으며 짧은 호흡일수록 보다 쉽게 인지한다.

- 시간 : 아침과 저녁은 4~10배의 감도차가 있고, 신체 각종 조건에 따라 차이가 크다.

- 환경 : 너무 건조하거나 습도가 높으면 감도가 떨어진다.

• 관능검사 : 기온이 35℃ 이상의 기온에서도 섬세한 향기의 구별이 불가능하여 냄새를 판별하는 조향사 및 식품 품질검사, 커피 및 와인 감별사 등의 경우 작업이 불가능하다.

(3) 후각의 역치

• 감각역치(Threshold of sensation) : 후각자극에 반응하는 최소한의 향기성분량

• 차별역치(Difference of threshold) : 두 가지 조건에 대한 변화를 감지하는 최소변화량

• 한계역치(Terminal threshold) : 증가량에 대한 무반응량으로 초과시 통증으로 느껴짐

2. 향료의 정의

1) Flavor(향미, 香味)

"Flavor는 입으로 섭취한 물질에서 느끼는 감각의 총합이다." "주로 미각(Taste), 후각(Smell), 일반통각(General pain0, 입안에서 느끼는 식감(Tactile), 입과 뇌를 통하여 감지되고 인식되는 물질들의 종합적인 특성의 총합이다."

2) Flavoring(교미, 矯味)

향미(Flavor)를 부여, 변화, 강조하기 위한 것이다. 단맛, 짠맛, 쓴맛 물질은 제외한다.

3) Flavouring substances(향료물질, 香料物質)

식물 또는 동물에서 얻거나 화학적으로 합성된 물질로 천연향료, 반응향료, 스모킹향, 이들의 혼합물로 구성된 비향료물질들을 포함한다.

4) 천연향료물질(Natural flavouring substances, 天然香料物質)

물리적 공정 (증류, 용매추출 등)이나, 식물이나 동물로부터 효소 또는 미생물 처리공정을 통해 얻어진 flavoring substance(향료물질)를 말한다. 전통적으로 섭취를 위한 건조, 볶음이나 굽기, 발효 등의 가공처리하거나 하지 않은 것이다.

5) 향료(香料, Fragrance)

냄새 중에서도 기분 좋은 냄새를 향기 즉 Scent(Aroma, Fragrance)로서 이러한 향기물질은 향료(Fragrance 또는 Perfume)라고 한다. 향료는 식품용 식향(Flavor)과 향수, 화장품 및 기타 생활용품에 방향(Fragrance)으로 나뉘고, 기원에 따라 천연 및 합성향료로 나눈다.

영문	한국	중국	일본	조향사	사용 분야
Fragrance	향료	香料	香粧品香料	Perfumer	입을 통해 흡수되지 않는 향료 : 향수, 방향제
Flavor	향미	香精	食品香料	Flavorist	Sweet flavor : 단맛 Base 제품 ; 음료, 빙과 Savory flavor : 짠맛 Base 제품 ; 스낵, 라면

6) 향료의 일반적 성질

(1) 향의 구비조건

- 신선감 : Freshness
- 확산성 : Diffusion
- 잔　향 : Long lasting
- 조　화 : Harmony
- 안정성 : Stability
- 안전성 : Safety
- 독창성 : Originality
- 패　션 : Fashion

(2) 향료의 안정성 (Stability)

- 고온에 약함
- 금속원소 : 미량으로도 변취(變臭)
- 햇볕(자외선) : 약함, 냉암소, 갈색병 보관
- pH : pH 특히 알카리에 약함

(3) 물리, 화학적 특성

- 휘발성 : 일정 이상
- 분자량 : 26~300 이하
- 비등점 : 120 ~350℃
- 비 중 : 1.0 전후
- 굴절률 : 1.5 전후
- 성상 : 대부분 액상, 일부 수지상, 결정상
- 용해성 : 물과 기름에 용해성 클수록 강함
- 수용성 : 수용성으로 코 점막의 수층을 통과
- 지용성 : 지용성으로 신경세포막 통과
- 분자구조 : 관능기 또는 불포화 결합 이 있음

3. 향의 원료

향기(香氣)란 모든 만물에 고유한 특성으로 이것을 감지하는 상대적인 개체의 의식이나 조건에 따라 감지되는 양상은 다르다. 일반적으로 향기가 좋다는 것은 지극히 개인적(個人的)이고 주관적(主觀的)인 관점에서 바라볼 수밖에 없다. 향기는 후각적인 만족이 반드시 정신적(精神的), 육체적(肉體的)으로도 좋은 향기라고 단정할 수도 있다. 따라서 향기는 오랜 기간 체험된 천연향이나 전통적으로 사용되어온 전통향이 이러한 의구심에서 다소 벗어날 수 있는 방법이다. 향의 원료는 주로 향료(香料)가 사용되며 **천연향료(天然香料)**와 **합성향료(合成香料)**로 나눌 수 있다. 천연향료는 자연의 식물과 동물의 향료를 말하며, 합성향료는 인위적으로 만든 향료이다. 보통 화장품에 사용되는 향수는 대부분은 이 두 가지 향료를 사용하여 만들어진 **조합향료**로 새로운 향기를 만든 것이 대부분이다. **3대 천연향**으로 침향(沈香), 사향(麝香), 용연향(龍涎香)을 꼽으며 침향은 팥꽃나무과 나무를 땅속에 장기간 묻어 수지(樹脂)만을 모은 것이고, 사향은 사향노루, 사향고양이 등의 수컷의 향낭(香囊)에서 분비물이며 용연향은 향유(香油) 고래가 대왕오징어를 먹고 소화시키지 못하고 배출한 분비물 덩어리이다. **용연(龍涎)**이란 '용이 흘린 침'이란 뜻으로 희귀하고 신비한 향이라는 의미를 내포한다.

1) 식물성 향료

식물성 향료는 식물의 꽃, 잎, 줄기, 뿌리, 수지(樹指), 열매 등에서 채취한 향으로 일부 혹은 전체를 사용한다. 보통 **향목(香木)**과 **연향(練香)**으로 나누며 향목이란 나무를 잘게 쪼개거나 깎아서 쓰는 것으로 흔히 제단이나 제사 향으로 사용되고 있다. 연향은 향목의 원료 목을 분쇄하고 동물향인 사향이나 용연향 등을 혼합하여 풀을 섞어 막대나 펠넷 등 여러 가지 모양으로 성형한 것으로 가장 보편적인 막대모양의 **선향(線香)**이 대표적이고, 흔히 사찰 등에서 많이 사용되고 있다.

(1) 목질부(木質部)

침향(沈香), 백단향(白檀香), 백리향(百里香), 전단향(栴檀香), 자단향(紫檀香), 울향(鬱香, 울릉도 자단), 육계향(肉桂香 : 계수나무 껍질) 등

(2) 수지(樹脂)

소합향(蘇合香), 안식향(安息香), 유향(乳香, 감람과 유향수(乳香樹)의 수지), 백교향(白膠香), 용뇌향(龍腦香, 용뇌수 수지) 등

영릉향(零陵香 : 유럽의 콩과의 초본), 송진(松津), 애납향(艾納香), 목향(木香) 등

(3) 뿌리

백급(白芨 : 자란 뿌리), 모향(茅香 : 흰띠 꽃), 산내향(山內香), 백지(白芷 : 구릿대), 감송향(甘松香), 향송(香松), 고본(藁本), 울금(鬱金), 애납(艾納), 향부(香附) 등

(4) 전초(全草), 열매, 꽃 등

정향(丁香, 정향 꽃봉오리), 회향(茴香, 회향 열매), 육두구(肉荳蔲), 곽향(藿香), 치자(梔子), 말리화(茉莉花, 쟈스민), 연화(蓮花), 백매(白梅), 향유(香薷), 세신(細辛), 수선(水仙) 등

2) 동물성 향료

동물의 몸에서 채취하는 것으로 **사향(麝香), 영묘향(靈猫香), 용연향(龍涎香), 해리향(海狸香,** 비버의 포피선(包皮腺) 채취) 등이 있다.

(1) 사향(麝香, musk)

사향노루는 중국의 운남성(雲南省), 사천성(四川省), 티베트 등지의 고산지대 서식하는 사향노루의 사향선(麝香腺)을 건조한 것으로 수컷의 배와 배꼽의 뒤쪽 향낭(香囊, 달걀크기, 30g 정도)속에 있다. 향낭을 잘라 건조한 자갈색 분말로 강한 암모니아 냄새가 나지만 희석하면 특유의 사향 냄새가 난다. 한약재로 강심(强心), 흥분(興奮), 진경제(鎭痙劑) 및 기절(氣絶)할 때 내복한다. 사향을 기름에 녹인 것을 무스콘(Muscone) 혹은 사향정(麝香精)이라 한다.

(2) 용연향(龍涎香, ambergris)

향유(香油)고래 수컷의 창자 속에 생기는 이물질로 향료성분을 알코올로 추출한 것으로 번식기 수컷은 소화력이 감퇴되어 먹은 갑오징어가 소화가 불량하여 오징어 입부위나 유지성분 등이 단단한 흑갈색 덩어리로 남아 배설되며 가벼워 바다위에 떠다니는 것을 채취한 것이다. 오래된 것일수록 향이 좋다. 주요 향기성분은 앰브레인(Aambrein)이며 향기가 거의 없지만 다른 향료와 함께 혼합되면 지속적으로 향기를 내어 보향제(保香劑)로 사용된다.

(3) 영묘향(靈猫香)

사향고양이(麝香猫, 靈猫) 암수컷 사타구니의 향낭 속에 있는 사향선(麝香線)의 분비액으로 **시벳(Civet)**이라고도 한다. 분비물을 모은 것으로 반유동성 갈색 물질로 강한 악취가 있으나 희석하면 향기가 나며 고급 향료로 사용된다.

(4) 해리향(海狸香)

북미 비버(Beaver) 암수컷 사향선에서 분비하며 액상 카스토레움(Castoreum) 분비물로 분비하는 포피선(包皮腺)을 말려 가루로 만든 것이다. 특유한 향기가 있어 향료로 사용되고. 쓴맛이 있으며 진통작용이 있어 진통제로도 사용된다.

(5) 갑향(甲香)

갑향은 중국과 홍해(紅海)에서 발견되는 소라(小鑼, *Batillus cornutus*) 및 근연종의 겉껍질을 가루로 만든 것으로 향의 향기를 보존(保存)하는 데 사용된다. 한약재로 영라염(蠑螺靨), 해려피(海蠡皮), 나사각(螺螄殼) 등으로 부르며 화장품으로도 사용되었다.

3) 합성향료(合成香料)

천연향 중에 희귀하거나 값이 비싼 향료를 대체하기 위하여 인위적으로 천연향료의 성분을 화학적(化學的)으로 분석(分析)하여 합성한 향료이다. 합성향료는 천연향료와 혼합하여 새로운 향기를 창조하는 경우가 대부분이며 이러한 향료를 **조합향료(調合香料)**라고 부르며 다양한 계열별(系列別) 향료가 만들어 지고 있다.

4. 향료의 분류

1) 용도별 분류

(1) 식품향료

식품향료는 식품의 기호성을 향상시키기 위하여 첨가하는 향미물질이다. Flavor는 음식물을 섭취하면서 느끼는 냄새, 맛, 자극, 감촉, 온냉감, 청량감 등의 종합적인 감각을 뜻하는 용어이지만, 향료산업의 식품첨가물로 사용되면서 Flavor 효과를 발휘하는 물질을 같은 용어로 사용된다. Flavor 혹은 식품향료는 식품의 조리(調理)와 조미(調味)용으로 사용되며 **Savory flavor**와 **Sweet Flavor**로 구분한다. 식품향료는 코를 통하여 직접 느껴지는 후각은 물론이고 식품을 씹거나 마실 때 코로 느껴지는 냄새를 포함하여 식품 자체의 풍미, 혀의 감촉 등의 다양한 상관관계로 인식되는 것으로 화장품용 향료의 방향(芳香)과 본질적으로 차이가 있다.

① Sweet flavor

설탕 등의 당류를 기본으로 하는 단맛이 있는 식품에 사용되는 식품향료로서 설탕이 많이 들어가는 당제품에 사용하며 주로 빙과류, 음료류, 제과·제빵, 당시럽 제품이나 잼류 등에 사용한다. 주요한 Sweet flavor로 감향, 건포도향, 고구마향, 구아라나향, 구아바향, 구즈베리향, 녹차향, 누룽지향, 대추향, 드링크향, 딸기향, 땅콩향, 라스베리향, 라임향, 럼향, 레몬라임향, 레몬향, 리치향, 마카다미아향, 만다린향, 말트향, 망고스틴향, 망고향, 매실향, 머루향, 메론향, 메이플향, 무화과향, 버터스카치향, 바나나향, 바닐라향, 박하향, 밤향, 배향, 벌꿀향, 보리향, 복숭아향, 블랙베리향, 블랙커런트향, 블루베리향, 비스켓향, 사과향, 살구향, 샴페인사이다향, 석류향, 설탕향, 소다향, 솔향, 수박향, 수정과향, 스위티향, 스타후르츠향, 스피아민트향, 쌀향, 아몬드향, 아보카도향, 오렌지향, 옥수수향, 알로에향, 앵두향, 엘더베리향, 오디향, 오렌지콩크, 요구르트향, 우롱차향, 유자향, 율무향, 인삼향, 자두향, 자몽향, 잣향, 쥬시후르츠향, 참외향, 청포도향, 체리향, 쵸코넷향, 카라멜향, 카카오향, 크림소다향, 크림향, 키위향, 커스타드향, 코코넛향, 콜라향, 크랜베리향, 크림밀크향, 토닉향, 트로피칼후르츠믹스향, 파인애플향, 파파야향, 팝콘향, 팥향, 패션후르츠향, 펀치향, 포도향, 피스타치오향, 피칸넛향, 허브믹스향, 헤이즐넛향, 호도향, 호프향, 혼합과일향, 홍삼향, 홍차향, 흑설탕향, 각종양주타입향, 각종허브향 등이 있다.

② Savory flavor

소금 등의 염류를 기본으로 하는 짠맛이 있는 식품에 사용되고, Sweet flavor와 사용에 명확한 경계는 없지만 Snack류, 소스류, 축육류, 수산제품류, 조미료 주로 사용되는 향료를 말한다. Savory flavor의 종류로는 Meat계, 수산계, Vegetable계, 조리식품계 등이 있고, 액상이나 Paste상, 분말상 등의 형태로 사용된다. 또한 정유(精油, Essential oil), Oleoresin, Aroma chemical류, Seasoning oil, 조미료 등 다양한 소재가 사용된다. 주요한 Savory flavor로는 간장향, 감자향, 게향, 겨자향, 계란향, 고추향, 김치향, 김향, 넛트멕향, 다시마향, 당근향, 대합향, 라드향, 리버향, 마늘향, 메이스향, 무향, 미나리향, 미역향, 바비큐향, 바질향, 버섯향, 베이컨향, 부추향, 비프향, 새우향, 생강향, 생선향, 세이지향, 셀러리향, 스모크향, 아니스향, 아스파라거스향, 연어향, 오레가노향, 오이향, 오징어향, 올스파이스향, 와사비향, 우스터소스향, 참깨향, 참치향, 치즈향, 치커리향, 치킨향, 카다몬향, 커리향, 케찹향, 코리안더향, 콘디멘트향, 큐민향, 크로브향, 타임향, 토마토향, 파래향, 파셀리향, 파프리카향, 포크향, 피자향, 햄버거향, 햄향, 호박향, 후랑크후르터향, 후추향, 휀넬향 등이 있다.

(2) 화장품 향료

화장품향료(香粧品香料)는 식품향료(食品香料)와 다르게 오로지 코로 후각으로 감지하는 향료이고 식품향료는 코와 후각은 물론 입속에서 코로 빠져나가는 냄새를 포함하여 식품고유 맛, 혓바닥의 감촉 등이 서로 상관적으로 인식되는 것으로 차이가 있다. 향장품 향료는 향료 사용량의 약 30%를 차지하며 향수를 비롯하여 샴푸나 비누, 탈취제 등 향기가 나는 모든 생활용품에 두루 사용된다.

(3) 기타 향료

식품 이외의 구강 청량제, 내복약, 치약, 담배 등에 사용되는 향료, 동물 사료용 향료 등이 있고, 모두 습관적으로 Flavor라고 부른다. 특히 담배에 사용되는 담배향료 또는 연초향은 담배 잎을 태운 연기는 심한 자극과 기호성이 떨어져 이러한 불리한 점을 향상시켜 기호성을 높이기 위하여 담배살과 필터에 향료를 첨가한다.

또한 담배잎은 품종과 생산지, 수확시기에 따라 담배연기의 맛과 타르, 니코틴 함량이 각기 다르기 때문에 품질과 맛을 조절하기 위하여 사용되기도 한다. 사용되는 향료는 고온에서도 분해되지 않는 내열성 향료물질을 사용한다. 담배향료는 식품향료로 분류한다.

* 향료의 용도별 분류

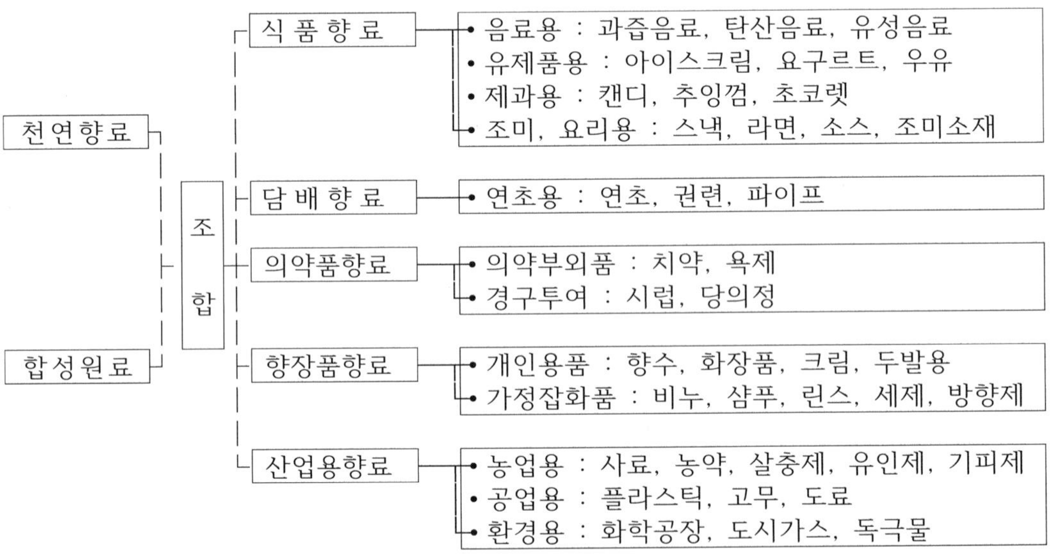

2) 천연향료(Natural flavor) 분류

천연의 동물이나 식물에서 얻어지는 향미물질(香味物質)로 전통적으로 향약재(香藥材)라고 부르며 한약재로도 사용되었다.

(1) 침향(沈香, Aloe, Aloeswood)

침향은 월계수과(Aloexylon) 침향나무(*Aquilaria agallocha*)의 백목향(柏木香, *Aquilaria sinensis*)의 흑색 수지로 베트남, 캄보디아, 인도네시아 등에서 생산된다. 상처가 생겨 삼출된 수지가 땅속에서 오랜기간 묻혀 만들어진 것으로 침향수(沈香樹), 침수향(沈水香, Lignum aloes)이라고도 한다. 산지별로 침향은 중국침향 (*A. sinensis*, 중국 남부), 교지침향 (*A. agallochum*, 중국 고산지대), 토침향 (*Excoecaria agallocha*, 인도), 말레이침향 (*A. malaccensis*, 말레이시아, 베트남, 미얀마 등)이 있다. 『본초강목(本草綱目)』에는 침향목(沈水香, 물밑에 침지), 잔향(棧香, 중간 침지), 황숙향(黃熟香, 부유) 3가지 등급(等級)으로 분류하였으며 향은 기(氣)를 내리고, 위장병(胃腸病)에 좋으며, 양기(陽氣)를 보호(保護)한다고 한다. 나무의 목질에도 약하지만 향이 있어 여러 가지 향료의 재료로 사용되며 특히 연향(練香)을 만들며 선향(線香) 등에 주로 사용된다.

(2) 단향(檀香, Sandalwood)

단향나무(*Santalum album*)은 반기생식물(半寄生植物)로 발아하여 성장하다가 어느 정도 자라면 다른 식물의 뿌리에 기생하여 영양분을 흡수하고 광합성도 한다. 목재는 보통 줄기 지름이 25~30cm 정도이며 심재(心材)에는 향기가 있으며 불상이나 조각재로 사용되고, 역사적으로 왕족이나 귀족들의 호화생활에 사용되어 침대, 가구, 정자목재 등으로 사용하였다고 한다. 수증기로 증류하여 얻은 정유를 단향유(檀香油)라고 하며 화장품 원료와 향기요법에 사용된다. 단향은 전단향(栴檀香), 백단향(白檀香), 황단향(黃檀香), 자단향(紫檀香), 진단향(眞檀香), 욕향(浴香) 등으로도 부른다. 한약재로도 사용되며 토사곽란(吐瀉癨亂), 흉분 졸도(卒倒), 심복통(心腹痛), 사악(邪惡)한 귀신(鬼神) 퇴치, 벌레 기피제로 사용되고, 외용제로 다른 향과 혼용하여 목욕제 및 훈증(熏蒸)이나 훈연(熏煙)제로도 사용한다.

① 백단향(白檀香, Indian sandalwood) : 단향과의 단향(*Santalum album*) 목질부, 인도, 인도네시아, 호주 등지에 자생한다. 백단향은 두 가지가 있으며 연한 색의 백단향(白檀香)과 색이 짙은 황단향(黃檀香)이 있고, 복통, 산통(疝痛), 식욕부진, 협심증(狹心症) 사용된다.

② 자단향(紫檀香, Narra, Rosewood) : 콩과(荳科)의 자단향나무(*Pterocarpus indicus*)의 목질부, 동남아지역 대만, 인도, 인도네시아, 말레이시아, 중국의 남쪽 광동, 광서, 운남지역에서 자생하며 창상출혈(創傷出血)과 옹종창독(癰腫瘡毒)에 내복 혹은 외용제로 사용한다.

③ 울향(鬱香) : 울릉도 남서 해안에 자생하는 자단향(紫檀香)으로 최극품(最極品)이다. 한국 울릉도 눈향나무, 뚝향나무, 연필향나무 등을 동의보감(東醫寶鑑) 본초(本草)의 속방(俗方) 자단향의 대용품으로 향나무(Sabina chinensis)를 사용하였고, 거풍(祛風), 산한(散寒), 활혈(活血), 해독(解毒) 효능이 있어 풍습관절동통(風濕關節疼痛), 옹종(癰腫)에 약용한다.

(3) 정향(丁香, Cloves)

정향은 정향나무(*Syzygium aromaticum*)의 꽃봉오리로 정자향, 웅정향, 모정향이라고도 부르고, 향기가 강하고 향기로워 귀중하게 쓰였다. 동남아시아에서 꽃눈을 건조시켜 만들며 일찍부터 실크로드를 통해 유럽까지 수출되었다. 지금도 동남아시아에서는 요리에 향신료로 많이 사용되고 있다. **한약재로는** 심복내통(心腹內通)과 곽란(癨亂), 만성위염, 구토, 설사, 구취(口臭), 치통, 산후통(産後痛) 등에 약재로 쓴다. 가루로 목욕제나 환부에 찜질 맛사지에 쓰고, 태워서 연기를 쐬어 훈증(熏蒸)에도 한다. 살충제와 악귀(惡鬼) 쫒는데도 사용했다. **정유는** 정향페놀과 정향페놀초산에스테르 등의 성분이 있고, 국부마취, 진통작용, 방부작용이 있어 식품의 방향 첨가물, 약재, 방부제 등으로도 사용된다. 정향으로 염색하여 향염색(香染色) 재료로도 사용한다.

(4) 소합향(蘇合香, Oriental sweet gum)

조롱나무과 소합향나무(*Liquidambar orientalis*, 동양풍나무)의 수지로 황백~회갈색 반투명성 유성의 반유동성 점조액으로 제고(帝膏), 소합유(蘇合油), 돌로슬검(咄魯瑟劍)이라고도 한다. 소합향은 옛날 소합국(蘇合國)에서 생산되어 붙인 이름이라고 한다. 주산지는 인도, 아프리카, 중국 광동성 등지이다. 열대지방의 조록나무과의 소합(蘇合)나무에서 분비하는 수액(樹液)을 채집한 것으로 보통 초여름에 줄기에 상처를 깊게 내어 수액이 수피에 스며들게 한 후 기을여 수피를 벗겨 향수지(香樹脂)를 모으고, 알코올에 용해하여 여과한 뒤 알코올을 휘발시키고 **정제 소합향**을 만들며 특이한 향기가 있다. 정신을 맑게 하며 혈액순환 촉진, 관상동맥의 혈류량 증가, 심근 산소 소모량 감소, 혈소판응집 활성화, 거담작용, 항균작용이 있고, 중풍(中風), 흉복부통증, 협심증(狹心症), 관상동맥질환, 기관지천식, 만성기관지염 등에 약용한다. 벌레 물린데, 각종 피부질환에 외용제로 바른다. 또한 사기(邪氣)와 귀신(鬼神) 물리치고, 온병(溫病)과 학질(瘧疾), 고독병(蠱毒病), 폐노증(閉尿症), 살기생충(殺寄生蟲) 등으로도 쓴다. 장기복용하면 정신이 맑아지고 장수한다고 한다.

(5) 육계(肉桂, Cinnamon)

육계나무의 수피(樹皮)로 목계(木桂), 계피(桂皮), 통계(筒桂), 옥계(玉桂), 날계(辣桂), 대계(大桂), 균계(菌桂)라고도 부르며 가을 입추를 지나 껍질을 벗겨 그늘에 말려 썰어서 사용한다. 수피와 근피(根皮)는 맛과 향이 좋아 전통적으로 약용, 음식, 향료로 사용하였고, 고대 이집트에서 **사체(死體) 보존용**으로도 사용되고 의학, 미용 및 향신료로 사용되고 있다. 육계는 혈맥(血脈)을 통하게 하고, 허(虛)한 곳을 보온(保溫)하여 한냉복통(寒冷腹痛), 허리나 무릎이 차고 시리며 아픈데, 어혈(瘀血)을 풀어주고, 중풍으로 말문이 막힐 때 쓴다.

(6) 용뇌(龍腦, Bomeolum)

용뇌수(龍腦樹, *Dryobalanops aromatica*)는 뇌자(腦子), 매화뇌자(梅花腦子)라고도 하며 말레이시아, 수마트라, 보르네오 등의 열대 우림지역에서 자생한다. 용뇌는 용뇌수(龍腦樹) 잎에서 추출한 투명한 결정성 물질로 방부, 방충 효능이 있다. 용뇌의 눈을 밝게 하고 심장을 편하게 하며, 심장복부의 사기(邪氣)를 다스린다고 한다.

(7) 감송향(甘松香, Nard)

감송향(*Nardostachys chinensis*) 은 인도, 네팔, 부탄 등지의 해발 3,500~4,500m 고지대 히말라야 기슭에서 자라는 마타하리과의 다년생 초본으로 감송향의 뿌리로 향송(香松)이라고도 부른다. 늦가을에 뿌리줄기를 채취하여 말려 방향성 건위제, 향료로 쓰고, 증류하여 정유(精油)를 채취하며 향기는 독특하고 향기롭다. 위통, 두통과 스트레스 해소에 효과가 있고, 심신(心身) 안정에 감송향을 가루내어 태운다. 고대로부터 여드름, 지루성 피부에 **피부미용**(皮膚美容)에 사용되어 왔고, 다른 향재의 원료로 사용된다. 뿌리줄기에는 1~2% 정유가 들어 있고, 주성분은 야타만손(Jatamansone), 야탸만시산(Jjatamanshic acid), 비롤린(Vvirolin) 등이고, 살균 및 해독작용이 있다. 향기치료시 **가장 강력한 진정제**로 정신을 맑게 하고 마음을 진정시키는 효과가 있어 과잉행동증후군, 초조함, 심계항진, 심한 두통, 불안 치료 및 정신을 강화시키는데 사용된다.

(8) 안식향(安息香, Benzoin, Benzoinum)

안식향은 태국, 베트남, 인도네시아의 수마트라 섬 등에 자생하는 안식향나무(Styrax benzoin), 백화수(白花樹, Styrax tonkinensis)의 수지이다. 바닐라와 같은 부드럽고 강한 방향재로 식향(息香), 졸패나향(拙貝羅香), 수안식(水安息)이라고도 부른다. 악기(惡氣)와 사기(邪氣) 진정시켜 안식향(**安息香**)이라 한다. 유성(油性)으로 기름 같은 액상으로 수안식향(水安息香), 덩어리가 진 것은 건안식향(乾安息香)이 있다. 안식향은 정신을 맑게 하고, 기(氣)와 향액향진, 사기, 귀태(鬼胎), 어혈(瘀血) 및 고독(蠱毒)을 제거한다. 곽란(霍亂), 풍사통증(風邪痛症) 고치고, 남성의 유정(遺精) 치료, 여성이 생리(生理) 순조, 출산 후 어지러움증을 치료한다. 방충효과가 있어 **방부제**로도 쓴다.

(9) 유향(乳香, Frankincense, Olibanum)

유향은 고대 이집트, 로마시대부터 중요한 향료로 사용되어 왔으며 Incense routes(유향루트)의 주요 거래 상품이다. 소말리아, 수단, 오만, 예멘 등이 원산인 감람과의 낙엽성 관목(灌木)인 유향나무(*B. carteri, B. sacra, B. undulato-crenata*)의 줄기에 상처를 내어 삼출되는 유액을 굳힌 수지로 약재, 방부제, 접착제 등으로 사용한다. 유향은 통증을 가라앉게 하고 종기를 없애는 효능이 있어 복통, 산후복통, 월경통, 타박상, 근육경련통, 악성종양 등에 약용한다. 이집트에서는 유향을 종교의식에 사용하였고, 성경의 구약서에도 향재로 사용되었다. 중국에서도 당나라 8세기경에 유향이 전해졌으며 훈육향(薰陸香)이라고도 불렀다고 하며 **성경의 동방박사**의

선물에도 포함되어 있다. 수지에 α,β-Boswellic acid가 주성분으로 항염증작용, 면역조절 및 항암 효능이 있어 관절염과 천식 치료제로 쓴다. 수지를 증류하여 3~10% 휘발성 정유가 얻어지며 Anisaldehyde, α-Pinene, α-Phellandrene 등이 함유되어 있고, 천식, 감기(感氣), 기침에 흡인제로 쓰며 맛사지 오일, 목욕물 탕제로 감기, 류마티즘, 호흡기 질환이나 코막힘에 쓴다.

① 인도유향(印度乳香, Indian olibanum)

인도의 건조한 지대에 자생하는 유향나무(*Boswellia serrata*)의 수지로 유향과 비슷하지만 향이 좀 더 부드럽다. 인도에는 향을 피워 악령을 쫓고, 미용에도 사용되었다. 수지는 흥분제, 류마티즘 치료제로 사용하고, 수지의 정유는 진통제, 이뇨제로 사용한다. 최근에는 항염제, 천식 치료제로도 사용된다.

② 지중해 유향(Mastic)

지중해(地中海)가 원산인 유향수(乳香樹, *Pistacia lentiscus*)에서 채취한 향기로운 수지로 유향과 구별하여 마스틱(mastic)이라고 부르고 양유향(洋乳香)이라고도 한다. 유향은 점성의 연노란 또는 연한 녹색의 투명한 수지 덩어리이다. 6~8월에 줄기에 세로로 상처를 내어 유출되는 수지 방울덩이를 채집한다. 금속표면 니스제, 유화(油畵) 전색제(展色劑), 치과용(齒科用) 점착제 등으로 사용된다.

(10) 배초향(排草香, Korean mint)

배초향(*Agastache rugosa*) 꿀풀과(Lamiaceae)의 다년생 초본으로 독특한 향내가 난다. 어린잎은 식용(나물, 향신료), 약용하며 관상용으로도 심는다. 중국, 일본, 타이완에도 분포하며 한국에서는 7월에 꽃이 피며, 9월에 열매를 맺는다. 잎을 말린 것은 배초향이라고 하여 한약재로는 **곽향(藿香)**이라고 하며 두통(頭痛), 구토(嘔吐), 해열(解熱)에 약용한다. 한국에서는 경상도나 전라도에서 된장국이나 아귀찜, 장어탕, 매운탕, 부침개와 같은 음식에 많이 넣어 먹고, 고기의 노린내를 없애는데 넣고, 향신채소로도 먹는다.

(11) 대회향(大茴香, Star anise, Anisi stellati fructus)

대회향은 중국의 동남부와 베트남에 자생하는 목련과 대향나무(大茴香, *Illicium verum*)나무의 열매를 건조한 것으로 8개각 별모양으로 팔각회향(八角茴香), 팔각(八角)이라고도 부르고, 중국 남부나 남부 인도, 인도차이나에서 넓게 재배되고 있다. 이름이 대응되는 소회향(小茴香, 茴香, *Foeniculum vulgare*)은 허리와 복통 치료에 쓴다. 대회향(大茴香)은 한기와 습기로 인한 각기와 구토를 치료하고, 허리 아픈 것을 치료하며, 생리활성 성분은 아네톨(Anethole)이 주성분이며, 대회향정유(大茴香精油)는 회향유(回香油)란 이름으로 교미(矯味), 교취(矯臭), 향료(香

料), 건위(健胃), 구풍(驅風) 등에 사용되고, 이뇨작용, 복부팽만감(腹部膨滿感), 구역질 완화 등의 효능이 있어 소화촉진 자극제(刺戟劑)로도 사용된다. 독특한 향취(香臭)와 얼얼한 맛과 감초 향기가 있어 음식의 나쁜 냄새를 없애는데 쓰이며 육류나 생선의 비린내를 없애는데 많이 사용한다. 아시아에서는 주로 향신료로 베트남과 중국요리 및 음료의 향료로도 사용되고, 중국의 대표적 향신료인 오향(五香)의 주원료이다. 베트남의 쌀국수와 각종 찜 요리, 중국의 돼지고기와 오리요리에 많이 사용한다.

(12) 목향(木香, Aucklandiae radix)

국화과(菊花科)의 목향(*Aucklandia lappa, Saussurea lappa*) 뿌리를 말린 것이다. 강한 향기와 휘발성분이 풍부하며 기를 잘 순환(循環)시켜 거담(去痰) 및 기관지염(氣管支炎)에 특효가 있다. 정유가 0.3~5% 들어 있고 Aplotaxene, α-Ilonone, β-Selinene, Costunolide, Saulssurealactone 등이 함유되어 있다. 온중화위(溫中和胃), 행기지통(行氣止痛), 독을 풀어주는 효능이 있어 복통, 헛배가 부른 증상, 소화불량이나 위확장, 구토 등에 좋고, 고환통증과 고환염에도 효력이 있다. 또한 목향에는 항균작용이 있어 설사(泄瀉), 곽란(癨亂), 이질(痢疾) 등을 멈추게 한다.

3) 합성향료(Nature - identical flavor)의 계열과 종류

천연향료와 동일한 구조 및 인위적 합성 향미물질로서 천연향기물질과 동일한 화학구조를 갖는 Nature - identical flavor가 있으며 대부분 합성향료가 이에 속하고, 이외에 인위적으로 가공된 향인 Artificial flavor가 있다. 향기가 가진 특성에 즉 향수가 향의 종류, 이미지 등에 따라 향의 계열을 나눈다.

(1) 부향률에 따른 향수의 분류

① 퍼퓸(Perfume, 파팡, PER) : 원액 함량 15~20%

향이 가장 풍부한 방향제품으로 농도가 가장 진한다. 퍼퓸은 알코올 70~85%에 향의 원액이 15~30% 정도 함유된 것으로 향은 **약 12시간** 정도 지속된다. 향이 강하기 때문에 조금씩 귀 뒤, 목과 팔목 등에 바른다.

② 오데퍼퓸(Eau de Parfum, 오드파팡, EDP) : 원액 함량 10~15%

알코올 72~92%에 향 원액이 8~15% 정도 함유된 것으로 퍼퓸 다음으로 농도가 짙다. 향의 지속시간은 **7시간 전후**이다. 향수병이나 스프레이 타입으로 사용한다.

③ 오데토일렛(Eau de Toilette, 오드뚜왈렛, EDT) : 원액 함량 5~10%

향이 엷으며 신선하고 상큼하며 전신에 뿌려 사용하며 가장 많이 애용되는 종류이다. 80% 알코올에 향 원액이 6~8% 정도 함유되어 있고, 향의 지속시간은 **3~4시간 정도**된다. 가장 보편적으로 사용할 수 있으며 부담이 적은 편이다.

④ 오데코롱(Eau de Cologne, 오드콜로뉴, EDC) : 원액 함량 3~8%

알코올 93~95% 용액에 향 원액이 3~5% 함유된 제품으로 향의 지속시간은 **1~2시간 정도**이다. 향이 부드럽고, 향료가 적게 배합되어 청량감과 신선감이 있다. 운동이나 목욕 후 전신용으로 적합하며 욕실, 거실, 병실에 위생용도로 사용한다. 감귤류의 꽃과 과일껍질 등의 상큼한 향이 사용하였으나 점차 라벤더워터(Lavender water), 풀로리다워터(Florida water), 포르투칼워터(Portugal water) 등이 만들어지고, 지금은 퍼퓸 희석한 것으로 바뀌었다.

⑤ 샤워코롱(Shower Cologne, 샤워콜로뉴, SC) : 원액 함량 1~5%

최저 향 원액을 함유한 것으로 보통 2-3% 정도 향 원액을 함유하고 있다. 전신을 산뜻하고 상쾌하게 유지시켜 주며 **악취를 제거**해 준다. 목욕이나 샤워 후에 가볍게 사용한다.

(2) 향취별 향수계열 종류

플로럴(Floral), 그린(Green), 오리엔탈(Oriental), 스파이시(Spicy), 우디(Woody) 샌달우드(Sandalwood), 시더우드(Cedarwood), 시트러스(Citrus), 푸르티(Fruty), 알데히드(Aldehyde), 시프레(Chypre), 후제아(Fougere), 마린(Marine), 구르망(Gourmand) 등이 있다.

① 플로럴계열 (Floral)

꽃향기를 의미하며 <u>향수의 대부분이 플로럴(꽃) 향의 특성</u>을 지니고 있다. 주로 베이스 향료로 애용되고 있으며 모든 향수가 플로럴 향수의 특성을 갖고 있다. 가장 친근하고 사랑받는 향료이다. <u>보통 여러 가지 꽃향기를 사용하며</u> 대표적인 플로럴 향료로는 장미, 쟈스민, 수선화, 은방울꽃, 백합, 라일락, 나르시스, 히아신스, 바이올렛, 카네이션 등이 사용된다.

한 가지 꽃향기를 표현한 향수로 싱글 플로랄이 있고, 두 가지 이상의 꽃향기가 조화(調和)를 이루어진 플로럴 부케가 있고, 향기가 여성용 향수의 특징을 갖는다.

가. 싱글 플로럴 (Single floral)

한 종류의 꽃향기를 표현한 향수로 향기의 여왕이라 불려진다. 화려하고 감미로운 쟈스민 향기, 우아한 향기의 여왕인 로즈 등으로 서양풍의 캐쥬얼한 향으로 순수하고 상쾌하다.

나. 플로럴 부케 계열(Floral bouquet)

여러 종류의 꽃송이를 한 다발로 만든 것과 같은 향기가 특징으로 매우 다양한 향을 느끼게 한다. 우아하고, 달콤하고, 부드럽고, 여성스러움을 표현한다.

② 그린계열(Green)

풀이나 나뭇잎을 문지를 때 나는 풋내의 상쾌한 느낌으로 초원의 신선함이 특징이다. 시트러스보다 개성이 강하고, 고급스러움을 느끼게 하는 향조이다. 바이올렛 잎 정유, 유향수(乳香樹, 피스타치아), 렌티스쿠스, 갈바늄 등이 주원료이다. 사계절 어울리는 향으로 주로 향수의 Top Note(첫번째 느껴지는 향)에 강조를 줄 때 사용한다.

③ 오리엔탈계열Oriental

동양적 느낌을 연상시키는 향수로 동양에서 유럽으로 전해진 향료를 통칭한 것으로 동양의 신비, 동양적 감성적 이미지를 표현한 향조를 의미한다. 식물수지와 동물성 향료를 조합한 것으로 사향, 용연향, 영묘향 등을 베이스로 발삼류, 바닐라계 향료, 우디향 등을 조화시킨 무겁고 어두운 느낌을 주는 성숙하고 섹시한 여성의 이미지를 표현하는 향수로 사용된다.

④ 시트러스계열(Citrus)

감귤류의 향기로 신선하고 상큼하며 달콤한 느낌을 준다. 유니섹스 이미지, 신선함, 상큼함, 가벼움이 느껴지는 향이다. 오렌지, 베르가모트, 레몬, 귤, 자몽, 라임 등과 같은 과일향으로 친근감과 가벼운 느낌이 있고, 휘발성이 강하여 빨리 퍼지고 지속시간이 짧아 코롱이라고도 부른다. 프레시한 오드콜로뉴나 샤워코롱에 많이 이용된다.

⑤ 알데히드(Aldehyde)

모던플로럴(Modern floral)로도 부르며 천연 또는 인공 원료로부터 얻어진 C. H. O로 구성된 알데히드는 확산속도가 매우 커서 탑 노트가 짙고 풍부하다. 우아한 여성을 표현해준다.

플로럴을 베이스로 알데히드를 더하여 강렬하고 진하여 향수로 극소량이 사용한다.

⑥ 시프레계열(Chypre)

떡갈나무이끼인 오크모스(Oak moss)를 기초로 베르카모트, 오렌지, 장미, 재스민 등의 식물성 향과 사향, 용연향 등의 동물성 향이 조화를 이룬 것이다. 축축하게 젖고 그을린 듯 한 나뭇잎의 향조로 평온하고 침착하게 하는 것이 특징이고, 남성 향수나 여름용 여성 향수에 많이 사용된다. 건강미, 개성, 경조 있는 신비, 성숙한 여성미를 표현하는 향으로 표현하는데 사용된다.

⑦ 스파이시계열(Spicy)

계피, 정향나무, 육두구, 생강, 클로버, 카다몬, 후추, 쥬니버 등 향신료를 원료로 이들을 연상시키는 자극적인 향으로 톡 쏘는 듯 한 느낌이 강하다. 보통 우디계열의 향에 깊이를 더해 줄 때 많이 사용되며 오리엔탈 향수에도 폭넓게 이용된다.

⑧ 우디계열(Woody)

나무를 연상시키는 편안하고 은근한 냄새가 특징인 향수로 따뜻하고 세련된 분위기로 향이 오래 지속되어 베이스 노트에도 많이 사용된다. 남성용 향수의 대표적인 향의 그룹이기도 하다. 향나무, 목단, 샌들우드, 삼목, 패츄리, 백단, 자단, 종려나무, 참나무, 이끼가 대표적인 향료이다. 건조하면서 고상한 베티베르계, 중후하면서도 부드럽고 섹시한 샌들우드계, 강하고 이국적인 패출리계, 시더우드계, 파인계 등으로 세분된다.

⑨ 푸제아(Fougere)

이끼 성분을 베이스로 라벤더를 조합한 향기로 싱싱하고 촉촉한 느낌의 향수로 주로 남성용 향수에 많이 이용되며 유능하고 도회적인 남성에게 어울리는 향이다. 최근에는 개성이 강한 여성등도 사용하고 있다. 보통 라벤더, 오크모스, 쿠마린 등을 베이스로 하여 장미, 쟈스민 등의 꽃향기, 샌들우드, 베티베르, 패출리 등의 우디 향조를 가미하고, 사향, 용연향 등으로 지속력을 높여 중후한 느낌의 향으로 연출된다.

⑩ 프루티계열(Fruity)

사과, 복숭아, 딸기, 복숭아, 오렌지, 바나나, 메론, 파인애플 등 무르익은 과일의 풍성하고 달콤한 느낌의 향이다. 상큼하고 매력적이며 달콤하고 귀여운 느낌을 준다. 과일 향기가 지나치게 사용되면 식욕을 자극하여 상업적으로 식욕을 유발하는 향수를 새롭게 유행하디도 한다.

⑪ 아쿠아계열(Aqua)

물, 바다를 연상하는 상쾌하고 시원한 느낌의 향으로 대부분 여름철에 어울리는 향수이다. 청아하고 심플하며 세련된 향을 느끼게 한다.

⑫ 타바끄레더계열(Tabacco Leather)

자작나무 타르와 잎담배의 향, 가죽 냄새를 연출하며, 환상인 타르의 향과 동물적인 요소를 지닌 향을 통해 남성적인 강한 개성을 느끼게 해주며, 주로 남성 향수에 많이 사용된다.

⑬ 오셔닉(Oceanic) 계열

마린(Marine) 계열로도 부르며 다시마, 미역 등의 해조류, 짠바람 냄새 등의 느낌의 인공향으로 일상에서 탈출, 넓은 해양 등 해방감을 주는 느낌으로 바다를 연산시키는 향조

⑭ 파우더리(Powdery) 계열(系列)

벨벳 파우더와 같이 부드러우면서 관능적인 물질을 연상시키는 향조로 더운 계절보다 추운 계절에 어울린다. 아이리스, 통카빈, 바닐라, 헬리오트로핀, 쿠마린 등이 주 향료로 사용이 되며 사향과 함께 조향되는 경우가 많다. 주로 베이스 노트에 많이 쓰인다.

⑮ 구르망(Gourmand) 계열(系列)

숙성된 과일이나 벌꿀, 초콜릿, 캬라멜 등의 유혹적인 냄새로 후각적 자극을 미각적 즐거움으로 바꿔주는 향기라고 한다. 냄새로 달콤한 음식을 연상시켜 침이 고이게 한다.

⑯ 허벌(약초)향 계열(系列)

바질, 히솝, 라벤더, 마조람, 로즈마리, 레몬, 타임, 진저, 팔마로사 등의 많은 허브를 사용하고, 다른 향과 잘 혼합되는 성질이 있어 발삼향이나 우드향 등과 혼합하여 사용된다.

(3) 노트별 향료

발형(發香) 시간에 따른 분류법으로 휘발성분인 향기성분이 휘발되어 후각세포를 자극하는 시간적 차이별로 분류한 것으로, 향기성분의 분자량과 관련이 많다.

① 탑노트(Top note)

향의 첫 느낌, 향수를 뿌린 직후부터 알코올이 날아가는 **5~10분**(체온이나 기온에 따라 차이가 있음) 전후에 느껴지는 향. Citrus, Green, Spice 발산성이 높은 향취성분들이 많다.

② 미들노트(Middle note)

향의 구성성분이 조화롭게 느껴지는 중간단계로 **사용 후 10여분 정도**부터 계속 나타난다. 본

연의 풍부하게 느낄 수 있는 향취의 중심부이다. Floral, Fruity 등이 이에 속한다.

③ 베이스노트(Base note, Last note)

잔향성이 강한 마지막 향으로 인체의 체취(體臭)와 향이 조화를 이루는 향이다. 향수를 뿌린 후 **3시간 이상 지난 후**에 맡을 수 있는 잔향으로 Musk, Woody 향기가 이에 속한다.

3) 향료의 형태별 분류

(1) Essence

천연 정유나 조합향료 베이스를 50~60% 에틸알콜로 추출, 용해한 것이다. 물에 용해하면 투명 용액으로 된다. 60~70℃에서 알코올과 함께 향기성분도 휘발된다. 열에 약하지만 산뜻하고 화려하며 신선한 향을 부여한다. 열처리가 많은 식품에는 사용하지 못한다. 과일즙, 젤리, 과일젬, 젤리, 아이스크림, 술, 빙과, 음료, 커피, 드링크류, 검 등에 널리 사용되고, 향수, 스킨, 오일 등 화장품에도 사용된다.

(2) Oil

매우 강한 Body note를 가지며, 유용성이며 내열성으로 부향(浮香)시 균일한 분산성을 갖는다. 용제를 고비점(高沸點)의 Oil로 고온 가공시 향의 보류성과 내열성이 뛰어나 제조과정에 가열조리식품이나 제과·제빵, 당제품, 디저트, 사탕, 초콜렛 등에 사용하기 적합하다. 유기용제나 향료가 서로 용해되어 배합된 유성에센스로 보통 로션 립스틱, 헤어오일에 사용된다.

(3) 유화향료

향료 베이스를 Arabic gum 등의 계면활성제 및 안정제와 식용 유화제로 물속에 유화액(乳化液, Emulsion) 한 것으로 향료+ 유화제로 Oil in Water(O/S) 형이다. 유화향료는 향료입자가 수용액 속에서 균일하게 분산되어 안정되게 보호되어 있어서 향기성분의 발산성(發散性)이 부드러워 향기의 보류효과가 안정적이다. White Cloudy 및 각종 유화향료 형태로 만들어 진다. 일반적으로 과즙, 캐러멜, 초콜릿, 디저트, 아이스크림, 유제품, 대두음료, 캔디, 비스킷, 스낵, 햄, 소시지, 제빵, 스낵, 스프, 시즈닝 등에 사용된다.

(4) 분말향료

향료를 특수한 조건에서 사용할 수 있도록 향기성분을 천연 Gum류나 당류로 향료성분을 Capsule화시켜 분말식품에 최적화 시킨 향료류이다. 향료 Base를 Arabic gum, Dextrin, 젤라틴 등의 수용성 보호콜로이드물질로 유화한 후 분무건조한 것이 일반적이고, 단순하게 유당, 포도당 등과 혼합, 흡착시킨 것도 있으며 두가지를 병용하여 식품용도별 적성에 맞도록 조정한 것도 있다. 분말향료는 내열성이 뛰어나고, 물에는 녹지만 기름에는 녹지 않는 특성이 있고, 향기성분이 코팅되어 있어 향료의 지속성이 매우 뛰어나다. 이러한 제품은 주로 Cookie와 같은 과자류, Chewing gum, Tablet 제품, 조미식품, 분말식품, 분말음료, 분말차, 제과, 제빵, 스낵, 스프, 시즈닝 등에 사용된다.

5. 천연향료의 제조법

1) 증류법(Distillation)

증류법에는 물증류, 수증기증류, 물과 수증기혼합증류, 건증류 등이 있다. 식물체 조직은 수증기나 뜨거운 물속에서 유세포(油細胞)가 파괴되어 향기성분이 유리되고, 수증기가 증발되면서 함께 휘발된다. 휘발되는 향료성분을 냉각시켜 모은 증류액을 모아 정유라고 한다.

향료의 비등점은 대개 150~300℃ 정도이지만 수증기와 함께 증류하면 비등점이 낮아져 향료성분의 분해나 변질이 없이 증류할 수 있다. 냉각기를 거쳐 냉각된 증류액은 모아 정치하거나 분리기로 향료성분을 분리 및 정제하여 정유를 얻는다. 증류 방법은 다음과 같은 것들이 있다.

(1) 자비증류법(煮沸蒸溜法, Water distillation)

끓는 물에 향의 원료를 넣고, 증발하는 수증기와 함께 향료를 증발시켜 증류하는 방법으로 보통 뜨거운 수증기가 닿으면 굳어져 정유의 추출이 어려운 원료를 대상으로 실시한다. 장미꽃, 오렌지꽃 등을 정유를 추출하는데 사용된다.

(2) 물과 수증기 혼합증류법(水/水蒸氣 混合蒸溜法, Water-steam distillation)

밑에 물을 넣고 상부의 격리된 공간에 향료의 원료를 넣고 가열하여 수증기를 증발시켜 향료의 원료에 접촉되면서 수증기와 함께 향료성분이 휘발시켜 증류하는 방법이다. 전통적인 향료 추출법으로 사용되었으며 대부분의 향료원료에 대하여 사용될 수 있다.

(3) 수증기증류법(水蒸氣蒸溜法, Steam distillation, Hydrodistillation extraction)

향료원료를 가마솥에 넣고, 다른 가마솥에 물을 넣고 가열하여 수증기를 만들어 향료원료 밑부분으로 불어넣어 증류하는 방법이다. 공업적으로 가장 많이 사용되는 방법이며 향료성분 추출효율도 좋다. 생산되는 소규모 향료생산시설로 가장 적당하다.

(4) 건증류법(乾溜流法, Dry distillation)

향료원료를 잘게 파쇄하여 증류 가마솥이나 가열장치에 넣고 가열하여 증류하는 방법으로 원료내의 향료성분과 수분이 열에 의하여 휘발되게 하여 추출하는 방법이다. 보통 목질부나 뿌리 등을 사용하며 증류과정에서 향기성분이 생성되기도 한다.

2) 압착법(Pressure)

초보적인 향료제조법의 하나로 수율은 떨어지지만 품질은 우수하다. 주로 향료산업의 가내수공업적 생산에 이용되었으며 이태리 및 프랑스 남부지방 등지에서 과즙이 풍부하고 향기가 상한 과일류에 주로 사용되던 방법이다.

물리적 힘을 가하여 원료 중의 정유를 추출시켜 채집하는 방법으로 주로 감귤류와 같이 원료가 연하고 함유액상 물질과 향료성분이 많은 경우 사용되며 전통적으로 사용하던 방법으로 열에 예민한 향기성분을 추출하는데 사용되는 방법이다. 같은 원료의 수증기 증류법 분자량이 크거나 다양한 이취 향료가 함께 추출되어 저급품이 대부분이다.

(1) Ecuelle법(Ecuelle method)

약 1cm 내외의 돌출된 돌기가 있는 직경 20cm 정도되는 깔때기 모양의 Ecuelle이라는 채유기구를 이용하여 채유하는 방법으로 이탈이아 북부에서 전통적으로 사용하던 방법이다. 채유도구 도관을 잡고 다른 손으로 향료재료인 과피를 돌출부위에 눌러 회전하면 압착하여 도관을 통하여 추출액을 용기에 모으고, 이를 분액하여 정유를 회수한다.

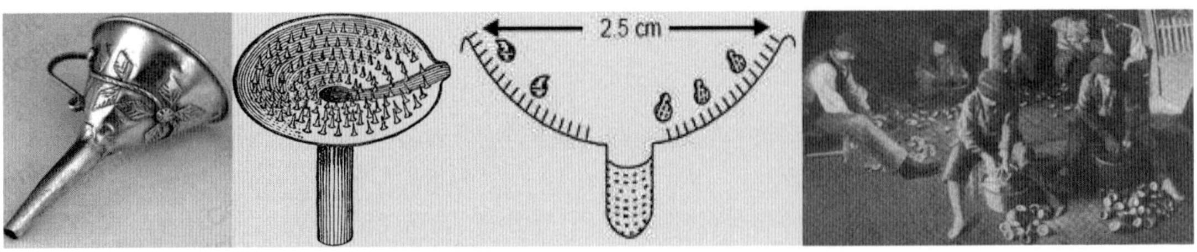

(2) Sponge법(Sponge method)

이탈리아 남부에서 소규모의 가내공업적 작업으로 실시되던 방법으로 과피를 손으로 압착하여 나오는 정유를 Sponge에 흡수시키는 방법을 반복하여 향료성분을 모아 정유를 분액하여 채취한다. 최고급품이 만들어 진다. 용제추출이나 증류법으로 추출하면 저급품이 만들어 진다.

(3) 기계적 압착법(Expeller-pressed method)

향료원료 과피 등을 기계적 장치로 압착추출하고 추출액을 분액하고 정제하여 정류를 만든다. 대규모 연속작업을 하는 채유법으로 생산규모가 대단위인 미국 캘리포니아 등지에서 사용되는 방법으로 채유효율성이 우수하다.

3) 추출법(Extraction)

열에 약한 향기성분은 증류법으로 추출하면 정유성분이 분해되거나 중합(重合)이나 수화반응(水化反應) 등으로 변질되거나 물에 용해되어 정유가 소실되는 경우에 사용한다. 주로 꽃향기(花香) 성분이 주요향성분인 Jasmin, Violet, Hyacinth 등의 화정유(花精油)를 추출하는데 주로 사용된다. 주요한 향료로는 Jasmin absolute, Lavender absolute, Oakmoss absolute, Orange flower absolute, Rose absolute 등이 있다.

(1) 비휘발성 용매추출법(Nonvolatile solvent extraction)

향기성분을 흡수하여 용해하는 지방이나 지방유를 이용하여 흡수 추출하는 방법으로 프랑스 남부지방에서 전통적으로 사용하는 방법이다.

① 냉침법(Enfleurage)

정제한 **소기름이나 돼지기름을 목재틀**(60㎝×50㎝×5㎝)에 중앙에 유리판을 끼운 Chassis 유리판 양면에 약 1㎝ 두께로 도포하고, 채집한 꽃을 유리판에 깔고, 다시 같은 작업을 반복하여 30~40개를 쌓아 두었다가 24~72시간 정도 방치한 후 꽃을 제거하고 새로운 꽃을 산포하여 같은 작업을 30~36회 실시한다. 작업 후 꽃과 지방이 합쳐진 포마드(Pomade)가 얻어진다. 이러한 포마드를 모아 에테르 등의 용매로 향료성분만 추출하고 용매를 제거하여 앱솔루트샤시(Absolute chassis)를 얻는다.

② 온침법(Maceration)

꽃을 채취한 후 자가소화로 쉽게 변성되는 Rose, Orange flower, Acasia, Mimosa 등의 꽃은 최대한 단시간에 향기성분을 추출하기 위하여 실시하는 방법으로 온침법을 사용한다. **60~70℃로 가온한 유지**에 채취한 신선한 꽃을 철망(약 20kg)에 넣고 1.5시간 정도 담가 두었다가 꺼내고 새로운 꽃을 넣어주는 작업을 10여회 실시하여 포마드(Pomade)를 얻는다. 포마드를 용매로 추출해서 플라워앱솔루트라는 고형상 정유를 얻어 다시 에탄올로 추출한 다음 에탄올을 제거하여 Flower absolute of maceration을 얻는다.

(2) 휘발성 용매추출법(Volatile solvent extraction)

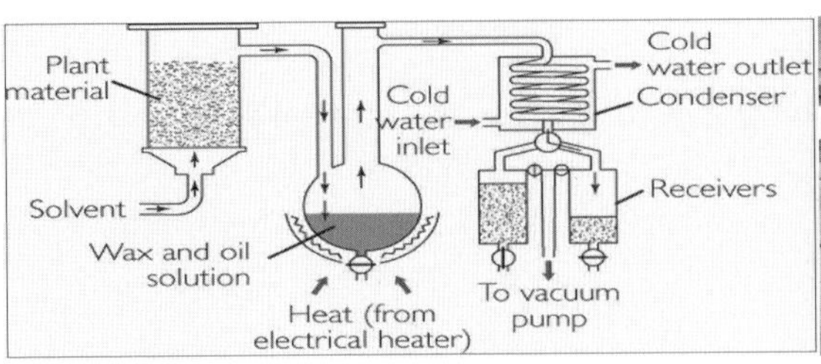

신선한 꽃을 용매 추출장치에서 **용매중에서 추출하는 방법**으로 용매는 Ether, Hexane 등이 사용된다. 추출액의 용매를 제거하여 플라워앱솔루트를 얻는다. 보통 약간의 왁스, 단백질, 색소 등을 포함하고 있어 에탄올에 하루정도 침적(沈積)시킨 후 여과하여 불용성 왁스 등을 제거한 것을 다시 에탄올을 제거하고 앱솔루트 플라워오일(Absolute flower oil)을 얻는다.

(3) Spice oleoresin의 추출법

향신허브(Spice herb)의 정유는 수증기 증류에 얻을 수 있지만 **맛성분은 대부분 비휘발성 물질**로 적절한 용매로 허브를 추출하여 얻을 수 있다. 이러한 맛성분을 함유한 올레오레진 향신료(Spice oleoresin)는 아세톤, 에테르, 벤젠, 에탄올 등의 용매추출법을 사용한다.

(4) Tincture의 제조법

Tincture(딘크액)은 천연향료 등을 **에탄올을 용제로 추출한 용액**으로 적당하게 희석하여 사용한다. 추출시 가온하면서 추출한 것은 인퓨전(Infusion, 주입액, 우림액)이라 한다. 이런 틴크액으로 Amber(3%), Musk(3%), Orris(25%), Vanilla(15%), Labdanum(20%)가 있다.

6. 합성향료 제조법 (Aroma chemical)

향기물질은 대부분 식물성으로 지구상에는 약 40여만 종이 있으며 95% 이상이 탄수화물이다. 이러한 향료성분을 인위적으로 만든 합성향료는 5000 여종이 만들어 지고 있으며 이중 250여종은 산업적으로 대량 생산되어 식품산업과 향장산업 등에 사용된다. 합성향료는 정유, 석유화학제품을 원료로 화학적으로 합성된 것이다. 현재 향료로 사용되고 있는 수많은 합성향료는 인위적 화합물이다. 합성에는 모든 유용한 유기합성반응 및 분리, 정제 등의 수단이 사용된다.

＊합성향료 종류

- 탄화수소류(C-H) : Limonene, β-Caryophyllene
- 알코올류(-OH) : Cis-3-Hexenol, Linalool, Fornesol, β-Phenylethyl alcohol
- 알데히드류(-CHO) : 2,6-Nonadienal, Citral, α-Hexyl cinnamic aldehyde
- 케톤류(-CO-): β-Ionone, l-Carvone, Cyclopentadecanone
- 에스테르류(-COO-) : Linalyl acetate, Benzyl benzoate
- 락톤류(-COO-고리) : γ-Undecalactone • 페놀류(C6H5-OH) : Eugenol
- 산화물(-O-) : Roseoxide • 질소화합물(-N-) : Indole류
- 아세탈(-CHOR-) : Phenyl acetaldehyde dimethyl acetal
- 시프염기(Schiff base, -CH=N-) : Aurantiol

제 3절 향료식물의 이용

1. 허브 이용

지구상에 자생하는 유용한 허브식물은 대략 2500여종이 있으며 오래전부터 요리, 향료, 방향, 살균, 살충, 미용, 입욕제, 염료, 관상용 등으로 사용되었고, 최근에는 향기요법, 향기치료 및 관상용으로도 사용된다.

1) 향초(香草)

허브는 음식물 부향제나 향수원료로 쓰이지만 향기가 좋은 종류가 많아 방향을 이용하여 날 것, 건조 및 정유를 추출하여 향장료나 포플리, 부향제로 사용한다.

2) 약초(藥草)

고대부터 허브는 건강유지와 병치료에 사용하여 온 약초이다. 약술이나 기호 및 건강음료로도 이용되었으며 방충제와 방부제로서 해충구제와 식료품과 의류의 보존제로도 사용된다.

3) 향신료(香辛料)

허브는 방향성 자극물질이 많아 Spice, 양념으로 사용되었으며, 꽃, 열매, 씨, 잎, 수피, 뿌리 등을 음식물에 향미를 부가하여 식용을 촉구시켜 준다.

2. 허브 상품

에센스오일, 포푸리, 리스, 방향제, 화장품, 공기 청향제, 목욕제, 피부 미용제, 마사지용 오일, 실내 소품, 베개, 쿠션, 제과제빵원료, 시럽, 양념류, 술, 식초, 스프, 차, 음료, 향수, 간장, 비누, 향주머니, 각종요리 부향제, 염료 등

3. 허브 약효

정신안정, 스트레스해소, 혈액순환촉진, 피로회복, 불면증해소, 기역력과 집중력 향상, 두통, 강장제, 노화방지, 피부미용 정화작용, 살균, 살충, 근육통 완화, 화상치료, 소화촉진, 정혈작용, 중풍, 염증치료, 인후통, 감기예방, 복통, 위통, 호흡기계통, 구충약, 이뇨작용 등

품명	원산지	과	이용법
라벤다(Lanvender)	지중해연안	꿀풀과	CTPBDG
로즈마리(Rosemary)	〃	〃	CTPBDG
레몬밤(Lemonblam)	〃	〃	CTPBD
마조람(Marjoram)	〃	〃	CTPBD
오데코롱민트(Eaudecologne mint)	남유럽, 유라시아, 아프리카	〃	PB
애플민트(Apple mint)	〃	〃	CTPB
페퍼민트(Pepper mint)	〃	〃	CTPBD
스피아민트(Spear mint)	〃	〃	CTPBD
페니로열민트(Pennyroyal mint)	〃	〃	TPBD
파인애플민트(Pineapple mint)	〃	〃	TPBD
베르가못(Bergamot)	북아메리카	〃	CTPBG
보리지(Borage)	지중해연안	지치과	CG
세이지(Sage) 〃	〃	꿀풀과	CTPBD
제라늄(Geranium) 〃	남아프리카	고추나물과	CPD
캐모마일(Chamomile) 〃	인도, 유럽	국화과	CTPBD
타임(Thyme)	지중해연안	꿀풀과	CTPBDG
탄지(Tansy)	영국, 북유럽	국화과	P
포트마리골드(Potmarigold)	유럽남부	국화과	CTPBDG
히솝(Hyssop)	남부유럽,중앙아시아	꿀풀과	TPG
헬리오트러프(Heliotrope)	남 미	지치과	PG
야로우(Yarrow)	영국,유럽	국화과	PD
알로에베라(Aloe bear)	남 미	알로에과	C
아티쵸크(Artichoke)	유 럽	국화과	CPG
오레가노(Organo)	유럽, 서아시아	꿀풀과	CTPBD
바실(Basil)	유 럽	〃	CTPB
휀넬(Fennel)	유 럽	미나리과	PG
딜 (Dill)	지중해, 인도, 이란	미나리과	CT
체이브(Chive)	유 럽	백합과	C
세이보리(Savory)	유럽 남부	꿀풀과	CG
코리안더(Coriander)	지중해연안	미나리과	CPB
콘플라워(Conflower)	지중해, 서아시아	국화과	CPD
안젤리카(Angelica)	유럽북부	미나리과	CPB
디키타리스(Digitalis)	유럽서남부	미나리과	DG
셀프힐(Self)	유럽, 아시아	미나리과	C
타라곤(Tarragon)	유럽 남부	국화과	CG
스테비아(Stevia)	〃	꿀풀과	CT
치코리(Chicory)	유럽, 아시아	미나리과	G

* 이용법 범례 : C - 요리, T - 차, P - 포푸리, B - 목욕제, D - 염료, G - 관상

4. 아로마 오일(Aroma oil)

1) 아로마 오일 존재

아로마오일(Aroma oil)이 저장된 부위로는 꽃(장미, 자스민, 캐모마일 등), 잎(세이지, 레몬밤, 타임 등). 뿌리(앤젤리카, 창포 등), 씨앗(아니스, 캐러웨이, 코리안더 등), 목질부(산달우드, 시더우드, 로즈우드 등), 수피(시나몬 등), 과피(레몬, 오렌지 등), 수지(벤조 등) 등이다.

2) 아로마 오일의 특성

아로마 오일의 대부분은 수증기 증류법으로 추출하고, 갈귤류는 압착법으로 추출한다. 이러한 허브의 아로마오일은 휘발성이 강하고, 지방과 오일에서 잘 녹고, 수많은 성분으로 이루어진 복합체이다. 천연 향기로 대부분 향기성분은 생리적, 약리적 효능이 있다.

3) 아로마 오일의 구성분

아로마오일을 구성하는 작용물질은 테르핀(Terpine)과 페닐프로판(Phenyl prophane)으로 크게 나누고, 대부분이 테르핀과 페닐프로판이다. 페닐프로판(Phenylpropane), 에스트라골(Eestragol), 아네톨(Anethol), 테르펜(Terpene), 세스쿼테르핀(Sesquiterpene), 테르핀(Terpine), 세스키트테르핀알코올(sesquiterpenealcohol), 페놀 (phenol), 알코올, 에스테르(Ester), 알데히드(Aldehyde), 케톤(Ketone), 옥사이드(Oxide) 등이 있다.

4) 아로마 오일 이용

에센셜 오일은 다양한 방법으로 몸에 흡수된다. 피부흡수, 폐를 통해 혈류로 흡수, 신경계를 통해 직접 뇌의 변연계로 전달된다. 공기로 흡입하면 아로마 향은 폐와 얇은 벽의 모세혈관의 작은 기낭(氣囊)이나 폐포(肺胞) 사이에서 기체 교환의 일부가 될 수 있다. 크림이나 로션으로 피부에 바르면 부분적으로 표피에 작용할 수 있으며 작은 오일분자는 표피와 진피를 통과하여 피부층에 유연성을 주고, 오일분자는 진피에서 모세혈관을 지나 순환계에 침투한다. 오일분자들이 세포사이의 체액을 누비면서 극성배열을 바로 잡아 증세를 호전시켜 치유를 도와준다.

5) 아로마 오일 Aromatherapy

아로마 오일은 신체적 조건에 따라 다양한 방법으로 적용할 수 있으나 보통 코, 피부, 점막 및 입을 통하여 향기성분을 체내로 흡수하는 방법을 사용한다. Medical aromatherapy(질병치료), Holistic aromatherapy(면역력/치유력 향상), Esthetic aromatherapy(미용 마사지), Psychological aromatherapy(심리치료) 등의 방법이 사용된다.

※ 아로마 오일의 흡수경로 및 뇌에 미치는 영향

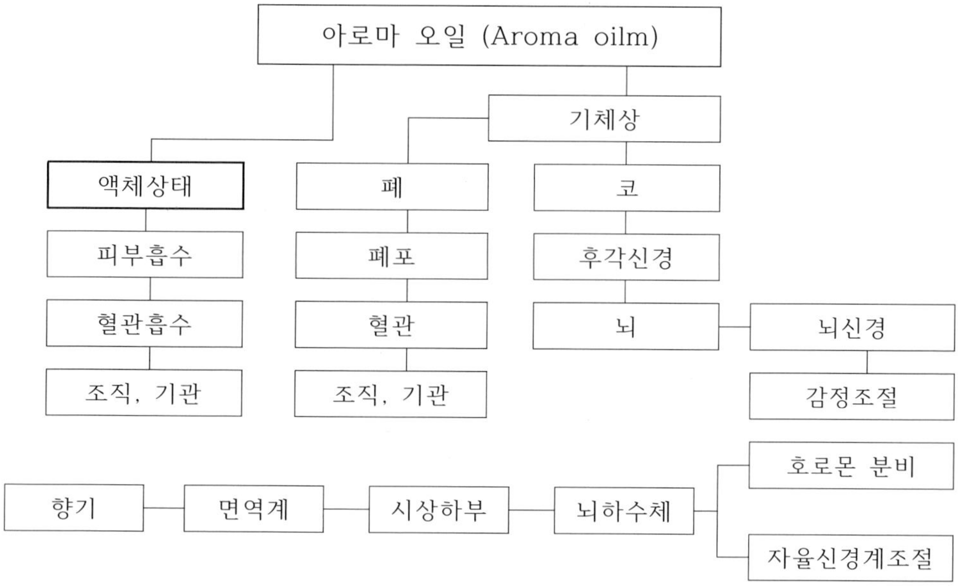

(1) 코를 통한 흡수

오래전부터 전통적으로 사용된 방법으로 아로마 오일의 향기를 코로 흡입하는 방법이다. 효과가 가장 효과가 빠르다. 심리 및 정서적 장애 제거, 호흡기 질환 치유 등에 좋다.

① 향램프 확산법(Aroma lamp vaporization)

가장 일반적인 사용방법으로 보통 치료용, 실내공기 정화용으로 애용되는 방법이다. 램프의 윗부분에 물을 넣고 아로마 오일을 5~10방울 떨어뜨리고, 램프의 불을 켜서 가열하여 향기성분이 공기 중으로 확산시킨다.

② 수증기 흡입법(Steam inhalation)

뜨거운 물에 아로마 오일을 떨어뜨려 발생되는 수증기를 직접 흡입하는 방법이다. 보통 기관지와 얼굴 등에 적용하는 경우에 주로 사용된다. 뜨거운 물을 담은 용기에 아로마 오일을 3~5방울을 첨가하고, 두건이나 수건을 덮어쓰고 5분 정도 눈을 감고 수증기를 흡인한다.

③ 퓌쯔법(Putz - methode)

보드라운 화장지에 아로마 오일을 1~2방울 떨어뜨려 둥글게 말아서 코 구멍에 끼워서 수면을 취하는 방법으로 고안자 퓌쯔(Putz)의 이름을 붙인 것이다. 이외에도 베개에 아로마 오일 1

~2방울 떨어뜨려 수면을 취하거나 손수건에 묻혀 필요할 때 흡인하는 등의 방법이 있다.

(2) 피부를 통한 흡수

피부를 통해서 아로마 오일을 흡수하게 하는 방법은 코를 통한 흡수법과 함께 널리 사용되는 방법으로 피부에 발라주는 방법과 마사지 그리고 목욕과 습포 및 양치질 등이 있다. 아로마 오일의 작은 분자는 바르고 20~60정도 지나면 피지층을 통하여 혈액 중으로 흡수된다.

① 피부도포법(Skin coating method)

피부도포법은 약 10ml 캐리어오일(Carrier oil)에 5~6방울은 첨가하여 사용하며 상처 등에 직접 잘라준다. 아로마 오일은 고농축된 상태라서 희석하여 사용하고, 알레르기 반응을 일으키는 경우는 사전에 팔꿈치의 굳은 살이나 손바닥에 발라 하루정도 관찰 후 사용한다.

② 마사지(Massage method)

마사지용 아로마 오일을 캐리어 오일 100ml에 20여방울 첨가하여 피부에 마사지하는 방법으로 아로마 오일과 마사지 효과가 함께 나타나게 하는 방법이다. 캐리어 오일로 아몬드오일, 헤이즐넛오일, 호호바오일, 올리브오일이 많이 사용된다.

(3) 아로마 목욕

욕조물에 원하는 아로마 오일 6~8 방울 정도 떨어뜨리고 목욕하는 방법으로 따뜻한 온도에서 오일의 흡수속도와 목욕의 피로회복 효과를 함께 기대할 수 있다. 아로마 목욕법은 오일의 종류에 따라서 긴장완화, 신체 신진대사와 혈액순환을 원활하게 하고, 미용효과도 있다.

① 전신욕(全身浴) : 수온 35~38℃에서 10~15분 정도 전신욕을 한 후 수면을 취한다.

② 좌욕(坐浴) : 전신욕과 같으나 좌욕은 특히 월경장애, 치질, 변비에 효과적이다.

③ 족욕(足浴) : 여름에는 냉수와 겨울에는 온수로 실시하며 발을 넣고 실시한다.

④ 습포(濕布) : 아로마 오일을 첨가한 넓은 솜을 상처에 놓고, 핫백 등으로 싸서 습포한다. 또는 아로마 오일을 첨가한 온수에 수건으로 적셔 짠 후 얼굴이나 상처부위에 덮는다.

⑤ 샤워(Shower) : 샤워가 거의 끝날 때 샤워를 멈추고 필요한 오일을 바르는 방법이다.

(4) 점막을 통한 흡수

치질이나 여성질환 등의 국부적 질환이나 어린이 등의 질환 치료에 사용된다. 항문이나 질에 좌약 또는 삽입식 생리용품 등이 주로 사용된다.

(5) 입을 통한 흡수

입을 통한 흡수로 향을 첨가한 음료나 기호식품 등으로 쓰이며 치료용으로 아로마 오일을 내복하는 하는 경우 아로마 오일의 선택과 용량의 조절 등의 다소 전문적 지식이 필요하다.

5. 플로랄 워터 이용

정유(精油, Essential oil)을 증류하여 추출하는 과정에서 얻어지는 응축수이다. 식물의 수용성 물질이 함유되어 있으며 다양한 효능도 있다. 주로 아로마테라피스트(Aromatherapist), 스파테라피스트(Spa therapist), 뷰티테라피스트(Beauty therapist), 바디테라피스트(Body therapist) 등에 의해 많이 사용되어 왔으며 홀리스틱테라피스트(Holistic therapist) 등도 명상 치유 등에도 사용된다. 최근에는 보습용으로 일반인도 많이 사용되고 있다.

1) 플로랄 워터 효과

플로랄 워터는 방부 및 살균효과, 피부 pH 조절, 보습효과 등이 있어 피부질환, 알레르기 등을 예방하고 치료하는 효과도 있고, 정유와 혼합하여 사용하기도 한다. 혼합되는 정유의 종류와 혼합 양에 따라 다양한 효과를 기대할 수 있다. 일반적으로 피부진정 및 보습, 피부 컨디션 조절, 호흡기 건강, 피로감 완화, 눈의 출혈 등의 효과를 기대할 수 있다.

2) 플로랄 워터 사용과 관리

스프레이 분무 방법을 주로 사용하며 얼굴이나 피부에 직접 분무 도포한다. 그 외 향로나 가습기 등을 통해 공기 중에 발산시켜 방향과 아로나 치료효과 주기도 하고, 최근에는 다양한 미용재료, 요리재료 등으로도 사용되고 있다. 휘발성 향기성분이 많아 냉장보관이 좋으며 흔히 침전물이나 변색 등의 변질이 일어나기 쉽다.

3) 주요 플로랄 워터

(1) 라벤더 워터(Lavender water) : 염증성 피부, 탄 피부 진정 효과

(2) 오렌지 워터(Orange water) : 피부 크린저, 발란싱 효과

(3) Neroli water(네놀리 워터) : pH농도 3.8 - 4.5

(4) 페퍼민트 워터(Peppermint water) : 피부크린저, 스킨토너, 방부, 탈취, cooling 효과

(5) 로즈 워터(Rose water) : 스킨토너, 방부효과, 염증성 및 민감성 피부 진정 효과

(6) 로즈마리 워터(Rosemary water() : 수렴, 스킨토너, 식욕자극, 순환개선 효과

＊금기사항과 허브종류

1) 임신중인 여성

넛트멕(Nutmeg), 딜(Dill), 로즈마리(Rosmary), 마조람(Majoram), 미르라(Myrrh), 바실(Basil), 세이지(Sage), 버베나(Verbena), 셀러리(Sellery), 시더(Cedar), 싸이프리스(Cypress), 아니스(Anis), 야로우(Yarrow), 오레가노(Oregano), 주니퍼(Juniper), 캐러웨이(Caraway), 코리안더(Coriander), 타임(Thyme), 히숍(Hyssop), 파셀리(Parsley), 프렌치라벤더(French lavender),

2) 질병이나 기능장애자

유방암 환자	세이지(Sage), 싸이프리스(Cypress), 아니스(Anis), 앤젤리카(Angelica), 캐러웨이(Caraway), 클라리 세이지(Clary Sage), 펜넬(Fennel)
간질 환자	넛트멕(Nutmeg), 로즈마리(Rosemary), 세이지(Sage), 시더(Cedar), 장뇌(Camphor, 학명: *Cinnamomum camphora*), 펜넬(Fennel), 히솝(Hyssop)
천식 환자	마조람(Majoram), 로즈마리(Rosemary), 야로우(Yarrow), 오레가노(Oregano)
불면증 환자	스톤파인(Stone pine, 학명: *Ppinus pinaster*), 페퍼민트(Peppermint)
종양 환자	아니스(Anis), 캐러웨이(Caraway), 펜넬(Fennel)
전립선암 환자	싸이프리스(Cypress), 앤젤리카(Angelica), 타임(Thyme), 히솝(Hyssop)
신장자극 우려	주니퍼(Juniper)
갑상선기능저하	펜넬(Fennel)
암유발 의심	자작나무(Birch), 창포(Sweet sedge, 학명: *Acorus calamus*)

3) 어린이 및 유아

넛트멕(Nutmeg), 로스마리(Rosemary), 바실(Basil), 웜우드(Wormwood), 서던우드(Southernwood), 세이지(Sage), 시더(Cedar), 쑥(Mugwort), 유카리(Eucalyptus), 장뇌(Camphor), 캣트민트(Catmint), 파슬리(Parsley), 펜넬(Fennel), 프렌치라벤더(French lavender)

4) 혈압관련 질환자

고혈압 (혈압상승)	레몬(Lemon), 로즈마리(Rosemary), 세이지(Sage), 타임(Thyme), 히솝(Hysso
저혈압 (혈압강하)	일랑일랑(Ylang Ylang)
안질환 (안압상승)	레몬그래스(Lemon grass), 레몬밤(Lemon balm)

5) 피부자극 또는 알레르기 유발

넛트멕(Nutmeg), 레몬그래스(Lemon grass), 로즈마리(Rosemary), 바실(Basil), 스피아민트(Spearmint), 버베나(Verbena), 세이보리(Savory), 아니스(Anis), 아르니카(Arnica), 오레가노(Oregano), 정향(Clove), 타임(Thyme), 티트리(Tee tree), 페퍼민트(Peppermint), 펜넬(Fennel)

6) 감광성(photosensitivity) 증폭

버베나(Verbena), 베르가모트(Bergamot), 쁘띠그랭(Petit Grain), 세이지(Sage), 앤젤리카(Angelica), 야로우(Yarrow), 파슬리(Parsley), 펜넬(Fennel), 그 외 레몬향이 나는 오일

7) 월경장애

세이지(Sage), 싸이프리스(Cypress), 아니스(Anis), 앤젤리카(Angelica), 캐러웨이(Caraway)

제 4절 삼림욕의 치료효과

1. 피톤치드

피톤치드(Phytoncide)는 Phyton(식물의라는 뜻)과 Cide(죽이다라는 뜻)이 합쳐진 이름으로 「식물이 분비하는 살균물질」이란 뜻이다. 피톤치드는 일반 항생제보다는 적용범위가 넓고, 자연계 물질로 인체에 흡수되어도 부작용이 없는 특성이 있다. 피톤치드는 식물이 발산하는 알파피넨(α-Pinene), 리노넨(Limonene), 천연 테르펜(terpene)류 등의 항균성 물질의 총칭으로 혼합물질로 주요성분은 테르펜을 비롯하여 페놀화합물, 알칼로이드 및 배당체 등이 포함되어 있다. 주요한 물질 중 테르펜은 약간 자극성 향기성분으로 알파피넨(α-Pinene) 등 수십 종이 알려져 있다. 가지의 물질이다. 테르펜은 인체에 흡수되면 신체를 활성화, 정신적 안정작용이 있고, 살균과 살충작용 등의 다양한 효과가 있다. 가장 많은 산림자원인 소나무의 경우 테르펜의 대부분은 휘발성이 큰 모노테르펜이며 솔 숲속 삼림욕은 약리효과도 좋다.

2. 테르펜의 약리작용

인체효과	Terpene 효과			인체효과	Terpene 효과		
	Mono-	Sesqui-	Di-		Mono-	Sesqui-	Di-
항생작용	•	•	•	진정효능	•	•	
항종양성	•	•	•	통증완화	•		
혈압강하	•	•	•	진통작용		•	
생장호르몬	•	•	•	항간질효능		•	
강장효능	•	•		담즙분비촉진		•	
소염작용	•	•		이뇨작용	•		
살충작용	•	•		거담작용	•		
피부자극	•	•		유독성		•	•
통변작용	•	•					

3. 음이온 효과

또한 삼림욕에는 음이온 효과에 대한 관심이 높으며 숲에서 가장 많은 음이온 물질이 존재하고, 인체의 자기치유력도 높여 준다. 체내에는 이온상태로 존재하는 무기질이 많으며 이들 성분들이 균형을 이루어 생리적 작용이 원활하게 된다. 음식이나 각종 물질을 인위적으로 양이온과다 섭취하면 많은 양이온이 방출되고, 인체의 신경전달물질의 일종인 '세로토닌'의 분비가 촉진되어 신경장애 등의 신경의 민감성이 둔화된다. 따라서 천연 음이온 방출장소인 숲속의 삼림욕은 인체의 양이온을 중화시킬 수 있는 좋은 장소가 된다.

* 대기중 포함된 음이온의 양 (단위 : 개/㎤)

환 경	음이온 양	도시실내 비	환 경	음이온의 양	도시실내 비
도시 실내	30~70	1	산 야	700~800	10.0~26.7
도시 실외	80~150	1.1~5	숲	1,000~2,200	14.3~73.3
도시 교외	200~300	2.8~10	인체수요량 : 700개/㎤		

4. 수종과 효과

숲의 구성 수종에 따라 테르펜 함유량이 차이가 많다. 테르펜을 많이 생성하여 방출하는 식물들은 대부분 침엽수들이다. 이들 중 특히 구상나무가 테르펜 발산량이 가장 많고, 삼나무, 편백나무, 소나무 등이 많은 정유를 분비한다.

* 국내산 침엽수 잎의 정유함량 (단위: mℓ/100g)

수 종	겨 울	여 름	수 종	겨 울	여 름
젓나무	2.9	3.3	삼나무	3.6	4.0
구상나무	3.9	4.8	편백	5.2	5.5
소나무	1.7	1.3	화백	3.1	3.3
잣나무	1.6	2.1	향나무	1.8	1.4
리기다소나무	0.7	0.8	측백나무	1.0	1.3

자료: 박재철. 환경과 조경 1991

제5장

약용자원식물과 건강식품

제 5장 약용자원식물과 건강식품

제 1절 건강기능식품

1. 건강기능식품

1) 섭취목적

인체의 구조 및 기능에 대하여 영양소를 조절하거나 생리학적 작용 등과 같은 보건용도에 유용한 효과를 얻을 목적으로 섭취하는 것을 말함.

2) 식품형태

인체에 유용한 기능성을 가진 원료나 성분을 사용하여 정제 · 캡슐 · 분말 · 과립 · 액상 · 환 등의 형태로 제조 · 가공한 식품을 말함

3) 섭취용도

일상적인 식사나 기호성 식품과는 다르게 섭취목적, 섭취방법 등 여러가지 요소에서 차이가 있다.

2. 건강기능식품 구별

한국의 건강기능식품은 고시형과 개별형으로 법적으로 나누어 구별하고 있다.

1) 고시형 건강기능식품

건강기능식품에 관한 법률 「건강기능식품기준및규격」이라는 식품의약품안전청 고시에서 정하고 있는 품목으로 일정 자격을 갖춘 영업자(건강기능식품 제조업 또는 수입업) 누구든지 제조·수입할 수 있는 건강기능식품을 말하며 현재 37가지 품목이 있다. 건강기능식품법에서 고시하여 정하는 고시형 건강기능식품으로는 영양보충용제품, 인삼제품, 홍삼제품, 뱀장어유제품, EPA/DHA함유제품, 로얄젤리제품, 스쿠알렌함유제품, 효모제품, 화분제품, 효소함유제품, 유산균함유제품, 클로렐라제품, 스피루리나제품, 감마리놀렌산함유제품, 배아유제품, 배아제품, 레시틴제품, 옥타코사놀함유제품, 포도씨유제품, 알콕시글리세롤함유제품, 식물추출물발효제품, 뮤코다당단백제품, 엽록소함유제품, 버섯제품, 알로에제품, 매실추출물제품, 자라제품, 베타카

로틴함유제품, 키토산함유제품, 글루코사민함유제품, 키토올리고당함유제품, 프로폴리스추출물제품, 녹차추출물제품, 대두단백함유제품, 홍국제품, 식물스테롤함유제품, 프락토올리고당 함유제품 등이 있다.

2) 개별형 건강기능식품

영업자가 제조 · 수입하고자 하는 제품이 고시형 건강기능식품에 해당되지 않는 경우 해당 원료의 안전성과 기능성에 관한 자료를 제출하여 기능성 원료로서 인정 받고 그 원료로 만든 제품의 기준 규격을 인정받아야 하는 건강기능식품을 말한다.

3. 국외 건강관련 식품 정의와 현황

1) 일본의 건강관련 식품

(1) 특정보건용식품(FoSHU : Foods for Special Health Use)

특정보건용식품이라 함은 일본에서 사용되는 건강기능식품의 개념적 용어이다. "특정용도식품 중 식생활에 있어 특정보건목적으로 섭취하는 자에 대하여 섭취에 의한 해당 보건의 목적을 기대할 수 있는 취지의 표시를 한 식품을 특정보건용식품으로 한다"로 되어 있다. 여기서 보건용도란 "표시되는 보건효과에 의거한 특정보건의 용도"를 말하고, 관여하는 성분이란 "보건의 용도에 관계하는 식품성분"을 말한다.

(2) 보건기능식품(Health Function Foods)

일본에서 기존의 특정보건용식품과 영양기능식품을 통합한 식품으로 의약품과 일반식품의 중간영역에 위치시키고 있는 것으로 한국의 건강기능식품과 개념이 유사하다. 영양기능식품의 성분은 주로 비타민과 미네랄로 "고령화, 식생활의 변화 등에 따라 통상의 식생활을 하기에 곤란한 경우 부족되기 쉬운 영양성분의 보급, 보충에 기여 하는 식품"으로 정의되어 있다.

2) 미국 건강관련 식품

(1) Nutraceuticals(뉴트라슈티컬, 식의약품)

"Nutrient"와 "Pharmaceutical"의 합성어이며 "의약품적 효과를 기대할 수 있는 식품성분"이라는 뜻이다. Nutraceuticals은 "질환의 예방과 치료를 포함한 의약적 또는 건강상의 이익을 주는 식품 또는 그의 일부"로 정의되어 있다. 법적인 용어는 아니다.

(2) Dietary supplements & Food supplements(식이보조제와 식품보조제)

Dietary supplements의 정의는 "식품성분 중 한가지 이상을 함유하면서 식사를 보충하는 식품을 말하며, 식품성분이란 비타민, 미네랄, 아미노산, 총식사 식품성분, 허브 또는 다른 식물 등과 앞에서 기술한 각 영양소의 농축대사물, 구성 물질, 추출물 또는 혼합물"로 되어 있다.

식이보조제(Dietary supplements)는 미국과 호주에서 사용하고, 유럽연합(EU)에서는 식품보조제(Food supplements)라고 부른다. 또한 미국과 유럽에서는 식품으로 분류하지만 호주와 뉴질랜드에서는 각 성분에 따라 식품 혹은 의약품으로 분류한다. Dietary supplements는 대개 정제, 캡슐, 분말, 액체 등 비식품 형태를 취하고 있으나 일반식품 형태를 취하고 있는 것도 포함될 수 있다. 미국의 경우 비타민, 미네랄, 아미노산 등의 제품을 Dietary Supplements로 분류하고 시판되고 있다.

(3) Medical foods(의료용식품)

Medical food를 특정 환자를 위해 조제된 식품으로 의사처방에 의한 환자식에 해당하고, 국내는 환자용식품, 일본은 병자용식품으로 제도화되어 있다.

국제식품규격인 CODEX에서는「유형은 환자의 섭식 관리를 위해 특별히 가공되거나 조성 및 제시되고 의사의 감독아래 사용한다. 일반적인 음식 또는 특정 영양소가 있는 음식을 먹고 소화하며 흡수 및 대사하고 배설하는 능력이 제한적이거나, 손상되거나, 장애가 있는 환자에게 전체적 또는 부분적인 공급을 위해 사용되고, 또는 다른 의학적으로 영양요구조건에 사용된다.

미국에서는「의사의 감독하에 관리 및 소비하도록 조제된 식품을 말하고 특별한 영양을 요구하는 질병 또는 특정 식이관리를 받는 사람을 대상으로 한다.

(4) Desingner foods(디자이너푸드, 구상식품, 신기능성식품)

NCI(미국암연구소)의 용어로 암예방을 비롯한 질환예방 기능을 갖는 미량 Phytochemicals 성분들이 유효한 기능이 잘 발현될 수 있도록 본래의 식품을 변환시켜 설계한 식품을 말한다.

(5) Organic foods(유기식품, 유기농식품)

농산물을 대상으로 화학비료 또는 농약을 사용하지 않고 재배한 자연건강식품의 하나로 유기재배식품, 무농약식품, 저농약식품 등이 있으며 국가별로 기준이 설정되어 있다.

(6) Natural foods(자연식품)

식품 제조 · 가공에 있어 첨가물을 사용하지 않거나 가공·정제도가 낮은 식품으로 유기식품을 원료로 한 식품, 무첨가식품, 저정제/저가공도식품, 천연양조식품, 미네랄워터 등이 있다.

(7) Health foods(건강식품)

일반식품에 비해 보다 적극적인 건강유지나 증진 혹은 기대효과를 갖는 식품이다. 넓은 의미로 건강보조식품, 특수영양식품, 자연식품, 유기식품, Dietary Supplements, 다이어트식품 등이 모두 포함된다.

제 2절 기능성 물질의 분류

1. 급원에 의한 분류

기능성물질을 함유하는 식품급원인 식물, 동물 및 미생물에 따라 분류할 수 있다. 기능성 물질을 비교적 다량 함유한 것을 기초로 하여 식품을 분류할 수 있다.

1) 식품 급원에 의한 기능성 물질의 분류

(1) 식물 급원

β-Glucan, Ascorbic acid, γ-Tocotrienol, Quercetin, Luteolin, Cellulose, Lutein, Gallic acid, Perillyl alcohol, Indole-3-carbonol, Pectin, Daidzein, Glutathione, Potassium, Allicin, d-Limonene, Genestein, Lycopene, Hemicellulose, Lignin, Capsaicin, Geraniol, β-Ionone, α-Tocopherol, β-Carotene, Ordihydrocapsaicin, Selenium, Zeaxanthin

(2) 동물 급원

Conjugated Linoleic Acid (CLA), Eicosapentaenoic acid (EPA), Sphingolipids, Docosahexaenoic acid(DHA), Calcium Ubiquinone (coenzyme Q10), Choline, Lecithin, Selenium, Zinc,

(3) 미생물 급원

Saccharomyces boulardii (Yeast), *Streptococcus salvarius* (*sub. Thermophilus*), *Bifidobacterium bifidum, B. longum, B. infantis, Lactobacillus acidophilus* (LCI), *L. acidophilus* (NCFB 1748)

2) 특정 기능성 물질의 함량이 높은 식품

기능성 물질(군)	식품 종류	기능성 물질(군)	식품 종류
Allyl sulfur 화합물	양파, 마늘	β-Carotene	감귤류, 당근, 호박
Isoflavones	대두, 기타두류	Carnosol	로즈마리
Quercetin	양파, 적포도, 감귤류	Catechins	다류, 장과류
Capsaicinoids	고추	Adenosine	마늘, 양파
EPA 및 DHA	어유	Indoles	양배추, 브로컬리, 케일
Lycopene	토마토와 가공품	Curcumin	투메릭
Isothiocyanates	평지과 식물	Ellagic acid	포도류, 딸기류, 호도류
β-Glucan	귀리껍질	Anthocyanates	적포도주
CLA	쇠고기와 낙농제품	3-n-Butylphthalide	셀러리
Resveratrol	포도(껍질), 적포도주	Cellulose	식물체 (세포벽구성분)

2. 작용 메커니즘에 의한 분류

기능성 물질은 체내에서 나타내는 작용 메커니즘에 의하여 분류할 수 있다.

그 작용 메커니즘은 항산화, 항미생물, 혈압강하, 콜레스테롤 저하, 항응집성, 항염증성, 항암성, 골격형성 등이다.

* 작용 메커니즘에 의한 기능성 물질의 분류

항암성	Capsaicin, Genestein, Daidzein, α - Tocotrienol, γ - Tocotrienol, CLA, Lactobacillus, acidophilus, Sphingolipids, Limonene, Diallyl sulfide, Ajoene, α - Tocopherol, Equol, Enterolactone, Curcumin, Glycyrrhizin, Ellagic acid, Lutein, Carnosol, L. bulgaricus
항산화성	CLA, Ascorbic acid, β - Carotene, Polyphenolics, Tocopherols, Tocotrienols, Indole - 3 - carbonol, Hydroxytyrosol, α - Tocopherol, Lycopene, Ellagic acid, Glutathione, Lutein, Luteolin,Catechins, Oleuropein, Gingerol, Chlorogenic acid, Tannins
항염증성	Linolenic acid, EPA, DHA, Capsaicin, Quercetin, Curcumin
조골형성	CLA, Soy protein, Genestein, Daidzein, Calcium
혈중지질 개선	β - Glucan, γ - Tocotrienol, δ - Tocotrienol, MUFA, Quercetin, ω - 3 - PUFAs, Resveratol, Tannins, β - Sitosterol, Saponins

CLA : Conjugated linoleic acid　　EPA : Eicosapentaenoic acid
MUFA : Monounsaturated fatty acid　　DHA : Docosahexaenoic acid

3. 화학적 특성에 의한 분류

기능성 물질을 분자 또는 기본구조의 특성에 따라 분류한다. 수많은 기능성 물질을 그 분자 또는 기본구조의 특성에 따라 명확하게 분류하기는 매우 어렵다. 따라서 기능성 물질을 합성기원과 분자특성 등으로 분류하지만 경우에 따라서는 몇가지 특성으로 한가지 기능성 물질이 분류되기도 할 수 있다.

제 3절 기능성 물질의 특성

1. 소화기계에 관여하는 기능성 소재

소화기계는 식품을 소화하여 흡수하는 작용을 하는 신체 기관이ek. 소화란 식품을 소화기계의 물리·생화학적 작용을 통하여 체내 흡수 가능한 상태로 변화시키는 생리작용이고, 흡수란 소화관벽을 통하여 영양소를 체내로 유입되는 것을 말한다. 이러한 생리작용을 정상적으로 유지하고, 소화기계의 고유한 기능을 유지하는 것은 건강유지에 매우 중요하다. 이러한 정상적인 장관작용에 영향을 주는 여러 가지 요인중 하나가 **장내세균** 분포 상황 즉 유용한 장내세균과 유해한 장내세균의 균형을 유지하는 것이 매우 중요하다. 이러한 장내세균은 성별과 연령, 식사 내용물, 장관기능과 질병 등에 다라 차이가 많다. 또한 장관내 변이 정체되면 유해세균 번식이 많아지며 소화기관의 여러 가지 기능저하, 독작용 등으로 신체에 나쁜 영향을 미치게 된다. 장관활동이 정상적으로 활발하게 유지되면 유해균에 비하여 유용한 세균이 더 많이 생육하여 정장기능(整腸機能)을 유지하는 **정장작용(整腸作用)**을 하게 된다.

* 정장기능이란

대장의 작용을 정상적으로 조정하는 것을 말한다. 소화기 대장내에는 수백종의 미생물이 약 수백조가 서식하면서 **장내균총(腸內菌叢**, Fora)을 형성하고 있다. 균충은 숙주의 섭취하는 식품과 영양분, 생리기능, 장관노화, 병원균 감염, 면역기능 등에 의하여 영향을 받는다. 장내에 유용한 세균인 Bifidobacterium이나 젖산균을 증식시키고, Clostridium속 세균 등의 유해균을 감소시켜 변비, 소화장애 등의 생활습관병을 예방이 중요하다.

1) 정장기능을 가진 기능성 소재 - 프리바이오틱스(Prebiotics)

정장기능(整腸機能)을 가진 기능성 소재들은 Bifidus 혹은 Bifidobacterium균, 젖산균 등은 최종산물로 젖산을 생산하여 산성화시켜 유해균이 잘자라는 알카리성 조건을 산성으로 변화시킴으로서 생육을 억제한다. 따라서 장내 유해균으로 인한 유해작용을 억제한다.

Clostridium균 등의 유해균이 생산하는 부패물질은 직접 장기능 장애를 일으키는 원인물질이 되고, 또한 체내로 흡수되어 독성물질의 영향으로 간경변, 동맥경화, 면역질환, 고혈압, 암 등의 생활습관병을 유발하고, 신체노화로 인한 각 기관의 기능저하에 영향을 미친다.

따라서 장내에 젖산균 등 유용균이 잘자라는 생육조건을 만들어 주는 것은 중요하다. 이와같은 조건에는 젖산균의 생육과 증식을 도와주는 영양원으로 식이섬유가 있다. 식이섬유는 난소화성 올리고당 및 난소화성 전분 등으로 장내 유용한 세균인 젖산균 등은 증식되지만 유해균의 증식은 억제함으로서 유용한 젖산균이 우세한 장내균총으로 개선시켜 정장(整腸)화 즉 장내환경을 정상화 시켜준다. 이러한 장내 정장작용에 도움이 되는 식품소재를 **프리바이오틱스(Prebiotics)** 라고 부른다.

따라서 사람의 건강유지·증진 및 질병의 회복에 기여하는 물질, 즉 건강을 향상시키는 생체 유용 미생물을 증식시키는 식품소재를 Prebiotics라 한다.

(1) 난소화성 올리고당

장내의 소화효소에 의하여 일부 혹은 전체가 소화되지 않고 소장하부에 도달하고, 장내세균에 이용되어 아세트산(Acetic acid), 프로피온산(Propionic acid), 젖산(Lactic acid) 등의 산성 물질을 생성함으로서 **장내 pH가 산성**으로 만들어져 *Bifidus* 균이나 젖산균 등의 유용균은 증식하고, 산(酸)에 대한 내구성이 약한 *Clostridium* 균 등의 유해균의 증식은 억제된다.

* Prebiotics 특성을 가진 올리고당의 종류

네오슈가 (Neosugars)	Lactulose
이눌린 (Inulin, Fructan)	Raffinose
대두올리고당 (Soy-oligosaccharides)	Stachyose
갈락토올리고당 (Galacto-oligosaccharides)	Sorbitol
이소말토올리고당 (Isomalto-oligosaccharides)	Xylitol
겐티오올리고당 (Gentio-oligosaccharides)	Palatinose
자일로올리고당 (Xylo-oligosaccharides)	Lactosucrose

2) **정장기능을 가진 기능성 미생물 - 프로바이오틱스(Probiotics)**

① Probiotics 정의

Probiotics는 장내균총(Flora)의 균형을 개선하여 인간(동물)에 유익한 효과를 주는 생균 첨가물 (Live microbial supplement) 혹은 생균제제라고 정의한다. Prebiotics는 Probiotics 생육에 도움이되는 식품소재를 말한다.

② 노화현상에 따른 장내균총 변화

노화현상으로 장내균총이 변화하며 이는 연령, 식사내용, 스트레스, 섭취약품 등의 요인에 의하여 변화되며, 노화현상은 유용한 *Bifidus*균은 감소되며 유해균인 *Welchii* 등은 증가한다.

③ 대표적인 Probiotics : *Bifidus*균 (*Bifidobacterium*속) 및 젖산균 (*Lactobacillus* 속)

* Probiotics 배양에 주로 사용되는 미생물 종류

가. Lactobacillus 속 ; 대장에서 작용

L. acidophillus(의약품), *L. helveticus*(치즈), *L. bifidus*(의약품), *L. brevis*(김치), *L. plantarum*(김치), *L. sporogenes*(의약품), *L. rhamnosus*(의약품, 건강기능식품), *L. leuteri*(건강기능식품), *L. bulgaricus*(요구르트), *L. casei*(요구르트),

나. Bifidobacterium 속 ; 대장에서 작용

B. infantis(건강기능식품), *B. longum, B. breve, B. bifidum, B. adolescentis*

다. Enterococcus (=Streptococcus) ; 소장하부에서 작용

S. faecium(의약품), *S. faecalis, S. salvarius sub. thermophilus, S. thermophilus,*

라. Bacillus ; 소장상부에서 작용

B. polyfermentics(의약품), *B. mesentericus*(의약품), *B. subtilis*(의약품),

마. Clostridium ; 대장 하부

C. butyricum Miyairi(의약품), *C. butyricum Toa*(의약품)

바. 기타

Enterococcus faecium, Leuconostoc mesenteroides subsp. dextranicum, Propionibacterium freudenreichii, Lactococcus delbrueckii subsp. bulgricus, L. lactis subsp. lactis, Pediococcus acidilactici, Saccharomyces boulardii.

④ Probiotics 장내 발효

장내에서 올리고당 등을 분해하여 젖산, 아세트산 등의 유기산을 생성하여 장내환경이 약산성을 변화되어 유지되면서 부패균이나 유해균의 생육을 억제하고, 유기산은 장관을 자극하여 장관연동운동을 향상시켜 배변활동을 향상시킨다. 반면 유용한 젖산균이 감소하여 유해균이 증식되면 세균독소, 발암물질, 동맥경화, 고혈압 등의 생활습관병 발생 우려가 높아진다.

⑤ Probiotics 식이성 조건

- 식경험이 있어 안전할 것
- 숙주의 flora중의 하나일 것
- 섭취하였을 때 장내에 도달할 것,
- 장내에서 서식·증식할 것
- 확실하게 유용한 효과가 있을 것
- 식품 등의 형태로 유효한 균수가 유지될 것
- 값이 싸서 구입이 용이할 것

(3) probiotics 기능성

① 유독물질 감소

유해한 부패균이 감소되어 유독 부패산물인 Indole, Sketol, 황화합물, 아민, NH^3, H_2S, Phenol 등이 생성이 감소된다.

② 장의 연동운동촉진(蠕動運動促進)과 변비개선

올리고당이 유용한 젖산균에 의하여 단쇄지방산 (SCFAs ; Short-chain fatty acids)으로 Acetic acid, Propionic acid, Lactic acid 등으로 발효되어 대장의 **연동운동**을 촉진한다. 난소화성 올리고당은 대장내 침투압을 상승시켜 **배변을 촉진**하며 변비를 개선한다. 그러나 다량 섭취하면 설사를 유발하는 경우가 있고,

최대무작용량은 섭취하는 올리고당의 소화성, 당의 조성, 개인의 건강상태 등에 따라 차이가 있다.

③ 항균성(抗菌性)

유용한 젖산균은 **생성물은 90% 이상은 젖산과 아세트산**이고, 그 외 과산화수소, 박테리오신, 구연산, 마뇨산, 오로트산(Orotic Acid), 요산 등이 소량 생성된다. 젖산과 과산화수소 등은 식중독균인 살모넬라식중독균(*Salmonella typhimurium*), 대장균(大腸菌, *Escherichia coli, E. coli*) 등의 그람음성세균, 포도상구균식중독(*Staphylococcus aureus*), 웰치식중독균(*Clostridium perfringens*) 등의 그람양성세균에 강한 항균성이 있다. 된다.

④ 항암효과(抗癌效果)

젖산균 자체와 및 이들이 만드는 발효물질은 항암활성이 있다. 즉 가장 효과적인 항암인자인 *B. longum과 B. infantis* 등과 <u>발암인자를 활성화시키는 촉매효소인 β-Glucuronidase, Azoreductase, Nitroreductase 등을 억제,</u> 체내 면역체계 활성화, 장내의 pH 감소로 유해균

억제 등으로 암이 유발되는 것을 억제한다.

⑤ 각종 질병예방

유용균이 우점(優占)하면서 각종 병원균의 생육을 억제하여 질병 발생을 억제하고, 발암물질 및 노화촉진물질 등의 유해물질의 생성을 억제하여 대장암 예방, 노화억제, 아토피성 피부염, 유독성분의 억제로 간기능 회복, 피부환경 등을 개선시키는 효과가 있다.

(4) Prebiotics 물질로서의 식이섬유

① 식이섬유 정의

인간의 장관내 효소에 분해되지 않는 식물성 물질이라고 정의하며 비전분성 다당류 (Non-starch polysaccharide)로 정의한다. 식이섬유는 수용성 섬유와 비수용성 섬유로 나눈다. 수용성 섬유로는 Pectin, Gum, Mucilage 등이 있고, 불(비)수용성 섬유로는 Cellulose, Lignin, Hemi-cellulose 등이 있다. 다만 Lignan은 Polyphenol성 화합물인데 식이섬유로 분류한다.

② 식이섬유의 유형과 그 특성

• 수용성 식이섬유

Pectins	Galacturonic acid, Rhamnose, Arabinose, Galactose 풍부.	세포막, 양배추, 근채류, 두류,
Gums	주로 Hexose와 Pentose 단위체로 구성	오트밀, 건조두류, 두류
Mucilages	식물세포 합성되고 Glycoprotein을 함유	식품첨가물

• 불용성 식이섬유

Cellulose	세포벽의 기본성분으로 그 단위체는 포도당	양배추, 두류, 근채류
Hemi-cellulose	일차/이차 세포벽 구성분: 단위체 함량 다름	겨, 곡류, 전곡
Lignin	Aromatic alcohol 구성분. 세포벽 구성분	식물, 밀

③ 식이섬유 유형의 이화학적 작용

Cellulose	보수력, 장관내압 감소, 분변량 증가. 소화물 통과시간 단축
Hemi-cellulose	보수력, 분변량 증가, 담즙산 결합, 장관내압 감소, 분변 통과시간 단축
Pectin	Gums, Mucilages 동일, 공복감 지연, 담즙산과 결합, 장관발효 증가
Lignin	보수력, 미량원소와 결합, 배설분변량 증가, 분변중 스테로이드의 증가

④ 식이섬유 기능성

• 분변 부피 증대와 분변 체류시간 단축	• 변비 개선
• 장의 연동운동 촉진시켜 배변 촉진	• 대장암 등의 질병을 예방
• 독성물질의 장관과의 접촉시간을 단축	• 저지방과 저칼로리로 식사
• 장 내용물 부피를 증대	• 독성물질 제거(유해금속, 독성물질,
• 지방이나 콜레스테롤의 흡수저해(담즙),	• 위 공복감 지연으로 소식
• 혈중의 Na/K 비의 개선효과	• 소화 및 글루코오스의 흡수를 지연
• 혈중 콜레스테롤 수치를 낮추어 주고	• 당뇨병 환자의 글루코오스 조절
• 혈당과 인슐린 수치를 정상화	• 변비개선 효과는 불용성 식이섬유가 우수

2. 충치발생 예방기능을 가진 기능성 소재

1) 충치균 원인균

충치 즉 치아우식증(齒牙齲蝕病, Dental caries) 주요 원인균은 *Streptococcus mutans* 이고, 이외 젖산균들이 공동으로 충치를 유발시킨다.

2) 충치균의 감염과 정착

충치균은 Streptococcus mutans는 유아기 어른의 입, 특히 충치환자의 입이나 오염된 입과 접촉한 물건을 통하여 감염되어 구강내 유치(乳齒)에 정착한다. 만약 유아기 충치균 오염을 막아주면 다른 구강세균에 의해 우점화되어 충치균이 정착하기 어려워 유아기 이후 일생동안 충치에 걸릴 확률이 현저히 낮아지게 된다. 만약 충치균에 오염된 경유는 구강청결로 번식을 억제하여 충치를 예방하는 방법밖에 없다.

3) 충치 발생

충치(蟲齒)는 단단한 치아 조직이 침식되어 일어나며 충치의 원인은 특정세균의 존재, 구강내 환경 및 식생활 양식, 치아의 조건 등이 상호작용하여 발생된다. 충치 발생과정은 치면(齒面)에 음식물 찌꺼기 등으로 Streptococcus mutans, 젖산균 등의 세균이 번식하여 **균괴**(菌塊)를 형성하여 점차 성장하여 치면에 세균막인 플라그(Plaque)가 형성되고, 당질대사를 통하여 유기산과 Glucosyltransferase(GTase)를 생산하여 GTase는 설탕을 포도당 중합체인 불용성 Glucan을 만들어 치아에 강하게 부착하여 **플라그**를 만든다. 플라그 내부는 유기산에 의하여 pH가 pH 5.4 이하로 산성화되면서 치아의 에나멜질이 용해되기 시작하고, 반복적으로 에나멜질이 용출되어 치구를 형성한다.

4) 충치예방 기능성 소재

(1) 산생성을 억제하는 기능성 소재

당알코올(Polyols, Sugar alcohol)은 단당류나 이당류의 알데하이드나 카보닐기가 알코올기(CH_2OH, CHOH)로 환원된 형태의 당유도체로 모두 충치예방에 효과가 있다. 당알코올 중 Xylitol, Maltitol이 가장 효과적인 산생성을 억제하는 식품소재이고, 이외에도 Erythritol, Lactitol, Mannitol, Palatinol, Sorbitol 환원올리고당, 환원물엿 등이 있다.

(2) 치구의 형성을 억제하는 기능성 소재

식품신소재로 치구와 충치발생을 억제하는 물질로 **Panose 올리고당**이 있고, 플라그 형성에 관여하는 GTase 활성을 억제하는 물질로 Polyphenol류(녹차, 우롱차)가 있다.

3. 항산화성을 가진 기능성 소재

인체의 생화학적 대사과정에서 활성산소(O, 산소원자)가 생성되지만 체내에서 제거한다. 각종 원인으로 활성상소가 급격하게 많이 발생되어 과잉 활성산소가 체내에 존재하면 직접 생체에 상해, 노화, 각종 성인병 (생활습관병) 등을 일으킨다. 식품중에는 체내의 과잉 활성산소와 쉽게 결합하여 활성산소로 인한 인체의 유해작용을 경감시켜주는 성분들이 있으며 이러한 물질들을 통상 항산화 물질 혹은 항산화제라고 한다.

1) 폴리페놀

Polyphenol이란 분자내에 2개이상의 Phenol성 수산기를 가진 식물성분을 총칭으로 자연계에는 단순한 phenol, 중합도가 다양한 Flavonoid, Tannin 등의 Polyphenol 화합물로 식물계에 광범위하게 존재하고, 대부분은 배당체의 형태로 존재한다. Polyphenol은 단순페놀(Simple phenol), Phenolic acid, Flavonoid, Hydroxycinnamic acid의 유도체 등의 3가지로 크게 분류하며 대장암, 위궤양, 동맥경화, 심장질환, 뇌장해 등의 예방효과가 있다.

* 폴리페놀의 분류

형 태	종 류	기 본 골 격
단위체 (Monomer)	Flavonoid	Flavone(들깨씨), Flavonol(카카오), Flavonone(감귤피), Isoflavone(대두), Anthocyanin(블루베리, 포도), Flavanol(녹차)
	Chlorogenic acid(커피), Gallic acid(달맞이꽃), Ellagic acid(달맞이꽃)	
중합체 (탄닌)	축합형	Proanthocyanidin(포도종자, 사과), Polycatechin(우롱차)
	가수분해형	Ellagic tannin(감자)

(1) 대두(Soy bean)

함유된 Isoflavone은 Daidzein, Glycitein 및 Genistein을 포함하며 월경증상 경감, 전립선의 건강 증진, 심장기능과 면역력을 향상, 뼈의 건강을 유지, 신장질환 진행지연 등의 효능이 있다. 또한 Genistein은 Isoflavone의 일종으로 Tyrosine kinase(암증식 효소) 억제하여 종양억제, 여성호르몬 관련 암 예방, 임파성 백혈병, 췌장 종양 치료에 사용된다.

① 혈관신생 억제물질

혈관신생 억제효과가 있는 Phytoestrogen 종류로 Fisetin, Apigenin, 3-Hydroxyflavone, 3',4'-Dihydroxyflavone, 2',3'-Woxyflavone이 있다.

② 세포증식 익제물질

세포증식을 촉매하는 Topoisomerases Ⅰ,Ⅱ를 억제하는 물질로 Kaempferol, Apigenin, Genistein 등이 있다.

③ 대두식품

Isoflavone 혼합물(Genistein, Genistin, Biochanin A, Daidzein)을 식품, 음료, 뉴트라슈티컬(Nutraceutical, “Nutrient”+“Pharmaceutical”합성어) 제품에 응용하여 가공 판매된다.

(2) 불루베리(Blueberry)

Anthocyanin으로 망막의 Rhodopsin(적색 감지 단백질)의 재합성 촉진, 암순응 촉진효과 등 시력 개선효과가 주목되고 있다.

(3) 녹차(Green tea)

폴리페놀은 Flavanol을 주체로 Catechin, Epicatechin, Epigallocatechin 등이 함유되어 있으며 냄새제거, 충치예방, 산화방지 등 효능이 우수하다.

녹차의 Epigallocatechin - 3 - gallate(EGCG) 성분은 내피세포 성장, Urokinase와 Metallo -proteinases(MMP - 2 와 MMP - 9) 및 염증 억제, 혈관신생 억제, 구강암과 전립선암 예방효과가 있다. EGCG는 비타민 E와 비타민 C에 비해 항산화력이 각각 25배와 100배에 달한다.

(4) 우롱차(烏龍茶, Wulongcha)

함유된 Polycatechin은 충치예방효과가 우수하여, 츄잉껌과 캔디 등의 소재로 이용된다.

(5) 포도나 적포도주(Grape, Redwine)

라스베라톨(Resveratrol, 3,5,4'-Trithydroxystilbene) 성분은 잿빛곰팡이이나 노균병균 등의 침입 방어물질로 염증과 혈관신생에 관여하는 COX-1(Cycloxygenase-1)과 COX-2의 활성을 저해시킨다.

(6) 계피(桂皮, Cinnamon)

Curcumin (Diferuloylmethane)은 인도와 동남아시아에서 많이 사용되는 천연 항염증제로 내피세포 증식을 억제, 전립선 암세포의 혈관신생을 억제한다.

* Polyphenol 화합물, 산화방지제, 식품의 항산화력 비교

항산화제/Polyphenol	항산화력, IC50(μm)[a]	항산화제/Polyphenol	항산화력, IC50(μm)[a]
비타민 C	1.25~1.45	Epigallocatechin	0.075~0.10
비타민 E	2.40	Epicatechin	0.19~0.40
β - carotene	4.30	Resveratrol	0.33
Trolox	1.00	적포도주[b]	0.72
Quercetin	0.22	백포도주[b]	0.71
Rutin	0.41~0.51	포도[b]	0.2~0.65
Myricetin	0.48	홍차[b]	0.59~0.86
Kaempferol	1.82	우롱차[b]	0.57~0.67
Catechin	0.42~1.67	녹차[b]	0.22~0.52

a ; LDL산화(IC50)의 50% 저해에 대한 값. b ; 음료 1ℓ에 대한 μmol 단위.
LDL : Low Density Lipoprotein, IC50 : 50% Inhibitory Concentration

2) 다가 불포화지방산

식품중의 지방산은 탄소수가 짝수가 대부분이며 말단에 -COOH (Carboxyl기)가 있다.

분자내에 이중결합이 있는 것을 불포화지방산이라 한다. 지방산 중 생합성되지 않는 지방산은 필수지방산이라고 부른다. 특히 Linoleic acid, α - Linolenic acid가 특히 중요하다.

(1) n-3 및 n-6계 불포화지방산(오메가(ω) 지방산)

불포화지방산 중에서 최초 이중결합이 C 말단으로부터 3번째에 있는 것을 n - 3계, 6번째 있는 것을 n - 6계라고 부른다. 우울증 치료, 체내 염증 개선, 뇌의 건강 개선, 심장 질환·고혈압

등 만성질환 개선에도 효능이 있다. 영양학적으로 중요한 오메가-3 지방산으로는 알파-리놀렌산(ALA, α-Linolenic acid, 탄소수 C18), 에이코사펜타엔산(EPA, Eicosapentaenoic acid, C20), 도코사헥사엔산(DHA, Docosahexaenoic acid, C22)이 있다.

오메가-3 지방산 공급원으로는 카놀라, 아마씨, 호두기름, 헤이즐넛, 아몬드, 피칸, 캐슈, 마카다미아 너트 등과 생선기름(연어, 고등어, 멸치, 정어리 및 청어) 등이 좋고, 오메가-6 지방산은 생견과류, 씨앗, 콩류 및 포도씨 기름, 참기름, 콩기름 등에 많다.

인체내에서 γ-Linoleic acid(n-6)는 Arachidonic acid로 되고, α-Linolenic acid (n-3)는 EPA나 DHA로 된다. Linoleic acid(n-6)는 혈청 Cholesterol의 저하에 관여하며 자궁근 수축, 혈압강하, 혈관확장 등의 생리활성물질인 프로스타글란딘(Prostaglandin)으로 변한다.

n-3계 및 n-6계는 혈액중에 콜레스테롤의 생성을 억제하는 목적으로 영양보조식품으로 사용되며 n-6와 n-3계는 인체내에서 생리작용이 서로 다르며 n-6 : n-3의 적절한 섭취와 비율은 매우 중요하다. 식품으로 섭취시 동물 : 식물 : 어유의 지방산 비율은 4 : 5 : 1 정도가 좋고, 포화지방산 : 단일불포화지방산 : 다가불포화지방산의 비율은 1 : 1.5 : 1이 좋다고 한다. n-6계 다가불포화지방산 : n-3계 다가불포화지방산은 4 : 1 비율로 섭취하는 것이 바람직함.

(2) γ-Linolenic acid (GLA)

GLA는 염증을 감소시키고 당뇨성 신경장애, 아토피성 습진, 암치료 등에 효과가 있다. 이는 GLA가 염증을 촉진시켜 신생혈관을 유도하는 Lipoxygenase의 활성을 방해하기 때문이다. 주요 공급원은 달맞이꽃(Evening primrose), 지치(Borage) 및 삼씨(Hemp seed) 기름 등이다. 달맞이꽃의 경우 노화관련 질병, 알콜중독, 과잉행동장애, 심혈관질환, 위장장애, 부인과 장애, 신경장애, 면역장애 치료에 효고가 있다.

(3) α-Linolenic acid(ALA)

Linolenic acid의 이성질체로 ALA는 에이코사노이드(Eicosanoid, 강력한 생리활성 억제 혹은 억제하는 물질) 생성억제, 몇 가지 프로스타노이드(prostanoid, 염증성 매개물질)의 생성, 혈압감소, 중성지방과 콜레스테롤의 저하에 관여한다. 또한 섭취시는 종양 성장을 지연과 태아기 및 생후 성장기에 최적의 신경계 발달에 필수적인 성분이다. 주요 공급원은 아마씨(Flax seed), 평지씨(Rape seed), 호두나무열매(Walnuts) 등이다.

(4) EPA와 DHA (Eicosapentaenoic acid와 Docosahexaenoic acid)

대표적인 ω-3 다가불포화지방산(PUFA, Polyunsaturated fatty acid)으로 주요 공급원은

생선 및 해조류이다. DHA는 체내에서 소량이 생성되며 대부분은 식품으로 섭취하여야 한다. ω-3계 지방산은 심장질환, 고혈압, Type-2 당뇨병(인슐린 비의존형 당뇨병), 신장질환, 류마티스성 관절염, 궤양성 대장염 및 만성 폐색성 폐질환 예방, 뇌의 성장발달을 돕는다. 특히 PUFA는 혈청 중성지방을 낮추고, 혈전 및 동맥경화 발생을 감소시켜 심혈관 질환의 위험을 감소기켜 준다.

3) 카로티노이드(Carotenoid)

Carotenoid의 기본골격은 Isoprene 단위로 4개가 사슬로 결합되어 있다. 과실과 야채 등에 다량 함유되어 있으며, 적·등·황색계 색소의 총칭으로 Carotene과 Xanthophyll류의 2가지로 대별한다. Carotene류로는 β-Carotene, α-Carotene 및 Lycopene 등이 있고, Xanthophyll류로는 Lutein, Zeaxanthin, Cryptoxanthin, Astaxanthin 등이 있다. Carotenoid는 폴리페놀과 같이 활성산소 소거작용, 자유 라디칼의 제거작용, 암세포 증식억제 효과가 있으며 β-Carotene은 비타민 A의 전구체로 과일이나 채소에 많다. 토마토, 수박 등에 많은 들어있는 Lycopene은 적색소로 β-carotene 보다 항산화 효능이 2배정도 더 우수하고, 관상동맥 심장질환 초기단계에 의 진입을 막을 수 있다.

4) 항산화 비타민

(1) 비타민 C (L-Ascorbis acid)

비타민 C의 화학명은 L-ascorbic acid이다. 체내에서 합성되지 않아 식품으로 섭취하여야 한다. 비타민 C는 항산화력이 강하며 활성산소 소거능력도 있으며 동맥경화, 심근경색, 뇌졸중, 고콜레스테롤, 고지혈증 및 당뇨병 등의 예방효과도 있다. 비타민 C는 암 유발 물질중에 하나인 Nitrosamines 생성을 억제하고, 비타민 A의 파괴도 억제, 엽산 조효소 파괴 억제하여 식품 보존제 역할은 물론 보존제와 산미제로도 중요한 식품 첨가물이다.

특히 식품에 첨가제로 비타민 강화제, 산화방지제, 변색방지 및 풍미유지 등의 목적으로 음료 및 가공식품에 사용한다. 천연중에는 감귤류, 딸기, 피망, 브로콜리 등 과일과 채소에 많다.

(2) 비타민 E (Tocopherol)

비타민 E는 흔히 Tocopherol 이라고도 부르는 지용성 비타민이다. 체내의 불포화지방산의 산화를 방지하며 항산화력이 강하고, 비타민 C와 병용하면 효과가 더욱 좋다. 체내 혈액중적혈구를 보호하고, 자유 라디칼의 지질 파괴를 최소화 하고, 심장질환 예방에도 좋다. 최근에는 전립선암의 발병을 억제시키고, 전립선 암세포의 증식을 억제한다고 한다.

보통 비타민 E는 정제되지 않은 곡류, 식물성 유지, 엽록 채소 등에서 존재하며 대두, 소맥, 참깨 등의 종자, 해조류, 패류 등에 많고, 옥수수기름, 면실유에 많다. 그러나 동물성 유지에는 거의 없다.

4. 순환기계에 관여하는 기능성 소재

순환기계는 혈액과 림프액 순환 기관을 지칭하며 혈관계와 림프계가 있다. 순화기계의 대표적인 질병인 동맥경화, 고혈압증, 고콜레스테롤증 등의 생활습관병은 연령, 식습관에 따라 차이가 많고, 영향을 많이 받는다. 동맥경화는 동맥의 벽이 국부적으로 비후 및 경화로 순환 기능저하를 일으키는 질환으로 혈류장해와 이로인한 심근경색이나 뇌경색 등의 질환을 일으키게 한다. 동맥경화와 과산화 지질과 연관이 크며 과잉 과산화 지질은 제거되어야 한다. 과잉으로 생성된 과산화지질의 소거수단으로는 식품 중의 항산화물질 (항동맥경화 작용)로서 엽산, 비타민 B6, B12 등은 예방효과가 있고, 비타민 C, 비타민 E, Polyphenol, Catechin, Selenium 등의 항산화물질을 섭취하는 것이 좋다. 더구나 순환기계 질환에 좋은 식품이나 식품성분을 아래와 같이 순환기계 질환의 예방이 가능하다. 메밀, 홍국, 김, 대두, 발아현미, 어유, 대두, 난황 등의 식품 및 에스트로겐 유사물질, Coenzyme Q-10 등이 있다.

* 순환기계 질환의 원인과 위험인자

병 명	원 인	위험 인자
부정맥(不整脈)	심박동이 불규칙, 약화	생리적 변화, 정신적인 유인, 심질환, 전해질 이상
심장질환, 협심중	관상동맥 협착, 혈관위축	부정맥 위험인자등에 의한 심근에서 의 산소공급 부족
심장쇼크	각종 혈압저하를 수반하는 급성 순환부전 등	각종 다량출혈, 급성심근경색, 교감 신경자격소실
고혈압증	원인불명 신혈관성고혈압, 내분비성 고혈압	비만, 염분, 알콜, 스트레스, 대동맥의 염증, 신동맥의 협착
동맥경화	내피세포의 기능부전증, 식후 고지혈증 등	고혈압, 고지혈증, 당뇨병, 흡연, 비만, 연령
뇌경색, 뇌출혈	뇌동맥 장해, 심장질환, 뇌실질내과 뇌막하출혈	고혈압, 당뇨병, 아테롬경화, 선천성 혈관장해, 기형, 고혈압
고지혈증	혈중 지방 과다, 식이부조	과식(동물성지방), 연령
심부전	고혈압, 허혈성 심질환	허혈성 심질환, 고혈압

1) 코엔자임큐텐(Coenzyme Q10, CoQ10)

CoQ10은 체내에서 간에서 생성되는 지용성 비타민으로 Ubiquinone(유비퀴논)으로도 불리고, 모든 살아있는 포유류의 세포활동에 필요한 영양소 섭취, 소화, 노폐물 제거, 재생산 활동 등 모두에 관련되어 있다. 대부분의 천연식품에 함유되어 있으나 CoQ10을 식이보충제로 섭취하면 울혈성 심장마비, 부정맥, 협심증, 고혈압 등이 개선에 효과가 좋다.

2) DHEA(3 - Acetyl - 7 - oxo - dehydroepiandrosterone)

7 - Keto라도도 부르며 보통 상업적으로 DHEA라고도 부른다. 저장형 지방을 에너지로 전환시키는 것을 돕는 발열성 효소들의 강력한 활성제로 지방의 감소를 촉진시킨다.

3) 하이드록시구연산(Hydroxycitric acid, HCA)

남아시아에 자생하는 가르시니아 캄보지아(Garcinia cambogia) 과일에 함유되어 있는 Hydroxycitric acid는 간과 근육의 Glycogen 합성·저장 능력을 증가시키고, 식욕은 떨어 뜨린다. 즉 식욕 촉진하는 ATP citrate lyase의 활성을 억제하여 식욕을 감퇴시킨다. 또한 혈중 지방과 콜레스테롤 생성을 억제시킨다.

4) 공액리놀레산(Conjugated linoleic acid, CLA)

CLA는 필수지방산인 α-Linoleic acid의 이성질체로 탄소수가 18개이며, 2개의 이중결합을 갖고 있는 불포화지방산이고, 이중결합이 단일결합을 사이에 두고 짝으로 존재하는 공액이중결합(共軛二重結合)이 있다. CLA는 종양성장억제, 동맥경화증 위험감소 및 신체지방의 감소 효능이 있다. 특히 체지방 소모촉진과 지방세포가 크기가 축소, 지방세포의 자가소멸을 촉진시켜 체지방을 줄인다. 천연 및 가공치즈, 육류제품, 식물성 유지 등이 주요 공급원이다.

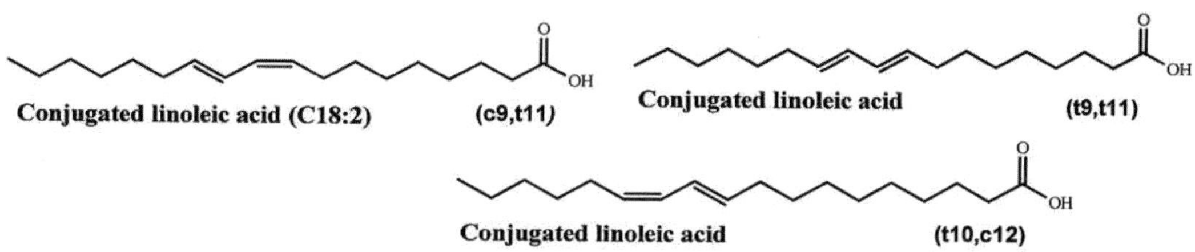

5) 디아실글리세롤(Diacylglycerol, DAG)

DAG 오일은 체중 및 지방량을 감소시키는 효능이 있으며 소장에서 소화 흡수된 지방 소립자들이 뭉쳐 중성지방의 형태로 혈류에 들어가는 것을 감소시켜 준다. DAG 오일은 식용유 대체제 샐러드 드레싱, 가정용 튀김·제빵·조리용 오일 등으로 이용된다.

5. 지질대사 개선기능을 가진 기능성 소재

고지혈증은 혈액중에 지질이 비정상적으로 많은 상태를 말하며 혈액 중에 각종 지질성분의 균형에 이상이 인정되는 상태를 지질대사 이상증이라고 한다. 혈액중에는 콜레스테롤, 중성지방(트리글리세리드), 인지질, 지방산 등이 존재하며 이들 중 콜레스테롤과 중성지방이 동맥경화에 관련이 높다. 혈중 지질대사 개선기능을 가진 식품재료로 식물섬유질인 난소화성 Dextrin, Glucomannan, Chitin, Chitosan 등과 당알콜류, 대두 Globulin, 대두 Peptide, 옥수수 Peptide 등이 있다.

1) 난소화성 덱스트린(Dextrin)

주로 난소화성 말토덱스트린이 사용되며 설탕의 15% 정도의 단맛이 있고, 옥수수 전분에서 얻는다. 탄수화물 흡수를 지연시켜 식후 급격한 혈당상승을 완화 막아주고, 장기복용시 당질대사 개선, 혈청 콜레스테롤과 중성지방 농도를 낮추어 준다. 장기능 개선, 식후 혈당상승조절, 혈중콜레스테롤조절, 중성지질조절을 돕는 건강식품으로 이용된다.

2) 글루코만난(Glucomannan)

곤약(崑蒻)에 다량 함유된 식물섬유로 포도당 1분자에 대해서 만노오스 2분자의 비율로 결합된 다당류이다. 장내 담즙산 재흡수 억제로 혈청 지질농도 낮추고, 유해물질의 생성을 억제와 생성된 유해물질을 흡착배출시키는 효과가 높다. 장내에서 정장작용으로 쾌변에도 좋다.

3) 키틴과 키토산(Chitin, Chitosan)

Chitosan은 혈중 및 간중의 콜레스테롤의 상승을 억제하는 작용이 있다. 갑각류의 껍질은 Chitin 25~35%, $CaCO_3$ 40~50% 및 단백질 20~30% 함유되어 있고, Chitin은 염기성 다당류로 불용성이고, Chitin을 산분해하면 Chitosan(N-glucosamine)이 생성된다. 다양한 생리 기능성 식품신소재로 사용되며 무독성, 흡착성, 보습성, 유화성, 생분해성, 항균성, 약리활성 등의 기능으로 다양한 목적으로도 사용된다. 즉 건강지향성 식품.의약품, 식품보존제(항균활성), 식물세포 활성화제, 흡착제(우라늄, 중금속, 할로겐), 효소.미생물 고정화제, 화장품, 사료, 토양개량제(퇴비발효촉진제) 등으로 널리 사용된다.

4) 피토스테롤(Phytosterol)

Phytosterol은 식물성 스테롤(Plant sterols)이나 식물성 스타놀(plant stanol)로 부르며, 대표적인 피토스테롤은 베타시테롤(β-Sitoserol), 베타시토스타놀(β-Sitostanol), 켐페스테롤

(Campesterol) 등이 있다. 식물성 오일에 함유되어 있으며 대두에는 0.3~0.6 mg/g 함유되어 있다. 특히 쌀겨유에는 Phytosterol, Tocopherol, Tocotrienol 등이 우수한 급원으로 관상동맥 심장질환 발병위험을 감소시키는 것으로 알려져 있다.

6. 혈압조정기능을 가진 기능성 소재

혈압은 혈관이 협착되어 탄력을 떨어지고, 심장에서 공급되는 혈액량이 증가하면 혈압이 상승된다. 이러한 고혈압은 유전적 요인 이외에 식사, 비만, 운동, 스트레스 등의 영향을 받는다. 혈압강하작용이 있는 식품신소재로 전분유래 난소화성 dextrin, 갑각류 chitin과 chitosan, 옥수수 corn peptide, 생선 펩티드(sadine peptide), 김 펩티드, 어유 DHA, 메밀 rutin, 발아현미중 γ-aminobutyric acid(GABA), 홍국 등이 있다.

＊순환기 질환에 유효한 식품소재와 기능성분

식품소재(기능성분)	효능
메밀(Rutin)	모세관의 저항성 강화, 혈관장해 예방, 항혈압 상승
홍국(γ-Aminobutyric acid)	콜레스테롤 저하작용, 혈압강화 작용
김(Peptide)	ACE(Angiotensin converting enzyme, 혈압상승효소) 저해작용 (강압)
대두(대두단백질, Isoflavone)	혈중 콜레스테롤 저하, 심혈관계의 질환위험 감소
발아현미(γ-Aminobutyric acid)	혈압 강하작용
대두/난황(Lecithin)	고지혈증 개선, 혈청 콜레스테롤 상승억제와 배출촉진
Coenzyme Q-10(Ubiquinone)	세포활성과 에너지생산 부활, 항산화, 심장질환
낫도(Nattokinase)	혈전용해 효소작용
갑각류 껍질(Chitosan)	강압작용, 항고지혈증, 신병변의 진행 억제
포도껍질(Resveratrol)	항 동맥경화, 항발암
우유(Lactoferrin)	면역기능부활, Bifidus균의 증식 (정장작용)
참깨(Sesamine)	항산화, 혈청 콜레스테롤 저하, 간기능 항진, 항알러지 작용, 노화방지, 면역증강, 지방산 산화 촉진
어유(DHA, EPA)	총 콜레스테롤 저하, 중성지방 저하, HDL 콜레스테롤 저하, 혈소판 응집 억제, 허혈성 심질환 예방, 혈압강하

7. 혈당치 조정기능을 가진 기능성 소재

고혈당증은 혈당치가 여러 가지 요인에 의하여 조정기능이 붕괴되어 혈액중 포도당 농도가 상승되는 상태를 말한다. 고혈당증이 지속되어 만성화되면 당뇨병이되고, 각종 합병증을 유발한다. 당뇨병 합병증으로 망막증, 신증, 신경장애와 동맥경화, 뇌졸중, 고혈압, 고지혈증 등의 합병증을 유발한다. 당뇨병은 유전적 요인이 있지만 환경 요인으로 비만, 운동부족, 스트레스 등의 생활습관 특히 식생활에 크게 영향을 받는다. 뽕나무잎, 누에 α-Amylase 저해성분, 바나나 Chosolic acid, 쿠바차 Polyphenol, 난소화성 Dextrin, Polydextrose, 소맥 Albumin, 돼지감자의 Inulin, Arabinose, Chitosan 등의 식품 및 기능성 성분이 있다.

* 동맥경화의 예방에 관여하는 식품 및 기능성분 : 항산화물질

기능성분		함유하는 식품
Tocopherol (비타민 E)		두류, 녹황색 야채, 과실, 식용유지
Ascorbic acid (비타민 C)		야채, 과실
Carotenoid (프로비타민 A)		녹황색 야채, 조류
Lycopene		토마토
Flavonoid	Flavonol류	양파, 브로컬리
	Isoflavone류	대두
	Catechin류	다엽
Caffeic acid 유도체	Chlorogenic acid	대두, 커피, 콩
	Oryzanol	미강
아미노산, 펩티드, Tryptophan, Histidine, Tyrosine 등		
향신료 (각종 Phenol류)	Eugenol	글로브(Clove)
	Shoogaol	생강
	Carnosol	로즈마리
	Thymol	다임
	Curcumin	울금(turmeric)
Phytic acid		두류, 곡류
Glutathione		시금치, 브로컬리, 돼지고기
Astaxanthin		적색색소(연어, 갑각류, 조류, 미생물 등)

* 항 동맥경화작용을 가진 비타민과 무기질

항산화 비타민(Vit. E, C, β-카로틴)		혈관손상억제, 혈소판 응집억제 효과
비타민 B군(엽산, B6, B12)		관 혈관계 질환의 억제
무기물	마그네슘	심근경색 위험의 감소, 혈압저하
	구리	콜레스테롤 상승 억제
	칼륨, 칼슘	심근경색 위험의 감소

8. 암 발증 억제에 관여하는 식품 및 식품소재

악성 신생물질 즉 암의 발증은 정상세포가 암 유발인자(Initiator)에 의해 잠재적으로 암세포로 변화되고 여기에 촉진인자(Promotor)가 작용하여 암세포로 발전한다. 흔히 야채, 해조류 등에 유발 및 촉진인자의 활성을 억제하는 성분이 많은 식품과 식품소재에 보고되고 있다.

* 암의 억제, 면역부활에 관여하는 기능성 식품·소재

식품(소재)	기능성분	작용메카니즘
프로폴리스 (Propolis)	Flavonoid류(Quercetin), CAPA, Coumarin, 화분,	활성산소 소거, 암전이 억제, 항종양, 암세포 괴사작용
흰들(신령)버섯	다당류(β-Glucan), Glycoprotein	항암, 면역력 조정, 혈압저하, 혈당치 강하, 간기능 증강, 항알레르기, 탈콜레스테롤, 혈청 지질저하, 인터페론유발
상황버섯(배당체)	Antitumor, Antiviral, (면역력강화기능)	상어연골 뮤코다당류(콘드로이틴황산) 암억제효과, 종양종식 지연효과
녹차	Catechin(Thealavin, Epica- 및 Epigallo-catechingallate), Saponin	항암, 항바이러스, 항프로모션, 항산화, 콜레스테롤 상승억제, 혈당치강하, 항균 및 항충치, 혈압강하, 당흡수억제
발아현미	도고트리에놀, 피틴산	유방암 예방, 암억제 효과
다시마, 미역	프코이단	INF - γ. IL - 12생산 유도
적포도주, 포도종자	Proanthocyanidin	항산화, 항변이원성, 동맥경화예방, 대장암 예방
포도, 적포도주	Rosveratrol	아포도시스유도, 항에스트겐 활성, 암세포 증식억제, 혈소판의 라디칼 발생저해효과
누루궁뎅이버섯	β - D - glucan	면역기능부활
마이다케버섯	β - D - glucan	복합성분 전립선세포괴사, 항유방암
마늘, 양파, 부추	allyl화합물(유기황화합물)	결장·직장암 위험감소, 항균(세균, 진균)
양배추, 브로콜리, 컬리플라워	Glucosinolate(S-배당체), Indole	위·결장·직장암위험 감소, 유방암의 프로모션 저하
감귤류	Limonene, Naringin 등)	위암 위험감소
대두	대두 Isoflavone	간세포의 성장억제, 항산화
쌀겨	피틴산(Phytic acid)	항대장암
게와 새우껍질	Chitosan	항종양활성

1) Protamine

Protamine은 그람양성과 음성균에 항균작용이 있는 단백질로 어류의 정자핵(精子核)에 함유되어 있는 강한 염기성(鹽基性) 단백질의 총칭한 것이다. 등전점(等電點)은 pH10~12인 염기성 아미노산으로 이루어져 있으며 특히 아르기닌이 전체 아미노산의 70~88%를 차지한다. 이러한 물질로 연어의 살민(Salmon), 송어의 이리딘(Iridin), 청어의 클루페인(Clupeine), 고등어의 스콤브린(Scombrine), 농어의 베르틴(Bertin), 상어의 스투린(Sturin) 등이 있다. 혈관신생 예방의 효과와 위궤양 치료 효과가 있다.

2) Bowman-birk inhibitor (BBI)

BBI는 대두에 들어있는 Trypsin과 Chymotrypsin (단백질 분해효소) 저해제로 71개의 아미노산으로 구성되어 있고, 혈관신생 억제 효능이 있는 수용성 단백질이며 항암작용(특히 유방암)도 있다고 한다. 대두, 청국장, 된장, 담두시(淡豆豉) 등이 좋은 공급원이다.

3) 락트알부민(Lactalbumin)

우유의 pH를 4.7로 조절할 때 침전되지 않는 유청단백질(Whey protein)로 우유 단백질의 9~18%를 차지한다. 응유효소로 응고되지 않으며 우유를 가열할 때 표면에 생성되는 **응고막**의 주성분이다. 각종 암세포에 대한 세포독성 (암세포 증식 저해효과)가 있다.

4) 락토페린(Lactoferrin)

철과 결합한 단백질로 트랜스페린(Transferrin)의 일종이며 주로 모유나 우유, 혈액, 침, 눈물, 점액 분비물 등에 존재한다. 특히 동물의 **초유**에 많으며 면역증진, 철분보충, Probiotic 활성, 항균과 항진균, 항HIV 및 항HCV 바이러스(C형 간염) 작용, 또한 항염증 작용시 다량으로 분비되며 다양한 세포증식 및 분화를 조절한다. 주로 유아식이나 노인용 유동식에 첨가물한다.

5) 연골(소와 상어)

소와 상어의 연골은 주요 구성 성분은 Mucopolysaccharide인 복합단백, 콜라겐, 글루코사미노글리칸(Glycosaminoglycan, GAG)이 아주 풍부하다. 복합단백질은 상아연골이 송아지연골보다 100배 가량 많으며 암세포의 혈관신생과 영양공급을 차단하여 암의 확산과 생성을 억제한다. 암, 궤양, 관절염, 류머티즘, 치질, 위염, 상처회복 등에 뛰어난 효과가 있다.

6) 유청단백질(Whey protein)

유청(乳淸, Whey)에는 다양한 생체활성 성분을 함유하고 있으며 항암효능이 알려진 성분으로는 α-Lactalbumin, Lactoferrin, Bovine serum albunin, CLA, Sphingolipids, Butyric acid, Calcium, Casein glycomacropeptide, Fat globule membrane proteins 등이 있다. 가수분해한 유청단백질 성분은 고혈압을 감소시키고 체중감소 효능이 있다.

7) 콜레시스토키닌(Cholecystokinin, CCK)

판크레오지민(Pancreozymin)이라고도 부른다. 음식물을 섭취하여 소장의 세포가 활성화되면 소장 안벽의 세포 소집단에서는 CCK 호로몬을 분비하여 **포만감을 촉진**하여 위에서부터 음식물이 이동하는 것을 지연시킴으로서 식욕을 감소시킨다. 한편 CCK는 공포감을 조성하는 물질로 술을 마시면 양이 줄어들어 공포감이 무디어 진다.

8) 사포닌(Saponin)

사포닌은 Triterpenoid 배당체 또는 Steroid 배당체로서 대두가 주요한 공급원이 된다. 사포닌은 **용혈성 독소물질**로 어류나 냉혈동물에게 강한 독작용을 일으키나 경구섭취한 영장류에게는 독성이 없다. 인체에 섭취된 사포닌은 콜레스테롤 흡수를 방해하고, 또한 담즙산의 재흡수를 방해하여 혈장중의 콜레스테롤 함량을 저하시킨다. 그 외 사포닌은 체내 직장암 종양증식을 저해하는 효과가 있고, 인삼 사포닌은 폐암 항암효과, 감초의 Saponin류는 항염증, 항알레르기, 항궤양 및 간염 발생을 억제하는 효과가 있다.

9) 페네틸이소치오시아네이(Phenethyl isothiocyanate, PEITC)

PEITC는 항암물질로 양갓냉이, 양배추와 브로콜리,브류셀 순, 컬리플라워, 케일, 모란채, 구경양배추 및 순무 등 채소에 풍부하게 들어있다. PEITC는 흡연시 유발되는 Nitrosamine의 폐종양 생성을 억제하는 항암성분의 하나이며 식도 종양생성을 억제, 전립선암과 유방암의 예방과 치료에 좋다.

10) 글루코라파닌(Glucoraphanin) 및 Sulforaphane, Sulforaphane nitrile

브로콜리, 양배추, 배추 등의 십자화과 채소에 함유된 천연살충성분인 Glucoraphanin은 Myrosinase(Thioglucoside glucohydrolase)에 의하여 분해되어 Sulforaphan nitrile로 변환된다. Sulforaphane, Sulforaphan nitrile은 유전인자의 손상으로부터 세포를 보호하는 역할을 하며 암 질환을 예방하는데 좋다. 미국에서는 Sulforaphane을 각종 음용차 제품에 첨가하여 사용하고 있다.

11) 디아릴디설파이드(Diallyl disulfide)

마늘의 휘발성 함황화합물 중 Diallyl disulfide와 Diallyl trisulfide는 항균효능, Diallyl disulfide와 Diallyl sulfide는 항암효과가 있다. 또한 Diallyl disulfide는 위점막 보호효과가 있다. 마늘과 마늘 오일로부터 얻은 Disulfides는 넓은 범위의 암세포 증식 억제성이 있고, 황화합물은 특정 유형의 세균과 곰팡이의 증식을 억제한다. 혈전형성적 심질환과 심장마비 예방, 혈중콜레스테 수치 저하, 종양세포의 대사 억제, 면역력을 강화와 암예방 효능이 있다.

12) 피트산(Phytic acid)

피트산은 콩 등의 식물종자에 널리 존재하며 미네랄(특히 아연, 칼슘, 마그네슘)을 킬레이트화하고 단백질과 전분을 결합시켜 소화능력을 감소시킴으로서 역설적으로 암, 심혈관질환 및 당뇨병 예방에 도움이 된다. 또한 중금속과 결합하여 해독시키는 기능도 함께 있다.

13) 리그난(Lignan)

리그난은 식물성 에스트로겐(Phytoestrogen)의 한 형태로서, 항산화제, 호르몬 균형 유지시켜주고, 일부 특정 암예방에 도움을 주며 심혈관질환이나 유방암, 전립선암 등 호르몬에 민감한 암 발생위험을 감소시켜 준다. 식물계에 널리 존재하며 **아마씨**가 Lignan 전구체인 마타이레지놀(Matairesinol)과 SDG(Secoisolariciresinol diglucoside)이 가장 풍부한 급원이다.

9. 무기질의 흡수에 관여하는 기능성 소재

인체는 칼슘, 철, 마그네슘, 나트륨, 칼륨, 인, 아연, 구리, 망간, 요오드, 셀렌, 몰리브덴, 크롬, 염소, 불소 등의 미네랄을 함유하고 있으며, 이들 무기질은 생체를 구성하고, 생명활동에 필요한 각종 생리작용에 밀접하게 관여한다.

1) 무기질 보급용 소재

(1) 칼슘 (Ca, Calcium)

칼슘은 체내에 **체중의 1.5~2%를** 차지하는 가장 많이 함유된 무기물로 99% 이상이 뼈대와 치아를 형성한다. 그 외 혈액, 신경, 근육 등에 들어 있다. 칼슘은 골격계와 치아의 형성과 유지, 심장근육 수축, 세포 분화, 혈액응고, 산과 염기 평형, 신경전도 등을 돕고, 각종 내분비선 분비에 관여한다. **칼슘 결핍시**에는 우울증, 신경질적인 증세, 불면, 기억장애, 근육의 경련, 구루병, 골다공증, 근육경련, 손발이 저리고 쥐가 남, 손톱이 갈라짐, 근육통, 뼈의 통증, 관절염, 신경과민, 불안감, 불면증, 풍치, 충치, 심계항진, 고혈압 등을 유발한다. 어린이는 주의력과 집중력이 결핍되고 행동이 산만해 지며 여성의 경우 월경통, 월경 전 증후군이 발생된다.

칼슘 과잉의 경우는 피로감, 식욕감퇴, 근육통, 우울, 불면증, 신장손상, 건성피부, 후각상실 등을 유발하거나 골다공증을 유발하고, 마그네슘, 인, 아연, 구리 등이 상대적으로 부족하게 된다. 또한 칼슘 과다는 혈관에 부착되어 동맥경화가 올수도 있다. 보통 남녀 모두 40~50세 이상이 되면 매년 0.3~0.5% 정도의 뼈대가 손실되고, 폐경기 여성의 경우는 2~5% 정도씩 손실된다. 또한 연령이 많을수록 장관에서 칼슘 흡수력이 떨어진다. 칼슘 부족은 골조직내의 골량이 감소되고, 뼈대의 위축과 변형, 만곡 및 요통 등이 수반된다. 칼슘의 보급원으로 우유, 치즈, 요구르트와 유제품, 마른 새우, 멸치, 미꾸라지, 녹색야채, 브로콜리, 양배추, 대두, 김, 다시마 등 해조류, 무청, 아몬드 등이 좋다.

칼슘 강화용 식품보급원으로는 생선골분, 난각, 패각칼슘, 유청칼슘, 글루콘산칼슘(Calcium gluconate), 탄산칼슘(Calcium carbonate), 젖산칼슘(Calcium lactate), 염화칼슘(Calcium chloride), 인산칼슘(Calcium phosphate), 글리세로인산칼슘(Calcium glycerophosphate), 산화칼슘(Calcium oxide), 수산화칼슘(Calcium hydroxide), 황산칼슘(Calcium sulfate) 판토텐산칼슘(Calcium pantothenate), 제삼인산칼슘(Calcium phosphate, tribasic), 제이인산칼슘(Calcium phosphate, dibasic) 등이 칼슘 강화제로 이용된다.

(2) 철 (Fe, Iron, Ferrum)

인체내의 철은 **혈액중의 헤모글로빈에 70%** 정도 함유되어 있고, 근육중의 미오글로빈에 대부분 들어 있다. 헤모글로빈은 폐로부터 각 조직에 산소를 운반하며, 미오글로빈은 혈액중의 산소를 세포로 운반한다. 철의 부족은 빈혈, 어지러움, 피로, 유아의 발육부진 등을 유발하고, 면역력이 저하, 성장과 두뇌발달에도 영향을 준다. 엽채류와 동물성 식품, 해조류 등에 많으며 간, 굴, 난황, 살코기, 두부, 두유, 치즈 등이 대표적인 식품이다. 식사전후에는 제산제나 녹차, 홍차, 커피, 청량음료 등은 철분 흡수를 방해하여 특히 빈혈에는 피하는 것이 좋다.

철 강화용 보급원으로는 구연산제1철나트륨(Sodium ferrous citrate), 피틴(Phytin), 헴철(Heme iron), 피로인산제2철(Ferric ammonium citrate), 젖산철(Ferrous lactate), 구연산철(Ferric citrate), 구연산철암모늄(Ferric ammonium citrate), 글루콘산철(Ferric gluconate), 인산철(Ferric phosphate), 푸마르산제일철(Ferrous fumarate), 환원철(Iron, reduced), 피로인산철나트륨(Sodium ferric pyrophosphate), 황산제1철(Ferrous sulfate) 등이 있다.

(3) 마그네슘 (Mg, Magnesium)

마그네슘의 **성인의 경우 함유량은 약 25g 정도**로 60~65%가 뼈에 함유되어 있고, 연 조직에 40% 정도 분포한다. 인체는 칼슘을 이용할때 마그네슘을 함께 요구하며 칼슘을 섭취할 때 적정비율의 마그네슘을 함께 섭취해야 하고, Ca/Mg 복용 적정 비율은 2 : 1 혹은 2 : 1.5 정도이다. Mg는 탄수화물, 지방, 단백질 대사와 칼슘, 인, 비타민 C 활성에 필요하고, 신경 및 근육조직 건강에도 중요하다. 마그네슘 결핍은 심계항진이 일어나서 신경 · 정신질환, 부정맥(不整脈), 심장질환이 발생하고, 칼슘 흡수와 각종 생리작용에 영향을 미친다.

마그네슘이 많은 식품으로 곡류(통밀, 현미 등), 견과류(호두, 땅콩 등), 소맥 배아, 야채류,

육류 등이고, 강화용 소재로 염화마그네슘(Magnesium chloride), 탄산마그네슘(Magnesium carbonate), 황산마그네슘(Magnesium sulfate), 인산마그네슘(Magnesium phosphate), 수산화마그네슘(Magnesium hydroxide), 제3인산마그네슘(Magnesium phosphate, tribasic), 제2인산마그네슘(Magnesium phosphate, dibasic), 산화마그네슘(Magnesium oxide)이 있다.

(3) 칼륨 (K, Kalium, Potassium)

칼륨은 인산염이나 단백질과 결합하여 **대부분 세포내에 존재**하고, 체액 중에는 소량이 존재한다. **보통 성인은 120~160g 함유**되어 있고, 혈액내 정상치는 3.5~5.5mmol/L이다. 에너지대사와 세포내외의 전위차의 유지 등의 역할을 한다. 전위차의 유지는 신경경로의 신호전달, 근육의 수축선, 조직의 외분비, 호르몬의 내분비, 평활근이나 심근의 조정 등의 역할을 한다.

칼륨이 부족하면 근육이 약화되어 탈력감, 식욕부진, 구역질, 불인감 등이 생기고 지각이 둔화되고, 반사신경이 저하된다. 혈액내 칼륨이 단기간에 급격히 상승하게 되면 근육마비, 심장마비, 부정맥 등을 초래하여 위험한 상황까지 갈 수 있습니다.

칼륨은 모든 자연식품에 함유되어 있으며 좋은 급원으로는 서류, 야채, 과실 및 해조류 등이고, 칼륨 강화용 소재로는 구연산칼륨(Potassium citrate), 염화칼륨(Potassium chloride), 글리세롤인산칼륨(Potassium glycerophosphate), 글루콘산칼륨(Potassium gluconate), 인산칼륨(Potassium phosphate), 탄산수소칼륨(Potassium hydrogen carbonate)이 있다.

(4) 인 (P, 燐, Phosphorus)

체내에 인은 **칼슘 다음으로 많이 존재하**는 무기질로 칼슘과 결합하여 인산칼슘으로 골격과 치아의 성분을 이루고, 그 외에 세포막의 인지질, 핵산, ATP 등에 존재한다. 체내의 85%의 인산은 칼슘과 결합하여 골격과 치아를 구성하며 인과 칼슘의 비는 보통 1 : 2 정도이다. 대부분 뼈대와 치아를 구성하나 뇌나 신경조직에도 함유되어 있으며 신체의 기능을 조절하는 역할도 한다. 일상적인 식생활에서 인이 부족한 경우는 거의 없고, 식품가공에 식품첨가물로서 각종 인산염이 많이 사용되어 오히려 과잉섭취와 오폐수의 하천과 바다의 **녹조나 적조현상**의 원인이 된다. 칼슘과 인의 흡수는 Ca : P = 1 : 1이 좋으며 육류, 어류, 난황, 치즈 등이 좋은 급원이다. 만약 인이 결핍되면 각종 효소기능 억제, 뼈에서 칼슘의 과다로 연화 촉진 및 약화, 식욕부진, 칼슘부족, 근육약화, 흥분, 뼈의 통증, 피로, 호흡의 불규칙 등이 나타난다.

(5) 아연 (Zn, 亞鉛, zinc)

아연은 인체내에 근육, 피부, 망막의 유리체, 전립선, 간에 많이 분포 하고, 남성은 생식기 특히 전립선에 아연이 많이 있다. 당뇨병과도 인슐린 기반 성분이며 비타민C 와 함께 콜라겐의 합성, 세포막의 항산화 등 다양한 작용을 한다.

아연은 필수 미량 무기성분으로 결핍되면 성장지연, 면역기능과 생식기능 감퇴, 피부염, 창상(創傷)치유장해, 미각장해, 식욕부진 등과 남성 호르몬의 분비를 촉진시키며 남성 정자의 활동을 활발하게 한다. 남성에게는 결핍시 정력에도 문제가 생긴다. 아연이 많은 식품은 쇠고기 및 기타 적색 육류에 많고, 그밖에 닭고기, 계란, 치즈, 우유, 요구르트, 두류, 굴이나 장어 등이 있고, 우수한 급원으로는 글루콘산아연(Zinc gluconate)과 황산아연(Zinc sulfate), 산화아연(Zinc oxide) 등 식품첨가물이 있다.

(6) 구리 (Cu, 銅, Copper)

구리는 필수 미량성분으로 **인체내에 약 80mg정도 함유**하고 있다. 혈중에서 세룰로플라스민(Ceruloplasmin)이나 알부민 등과 결합하여 전신으로 운반된다. 주로 뇌(腦), 간장(肝臟), 신장(腎臟)에 많고 적혈구, 담즙에도 들어 있다. 혈청구리의 90%는 세룰로플라스민과 결합되어 있고, 세포의 에너지생산에 필수적인 호흡효소 시토크롬 C 산화효소(Cytochrome c oxidase) 구성분이다. 결핍되면 헤모글로빈의 생성이 감소되어 빈혈증이 생기며, 백혈구가 감소되고, 성장장해, 기형유발, 모발의 색소손실, 지질·당대사 이상 등이 유발된다. 좋은 Cu급원으로는 초콜릿, 코코아, 소의 간 등이며, 보충 소재로는 글루콘산구리(Copper gluconate), 황산구리(Copper sulfate)가 식품첨가물로 사용된다.

(7) 망간 (Mn, Manganese)

성인 **체내에는 약 12~20mg이 함유**되어 있고, 간, 골격, 췌장, 신장, 뇌하수체 등에 존재하고, 주로 세포내의 미토콘드리아에 존재하는 Pyruvate carboxylase의 주성분이다. 망간은 탄수화물과 지질대사 작용과 생식기능 성기능저하, 활성산소 제거, 골격과 연골조직의 형성 등에 관여한다. 결핍시에는 당과 지질대사 등의 에너지 생산을 저해와 정신적 피로를 유발하고, 혈액응고, 피부대사 등에 영향을 미친다. 대부분 식물성 식품이 좋은 급원이며, 보급 소재로는 글루콘산망간(Manganese gluconate), 황산망간(Manganese sulfate)등이 있다.

(8) **요오드 (I, Iodine)**

인체에 10-20mg 정도 함유되어 있으며 갑상선에 80%가 들어 있고, 근육, 피부, 골격, 내분비조직 등에 분포하며 갑상선 호르몬의 주성분이다. 티로신(Tyrosin)과 결합하여 갑상선 호르몬을 만드는데 필수성분이며 결핍시에는 갑상선종 유발, 비만이나 피로, 신진대사가 느려 발육이 지연된다. 즉 갑상선 비대증, 갑상선종이나 갑상선기능장애 및 산모의 경우 **태아의 뇌 발달과 성장이 지연**되고, 청각, 언어능력이 떨어지는 크레틴증(선천성 갑상선 기능저하증)에 걸리기 쉽고, 갑상선의 기능부전이 나타난다.

토양에 요오드가 적은 지역이나 해조류 섭취가 적은 내륙지방에서 갑상선종이 많이 발생한다고 한다. 과잉시에는 갑상선기능항진증이나 바세도우씨병(갑상선 이상으로 안구돌충 등 증상)과 같은 증세가 나타난다. 요오드 과잉증은 갑상선호르몬의 분비가 많아져서 갑상선기능이 과다하여 기초대사량이 증가와 체온상승으로 자율신경의 장애를 일으킨다. 식품 급원으로는 다시마, 미역, 우뭇가사리 등의 해조류에 다량 들어 함유되어 있고, 급원제로 요오드화칼륨(Potassium iodide)이 이용된다.

(9) 셀레늄 (Se, Selenium)

셀레늄은 무기물로 항산화제로 신체방어기제이고, 항산화효소인 Glutathione peroxidase의 구성성분으로 과산화물(Peroxides)을 해독시키는 역할을 한다. Se의 항산화 작용은 Vit. E 보다 1,970배 정도 강하다고 한다. Selenium과 Vit. E가 함께 결핍되면 심장질환이 유발될 수 있다. 급원식품으로서는 참치, 쇠고기, 흰빵, 닭고기 등이 있다. 최근에는 셀레늄은 피부노화 억제, 아토피성 피부염, 여드름, 염증, 습진, 건선, 기미, 비듬 등의 피부질환에 효과가 좋고, 셀레늄은 피부의 보습 효과 및 자외선과 방사선에 대한 피부보호 효과가 좋다, 또한 전립선암, 대장암, 폐암, 간암, 위암, 유방암 등 다양한 암에도 예방효과가 있다고 관심이 많다.

(10) 크롬 (Cr, Chromium)

크롬은 혈장단백질과 결합하여 신체 각조직에 분포하고, 지방대사에 필수적이다. 탄수화물, 단백질, 지방의 분해를 조절하는 호르몬인 인슐린이 기능에 필요한 미량 무기질로 인슐린이 혈당을 세포로 운반하는 것을 돕는다. 크롬 결핍시에는 저혈당증이나 당뇨의 위험이 있고, 과다섭취는 피부질환, 위괴양 등을 유발하며 신장과 간을 손상시킨다. 크롬이 아미노산의 대사산물인 Picolinate 킬레이트가 흡수율이 높고, 피콜린산크롬(Chromium picolinate)는 체지방 감소, 정상적인 지질수치와 지질대사를 유지, 정상적인 혈당대사를 도와준다.

2) 무기질의 흡수를 촉진하는 소재

생체 내 칼슘흡수와 평형은 활성비타민, 부갑상선 호르몬, 칼시토닌, 성호르몬, 아미노산 등 칼슘조절 인자에 의해 유지되며 나이가 많아지면 칼슘대사가 저하되어 뼈에서 이탈되는 칼슘과 혈관벽 흡수되어 침착되어 동맥경화를 촉진된다. 특히 폐경기 여성의 경우 칼슘 방출을 억제하는 호로몬의 분비가 급격히 간소되어 뼈속의 칼숨이 급속히 떨어진다. 따라서 칼슘이 많은 식품이나 보충제를 섭취하고 함께 칼슘 흡수를 도와주는 물질을 함께 섭취한다.

칼슘흡수에는 인과 칼슘 섭취비율은 1 : 1 이 가장 이상적이지만 가공식품의 경우에는 인산염의 첨가로 적정비율이 무너져 칼슘흡수에 문제가 생길 수 있으며 지나친 경우는 칼슘을 체외로 배출시킨다. 그 외 수산, 피틴산, 식이섬유, 나트륨 등의 과다섭취 및 라이신(칼슘흡수촉진작용) 결핍은 칼슘흡수에 **악영향**을 준다.

칼슘원 중에 칼슘 흡수율이 우유가 52.7%로 가장 우수하며 이는 유당의 칼슘흡수 촉진작용과 카제인의 소화과정에서 생성되는 **Casein phosphopeptide(CPP)가 칼슘을 흡수촉진**시키기 때문이다. Ca 등 무기물 흡수량의 증가는 급원의 가용성 상태로 존재하는 조건이 필요하다. 무기물 흡수는 **산성이나 중성조건에서 흡수가 용이**하며 소장하부에서 약알칼리성으로 변하면 미네랄 침전, 불용화가 되어 흡수가 저하된다. 따라서 칼슘을 많이 함유하고 있는 식품을 섭취하였을 때는 칼슘의 흡수를 촉진하는 물질을 함께 섭취하는 것이 필요하다.

칼슘 흡수촉진 소재로서 좋은 것은 CPP와 CCP, 이들 외에 갈락토올리고당, 프럭토올리고당, 락토스글로스, 말리톨 등이 미네랄의 흡수촉진 효과가 인정되는 것 들이다.

(1) Calcium phosphopeptide (CPP)

CPP(Casein phosphopeptide)는 카제인에 트립신 등의 단백분해효소를 처리하여 얻어지는 거대분자 펩타이드로 칼슘흡수를 촉진하는 식품 소재이다. CPP는 안정성에 있어 고온 가열시에도 거의 작용이 소실되지 않아 주로 분말 상품으로 만든다. 칼슘의 흡수를 촉진작용에서 CPP는 Ca이나 Ca을 함유하는 식품 소재와 함께 배합하는 것이 필요하고, CPP 투여시 혈중 Mg, Fe, Ca 등이 모두 높아진다. CPP와 칼슘을 동시에 섭취하는 경우는 소장하부에서 칼슘을 가용화상태를 유지하게 하여 칼슘의 흡수가 촉진된다.

(2) Calcium casein peptide (CCP)

칼슘은 소화흡수가 어려워 평균 **흡수율이 우유 40-50%, 생선 33%, 채소 19% 정도**라고 라고 한다. 우유중에 함유된 칼슘의 일부는 이온상태로 그대로 흡수되며 CCP와 유당 흡수율을 높이는 것으로 알려져 있다. CCP에는 Phosphoserine 잔기를 함유한 펩티드가 약 12.5% 함유 되어 있어 소장내에서 Ca, Fe 등의 불용화를 막아 장관으로부터 미네랄의 흡수를 촉진하는 작용을 한다. 또한 우유는 다른 식품의 칼슘을 동시에 먹으면 흡수율이 높아진다.

(3) 갈락토올리고당 (Galacto-oligosaccharide)

젖당에 갈락토스가 1~4개 결합한 **젖당 이성질체의 총칭**으로 자연계에는 사람의 젖과 포유동물의 유즙, 요쿠르트 중에 존재한다. 이것은 난충치성, 비피더스균의 증식효과에 의한 정장작용, 혈청지질 개선 효과 등의 생리작용을 나타내며 칼슘 흡수율의 증가시킨다.

(4) 프럭토올리고당 (Fructo-oligosaccharide)

갈락토올리고당과 같이 비피더스균의 증식효과에 의한 정장효과와 칼슘과 마그네슘을 프럭토올리고당과 동시에 섭취하며 이들 무기질의 흡수를 촉진하는 작용을 한다.

(7) 말티톨 (Maltitol)

비충치성, 난소화성, 난발효성으로 보습성이나 흡습성이 우수하고 비타민 C의 안정화 효과를 나타내고, Sugarless 식품 및 일반 가공식품에 광범위하게 활용되는 당알콜이다. 칼슘과 말티톨을 함께 섭취하면 칼슘의 흡수율과 유지율을 증대시키는 역할을 한다.

부록 1 [효능별 보약처방 예]

1) 기(氣)를 보(補)해 주는처방

⑴ 인삼고(人蔘膏) : 처방 : 인삼 600g을 사기냄비에 넣고 약한 불로 달인 탕액을 졸인 고농축액

⑵ 독삼탕(獨蔘湯) : 처방 : 황기 8g, 인삼, 감초 각각 4g, 당귀 2g, 오미자 9알

⑶ 사군자탕(四君子湯) = (人蔘黃기湯) : 처방 : 인삼, 백복령, 백출, 감초 각각 5g

⑷ 육군자탕(六君子湯) : 처방 : 인삼, 백출, 복령 각 6g, 감초(炙), 진 피, 반하 각 3g에 생강과 대추

⑸ 삼령백출산(蔘笭白朮散) : 처방 : 인삼, 백출, 백복령, 산약, 감초 각 9g, 의이인, 연육, 길경, 사인, 백편두 각 4.5g 가루

⑹ 인삼황기탕(人蔘黃기湯) : 처방 : 인삼 8g, 황기, 백출, 진피 각4g, 당귀, 백복령, 감초 각2g을 썰어 생강 3쪽, 대추 2개

⑺ 보중익기탕(補中益氣湯) : 처방 : 황기 4.5g, 감초, 인삼, 백출 각 3g, 당귀, 진피 각 1.5g, 승마, 시호 각 0.9g

⑻ 익기환(益氣丸) : 처방 : 인삼, 맥문동 각 28g, 귤껍질, 도라지, 감초 각각 20g, 오미자 21알

2) 위를 보(補)하여 음식을 잘 소화하게 하는처방

⑴ 전씨이공산(錢氏異功散) : 처방 : 인삼, 흰삽주, 흰솔풍령, 귤껍질, 목향, 감초 각4g을 썰어 1첩으로 생강 3쪽, 대추 2알

⑵ 성비육위탕(醒脾育胃湯) : 처방 : 인삼, 흰삽주, 백복령 각각 4g, 반하, 사인, 백작약, 보리길금, 삽주, 후박, 곽향, 귤껍질 각 3.2g, 지실 2g을 썰어 1첩으로 생강 3쪽, 대추 2알

⑶ 삼출건비탕(蔘朮健脾湯) : 처방 : 인삼, 백출, 백복령, 후박, 귤껍질, 산사육 각 4g, 지실, 백작약 각 3.2g, 약누룩, 보리길금, 사인, 감초 각 2g을 썰어 1첩으로 생강 3쪽, 대추 2알

⑷ 칠진산(七珍散) : 처방 : 인삼, 백출, 단너삼, 백복령, 마, 좁쌀, 감초 각 동량 가루 12g에 생강 3쪽, 대추 2알

⑸ 건위보화원(健胃保和元) : 처방 : 백출 80g, 지실, 산사육, 귤홍, 보리길금 각 40g, 약누룩, 백두구, 목향 각 20g 가루에 멥쌀밥로 반죽한 알약

⑹ 양비환(養脾丸) : 처방 : 건강, 사인 각 160g, 감초 120g, 보리길금, 백복령, 인삼, 백출 각 40g 가루에 꿀로 반죽한 알약

⑺ 팔미이중환(八味理中丸) : 처방 : 백출 80g, 감초 60g, 인삼, 건강, 사인, 백복령, 약누룩, 보리길금

각 40g 가루에 꿀로 반죽한 알약

⑻ 자비환(滋脾丸) : 처방 : 약누룩, 보리길금, 반하국, 귤껍질, 연밥, 지각, 사인, 감초 각 40g 가루에 쌀밥 반죽한 알약

⑼ 건비환(健脾丸) : 처방 : 백출 200g, 백복령, 백작약, 반하 각 120g, 귤껍질, 약누룩, 산사육, 당귀, 천궁 각 80g 가루에 연잎쌀풀로 반죽한 알약

⑽ 삼령장비원 : 처방 : 인삼, 백출, 백복령, 사인, 약누룩, 보리길금, 마, 백편두, 육계, 건강, 후추 각 40g 가루에 꿀로 반죽한 알약

3) 혈(血)을 보(補)해주는처방

⑴ 사물탕(四物湯) : 처방 : 숙지황, 백작약, 천궁, 당귀 각 5g

⑵ 보영탕(補榮湯) : 처방 : 당귀, 백작약, 생지황, 숙지황, 적복령, 산치자, 맥문동, 귤껍질 각 4g, 인삼, 감초 각 2g을 썰어 대추 2알, 오매 1개

⑶ 보명생지황산(保命生地黃散) : 처방 : 생 · 숙지황, 구기자, 지골피, 천문동, 백작약, 황기, 시호 각 4g, 황금, 황련, 감초2g

⑷ 고영산(固榮散) : 처방 : 포황, 지유 각 40g, 백지 20g, 감초 10g 가루

⑸ 인감초탕(炙甘草湯)=(復脈湯) : 처방 : 감초, 생지황 각 4g, 생강, 1g, 인삼, 아교 각 2g, 계지, 마인 각 3g, 맥문동 6g, 대추 5g

4) 기와 혈을 모두 보하는처방

⑴ 쌍화탕(雙和湯) : 처방 : 백작약 10g, 숙지황, 황기, 당귀, 천궁 각 4g, 계피, 감초 각 3g을 썰어 1첩으로 생강 3쪽, 대추 2알과 함께

⑵ 팔물탕(八物湯) = 팔진탕(八珍湯) : 처방 : 인삼, 백출, 백복령, 감초, 숙지황, 백작약, 천궁, 당귀 각 4.8g 물에 달여 수시로 복용

⑶ 십전대보탕(十全大補湯) : 처방 : 인삼, 백출, 백복령, 감초, 숙지황, 백작약, 천궁, 당귀, 황기, 육계 각 4g을 썰어 1첩으로 생강 3쪽, 대추 2알

⑷ 황기십보탕(黃기十補湯) : 처방 : 백작약 6g, 황기, 당귀, 숙지황, 복신 각 2.8g, 인삼, 백출, 산조인, 반하, 귤껍질, 오미자, 육계, 오약, 맥문동, 감초 각 2g, 목향, 침향 각 0.8g을 썰어 1첩으로 생강 5쪽, 대추 2알

⑸ 고진음자(固眞飮子) : 처방 : 숙지황 6g, 인삼, 마, 당귀, 황기, 황백 각 4g, 귤껍질, 백복령 각 3.2g, 두충, 감초 각 2.8g, 백출, 택사, 산수유, 파고지 각 2g, 오미자 10알

⑹ 인삼양영탕(人蔘養榮湯) : 처방 : 백작약, 8g, 당귀, 인삼, 백출, 황기, 육계, 귤껍질, 감초 각 4g, 숙지

황, 오미자, 방풍 각 3g, 원지 2g을 썰어 1첩으로 생강 3쪽, 대추 2알

(7) 보익양영탕(補益養榮湯) : 처방 : 숙지황 6g, 당귀 4.8g, 백작약, 백복령, 백출, 귤껍질 각 4g, 천궁, 인삼, 지모 각 3.2g, 황백 2.8g, 감초 2g, 오미자 9알을 썰어 1첩으로 생강 3쪽

(8) 이지환(二至丸) : 처방 : 숙지황, 귀판, 백출, 황백 각 120g, 생지황, 산수유, 당귀, 지모 각 80g, 토사자, 육종용, 황기, 우슬, 구기자, 파고지, 오미자, 백작약, 호경골, 백복령, 두충, 마, 귤껍질, 인삼 각 40g 가루에 꿀로 반죽한 알약

(9) 시제쌍보환(是齋雙補丸) : 처방 : 숙지황, 토사자, 각 300g 가루에 술로 쑨 풀로 반죽한 알약

(10) 자음대보환(滋陰大補丸) : 처방 : 숙지황 80g, 우슬, 마 각 60g, 두충, 파극, 산수유, 육종용, 오미자, 백복령, 회향, 원지 각 40g, 석창포, 구기자 각 20g 가루에 찐대추살과 꿀로 반죽한 알약

(11) 가미호잠환(加味虎潛丸) : 처방 : 숙지황 160g, 우슬 80g, 인삼, 황기, 백작약, 황백, 당귀, 마 각 40g, 파고지, 두충, 오미자 각 30g, 토사자, 귀판, 호경골, 구기자, 쇄양 각 20g 가루에 졸인 꿀과 돼지척수와 함께 반죽한 알약

(12) 자혈백보환(滋血百補丸) : 처방 : 숙지황, 토사자 각 160g, 당귀, 두충 각 80g, 지모, 황백 각 40g, 침향 20g 가루에 술로 쑨 풀로 반죽한 알약

5) 음(陰)을 보(補)해주어 피로를 회복시키는처방

(1) 육미지황탕(六味地黃湯) ; 처방 : 숙지황 24g, 산수유, 산약 각 12g, 목단피, 백복령, 택사 각 9g. 가루에 꿀로 환약

(2) 자음강화탕(滋陰降火湯) ; 처방 : 백작약 5.2g, 당귀 4.8g, 숙지황, 맥문동, 백출 각 4g, 생지황 3.2g, 귤껍질 2.8g, 지모, 황백, 감초 각 2g을 썰어 1첩으로 생강 3쪽, 대추 2알

(3) 청리자감탕(淸㶊滋坎湯) ; 처방 : 숙지황, 생건지황, 천문동, 맥문동, 당귀, 백작약, 산수유, 마, 백복령, 백출 각 2.8g, 목단피, 택사, 황백, 지모, 감초 각 2g

(4) 청폐자음산(淸肺滋陰散) ; 처방 : 생지황 6g, 백작약 3.2g, 천궁, 백출, 귤껍질, 황백, 지모, 패모, 맥문동, 지골피 각 2g, 백복령, 관동화, 자원, 원지 각 1.6g, 오미자, 산조인 각 1.2g, 황련, 감초 각 0.8g을 썰어 1첩으로 하여 생강 3쪽 달여 참대기름 5숟가락과 함께 복용

(5) 음허생내열탕(陰虛生內熱湯) ; 처방 : 당귀, 천궁, 창출, 귤껍질 각 3.2g, 백출, 맥문동, 사삼 각 2.8g, 백작약, 산치자, 천화분 각 2.4g, 현삼 2g, 황백 1.2g, 감초 0.8g을 썰어 1첩으로 하여 생강 3쪽

(6) 보음사화탕(補陰瀉火湯) ; 처방 : 백작약, 당귀, 백출 각 5.2g, 천궁, 숙지황, 지모, 천문동 각 4g, 황백, 귤껍질 각 2.8g, 생지황, 감초 각 2g, 건강 1.2g을 썰어 1첩으로 생강 3쪽

(7) 감리고(坎㶊膏) ; 처방 : 황백, 지모 각 160g, 생지황, 숙지황, 천문동, 맥문동 각 80g, 행인 28g, 호두살, 꿀 각 160g을 썰어 황백과 지모과 측백잎 달인 물에 천문동, 맥문동, 생지황, 등을 넣고 달이고 또

행인과 호두씨를 넣고 갈아 거른 액을 농푹하여 고약을 만듬

(8) 감리기제환(坎離既濟丸) ; 처방 : 당귀 240g, 숙지황, 생지황, 천문동, 맥문동, 산수유, 우슬 각 160g, 백작약, 오미자, 마, 귀판 각 120g, 지모 160g 황백 360g(술침지, 꿀물침지, 소금물침지 후 볶은 각 120g), 천궁 40g을 가루에 꿀로 반죽한 알약

6) 양(陽)을 보(補)해주어 건강하고 오래살게 하는처방

(1) 경이대보탕(鹿茸大補湯) ; 처방 : 육종용, 두충 각 3g, 백작약, 백 출, 포부자, 인삼, 육계, 반하, 석곡, 오미자, 녹용, 황기, 당귀, 백복령 각 2.1g, 숙지황 1.5g, 감초 0.75g에, 생강 3조각, 대추 2개

(2) 경옥고(瓊玉膏) ; 처방 : 생지황 9,600g, 인삼가루 900g, 백복령 가루 1,800g, 꿀(농축) 6,000g을 섞어 항아리에 넣고 기름종이로 5겹 봉하고 두꺼운 베천으로 봉입, 구리솥에 뽕나무장작으로 3일 가열 후 밀납종이로 입구 봉입, 우물에 하루 담갔다가 구리솥에서 하루 다시 달여 완성

(3) 삼정환(三精丸) ; 처방 : 창출, 천정, 지골피 각 600g 가루에 오디 12,000g 액즙으로 반죽하여 발효와 건조를 시키고 가루내어 꿀로 반죽한 알약

(4) 연년익수불로단(延年益壽不老丹) ; 처방 : 적하수오 160g, 백하수오 160g(둘을 쌀뜨물로 연화하고 탈피 후 검정콩 달인 물에 침지 후 음건하고 감초즙에 버무려 양건한 가루), 지골피, 백복령, 각 200g, 생건지황, 숙지황, 천문동, 맥문동, 인삼 각 120g 가루를 졸인 꿀로 반죽한 알약

(5) 하령만수단(遐齡萬壽丹) ; 처방 : 복신, 적석지, 산초 각 40g, 주사, 유향 각 40g과 가루낸 주사와 유향을 2개 달걀껍질 속에 각각 넣고 3가지 가루내어 찐 대추살로 반죽한 알약

(6) 연령고본단(延齡固本丹) ; 처방 : 토사자, 육종용 각 160g, 천문동, 맥문동, 생지황, 숙지황, 마, 우슬, 두충, 파극, 구기자, 산수유, 백복령, 오미자, 인삼, 목향, 백자인 각 80g, 복분자, 차전자, 지골피 각 60g, 석창포, 산초, 원지, 택사 각 40g 가루를 술로 쑨 밀가루풀로 반죽한 알약

(7) 반룡환(斑龍丸) ; 처방 : 녹각교, 녹각상, 새삼씨(토사자), 측백씨(백자인), 찐지황(숙지황) 각각 300g, 흰솔풍령(백복령), 보골지 각각 160g을 고운 가루내어 술을 두고 쑨 쌀풀로 반죽한 후 알약을 만들거나 녹각교를 좋은 술에 넣고 끓여 녹인 액으로 반죽한 후 벽오동씨 알약을 만들어 한번에 50알씩 생강과 소금을 끓인 물로 복용

(8) 인삼고본환(人蔘固本丸) = 이황원(二黃元) ; 효능 : 정(精)과 혈(血)이 충실하하게 하고 머리털과 얼굴빛이 좋아진다. 처방 : 천문동(심 제거 후 생강즙에 2일, 술에 2일 침지), 맥문동(심 제거 술에 2일, 쌀뜨물에 3일 침지), 생건지황,

(9) 찐지황(숙지황, 둘 다 술에 침지) 각각 80g을 갈아 진흙같이 하거나 절구에 찧어서 살구씨 달인 물에 풀어 거르고 찌꺼기는 다시 갈아서 거른 후, 이 즙을 정치하여 농마가 침전되면 윗물은 버리고 햇볕에 건조 함. 여기에 인삼가루 40g을 더 넣어 꿀물로 반죽하여 벽오동씨 알약을 만든어 한번에 50~70알씩 데운 술이나 끓인 소금물로 복용하고 복용 중 무, 파, 마늘은 금기.

(10) 현토고본환(玄土固本丸) ; 효능 : 인삼고본환(人蔘固本丸)과 같은 효능. 처방 : 새삼씨(토사자, 술로 법

제한 것), 찐지황(숙지황), 생건지황(둘 다 술에 침지 후 약한 불로 말림), 천문동, 맥문동(둘 다 술에 침지하여 심을 제거), 오미자, 복신 각각 160g, 마(약간 닦은 것) 120g, 연밥(연실), 인삼, 구기자 각각 80g을 가루내어 꿀로 반죽한 다음 벽오동씨만하게 알약을 만든 후, 한번에 80~90알씩 데운 술이나 끓인 소금물로 복용

⑾ 연령고본환(延齡固本丸) ; 처방 : 천문동, 맥문동, 생지황, 숙 지황, 산약, 우슬, 두충, 파극, 오미자, 구기자, 산수유, 백복령, 인삼, 목향, 백자인 각 60g, 촉초, 석 창포, 택사 각 30g, 원지, 육종용 각 120g, 복분자, 차전자, 토사자, 지골피 각 45g 가루에 술로 쑨 풀로 만든 알약

⑿ 고본주(固本酒) ; 처방 : 생건지황, 숙지황, 천문동, 맥문동, 백복령 각 80g, 인삼 40g을 썰어 10병 술이 든 단지에 넣어 3일 후 약한 불로 2-4시간 달인 후 복용

⒀ 오수주(烏鬚酒) ; 처방 : 황미(밥) 3말, 맥문동 320g, 생지황, 하수오 각 160g, 천문동, 숙지황, 구기자, 우슬, 당귀 각 80g, 인삼 40g 가루에 누룩과 찰기장밥으로 술을 빚어 12잔씩 복용

부록 2 [보양음료 종류와 처방]

1) 가미온담탕(加味溫膽湯)

진피(陳皮) 3.0 · 반하(半夏) 3.0 · 복령(茯笭) 3.0 · 지실(枳實) 3.0 · 죽여(竹茹) 3.0 · 황금(黃芩) 3.0 · 노근(蘆根) 3.0 · 감초(甘艸) 1.0 · 황련(黃連;薑炒) 2.4 · 맥문동(麥門鼕) 6.0 · 생강 3편 · 대추 2매

出典; 醫宗金鑑 - 胎前諸證門[熱阻惡食喜凉漿心煩 悶溫膽湯橘半茯甘與枳竹更加芩連蘆麥薑]

2) 가미패독산(加味敗毒散) - 解表劑 (濕熱毒)

강활(羌活) 3.0 · 독활(獨活) 3.0 · 전호(前胡) 3.0 · 시호(柴胡) 3.0 · 복령(茯笭) 3.0 · 지각(枳殼) 3.0 · 감초(甘艸) 3.0 · 천궁(川芎) 3.0 · 대황(大黃) 3.0 · 창출(蒼朮) 3.0 · 인삼(人蔘) 3.0 · 길경(桔梗) 3.0 · 생강 3편

出典; 景嶽全書 - 捲五十六散陣 [解利足三陽熱毒寒熱如虐]

3) 갈근탕(葛根湯) - 解表劑 (表熱)

갈근(葛根) 12.0 · 마황(麻黃) 6.0 · 생강(生薑) 6.0 · 대추(大棗) 6.0 · 감초(甘艸) 4.0 · 작약(芍藥) 4.0 · 계지(桂枝) 4.0

出典; 1. 傷寒論 - (太陽病中編) [太陽病, 項背强, 無汗惡風, 葛根湯主之.], (太陽病中編) [太陽與陽明闔病者, 必自下利, 葛根湯主之], 2. 金匱要略 - (痓濕暍病門) [無汗而小便反少, 氣上衝胸, 口禁不得語, 慾作剛痓, 葛根湯主之.]

4) 강활유풍탕(羌活愈風湯) - 治風劑 (辛散祛風)

창출(蒼朮) 1.8 · 석고(石膏) 1.8 · 생지황(生地黃) 1.8 · 방풍(防風) 1.2 · 강활(羌活) 1.2 · 당귀(當歸) 1.2 ·

만형자(蔓荊子) 1.2 · 천궁(川芎) 1.2 · 황기(黃耆) 1.2 · 인삼(人蔘) 1.2 · 지골피(地骨皮) 1.2 · 백지(白芷) 1.2 · 지모(知母) 1.2 · 시호(柴胡) 1.2 · 구기자(拘杞子) 1.2 · 마황(麻黃) 1.2 · 두충(杜仲) 1.2 · 진교(秦교) 1.2 · 백작약(白芍藥) 1.2 · 감초(甘艸) 1.2 · 복령(茯笭) 1.2 · 반하(半夏) 1.2 · 숙지황(熟地黃) 1.2 · 전호(前胡) 1.2 · 세신(細辛)1.2 · 감국(甘菊) 1.2 · 박하(薄荷) 1.2 · 독활(獨活) 1.2 · 육계(肉桂) 0.6 · 황금(黃芩) 1.2

出典; 醫學發明 - [療腎肝虛筋骨弱語言難精神昏 及治風濕 內弱者 是風熱體重也或瘦而一肢偏枯 或肥而半身不遂 或恐而健忘喜已多思 思忘之道皆精不足也故心亂則百病生靜則萬病息是以此藥能安心養神調陰陽無 偏勝]

5) 계지가용골모려탕(桂枝加龍骨牡呂湯) - 安神劑

계지(桂枝) 6.0 · 작약(芍藥) 6.0 · 대추(大棗) 6.0 · 생강(生薑) 6.0 · 감초(甘艸) 4.0 · 용골(龍骨) 6.0 · 모려(牡蠣) 6.0

出典; 金匱要略 - (虛勞病門) [夫失精家, 少腹絃急, 陰頭寒, 目眩, 發落, 脈極虛芤遲, 淸穀亡血失精, 脈得諸 芤動微緊, 男子失精, 女子夢交, 桂枝加龍骨牡呂湯主之.]

6) 계지작약지모탕, 계작지모탕(桂枝芍藥知母湯, 桂芍知母湯) - 安神劑

계지(桂枝) 8.0 · 지모(知母) 8.0 · 방풍(防風) 8.0 · 백작약(白芍藥) 6.0 · 마황(麻黃) 4.0 · 백출(白朮) 10.0 · 감초(甘艸) 4.0 · 포부자(暑附子) 2.0

出典; 金匱要略 - (中風歷癘病門) [諸肢節疼痛, 身體羸, 脚腫如脫, 短氣, 溫溫慾吐, 桂枝芍藥知母湯主之.]

7) 곽향정기산(藿香正氣) - 和解劑 (脾胃不和)

대복피(大腹皮) 4.0 · 소엽(蘇葉) 4.0 · 곽향(藿香) 8.0 · 백지(白芷) 4.0 · 백출 (白朮) 4.0 · 진피(陳皮) 4.0 · 길경(桔梗) 4.0 · 반하(半夏) 4.0 · 감초 (甘艸) 4.0 · 후박(厚樸) 4.0 · 복령(茯笭) 4.0 · 생강(生薑) 4.0 · 대추 (大棗) 4.0

出典; 和劑局方 - (傷寒門) [治傷寒頭疼, 憎寒壯熱, 上喘咳嗽, 五勞七傷, 八般風痰, 五般膈氣, 心腹冷痛, 反胃嘔惡, 氣瀉藿亂臟腑虛鳴, 山嵐장栖, 遍身虛腫, 婦人産前産后, 血氣刺痛, 小兒疳傷, 竝皆治之.]

8) 구미강활탕(九味羌活湯) - 解表劑 (濕)

강활(羌活) 1.5 · 방풍(防風) 1.5 · 천궁(川芎) 1.5 · 백지(白芷) 1.5 · 창출(蒼朮) 1.5 · 황금(黃芩) 1.5 · 생지황(生地黃) 1.5 · 세신(細辛) 1.5 · 감초(甘艸) 1.5

出典; 此事難知 - 捲一 [經雲有汗不得服麻黃, 無汗不得服桂枝, 若此服則其變不可勝數故立此法使不犯三陽禁忌解利神方]

9) 궁귀교애탕(芎歸膠艾湯) - 活血祛瘀劑 (溫經散寒)

천궁(川芎) 4.0 · 당귀(當歸) 6.0 · 애엽(艾葉) 6.0 · 작약(芍藥) 8.0 · 건지황(乾地黃) 8.0 · 감초(甘艸) 4.0 · 아교(阿膠) 4.0

出典; 1. 太平惠民和劑局方 - 婦人諸疾門 [治勞傷血氣, 衝任虛損, 月水過多, 淋瀝漏下, 連日不斷, 臍腹疼痛, 及妊娠將攝失宜, 胎動不安, 腹痛下墜, 或勞傷胞絡, 胞阻漏血, 腰痛悶亂, 或因損動, 胎上 心, 奔衝短氣, 及因産乳, 衝任氣虛, 不能約製, 經血淋瀝不斷, 延引日月, 漸成羸瘦]

10) 귀비탕(歸脾湯) - 補益劑 (補血劑)

황기(黃耆) 6.0 · 인삼(人蔘) 6.0 · 백출(白朮) 6.0 · 복령(茯笭) 6.0 · 당귀(當歸) 4.0 · 원지(遠誌) 4.0 · 산조인(酸棗仁) 6.0 · 용안육(龍眼肉)6.0 · 생강(生薑) 4.0 · 대추(大棗) 4.0 · 감초(甘艸) 2.0 · 목향(木香) 2.0

出典; 劑生方

11) 귀출파징탕 - 活血祛瘀劑 (理氣逐瘀)

향부자(香附子) 4.5 · 삼릉(三稜) 3.0 · 봉출(蓬朮) 3.0 · 적작약(赤芍藥) 3.0 · 백작약(白芍藥) 3.0 · 당귀미(當歸尾) 3.0 · 청피(靑皮) 3.0 · 오약(烏藥) 2.1 · 홍화(紅花) 1.5 · 소목(蘇木) 1.5 · 육계(肉桂) 1.5

出典; 東醫寶鑑 - [治月經不通 腹中積塊疼痛]

12) 곽향정기산(藿香正氣散) - 거담제 (溫化寒痰)

숙지황(熟地黃) 9.0-15.0 · 당귀(當歸) 6.0 · 반하(半夏) 6.0 · 백복령(白茯苓) 6.0 · 진피(陳皮) 4.5 · 감초(甘艸) 3.0 · 생강 3-7편

出典; 景嶽全書 - 捲五十一和陣 [治肺腎虛寒水泛爲痰或季邁陰虛血氣不足外受風寒咳嗽嘔惡痰喘急等證神效]

13) 녹용대보탕(鹿茸大補湯) - 補益劑 (補陽劑)

육종용(六從蓉) 3.0 · 두충(杜仲) 3.0 · 백작약(白芍藥) 2.1 · 백출(白朮) 2.1 · 부자(附子) 2.1 · 인삼(人蔘) 2.1 · 육계(肉桂) 2.1 · 반하(半夏) 2.1 · 석곡(石斛) 2.1 · 오미자(五味子) 2.1 · 녹용(鹿茸) 2.1 · 당귀(當歸) 2.1 · 백복령(白茯) 2.1 · 숙지황(熟地黃) 1.5 · 감초(甘艸) 0.75

出典; 雜病源流犀燭

14) 당귀사역가오수유생강탕(當歸四逆加吳茱萸生薑湯) - 溫裏劑 (溫經散寒)

당귀(當歸) 6.0 · 계지(桂枝) 6.0 · 작약(芍藥) 6.0 · 세신(細辛) 6.0 · 대추(大棗) 12.0 · 오수유(吳茱萸) 4.0 · 생강(生薑) 16.0 · 목통(木通) 8.0 · 감초(甘艸) 8.0

出典; 傷寒論 - (厥陰病編) [扌足厥寒, 脈細慾絶者, 當歸四逆湯主之. 若其人內有久寒者, 宜當歸四逆加吳茱萸生薑湯主之.]

15) 당귀수산(當歸鬚散) - 活血祛瘀劑 (理氣活血)

당귀미(當歸尾) 9.0 · 적작약(赤芍藥) 9.0 · 오약(烏藥) 9.0 · 향부자(香附子) 9.0 · 소목(蘇木) 6.0 · 홍화(紅花) 6.0 · 도인(桃仁) 6.0 · 계지(桂枝) · 감초(甘艸) 3.0 달여 물과 술을 반씩 타서 복용.

出典; 醫學入門

16) 당귀육황탕(當歸六黃湯) - 청열제 (淸瀉肝膽)

황기(黃耆) 6.0 · 숙지황(熟地黃) 2.1 · 생지황(生地黃) 2.1 · 당귀(當歸) 2.1 · 황금(黃芩) 2.1 · 황련(黃連) 2.1 · 황백(黃栢) 2.1

出典; 蘭實祕藏

17) 당귀작약산(當歸芍藥散) - 和解劑 (肝脾不和)

당귀(當歸) 3.0 · 작약(芍藥) 16.0 · 복령(茯苓) 4.0 · 백출(白朮) 4.0 · 택사(澤瀉) 8.0 · 천궁(川芎) 8.0

出典; 金匱要略 - (婦人姙娠病門) [婦人懷孕, 腹中 痛, 當歸芍藥散主之], (婦人雜病門) [婦人腹中諸疾痛, 當歸芍藥散主之.]

18) 대건중탕(大建中湯) - 溫裏劑 (補氣健脾)

촉초(蜀椒) 2.0 · 건강(乾薑) 8.0 · 인삼(人蔘) 4.0 · 물엿 20.0

出典; 金匱要略 - (胸滿寒疝宿食病門) [心滿中大寒痛, 嘔不能飮食, 腹中寒, 上衝皮起出見有頭足, 上下痛而不可觸近, 大建中湯主之.]

19) 대금음자(對金飮子) - 消導化積劑 (消積)

진피(陳皮) 9.0 · 후박(厚樸) 2.1 · 창출(蒼朮) 2.1 · 감초(甘艸) 2.1 · 생강 3편

出典; 和劑局方 - 傷寒門 [治諸疾無不愈者, 常服, 固元陽益氣, 健脾進食, 和胃祛痰, 自然營衛調暢, 寒暑不侵, 療四時傷寒, 極有效]

20) 대강활탕(大羌活湯) - 解表劑 (祛風除濕)

강활(羌活) 3.0 · 승마(升麻) 3.0 · 독활(獨活) 2.1 · 창출(蒼朮) 1.5 · 방기(防己) 1.5 · 위령선(威靈僊) 1.5 · 백출(白朮) 1.5 · 당귀(當歸) 1.5 · 적복령(赤茯笭) 1.5 · 택사(澤瀉) 1.5 · 감초(甘艸) 1.5

出典; 衛生寶鑑

21) 대방풍탕(大防風湯) - 거습제 (祛除風濕)

숙지황(熟地黃) 4.0 · 당귀(當歸) 4.0 · 작약(芍藥) 4.0 · 천궁(川芎) 3.0 · 백출(白朮) 6.0 · 황기(黃耆) 4.0 · 대추(大棗) 3.0 · 인삼(人蔘) 2.0 · 감초(甘艸) 2.0 · 방풍(防風) 4.0 · 강활(羌活) 2.0 · 생강(生畺) 3.0 · 우슬(牛膝) 2.0 · 부자(附子) 2.0 · 두충(杜沖) 4.0

出典; 和劑局方 - (諸風門) [祛風順氣, 活血脈, 壯筋骨, 除寒濕, 冷氣, 又治患痢後, 脚痛 弱, 不能行履, 名曰痢風, 或兩膝腫大痛, 脾脛枯, 但存皮骨, 拘攣 臥, 不能屈伸, 名曰鶴膝風服之, 氣血流暢, 肌肉漸生, 自然行履如故.]

22) 대청룡탕(大青龍湯) - 解表劑 (表寒)

마황(麻黃) 12.0 · 계지(桂枝) 4.0 · 감초(甘艸) 4.0 · 대추(大棗) 4.0 · 행인(杏仁) 10.0 · 생강(生薑) 6.0 · 석고(石膏) 24.0

出典; 1. 傷寒論 - (太陽病中編) [太陽中風, 脈浮緊, 發熱惡寒, 身疼痛, 不汗出而煩躁者, 大靑龍湯主之. 苦脈微弱, 汗出惡風者, 不可服. 服之則厥逆, 筋肉, 此爲逆也.], (太陽病中編) [傷寒 脈浮緩, 身不疼但重, 乍有輕時, 無少陰證者, 大靑龍湯發之.]. 2. 金匱要略 - (痰飮咳嗽病門) [病溢飮者, 當發其汗, 大靑龍湯主之, 小靑龍湯亦主之.]

23) 대황목단피탕(大黃牧丹皮湯) - 癰瘍劑

대황(大黃) 8.0 · 목단피(牧丹皮) 6.0 · 도인(桃仁) 8.0 · 망초(芒硝) 8.0 · 동과자(䕺瓜子) 12.0

出典; 金匱要略 - (瘡癰腸癰浸淫病門) [腸癰者, 小腹腫, 按之卽痛如淋, 小便自調, 時時發熱, 自汗出, 復惡寒. 其脈遲緊者, 膿未成, 可下之, 當有血. 脈洪數者, 膿已成, 不可下也. 大黃牧丹皮湯主之.]

24) 독활기생탕(獨活寄生湯) - 거습제 (祛除風濕)

독활(獨活) 2.1 · 당귀(當歸) 2.1 · 백작약(白芍藥) 2.1 · 상기생(桑寄生) 2.1 · 숙지황(熟地黃) 1.5 · 천궁(川芎) 1.5 · 인삼(人蔘) 1.5 · 백복령(白茯苓) 1.5 · 우슬(牛膝) 1.5 · 두충(杜仲) 1.5 · 진교(秦) 1.5 · 세신(細辛) 1.5 · 방풍(防風) 1.5 · 육계(肉桂) 1.5 · 감초(甘艸) 0.9 · 생강3-5편

出典; 備急韆金要方 - 捲二十七治諸風門 [夫腰背痛者 皆由腎氣虛弱 臥冷濕地 當風得之 不時速治喜流入脚膝 爲偏枯 冷痺緩弱疼重或腰痛攣脚重痺 宜急服此方]

25) 마황부자세신탕(麻黃附子細辛湯) - 解表劑 (助陽解表)

마황(麻黃) 4.0 · 세신(細莘) 4.0 · 부자(附子) 2.0

出典; 傷寒論 - (太陽病門) [少陰病, 始得之, 反發熱脈沈者, 麻黃附子細辛湯主之.]

26) 마황행인의이감초탕, 마행의감탕(麻黃杏仁薏苡甘艸湯, 麻杏薏甘湯) - 거습제 (祛除風濕)

마황(麻黃) 8.0 · 행인(杏仁) 4.0 · 감초(甘艸) 6.0 · 의이인(薏苡仁) 12.0

出典; 金匱要略 - (濕渴病門) [病者一身盡疼, 發熱日所劇者, 名風濕. 此病傷於汗出當風, 或久傷取冷所緻也, 加與麻黃杏仁薏 苡甘艸湯.]

27) 반하백출천마탕(半夏白朮天麻湯) - 거담제 (溫化寒痰)

반하(半夏) 6.0 · 천마(天麻) 4.0 · 백출(白朮) 3.0 · 인삼(人蔘) 4.0 · 황기(黃耆) 4.0 · 복령(茯笭) 4.0 · 택사(澤瀉) 4.0 · 창출(蒼朮) 4.0 · 진피(陳皮) 6.0 · 신곡(神穀) 3.0 · 맥아(麥芽) 6.0 · 황백(黃白) 2.0 · 건강(乾薑) 2.0

出典; 萬病回春 - (頭痛門) [治痰厥頭痛, 眼黑頭旋, 惡心煩悶, 氣短促上喘, 無力語言, 心神顚倒, 目不敢開, 如在風雲之中, 頭苦痛如裂, 身重如山, 四肢厥冷, 不得安臥, 此內胃氣虛損, 停痰而緻也.]

28) 반하사심탕(半夏瀉心湯) - 和解劑 (脾胃不和)

반하(半夏) 12.0 · 황금(黃芩) 6.0 · 건강(乾薑) 6.0 · 인삼(人蔘) 6.0 · 감초(甘艸) 6.0 · 황련(黃連) 2.0 · 대추(大棗) 6.0

出典; 1. 像寒論 - (太陽病下編) [傷寒五六日, 嘔而發熱者, 柴胡湯證具. 而以他藥下之, 柴胡證仍在者, 復與柴胡湯. 此雖已下之, 不爲逆. 必蒸蒸而振, 卻發熱汗出而解. 若心下滿而鞭痛者, 此爲結胸也. 大陷胸湯主之. 但滿而不痛者, 此爲, 柴胡不中與之. 宜半夏瀉心湯.]. 2. 金匱要略 - (嘔吐 下痢病門) [嘔而腸鳴, 心下 者, 半夏瀉心湯主之.]

29) 반하후박탕(半夏厚樸湯) - 理氣劑

반하(半夏) 20.0 · 후박(厚樸) 6.0 · 복령 8.0 · 생강(生薑) 10.0 · 소엽(蘇葉) 4.0

出典; 金匱要略 - (婦人雜病門) [婦人咽中, 如有灸 半夏厚樸湯主之.]

30) 방기황기탕(防己黃耆湯) - 거습제 (祛除風濕)

방기(防己) 8.0 · 감초(甘艸) 4.0 · 백출(白朮) 6.0 · 황기(黃耆) 9.0 · 생강(生薑) 6.0 · 대추(大棗) 6.0

出典; 金匱要略

31) 방풍통성산, 쌍해산(防風通聖散) - 表裏雙解劑

천궁(川芎) 4.0 · 방풍(防風) 4.0 · 당귀(當歸) 4.0 · 작약(芍藥) 4.0 · 박하엽(薄荷葉) 4.0 · 연교(連翹) 4.0 · 마황(麻黃) 4.0 · 망초(芒硝) 4.0 · 대황(大黃) 4.0 · 석고(石膏) 4.0 · 길경(桔梗) 4.0 · 황금(黃芩) 4.0 · 백출(白朮) 3.0 · 형개(荊芥) 3.0 · 생강(生薑) 3.0 · 활석(滑石) 10.0 · 산치자(山梔子) 3.0 · 감초(甘艸) 2.0

出典; 宣明論

32) 배농산급탕(排膿散及湯) - 청열제 (淸熱解毒)

감초(甘艸) 6.0 · 길경(桔梗) 9.0 · 생강(生薑) 3.0 · 대추(大棗) 8.0 · 작약(芍藥) 3.0 · 지실(枳實) 3.0

出典; 春林軒方函

33) 백출산(白朮散) - 理氣劑 (製吐)

오수유(吳茱萸) 1.2 · 필발(필撥) 1.2 · 진피(陳皮) 1.8 · 인삼(人蔘) 1.8 · 백출(白朮) 2.4 · 복령(茯苓) 2.4 · 후박(厚樸) 2.4 · 빈랑(檳랑) 3.0 · 대황(大黃) 3.0 · 薑棗湯으로 복용.

出典; 外臺祕要 - 捲六藿亂病源論 [療嘔吐酸水結氣築心, 白朮散方]

34) 보생탕(保生湯) - 和解劑 (脾胃不和, 順氣益氣)

인삼(人蔘) 6.0 · 감초(甘艸) 6.0 · 백출(白朮) 6.0 · 향부자(香附子) 6.0 · 오약(烏藥) 6.0 · 귤홍(橘紅) 6.0 · 생강

出典; 婦人良方 - [治婦人經候不行 身無病而似病 脈滑大而六部俱勻 迺是孕婦之脈也 精神如故 惡聞食臭或 但嗜一物 或 大吐或時吐淸水 此名惡阻]

35) 보중익기탕(補中益氣湯) - 補益劑 (補氣劑)

인삼(人蔘) 6.0 · 백출(白朮) 6.0 · 당귀(當歸) 6.0 · 진피(陳皮) 6.0 · 시호(柴胡) 2.0 · 승마(升麻) 2.0 · 감초(甘艸) 2.0 · 황기(黃耆) 8.0

出典; 脾胃論

36) 복령음(茯苓飮) - 거담제 (燥濕化痰)

복령(茯苓) 6.0 · 인삼(人蔘) 6.0 · 백출(白朮) 6.0 · 지실(枳實) 4.0 · 귤피(橘皮) 5.0 · 생강(生薑) 8.0

出典; 金匱要略 - (痰飮咳嗽門) [外臺茯 飮, 治心胸中有停痰宿水, 自吐出水後, 心胸間虛氣滿, 不能食, 小痰氣, 分能食.]

37) 분심기음(分心氣飮) - 和解劑 (脾胃不和)

목향(木香) 4.0 · 정향피(丁香皮) 4.0 · 초과인(艸果仁) 4.0 · 상백피(桑白皮) 4.0 · 대복자(大腹子) 3.0 · 대복피(大腹皮) 3.0 · 백출(白朮) 4.0 · 향부자(香附子) 4.0 · 감초(甘艸) 3.0 · 길경(桔梗) 4.0 · 곽향(藿香) 4.0 · 맥문동자(麥門蘗子) 4.0 · 진피(陳皮) 4.0 · 소엽(蘇葉) 4.0 · 후박(厚樸) 4.0 · 인삼(人蔘) 4.0

出典; 1. 和劑局方 - (諸氣門) [治男子婦人一切氣不和, 多因憂愁思慮,怒氣 傷神, 或臨食憂慽, 或事不隨意, 使鬱抑之氣, 留滯不散, 停於胸膈之間, 不能流暢, 緻心胸 悶, 脇肋虛脹, 塞不通噫氣呑酸嘔 惡心, 頭目昏 眩, 四肢倦怠, 麵色萎黃, 口苦舌乾, 飮食減少, 日漸羸瘦, 或大腸虛祕, 或因病之後,胸膈虛, 不思 飮食, 竝皆治之.]

38) 사군자탕(四君子湯) - 補益劑 (補氣劑)

복령(茯苓) 8.0 · 백출(白朮) 6.0 · 인삼(人蔘) 6.0 · 감초(甘艸) 4.0 · 대추(大棗) 4.0 · 생강(生薑) 4.0

出典; 和劑局方 - (一切氣門) [治營衛氣虛, 臟腑怯弱, 心腹脹滿, 全不思食, 腸鳴泄瀉, 嘔 吐逆]

39) 사물탕(四物湯) - 補益劑 (補血劑)

당귀(當歸) 8.0 · 숙지황(熟地黃) 8.0 · 천궁(川芎) 8.0 · 작약(芍藥) 8.0

出典; 和劑局方 - (婦人諸疾門) [調益營衛, 滋養氣血, 治衝任虛損, 月水不調, 臍腹 痛, 崩中漏下, 血塊硬, 發歇疼痛, 妊娠宿冷, 將理失宜, 胎動不安, 血下不止, 及産後乘虛, 風寒內博, 惡露不下, 結生 聚, 少腹堅痛, 時作寒熱.]

40) 삼령백출산(叄苓白朮散) - 補益劑 (補氣劑)

인삼(人叄) 6.0 · 산약(山藥) 6.0 · 백출(白朮) 6.0 · 복령(茯) 3.0 · 감초(甘艸) 6.0 · 연육(蓮肉) 3.0 · 길경(桔梗) 3.0 · 의이인(薏苡仁) 3.0 · 백편두(白篇豆) 3.0 · 축사(縮砂) 3.0를 가루로 하여 1회 2.0g씩 복용.

出典; 和劑局方 - (一切氣門) [治脾胃虛弱, 飮食不進, 多困少力, 中滿, 心 氣喘, 嘔吐泄瀉, 及傷寒咳嗽, 此藥中和不熱, 久服, 養氣育神, 醒脾悅色, 順正酸邪.]

41) 삼소음(叄蘇飮) - 解表劑 (氣虛濕熱)

자소엽(紫蘇葉) 6.0 · 전호(前胡) 12.0 · 갈근(葛根) 12.0 · 인삼(人蔘) 4.0 · 길경(桔梗) 6.0 · 지각(枳殼) 6.0 ·

진피(陳皮) 6.0 · 감초(甘艸) 4.0 · 목향(木香) 6.0 · 반하(半夏) 6.0 · 복령(茯笭) 6.0 · 생강(生薑) 4.0 · 대추(大棗) 4.0

出典; 和劑局方 - (傷寒門) [治感冒發熱頭疼, 或因痰飮凝結, 兼以爲熱竝宜服之, 若因感冒發熱, 亦如服養胃湯法, 以被蓋臥, 連進數腹, 微汗卽愈, 尙有餘熱, 更宜徐徐服之, 自然平治, 因痰飮發熱, 但連日頻進此藥,以熱退爲期, 不可預止, 雖有前胡乾葛, 但能解肌耳, 旣有枳殼橘紅輩, 自能實中快膈, 不緻傷脾, 兼大治中脘 滿, 嘔逆惡心, 開장進食, 無以喩此, 毋以性凉爲疑, 一切發熱, 皆能取效, 不必拘其所因也, 小兒室女, 亦宜服之.]

42) 삼출건비탕(蔘朮健脾湯) - 補益劑 (補氣劑)

인삼(人蔘) 3.0 · 백출(白朮) 3.0 · 복령(茯笭) 3.0 · 백작약(白芍藥) 2.4 · 후박(厚樸) 3.0 · 산사(山査) 3.0 · 진피(陳皮) 3.0 · 지실(枳實) 2.4 · 사인(砂仁) 2.4 · 신국(神麴) 2.4 · 맥아(麥芽) 1.5 · 감초(甘艸) 1.5 · 생강 3편 · 대추 2매

出典; 東醫寶鑑 - 內傷

43) 삼황사심탕(三黃瀉心湯) - 淸熱劑 (淸熱解毒)

대황(大黃) 6.0 · 황련(黃連) 6.0 · 황금(黃芩) 6.0

出典; 金匱要略 - (驚悸吐 下血胸滿瘀血病門) [心氣不足, 吐血, 血, 瀉心湯主之], (婦人雜病門) [婦人吐涎沫, 醫反下之, 心下卽, 當先治其吐涎沫, 小靑龍湯主之, 涎沫止迺治, 瀉心湯主之.]

44) 생혈윤부탕(生血潤膚湯) - 治燥劑 (潤膚)

천문동(天門麥) 4.5 · 생지황(生地黃) 3.0 · 숙지황(熟地黃) 3.0 · 맥문동(麥門麥) 3.0 · 당귀(當歸) 3.0 · 황기(黃)3.0 · 황금(黃芩) 1.5 · 괄루인(樓仁)1.5 · 도인(桃仁) 1.5 · 승마(升麻) 1.5 · 홍화(紅花) 0.3

出典; 醫學正傳

45) 세간명목탕(洗肝明目湯) - 淸熱劑 (淸熱解毒)

당귀(當歸) 3.0 · 박하엽(薄荷葉) 3.0 · 작약(芍藥) 3.0 · 천궁(川芎) 3.0 · 방풍(防風) 3.0 · 건지황(乾地黃) 3.0 · 방풍(防風) 3.0 · 황금(黃芩) 3.0 · 석고(石膏) 3.0 · 산치자(山梔子) 3.0 · 연교(連翹) 3.0 · 황련(黃連) 3.0 · 강활(羌活) 3.0 · 만형자(蔓荊子) 3.0 · 국화(菊花) 3.0 · 길경(桔梗) 3.0 · 질여(疾藜) 3.0 · 초결명(艸決明) 3.0 · 형개(荊芥) 3.0 · 감초(甘艸) 3.0

出典; 萬病回春 - (捲下 眼目) [治一切風熱 赤腫疼痛]

46) 소건중탕(小建中湯) - 溫裏劑 (補氣健脾)

계지(桂枝) 6.0 · 감초(甘艸) 6.0 · 생강(生薑) 6.0 · 대추(大棗) 6.0 · 작약(芍藥) 12.0 · 엿(膠飴) 40.0

出典; 1. 傷寒論 - (太陽病中編) [傷寒陽脈澁, 陰脈絃, 法當腹中急痛者, 先與小建中湯, 不差者, 小柴胡湯主之.), (太陽病中編) [傷寒 二三日 心中悸而煩者. 小建中湯主之.] 2. 金匱要略 - (血痺, 虛勞病門) [虛勞, 裏急,悸, 腹中痛, 夢失精, 四肢 痛, 手足煩熱咽乾口燥, 小建中湯主之.], (黃疸病門) [男子黃, 小便自利者, 當與虛勞小建中湯.], (婦人雜病門) [婦人腹中痛, 小建中湯主之.]

47) 소시호탕(小柴胡湯) - 和解劑 (表裏不和, 和解少陽)

시호(柴胡)12.0 · 반하(半夏) 12.0 · 황금(黃芩) 6.0 · 대추(大棗) 6.0 · 인삼(人蔘) 6.0 · 감초(甘艸) 6.0 · 생강(生薑) 6.0

出典; 1. 傷寒論 - (太陽病中編) [傷寒中風五六日, 往來寒熱, 胸脇苦滿, 黙黙不慾飮食, 心煩喜嘔, 或胸中煩而不嘔, 或渴, 或腹中痛, 或脇下 硬, 或心下悸, 小便不利, 或不渴, 身有微熱, 或咳者, 小柴胡湯主之.], (太陽病中編) [傷寒, 四五日 身熱惡風, 頸項强, 脇下滿, 手足溫而渴者, 小柴胡湯主之.], (太陽病中編) [傷寒, 陽脈, 陰脈絃, 法當腹中急痛. 先與 小建中湯, 不差者, 與小柴胡湯], (太陽病中編) [傷寒, 十三日不解, 胸脇滿而嘔, 發潮熱, 已而微利. 此本柴胡症下之而不得利, 今反利者, 知醫以丸藥下之, 非其治也, 潮熱者, 實也. 先宜小柴胡湯以解外, 後以柴胡加芒硝湯主之.], (太陽病下編) [婦人中風, 七八日續得寒熱, 發作有時. 經水適斷者, 此爲熱入血室. 其血必結, 故使如虐狀, 發作有時. 小柴胡湯主之.], (陽明病編) [陽明病 發潮熱, 大便, 小便自可. 胸脇滿不去者, 小柴胡湯主之], (采藿亂病門) [傷寒, 差己後, 更發熱者, 小柴胡湯主之, 脈浮者, 以汗解之, 脈沈者, 以下解之.], (厥陰病編) [嘔而發熱者, 小柴胡湯主之.]. 2. 金匱要略 - (黃疸病門) [諸黃, 腹痛而嘔者, 小柴胡湯主之.], (婦人産後病門) [婦人在艸褥, 自發露, 得風, 四肢苦煩熱, 頭痛者, 與小柴胡湯, 不頭痛, 但煩者, 三物黃芩湯主之.]

48) 소요산(逍遙散) - 和解劑 (肝脾不和)

당귀(當歸) 6.0 · 작약(芍藥) 6.0 · 복령(茯) 6.0 · 감초(甘艸) 3.0 · 백출(白朮) 6.0 · 시호(柴胡) 6.0

出典; 和劑局方 - (婦人諸疾門) [治血虛勞倦, 五心煩熱, 肢體疼痛, 頭目昏重, 心 頰赤, 口燥咽乾, 發熱盜汗, 減食嗜臥, 及血熱相搏, 月水不調, 臍腹脹痛, 寒熱如虐, 又治室女血弱陰虛, 營衛不和, 痰嗽潮熱, 肌體羸瘦, 漸成骨烝.]

49) 소자강기탕(蘇子降氣湯) - 理氣劑

소자(蘇子) 8.0 · 반하(半夏) 8.0 · 진피(陳皮) 4.0 · 후박(厚樸) 4.0 · 전호(前胡) 4.0 · 육계(肉桂) 4.0 · 생강(生薑) 4.0 · 대추(大棗) 4.0 · 당귀(當歸) 4.0 · 감초(甘艸) 2.0

出典; 和劑局方 - (治傷寒) [治中脘不快, 心腹脹滿, 陰陽雍滯, 氣不升降, 胸膈 塞, 喘促短氣, 乾 煩滿, 咳嗽痰涎, 口中無味, 嗜臥減食, 宿寒留飮, 停籍不消, 脇下支結, 常覺妨悶, 專治脚氣 上衝, 心腹堅滿, 肢體浮腫, 有妨飮食.]

50) 소적정원산(消積正元散) - 消導化積劑 (消積)

백출(白朮) 3.0 · 신국(神麴) 1.5 · 향부자(香附子) 1.5 · 지실(枳實) 1.5 · 현호색(玄胡索) 1.5 · 해분(海粉) 1.5 · 복령(茯笭) 0.9 · 진피(陳皮) 0.9 · 청피(靑皮) 0.9 · 사인(砂仁) 0.9 · 맥아(麥芽) · 산사(山査) 0.9 · 감초(甘艸) 0.9 · 생강

出典; 醫學入門

51) 소청룡탕(小靑龍湯) - 解表劑 (表寒)

마황(麻黃) 4.0 · 작약(芍藥) 4.0 · 세신(細辛) 4.0 · 건강(乾薑) 4.0 · 감초(甘艸) 4.0 · 계지(桂枝) 4.0 · 반하(半夏) 10.0 · 오미자(五味子)4.0

出典; 1. 傷寒論 - (太陽病中編) [傷寒, 表不解, 心下有水氣, 乾嘔發熱而咳, 或渴, 或利, 或, 小便不利, 少腹滿, 或喘者, 小靑龍湯主之.], (太陽病中編) [傷寒, 表不解, 心下有水氣, 咳而微喘, 發熱不渴, 服湯已, 渴者, 此寒去慾解也, 小靑龍湯主之.]. 2. 金匱要略 - (痰飮病編) [咳逆倚息不得臥, 小靑龍湯主之.], (痰飮病編) [婦人吐涎沫, 醫反下之, 心下卽, 當先治其吐涎沫, 小靑龍湯主之.]

52) 소풍산(消風散) - 祛風劑 (辛散祛風)

당귀(當歸) 6.0 · 지황(地黃) 6.0 · 석고(石膏) 6.0 · 방풍(防風) 4.0 · 창출(蒼朮) 4.0 · 목통(木通) 4.0 · 지모(知母) 3.0 · 호마(胡麻) 3.0 · 선퇴(蟬退) 2.0 · 고삼(苦參) 2.0 · 형개(荊芥) 2.0 · 우방자(牛旁子) 4.0

出典; 外科正宗-[治風濕浸淫血脈, 生瘡疥, 搔癢不絶, 及大人小兒風熱 疹, 遍身雲片斑點, 乍有乍無幷效]

53) 소풍활혈탕(疎風活血湯) - 活血祛瘀劑

당귀(當歸) 3.0 · 천궁(川芎) 3.0 · 위령선(威靈僊) 3.0 · 백지(白芷) 3.0 · 방기(防己) 3.0 · 황백(黃栢) 3.0 · 남성(南星) 3.0 · 창출(蒼朮) 3.0 · 강활(羌活) 3.0 · 계지(桂枝) 3.0 · 홍화(紅花) 0.9

出典; 沈氏尊生書

54) 속명탕(續命湯) - 治風劑 (辛散祛風)

마황(麻黃) 6.0 · 계지(桂枝) 6.0 · 당귀(當歸) 6.0 · 인삼(人蔘) 6.0 · 석고(石膏) 6.0 · 건강(乾薑) 6.0 · 감초(甘艸) 6.0 · 행인(杏仁) 5.0 · 천궁(川芎) 6.0

出典; 金匱要略 - (中風歷節病門) [古今錄驗續命湯, 治中風, 身體不能自收, 口不能言, 冒味不知痛處, 或拘急不得轉側], (中風歷節病門) [治但伏不得臥, 咳逆上氣, 麵目浮腫]

55) 승마갈근탕(升摩葛根湯) - 解表劑 (表熱)

갈근(葛根) 12.0 · 승마(升麻) 6.0 · 작약(芍藥) 6.0 · 감초(甘艸) 6.0 · 생강(生薑) 6.0

出典; 和劑局方 - 捲二, 傷寒門 [治大人小兒時氣瘟疫, 頭痛發熱, 肢體疼, 皮瘡疹已發, 及未發, 疑貳之間, 竝不時候)

56) 시함탕(柴陷湯) - 和解劑 (表裏不和)

시호(柴胡) 12.0 · 반하(半夏) 12.0 · 황금(黃芩) 6.0 · 인삼(人蔘) 6.0 · 대추(大棗) 6.0 · 감초(甘艸) 6.0 · 생강(生薑) 6.0 · 황련(黃連) 3.0 · 과루실(瓜樓實) 12.0

出典; 小柴胡湯과 小陷胸湯의 闔方

57) 시호계지건강탕(柴胡桂枝乾薑湯) - 和解劑 (表裏不和)

시호(柴胡) 12.0 · 계지(桂肢) 6.0 · 모려(牡蠣) 6.0 · 건강(乾薑) 4.0 · 괄루근(括樓根) 6.0 · 감초(甘艸) 4.0 · 황금(黃芩) 6.0

出典; 1. 傷寒論 - (太陽病下編) [傷寒五六日, 已發汗, 而腹下之, 胸脇滿微結, 小便不利, 渴而不嘔, 但頭汗多, 往來寒熱, 心煩者, 此爲微解也. 柴胡桂肢乾薑湯主之.] 2. 금궤요략 - (栖病編) [柴胡桂薑湯, 治栖寒多微有熱, 或但寒不熱 服劑如神.]

58) 시호억간탕(柴胡抑肝湯) - 和解劑 (肝脾不和)

시호(柴胡) 7.5 · 청피(靑皮) 6.0 · 적작약(赤芍藥) 4.5 · 목단피(牧丹皮) 4.5 · 지골피(地骨皮) 3.0 · 향부자(香附子) 3.0 · 치자(梔子) 3.0 · 창출(蒼朮) 3.0 · 신곡(神穀) 2.4 · 천궁(川芎) 2.1 · 생지황(생지황) 1.5 · 연교(연교) 1.5 · 감초(甘艸) 0.9

出典; 沈氏 尊生書 - 治婦女陰病及寡婦寒熱似栖

59) 시호청간탕(柴胡淸肝湯) - 淸熱劑 (淸熱解毒)

당귀(當歸) 4.0 · 작약(芍藥) 4.0 · 박하엽(薄荷葉) 4.0 · 지황(地黃) 4.0 · 연교(連翹) 4.0 · 천궁(川芎) 4.0 · 우방자(牛蒡子) 4.0 · 길경(桔梗) 4.0 · 괄루근(括樓根) 4.0 · 감초(甘艸) 4.0 · 황금(黃芩) 2.0 · 황련(黃蓮) 2.0 · 산치자(山梔子) 2.0 · 황백(黃栢) 2.0 · 시호(柴胡) 3.0

出典; 一貫堂方

60) 십전대보탕(十全大補湯) - 補益劑 (氣血雙補劑)

인삼(人蔘) 5.0 · 백출(白朮) 5.0 · 복령(茯笭) 5.0 · 당귀(當歸) 5.0 · 천궁(川芎) 5.0 · 숙지황(熟地黃) 5.0 · 생강(生薑) 4.0 · 대추(大棗) 4.0 · 작약(芍藥) 5.0 · 황기(黃耆) 4.0 · 육계(肉桂) 4.0 · 감초(甘艸) 3.0

出典; 和劑局方 - 治諸虛編 [治男子婦人, 諸虛不足, 五勞七傷, 不進飮食, 久病虛損, 時發潮熱氣攻, 骨脊拘急㽲痛夜 夢遺精, 麵色委黃, 卻膝無力, 一切病後, 氣不如舊, 憂愁思慮, 傷動氣血, 喘嗽中滿, 脾腎氣弱, 五心煩悶, 此藥性溫不熱, 平補有效, 養氣育神, 醒脾止渴, 順正酸邪, 溫煖脾胃」

61) 쌍화탕(雙和湯) - 補益劑 (氣血雙補劑)

백작약(白芍藥) 7.5 · 숙지황(熟地黃) 3.0 · 황기(黃耆) 3.0 · 당귀(當歸) 3.0 · 천궁(川芎) 3.0 · 계지(桂枝) 8.0 · 감초(甘艸) 2.25

出典; 和劑局方 - 治男子婦人五勞六極七傷. 心身俱虛精血氣少. 遂成虛勞. 百骸枯 . 四肢倦怠. 寒熱往來. 咳嗽咽乾. 行動喘之. 麵色萎黃. 略有所觸. 易成他疾. 或傷於冷. 則宿食不消. 脾疼腹痛. 瀉痢吐逆. 或傷於熱. 則頭旋目眩. 痰涎氣促. 惡心煩熱. 或因饑飽動作. 喜怒驚恐. 病隨而至. 或虛脹而 不思食. 或多食而不生肌肉. 心煩

虛汗盜汗. 一切虛勞. 不敢服燥藥者. 宜服之. 商服調中養氣. 益血育神. 和胃進食. 補虛損.

62) 안중산(安中散) - 溫裏劑 (溫經散寒)

계지(桂枝) 5.0 · 현호색(玄胡索) 5.0 · 모려(牡蠣) 8.0 · 감초(甘艸) 10.0 · 양강(良薑)5.0 · 소회향(小茴香) 8.0 · 건강(乾薑) 5.0

出典; 和劑局方 - 一切氣門 [治遠季近日, 脾疼飜胃, 嘔吐酸水, 寒邪之氣, 留體於內, 停積不消, 胸膈脹滿, 攻刺腹脇, 惡心嘔吐, 麵黃肌瘦, 四肢倦怠, 又治婦人血氣刺痛, 小腹連尿, 攻 重痛, 竝治之.]

63) 양격산(凉隔散)

박하엽(薄荷葉) 5.0 · 감초(甘艸) 4.0 · 길경(桔梗) 4.0 · 연교(連翹) 5.0 · 산치자(山梔子) 5.0 · 대황(大黃) 8.0 · 망초(芒硝) 5.0 · 황금(黃芩) 5.0

出典; 和劑局方 - 積熱⋯症 [治大人小兒腑臟積熱, 煩燥多渴, 麵熱頭昏, 脣焦咽燥, 舌腫喉閉, 目赤鼻, 頰結硬, 口舌生瘡, 痰實不利, 涕唾燥粘, 睡臥不, 語狂妄, 腸胃燥澁, 便溺 結, 一切風壅, 竝宣服之]

64) 연령고보단(延齡固本丹) - 補益劑 (補陽劑)

천문동(天門麥) · 맥문동(麥門麥) · 생지황(生地黃) · 숙지황(熟地黃) · 산약(山藥) · 우슬(牛膝) · 두충(杜仲;去皮,薑酒洗) · 파극(巴戟) · 오미자(五味子) · 구기자(拘杞子) · 산수유(山茱萸) · 백복령(白茯笭) · 인삼(人蔘) · 목향(木香) · 백자인(栢子仁) 각 60.0 · 촉초(蜀椒) · 석창포(石菖蒲) · 택사(澤瀉) 각 30.0 · 원지(遠誌;去心 甘艸水泡) · 육종용 각 120.0 · 복분자(覆盆子) · 차전자(車前子) · 토사자(絲子) · 지골피(地骨皮) 각 45.0

出典; 萬病回春

65) 영감강미신하인탕, 영감오미가강신반하행인탕(笭甘薑味辛夏仁湯) - 거담제(溫化寒痰)

복령(茯笭) 8.0 · 감초(甘艸) 6.0 · 오미자(五味子) 6.0 · 건강(乾薑) 6.0 · 세신(細辛) 6.0 · 행인(杏仁)6.0 · 반하(半夏) 10.0

出典; 金匱要略 - (痰飮咳嗽編) [水去嘔止, 其人形腫者, 加杏人主之, 其證應納麻黃, 以其人逡痺, 故不納之, 若逆而納之, 必厥, 所二以然者, 以其人血虛, 而麻黃發其陽故也.]

66) 오약순기산(烏藥順氣酸) - 治風劑 (辛散祛風)

오약(烏藥) 10.0 · 진피(陳皮) 10.0 · 길경(桔梗) 6.0 · 건강(乾薑) 3.0 · 천궁(川芎) 6.0 · 백지(白止) 6.0 · 지각(枳殼) 6.0 · 대추(大棗) 6.0 · 백강잠 3.0 · 마황(麻黃) 6.0 · 생강(生薑) 6.0 · 감초(甘艸) 2.0

出典; 和劑局方 - (諸風門) [治男子婦人一切風氣, 攻註四肢, 骨節疼痛, 遍身頑麻, 頭目眩運, 及療, 語言蹇澁, 筋脈拘攣, 又治脚氣, 步履艱難, 脚膝軟弱, 婦人血風, 老人冷氣, 上攻胸臆, 兩脇刺痛, 心腹膨脹, 吐瀉腸鳴.]

67) 오적산(五積散) - 表裏雙解劑

당귀(當歸) 4.0 · 천궁(川芎) 4.0 · 작약(芍藥) 4.0 · 창출(蒼朮) 4.0 · 복령(茯笭) 4.0 · 반하(半夏) 4.0 · 백지(白芷) 4.0 · 지각(枳殼) 4.0 · 계지(桂枝) 3.0 · 마황(麻黃) 2.0 · 감초(甘艸) 2.0 · 후박(厚樸) 4.0 · 진피(陳皮) 4.0 · 길경(桔硬) 4.0 · 건강(乾薑) 3.0 · 생강(生薑) 3쪽 · 대추(大棗) 2쪽

出典: 和劑局方 - (傷寒門) [調中順氣, 除風冷, 化痰飮, 治脾胃宿冷, 腹脇脹痛, 胸膈停痰, 嘔逆惡心, 又外感風寒, 內傷生冷, 心腹 悶, 頭目昏痛肩背拘急, 肢體怠惰, 寒熱往來, 飮食不進, 及婦人血氣不調, 心腹撮痛, 經候不勻, 或閉不通, 竝宜服之.]

68) 온경탕(溫經湯) - 活血祛瘀劑 (溫經散寒)

오수유(吳茱萸) 3.0 · 당귀(當歸) 4.0 · 천궁(川芎) 4.0 · 작약(芍藥) 4.0 · 목단피(牧丹皮) 4.0 · 계지(桂枝) 4.0 · 아교(阿膠) 4.0 · 생강(生薑) 4.0 · 맥문동(麥門蔘)10.0 · 인삼(人蔘) 4.0 · 반하(半夏) 8.0 · 감초(甘艸) 4.0

出典: 金匱要略 - (婦人雜病門) [問曰 婦人五十所病下利, 數十日不止, 暮卽發熱, 少腹裏急, 腹滿, 扌掌煩熱, 脣口乾燥何也, 師曰, 此病屬帶下, 何以故, 曾經半産, 瘀血在少腹不去, 何以知之 其證脣口乾燥故知之 當以 溫經湯主之. 亦主婦人少腹寒 久不受胎兼取崩中去血, 或月水來過多, 及至期不來.]

69) 온백원(溫白元) - 消導化積劑 (瀉寒 徵滌逐水)

천오(川烏) 75.0 · 오수유(吳茱萸) · 길경(桔梗) · 시호(柴胡) · 창포(菖蒲) · 자원 · 황련(黃連) · 건강(乾薑) · 육계(肉桂) · 촉초(蜀椒) · 적복령(赤茯笭) · 파두상(巴荳霜) · 조협 · 후박(厚樸) · 인삼(人蔘) 각15.0

出典: 和劑局方 - 治一切氣 [治心腹積聚, 久 癖塊, 大如杯椀, 黃疸宿食, 早起嘔吐, 支滿上氣, 時時腹脹, 心下堅結, 上來 心, 傍攻兩脇, 十種水氣, 八種 塞, 飜胃吐逆, 飮食 食, 五種淋疾, 九種心痛, 積季食不消化, 或虐疾連季不差, 及療一切諸風, 身體頑, 不知痛癢, 或半身不遂, 或眉髮墮落, 及療七十二種風, 三十六種遯屍, 及癲癇, 或婦人諸疾, 斷續不生, 帶下淋瀝, 五邪失心, 愁憂思慮, 意思不樂, 飮食無味, 月水不調, 及腹中一切諸氣, 有似懷孕, 連季累月, 羸瘦困幣, 或歌或笑, 如鬼所使,但服此藥, 無不除愈]

70) 용담사간탕(龍膽瀉肝湯) - 淸熱劑 (淸瀉肝膽)

숙지황(熟地黃) 3.0 · 차전자(車前子) 3.0 · 당귀(當歸) 3.0 · 천궁(川芎) 3.0 · 산치자(山梔子) 3.0 · 박하엽(薄荷葉) 3.0 · 작약(芍藥) 3.0 · 황련(黃連) 3.0 · 산귀래(山歸來) 3.0 · 의이인(意苡仁) 3.0 · 연교(蓮翹) 3.0 · 목통(木通) 3.0 · 방풍(防風) 3.0 · 황금(黃芩) 3.0 · 용담(龍膽) 4.0 · 택사(澤瀉) 4.0 · 감초(甘艸) 3.0

出典: 萬病回春 - (賽瘡門) [若肝經濕熱, 或囊癰病毒, 下疳懸癰,腫痛炘作, 小便澁, 或婦人陰 癢痛, 或男子陽賽腫脹, 或出膿水.]

71) 월비탕(越婢湯) - 解表劑 (風水)

마황(麻黃) 12.0 · 석고(石膏) 16.0 · 생강(生薑) 6.0 · 대추(大棗) 8.0 · 감초(甘艸) 4.0

出典: 金匱要略 - (水氣病門) [裏水者, 一身麵目黃腫, 其脈沈, 小便不利, 故令病水. 假令小便自利, 此亡津液, 故令渴. 越婢加朮湯主之.], (水氣病門) [裏水越婢加朮湯主之, 甘艸麻黃湯亦主之.], (中風歷節病門) [越婢加朮湯治肉熱極則身體津脫, 理開, 汗大洩, ?風氣, 下焦脚弱]

72) 위령탕(胃苓湯) - 理氣劑

창출(蒼朮) 3.0 · 후박(厚樸) 3.0 · 진피(陳皮) 3.0 · 저령 8.0 · 택사(澤瀉) 3.0 · 적복령(赤茯) 3.0 · 백작약(白灼藥) 3.0 · 육계(肉桂) 1.5 · 감초(甘艸) 1.5

出典; 萬病回春

73) 육군자탕(六君子湯) - 補益劑 (補氣劑)

인삼(人蔘) 6.0 · 진피(陣皮) 6.0 · 반하(半夏) 6.0 · 백출(白朮) 6.0 · 복령(茯笭) 6.0 · 감초(甘艸) 3.0 · 생강(生薑) 4.0 · 대추(大棗) 4.0

出典; 婦人良方

74) 육미지황환, 육미환, 육미탕(六味地黃丸, 六味丸, 六味湯) - 補氣劑 (補陰劑)

숙지황(熟地黃) 16.0 · 산수유(山茱萸) 8.0 · 산약(山藥) 8.0 · 목단피(牧丹皮) 6.0 · 택사(澤瀉) 6.0 · 복령(茯笭) 6.0

出典; 小兒藥證直訣

75) 육울탕(六鬱湯) - 理氣劑

향부자(香附子) 6.0 · 천궁(川芎) 4.5 · 창출(蒼朮) 4.5 · 진피(陳皮) 3.0 · 반하(半夏) 3.0 · 적복령(赤茯笭) 2.1 · 치자인(梔子仁) 2.1 · 사인(砂仁) 1.5 · 감초(甘艸) 1.5 · 생강 3편

出典; 丹溪心法

76) 이기거풍산(理氣祛風散) - 治風劑 (辛散祛風)

청피(靑皮) 1.8 · 진피(陳皮) 1.8 · 지각(枳殼) 1.8 · 길경(桔梗) 1.8 · 남성(南星) 1.8 · 반하(半夏) 1.8 · 오약(烏藥) 1.8 · 천마(天麻) 1.8 · 천궁(川芎) 1.8 · 백지(白芷) 1.8 · 방풍(防風) 1.8 · 형개(荊芥) 1.8 · 강활(羌活) 1.8 · 독활(獨活) 1.8 · 백작약(白芍藥) 1.8 · 감초(甘艸) 생강 5편

出典; 古今醫鑑 - [治口眼歪斜]

77) 이중탕, 인삼탕(二中湯, 人蔘湯) - 溫裏劑 (補氣健脾)

인삼(人蔘) 6.0 · 백출(白朮) 6.0 · 감초(甘艸) 6.0 · 건강(乾薑) 6.0

出典; 1. 傷寒論 - (藿亂病編) [藿亂, 頭痛 發熱, 身疼痛, 熱多慾飮水者, 五 散主之. 寒多不用水者, 理中丸主之.], (差後勞復病編) [大病差後, 喜唾, 久了了者, 胃上有寒, 當以丸藥溫之, 宜理中丸], 2. 金匱要略 - (胸痺心痛短氣病門) [胸痺, 心中 留氣, 結在胸, 胸滿脇下逆槍心, 枳實 白桂枝湯主之. 人蔘湯亦主之.]

78) 이진탕(二陳湯) - 거담제 (燥濕化痰)

진피(陳皮) 8.0 · 복령(茯) 8.0 · 반하(半夏) 12.0 · 감초(甘艸) 4.0

出典: 和劑局方 - (痰飮門) [治痰飮爲患, 或嘔吐惡心, 或頭眩驚悸, 或中脘不快, 或發爲寒熱 或因食生冷, 脾胃不和.]

79) 인삼양영탕(人蔘養營湯) - 補益劑 (氣血雙補劑)

작약(芍藥) 8.0 · 계지(桂枝) 4.0 · 인삼(人蔘) 4.0 · 황기(黃耆) 4.0 · 백출(白朮) 4.0 · 당귀(當歸) 4.0 · 진피(陳皮) 4.0 · 감초(甘艸) 4.0 · 숙지황(熟地黃) 3.0 · 복령(茯笭) 3.0 · 원지(遠誌) 2.0 · 오미자(五味子) 3.0

出典: 和劑局方

80) 인삼양위탕(人蔘養胃湯) - 거습제 (芳香化濕)

창출(蒼朮) 4.5 · 진피(陳皮) 3.75 · 후박(厚樸) 3.75 · 적복령(赤茯笭) 3.75 · 곽향(藿香) 3.75 · 인삼(人蔘) 1.5 · 초과(艸果) 1.5 · 자감초(炙甘艸) 1.5

出典: 和劑局方 - 治傷寒門 [治外感風寒, 內傷生冷, 增寒壯熱, 頭目昏疼, 肢體拘急, 不問風寒二證, 及內外之殊, 均可治療, 先用厚被蓋睡, 連進此數, 服以簿弼湯之類佐之, 令四肢微寒, 然侯汗乾則徐徐去被, 謹避外風, 自然解散, 若元有汗, 亦水溫潤, 以和解之, 或有餘熱, 以叄蘇飮, 調之, 或上頭疼,則濃煎生薑蔥白湯下聖餠子,三證旣除, 不必服藥, 但節其飮食, 適其寒溫, 自然平治, 大抵感冒古人, 不敢輕發汗, 止由麻黃, 能開湊理用, 或不能得宜, 則導洩眞氣, 因而緻虛, 變生他證, 此藥迺平和之劑, 上能溫中解表而巳, 不緻妄擾也, 兼能酸山嵐 氣, 四時溫疫, 常服尤佳.]

81) 인삼패독산(人蔘敗毒散) - 解表劑 (濕熱毒)

인삼(人蔘) 3.0 · 전호(前胡) 3.0 · 강활(羌活) 3.0 · 시호(柴胡) 3.0 · 독활(獨活) 3.0 · 지각(枳殼) 3.0 · 천궁(川芎) 3.0 · 길경(桔梗) 3.0 · 적복령(赤茯)3.0 · 감초(甘艸) 1.5 · 생강, 박하 소량

出典: 小兒藥證直訣 - [方諸三] [治傷風溫疫風濕, 頭目昏闇, 四肢作痛, 憎寒壯熱, 項强睛疼 或惡寒咳嗽, 鼻色聲重]

82) 인진오령산(茵陳五笭散) - 祛濕劑 (利水滲濕)

인진호가루(茵陳蒿) 8g · 오령산가루(五 散) 4g를 혼합하여 사용

出典: 金匱要略 - (黃疸病門) [黃疸病, 茵蔯五 散主之.]

83) 자감초탕, 구감초탕(炙甘艸湯) - 補益劑 (補血劑)

자감초(炙甘艸) 8.0 · 생강(生薑) 6.0 · 맥문동(麥門蘗) 10.0 · 계지(桂枝) 6.0 · 마자인(麻子仁) 8.0 · 인삼(人蔘) 4.0 · 생지황(生地黃) 32.0 · 대추(大棗) 10.0

出典: 1. 傷寒論 - (太陽病下編) [傷寒, 脈結代, 心動悸, 炙甘艸湯主之.], 2. 金匱要略 - (虛勞病門) [韆金翼炙

甘艸湯(一雲復脈湯), 治虛勞不足, 汗出而悶, 脈結心悸, 行動如常, 不出百日, 危急者十一日死], (虛勞病門) [外臺炙甘艸湯, 治肺 涎唾多, 心中溫溫液液者.]

84) 자음강화탕(滋陰降火湯) - 補益劑 (補陰劑)

당귀(當歸) 8.0 · 작약(芍藥) 8.0 · 숙지황(熟地黃) 6.0 · 천문동(天門冬) 6.0 · 백출(白朮) 6.0 · 진피(陳皮) 4.0 · 황백(黃栢) 2.0 · 맥문동(麥門冬) 6.0 · 지모(知母) 2.0 · 감초(甘艸) 2.0 · 생지황(生地黃) 6.0 · 건지황(乾地黃) 4.0

出典; 萬病回春 - (虛勞門) [治陰虛火動, 發熱咳嗽, 吐痰喘急, 盜汗口乾, 此方與六味地黃丸相兼服之, 大補虛勞神效.]

85) 자음건비탕(滋陰建脾湯) - 補益劑 (氣血雙補劑)

백출(白朮) 4.5 · 진피(陳皮) 3.0 · 당귀(當歸) 3.0 · 백작약(白灼藥) 2.4 · 생지황(生地黃) 2.4 · 천궁(川芎) 2.4 · 반하(半夏) 2.1 · 백복령(白茯苓) 1.2 · 백복신(白茯神) 2.1 · 인삼(人蔘) 2.1 · 원지(遠誌) 2.1 · 맥문동(麥門冬) 2.1 · 감초(甘艸) 1.2

出典; 萬病回春 - 治氣血虛損 有痰. 作眩暈之僊劑也.

86) 저령탕(猪苓湯) - 거습제 (利水滲濕)

저령(猪苓) 6.0 · 복령(茯苓) 6.0 · 택사(澤瀉) 6.0 · 활석(滑石) 6.0 · 아교(阿膠) 6.0

出典; 傷寒論 - (陽明病編) [若脈浮發熱, 渴慾飮水, 小便不利者, 猪 湯主之.], (陽明病編) [陽明病, 汗出多以渴者, 不可與猪 湯, 以汗多胃中燥, 猪 湯復利其小便故也.], (少陰病編) [少陰病, 下利六七日, 咳而嘔渴, 心煩不得眠者, 猪 湯主之.]

87) 조경종옥탕(調經鍾玉湯) - 活血祛瘀劑 (溫經散寒)

숙지황(熟黃) 4.5 · 향부자(香附子) 4.5 · 당귀(當歸) 3.0 · 천궁(川芎) 3.0 · 오수유(吳茱萸) 3.0 · 백작약(白芍藥) 2.4 · 백복령(白茯) 2.4 · 진피(陳皮) 2.4 · 건강(乾薑) 2.4 · 목단피(牧丹皮) 2.4 · 현호색(玄胡索) 2.4 · 애엽(艾葉) 1.5 · 육계(肉桂) 1.5

出典; 古今醫鑑 - [凡婦人無子, 多因七精所傷, 緻使血衰氣盛, 經水不足, 或前或後, 或多或蘇, 或色痰如水, 或者如血塊, 或崩漏帶下, 服疼痛, 或子宮虛冷, 不能受孕, 宜進此藥效可通神]

88) 지황음자(地黃飮子) - 治風劑 (補陽熄風)

숙지황(熟地黃) 3.0 · 파극(巴戟) 3.0 · 산수유(山茱萸) 3.0 · 육종용 3.0 · 석곡(石斛) 3.0 · 원지(遠誌) 3.0 · 오미자(五味子) 3.0 · 백복령(白茯苓) 3.0 · 맥문동(麥門冬) 3.0 · 포부자(暑附子) 1.5 · 육계(肉桂) 1.5 · 석창포(石菖蒲) 1.5 · 생강 3편, 대추 2편, 박하

出典; 宣明論方 - [治心神不交, 舌 足]

89) 진무탕, 현무탕(眞武湯) - 거습제 (溫化水濕)

복령(茯笭) 6.0 · 작약(芍藥) 6.0 · 생강(生薑) 6.0 · 백출(白朮) 4.0 · 포부자(暑附子) 2.0

出典; 傷寒論 - (少陰病門) [太陽病, 發汗, 汗出不解, 其人仍發熱, 心下悸, 頭眩, 身 動振振慾酸者 眞武湯主之.], (少陰病門) [少陰病, 二, 三日不己, 至四, 五日腹痛, 小便不利, 四支沈重疼痛, 自下利者, 此爲有水氣, 其人或咳, 或小便利, 或下利, 或嘔者, 眞武湯主之.]

90) 청간해울탕(淸肝解鬱湯) - 癰瘍劑

인삼(人蔘) 4.5 · 패모(貝母) 4.5 · 복령(茯笭) 4.5 · 치자(梔子) 4.5 · 숙지황(熟地黃) 4.5 · 작약(芍藥) 4.5 · 목단피(牧丹皮) 4.5 · 백출(白朮) 4.5 · 당귀(當歸) 4.5 · 시호(柴胡) 2.4 · 천궁(川芎) 2.4 · 진피(陳皮) 2.4 · 감초(甘艸) 1.5

出典; 證治準繩 - 乳癰乳巖項[治肝經血虛風熱 或肝經鬱灬傷血 兩乳結覈 或爲腫潰不愈 凡肝膽經血氣不和之症 皆宜用此藥]

91) 청금강화탕(淸金降灬湯) - 거담제 (潤燥化痰)

진피(陳皮) 4.5 · 행인(杏仁) 4.5 · 반하(半夏) 3.0 · 적복령(白茯笭) 3.0 · 길경(桔梗) 3.0 · 패모(貝母) 3.0 · 전호(前胡) 3.0 · 황금(黃芩) 3.0 · 석고(石膏) 3.0 · 괄루인 3.0 · 지각(枳殼) 2.4 · 감초(甘艸) 0.9 · 생강 3편

出典; 古今醫鑑 - [瀉肺胃中之灬, 灬降則痰消咳止.]

92) 청상방풍탕(淸上防風湯) - 淸熱劑 (淸熱解毒)

방풍(防風) 1.5 · 형개(荊芥) 3.0 · 산치자(山梔子) 3.0 · 황련(黃連) 3.0 · 연교(連翹) 5.0 · 백지(白芷) 5.0 · 박하엽(薄荷葉) 3.0 · 지각(枳殼) 3.0 · 길경(桔梗) 5.0 · 천궁(川芎) 4.0 · 황금 (黃芩) 4.0 · 감초(甘艸) 0.5

出典; 萬病回春 - (捲下 麵病) [淸上焦灬. 治頭麵. 生瘡癬風熱之毒.]

93) 청서익기탕(淸暑益氣湯) - 祛暑劑

인삼(人蔘) 5.0 · 백출(白朮) 5.0 · 맥문동(麥門鼕) 6.0 · 당귀(當歸) 6.0 · 황기(黃耆) 6.0 · 진피(陳皮) 3.0 · 황백(黃栢) 3.0 · 감초(甘艸) 3.0

出典; 醫學六要

94) 청심연자음(淸心蓮子飮) - 補益劑 (補陽劑)

연육(蓮肉) 8.0 · 인삼(人參) 8.0 · 황기(黃耆) 6.0 · 복령(茯笭) 6.0 · 황금(黃芩) 4.0 · 차전자(車前子) 4.0 · 지골피(地骨皮) 4.0 · 감초(甘艸) 2.0 · 맥문동(麥門鼕) 4.0

出典; 和劑局方 - (痼冷門) [治心下畜積, 時常煩躁, 因而思慮, 勞力憂愁, 抑鬱昰緻, 小便白濁, 或有沙膜, 夜夢走洩, 遺瀝澁痛, 便赤如血, 或因酒色過度, 上盛下虛, 心灬炎上, 肺金受剋, 口舌乾燥, 漸成消渴, 睡臥不安, 四肢倦怠, 男子五淋, 婦人帶下赤白, 及病後氣不收斂, 陽浮於外, 五心煩熱,藥性溫平, 不冷不熱, 常服, 淸心養神, 祕精

補虛, 滋潤腸胃, 調順氣血.]

95) 평위산(平胃散) - 거습제 (芳香化濕, 運脾除濕)

창출(蒼朮) 6.0 · 진피(陳皮) 4.2 · 감초(甘艸) 1.8 · 후박(厚樸) 3.0

出典; 和劑局方 - 治一切氣[治脾胃不和, 不思飮食, 心腹脇肋, 脹滿自痛, 口苦無味, 胸滿短氣, 口惡心, 噫氣呑酸, 麵色萎黃, 肌體橡弱, 怠惰嗜臥, 體重節痛, 常多自利, 或發?亂, 及五 八, 膈氣反胃, 宜服之]

96) 형개연교탕(荊芥連翹湯) - 清熱劑 (清熱解毒)

당귀(當歸) 3.0 · 작약(芍藥) 3.0 · 천궁(川芎) 3.0 · 숙지황(熟地黃) 3.0 · 황련(黃連) 3.0 · 황금(黃芩) 3.0 · 황백(黃栢) 3.0 · 산치자(山梔子) 3.0 · 시호(柴胡) 4.0 · 연교(連翹) 3.0 · 방풍(防風) 3.0 · 박하엽(薄荷葉) 3.0 · 형개(荊芥) 3.0 · 감초(甘艸) 3.0 · 지각(枳殼) 3.0 · 백지(白芷) 5.0 · 길경(桔梗)5.0

出典; 一貫堂

97) 형방패독산(荊防敗毒散) - 解表劑 (濕熱毒)

강활(羌活) 3.0 · 독활(獨活) 3.0 · 시호(柴胡) 3.0 · 전호(前胡) 3.0 · 적복령(赤茯笭) 3.0 · 인삼(人蔘) 3.0 · 지각(枳殼) 3.0 · 길경(桔梗) 3.0 · 천궁(川芎) 3.0 · 형개(荊芥) 3.0 · 방풍(防風) 3.0 · 감초(甘艸) 1.5

出典; 攝生衆妙方 - 瘡門 [治瘡腫初起]

98) 황련아교탕(黃連阿膠湯) - 清熱劑 (清瀉肝膽)

황련(黃連) 8.0 · 황금(黃芩) 4.0 · 작약(芍藥) 4.0 · 아교(阿膠) 3.0 · 난황 1개(아교,난황외 3가지를 물 600cc로 달여 거른 후 아교를 넣어 용해시켜 식어면 난황 1개를 넣고 잘 저어 2번 나누어 복용

出典; 傷寒論 - (少陰病) [少陰病, 得之二三日以上, 心中煩, 不得臥, 黃連阿膠湯主之.]

99) 황련해독탕(黃連解毒湯) - 清熱劑 (清熱解毒)

황련(黃連) 2.0 · 황백(黃栢) 5.0 · 황금(黃芩) 5.0 · 산치자(山梔子) 5.0

出典; 外臺祕要 - (劵一 崔氏方) [又前軍督護劉車者, 得時疾三日已汗解, 因飮酒復劇, 苦煩悶乾丘, 口燥呻吟, 錯語不得臥, 餘思作此黃連解毒湯方.]

제 II 편

약용식물자원 각론

차례

1. 가자(訶子)

학명 : *Terminalia chebula, T. chebula var. tomentella*

이명 : 가려늑(訶黎勒), 가리늑(訶梨勒), Chebulae fructus

기원 : 사군자과 낙엽교목인 가자의 성숙한 과실을 건조한 것

1. 생물특성·분포

인도, 말레이, 중국남부에 자생, 사군자과에 속하는 낙엽교목, 높이는 25m, 새가지는 황갈색, 갈색 털이 있고, 잎은 어긋나며 두껍다. 꽃은 양성의 황록색, 가지 끝에 원추화서, 꽃받침은 끝이 5개로 갈라짐, 수술 10개, 열매는 핵과로 난형,

2. 주요물질·성분

Chebulinic acid, Tannic acid, Gallic acid, Myrobalan (과즙, 불쾌한 냄새)

3. 약리효능·효과

수렴작용, 적리균과 포도상구균 억균작용, 만성설사, 탈항, 대하, 유정, 소변을 자주 보는데 사용

4. 채집가공·활용

가을에 과실을 채취하여 건조, 생용, 밀가루로 싸서 잿불로 건조, 술에 담구어 쪄서 과육만 약한 불에 건조

2. 감송향(甘松香)

학명 : *Nardostachys chinensis, N. jatamansi*

이명 : 감송(甘松), 향송(香松), Nardostachytis rhizoma

기원 : 송향과 관엽 감송의 뿌리와 근경

1. 생물특성·분포

다년생초본 크기는 10-35cm, 근경은 짧고, 강한 향이 있음. 화경은 25~35cm, 잎은 피침형, 화서는 장난형, 화분은 홍색이고 기부에 화포가 2개 있다. 화악 5개로 작은 통상, 수과 도난형로 길이 3mm, 개화기는 8월.

2. 주요물질·성분

Aristolene, Arachidic-acid, Nardosinone, Patchouli-alcohol, Valeranal, Valeranone 등

3. 약리효능·효과

진정작용, 소화기의 운동을 촉진, 진통작용, 적용 : 위통, 두통, 흉복부의 불쾌감을 다스림.

4. 채집가공·활용

봄과 가을에 채취하여 뿌리와 근경을 봄과 가을에 채취하여 건조 함. 한국에서는 감송, 중국에서는 감송, 시엽감송(N. jatamansi)의 뿌리줄기 및 뿌리를 사용한다.

3. 감국(甘菊)

학명 : *Chrysanthemum indicum, C. morifolium*

이명 : 진국(眞菊), 금정(金精), 절화(節華), Chrysanthemi indici flos

기원 : 국화과 감국 및 국화의 두상화서

1. 생물특성·분포

감국은 높이는 1-1.5m. 줄기는 곧고 잎은 어긋난다. 꽃은 9-10월에 노란색으로 피며, 두화의 지름 은 1.5㎝이다. 열매는 수과로 길이1㎜이다. 총포의 바깥면은 녹갈색-갈색을 띤다.

2. 주요물질·성분

Adenine, stachydrine, choline, 정유(精油)

3. 약리효능·효과

눈의 정혈, 해열 효과, 폐렴, 기관지염, 두통, 어깨결림, 혈압상승 등

4. 채집가공·활용

서리 내리기 전 개화한 꽃을 채취하여 음건, 홍건, 유황 훈증, 증건(蒸乾) 함

4. 감수(甘遂)

학명 : *Euphorbia kansui*
이명 : 주전(主田), 감택(甘澤), 고택(苦澤), Euphorbiae kansui radix
기원 : 대극과 다년생 초본인 감수 (한국은 개감수)의 뿌리
1. 생물특성·분포
높이 25-40㎜, 유즙이 나옴, 둥근 뿌리줄기, 잎은 어긋남, 꽃은 6-9월에 피며, 잔모양의 취산화서 5-9개 줄기가 있음, 꽃은 단성, 꽃잎과 꽃받침이 없고, 수술은 1개, 자방은 3개, 열매는 둥근 삭과
2. 주요물질·성분
괴근에 Kansuinin A와 B(독성분), α-, γ-Euphorbol, Tirucallol (Triterpenoid, Euphol, Kauzuiol)
3. 약리효능·효과
이뇨작용, 배변작용, 독작용, 변비, 오줌을 잘 누게 하고 담을 삭이는 효능, 변비, 종양 치료
4. 채집가공·활용
봄이나 늦가을에 채취하여 그늘에 말리거나 식초에 볶아서 사용

5. 감초(甘草)

학명 : *Glycyrrhiza uralensis, G. inflata*
이명 : 국로(國老), 미초(美草), 밀감(蜜甘), 첨초(甛草), Glycyrrhizae radix
기원 : 콩과 다년생 초본인 감초의 뿌리
1. 생물특성·분포
높이는 1m. 꽃은 7-8월에 연한 자색으로 피고, 총상화서는액생하고, 꽃받침은 종모양, 5개로 갈라짐, 수술은 2개, 꼬투리는 편평한 선형 길이 3-4m, 너비 8㎜ 임.
2. 주요물질·성분
Glycyrrhizin, Liquiritigenin, Glucose, Mannitol, Malic acid, Asparagine 등
3. 약리효능·효과
해독, 강심, 간보호, 항염증, 항궤양, 진정, 항알레르기, 억균, 항암, 콜레스테롤배설, 위산도 저하, 기침과 가래를 삭힘, 온갖 약의 독을 풀어주며 한약재의 강한 약성을 완화, 상호 조화에 보조약
4. 채집가공·활용
중국의 내몽고, 감숙과 몽고 등지에서 자생 또는 재배하며 봄과 가을에 채취하여 양건 혹은 인공건조,

6. 강활(羌活)

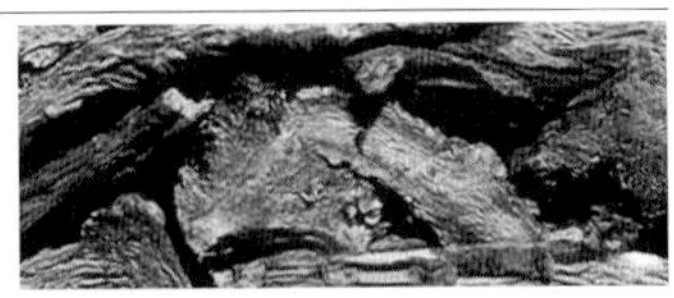

학명 : *Ostericum Koreanum, Notopterygium incisum, N, forbesil*
이명 : 강청(羌靑), 호강사자(護羌使者), Osterici koreani radix
기원 : 강활의 뿌리줄기를 건조한 것, 한국에서는 강호리 뿌리
1. 생물특성·분포
높이 2m. 줄기는 곧게 서고, 잎은 어긋나고, 2회 3출 깃꼴 겹잎이다. 꽃은 8-9월에 흰색으로 피며, 총포 1-2개로 바늘 모양이고, 소총포는 6개 정도로서 선형 이며, 열매는 타원형으로 날개가 있다.
2. 주요물질·성분
강활뿌리는 Limonene, o-Cresol, α-Pinene 등 정유성분과 Isoimperatorin, Oxypeucedanin, Osthol 등 쿠마린(Coumarin)계 화합물을 함유
3. 약리효능·효과
관절통, 근육경련, 또는 마비증상, 어깨 목 등이 아플 때 효과가 있다.
4. 채집가공·활용
봄, 가을에 채취하여 미화 홍건하거나 햇볕에 말림, 과량 복용시 구토가 발생될 수 있음

7 강황(薑黃)

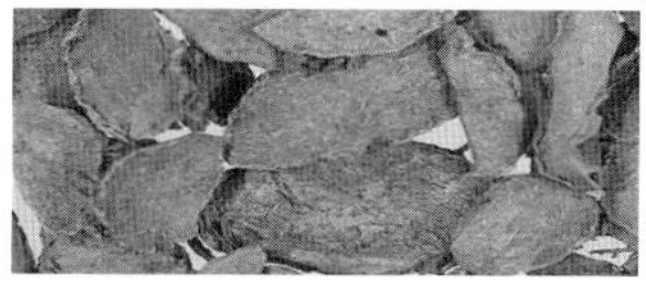

학명 : *Curcuma aromatica, C. longa*

이명 : 황강(黃薑), 편자강황, 모강황(毛薑黃), Curcumae longae rhizoma

기원 : 생강과 다년생 초본인 강황의 뿌리줄기

1. 생물특성·분포

동남아에 서식, 뿌리는 굵고 크며, 끝에 비대한 방추형 뿌리줄기가 달림, 잎은 2줄로 배열 하며, 긴 타원형, 수상화서는 원주상으로 길이는 12-15㎝, 포편은 난형으로 3-5㎝ 백록색에서 끝은 적색, 꽃받침 길이는 8-9㎜, 화관통 위는 깔때기 모양으로 흰색이며, 중앙은 노란색, 열매 삭과로서 구형

2. 주요물질·성분

Curcumin, Turmerone, Arturmerone, Zingiberene 등

3. 약리효능·효과

간해독, 진통, 자궁수축, 억균, 혈액순환, 자궁수축, 위염, 소화불량, 간염, 황달, 상처나 염증, 월경불순,

4. 채집가공·활용

가을, 겨울에 채취하여 쪄서 햇볕에 말림, 염색약, 각종 요리 향신료, 조미료로 사용, 노란색 카레라이스 재료

8. 가자(茄子)

학명 : Solanum melongena

이명 : 가(茄), 과채, 왜과, 조채자, Eggplant fruit

기원 : 가지과 가지의 열매

1. 생물특성·분포

1년생 초본으로 높이 60-100㎝로 전체에 성모(星毛)가 있고 줄기는 곧게 자라며 간혹 가시가 있다. 꽃은 보랏빛, 6-9월에 피며 마디 사이의 중앙에 소수의 꽃이 달린다. 열매는 9-10월에 익으며 대부분 검은빛을 띤다.

2. 주요물질·성분

Tannin, PUFA, Pectin, MUFA, Glycoalkaloids, 나스닌(Nasnin 자색), 히아신(Hyacin 황갈색)

3. 약리효능·효과

관장(寬腸), 산혈(散血), 소종(消腫), 지통(止痛), 통증(痛症), 대장출혈, 종기출혈, 피부궤양, 구강내 염증,

4. 채집가공·활용

남부지방을 비롯한 전국에 분포. 가을에 채취하여 생용, 혹은 햇빛에 말려 사용

9. 건강(乾薑)

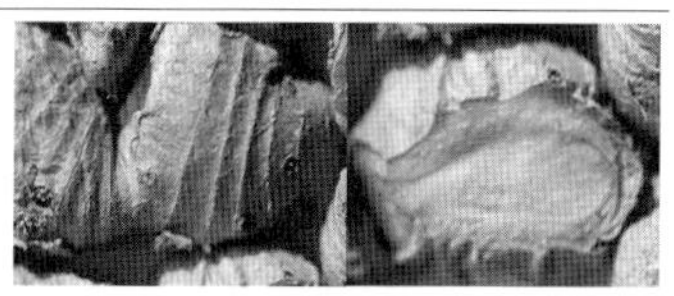

학명 : *Zingiber officinale*

이명 : 건생강, 백강(白薑), 균강(均薑) Zingiberis rhizoma

기원 : 생강과 생강의 뿌리줄기를 건조한 것

1. 생물특성·분포

동남아시아 원산, 높이 30-50㎝. 뿌리줄기는 굵은 육질이고, 연한 황색, 매운 맛, 잎은 바늘 모양, 원산지에서는 꽃대가 나오며, 길이가 20-25㎝ 꽃은 8-9월에 노란색으로 핀다. 뿌리줄기는 난형 또는 긴 난형이다.

2. 주요물질·성분

정유 성분으로 Zingiberene, Zingiberone, Phellandrene, Camphene 등, 매운맛으로 Gingerol, Shogaol, Asparagin, Pipecolic Acid, Asparagin Acid 등

3. 약리효능·효과

해열, 진통, 혈액순환, 생리통완화, 항균작용, 종양억제, 소화, 거담, 손발이 찬 데, 기침, 감기 등

4. 채집가공·활용

여름과 가을에 채취하여 물에 씻어 햇볕에 말려 사용, 생용으로 식용하는 경우 움 저장

10. 옻나무진

학명 : *Rhus trichocarpa, R. verniciflua*

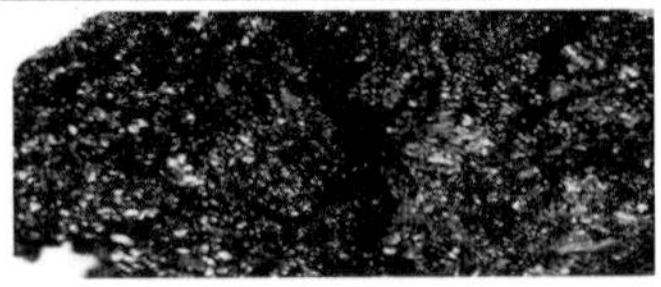

이명 : 건칠(乾漆), 흑건칠(黑乾漆), 마른옻, Lacca sinica exsiccata

기원 : 옻나무과 옻나무의 수지를 말린 것

1. 생물특성·분포

높이 20m. 꽃은 6월에 황록색, 5개씩의 꽃받침잎과 꽃잎, 열매는 납작한 구형, 지름은 6-8mm로서 연한 노란색이고, 털이 없고 윤채가 있음. 약재는 크기가 고르지 않은 덩어리로 외피는 흑갈색이고 부서진 면은 진한 갈색의 광택

2. 주요물질·성분

Urushiol(80%), Hydrourushiol, 소량의 고무질, Laccase에 이한 공기중에 산소를 흡수하여 검은 수지상,

3. 약리효능·효과

방부작용, 혈액촉진, 어혈제거, 구충작용, 소화, 어혈과 염증, 신경통, 관절염, 위장병, 간병, 늑막염, 월경불순, 월경통, 자궁의 종양, 골수염, 갖가지 암 치료

4. 채집가공·활용

여름에 옻나무 껍질에 상처를 내어 "생칠"을 채취, 건칠을 작은 덩어리로 용기에 밀봉 후 가열하여 구워서 사용,

11. 가시연(꽃)밥

학명 : *Euryale ferox*

이명 : 검실(芡實), 가시연밥검인(芡仁), Euryales semen

기원 : 수련과 일년생 수생 초본인 가시연의 성숙한 종인

1. 생물특성·분포

가시연꽃의 뿌리 줄기는 짧으며, 잎은 뿌리줄기에서 나와 물 위에 떠 있는데 앞면이 주름이 지고 가시가 있다. 꽃은 7-8월에 자주색으로 피고, 꽃받침 조각은 4개, 꽃잎은 많고 넓은 바늘 모양, 둥근 열매와 종자가 있다.

2. 주요물질·성분

전분, Protein, Fat, Saccharides, Vit. B2, Vit. C 및 Saponin인 3-O-β-D-Glucopyranosyl-24-ethylcholesta-5,22-dien-3-β-ol, 3-O-β-D-Glucopyranosyl-24-methyl cholest-5-en-3-ol 등

3. 약리효능·효과

설사, 유정(流精), 요통, 무릅관절통, 백탁(소변이 뿌옇게 나오는 것) 등

4. 채집가공·활용

가을에 과실을 탈피 햇볕에 말리거나 밀기울에 볶는다. 치질, 산후 헛배가 부를 때는 쓰지 않는다.

12. 계관화(鷄冠花)

학명 : *Celosia cristata*

이명 : 맨드래미, 계관(鷄冠), 계두(鷄頭), Celosiae flus

기원 : 비름과 맨드라미의 꽃

1. 생물특성·분포

맨드라미는 높이 90cm, 줄기는 곧게 서고 잎은 어긋남, 꽃은 7-8월에 붉은색, 노란색 및 흰색, 열매는 달걀모양이며 꽃받침으로 싸여 있고 3~5개씩의 검은 종자가 나온다.

2. 주요물질·성분

α-Spinasterol, Amaranthin, Astersaonin, Friedelin, Shionone, Succinic acid, Epifriedelinol

3. 약리효능·효과

피를 맑게 하고 지혈효능(씨앗), 치질이나 대소변 출혈, 적백대하증, 피부습진, 씨앗은 변혈, 설사

4. 채집가공·활용

동인도가 원산지이며 개화시 꽃대롸 함께 채취하여 그늘에 말려 사용한다.

13. 결명자(決明子)

학명 : *Casssia tora*

이명 : 결명자(決明子), 결명씨, 초결명(草決明), 결명초, Cassiae semen

기원 : 콩과 긴강남차의 성숙한 종자

1. 생물특성·분포

높이 1m. 꽃은 6-8월에 노란색으로 피며, 꼬투리는 길이 15㎝로 활처럼 굽고, 네모진 종자가 한 줄로 배열되어 있다. 결명자는 짧은 원기둥 모양이며 길이 3-6㎜, 지름 2-3.5㎜이고 한쪽 끝은 뾰족하고 다른 한쪽 끝은 매끈하다. 양쪽의 옆에 황갈색의 넓은 세로줄 및 띠가 있고 질은 단단하다.

2. 주요물질·성분

Homogentisic acid, 3,4-Dihydroxybenzaldehyde, Ephedrine, Starch, Phytosterols, Mucin

3. 약리효능·효과

대장연동운동, 통변작용, 시력감퇴, 야맹증, 두통, 어지럼증, 변비,

4. 채집가공·활용

가을에 성숙한 과실을 따서 과각을 제거하고 종자를 골라서 햇볕에 말리고, 볶아서 사용한다.

14. 계지(桂枝)

학명 : *Cinnamomum cassia, C. loureiri, C. zeylanicum*

이명 : 계피나무, 유계(柳桂), Cinnamomi ramulus

기원 : 녹나무과 육계나무의 수피를 건조한 것

1. 생물특성·분포

줄기껍질은 매끄운 회갈색을 띠며, 잎은 어긋나며 3개의 뚜렷한 주맥이 있다. 꽃은 5-7월에 원추화서로 황록색의 꽃이 달린다. 열매는 장과로 9-10월에 암갈색으로 익는다.

2. 주요물질·성분

주성분은 계피유, 정유에느 Cinnamic aldehyde, Camphene, Cineol, Linalool, Eugenol 등

3. 약리효능·효과

발한작용, 해열작용, 진통작용, 강심작용, 항알레르기작용, 항바이러스작용, 억균작용 등

4. 채집가공·활용

여름부터 가을 사이에 껍질은 벗기고 그늘에서 말린다.

15. 계혈등(鷄血藤)

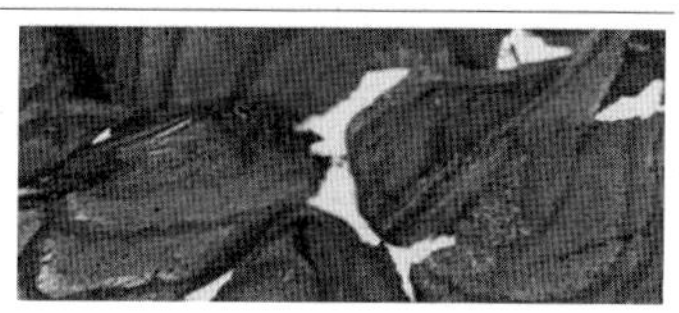

학명 : *Spatholobus suberectus*

이명 : 밀화두, 혈풍등(血風藤), Spatholobi caulis

기원 : 콩과 밀화두, 흰담장에제비, 개파두덩굴, 산계혈등의 잔가지

1. 생물특성·분포

오래 된 줄기는 편구형이고, 절단을 하면 적색 즙이 남. 잎은 어긋나며 난형, 꽃은 원추화서, 꽃의 길이는 약 1㎝. 꽃받침은 통모양, 꽃잎은 나비모양이고 흰색. 열매는 협과로서 선모가 밀생,

2. 주요물질·성분

Suberectin, Daidzein, Calycosin, Formononetin, Pyromucic acid, Benzenetriol, β-Sitosterol

3. 약리효능·효과

혈액 순환을 원활, 어혈을 풀고 월경 및 생리통 등

4. 채집가공·활용

가을에 채취하여 양건, 월경과다, 임산부에게는 금한다.

16. 나팔꽃 씨앗

학명 : *Pharbitis nil, P. purpurea*
이명 : 견우자(牽牛子), 견우(牽牛), 나팔꽃씨, Pharbitdis semen
기원 : 메꽃과 나팔꽃 및 둥근잎나팔꽃의 성숙한 종자
1. 생물특성·분포
꽃은 7-8월에 홍자, 흰, 적색, 액생하며 꽃대가 1-3개 달림. 종자인 견우자는 구슬을 세로로 4-6등분한 모양을 하고 길이 6-8㎜, 너비 3-5㎜로 바깥면은 흑색-회적갈색 또는 회백색이며 매끈하거나 약간 오무라져 있다.
2. 주요물질·성분
Pharbitin, Pharbitic acid, Gallic acid, Nilic acid가 함유되어 있고, 구성 성분은 Gibberellenic acid, Gibberellin, Isogibberellic acid, Glucosylgibberellin, Peonidin, Pharbitic acid
3. 약리효능·효과
변비, 배뇨, 복수가 찬데 씀, 과량복용하면 혈뇨증, 복통, 설사, 파두유와 함께 복용하지 않음
4. 채집가공·활용
가을에 완숙종자을 채취하여 햇볕에 말린다. 술에 버무려 6시간을 찌거나 볶아 익혀서 쓴다.

17. 고량강(高良薑)

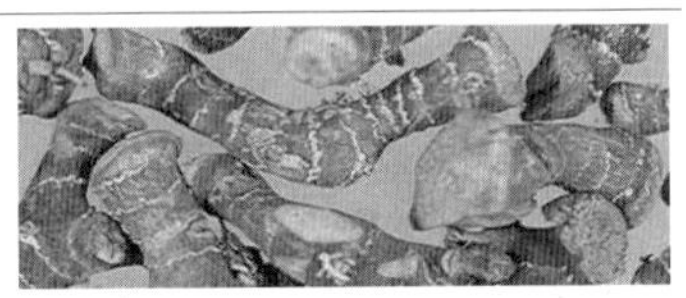

학명 : *Alpinia officinarum*
이명 : 양강(良薑), 신강(身薑), Alpiniae officinarum rhizoma
기원 : 생강과 다년생 초본인 고량강의 뿌리줄기
1. 생물특성·분포
뿌리줄기는 옆으로 뻗고 자홍색을 띠며, 마디가 많다. 잎은 2줄로 배열되며, 꽃은 봄에서 여름에 걸쳐 줄기 끝에 원추화서로 핀다. 꽃은 연한 붉은색으로 밀집되어 있다. 삭과는 육질로 둥글며, 익으면 귤홍색
2. 주요물질·성분
정유(Volatile Oil), Resin, Galangol, Kaempferid, Galangin, Alpinin, Starch 등이 있고, 정유의 중요성분은 Cineole, Cinnamic Acid, Methyl Ester 등
3. 약리효능·효과
비위를 따뜻하게 하며 설사, 구토 등에 사용한다.
4. 채집가공·활용
늦 여름~초가을에 4~6년 근경을 채취하여 햇볕에 말리거나 썰어서 기름에 볶아 쓴다.

18 멀구슬나무 껍질

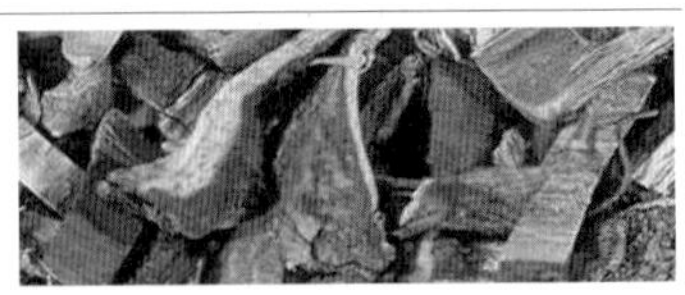

학명 : *Melia azedarach var. haponica, M. toosendan*
이명 : 고련피(苦楝皮), 연근목피(楝根木皮), Meliae cortex
기원 : 참멀구슬나무 및 멀구슬나무의 뿌리껍질
1. 생물특성·분포
높이 15m. 잎은 어긋나고, 2-3회 홀수 깃꼴겹잎. 꽃은 5월에 피고, 잎겨드랑이에 원추화서로 달리며, 연한 자줏빛이다. 열매는 난원형, 지름 1.5㎝로 9월에 노란색으로 익는다.
2. 주요물질·성분
고련피(苦련皮)-Toosendanin, Nimborin A.B, Fraxinellone, Kulinone 등
3. 약리효능·효과
구충작용, 요독증이나 옴 창양등에 사용한다.
4. 채집가공·활용
약재는 봄, 여름에 채취하여 햇볕에 말려 사용한다.

19. 고본(藁本)

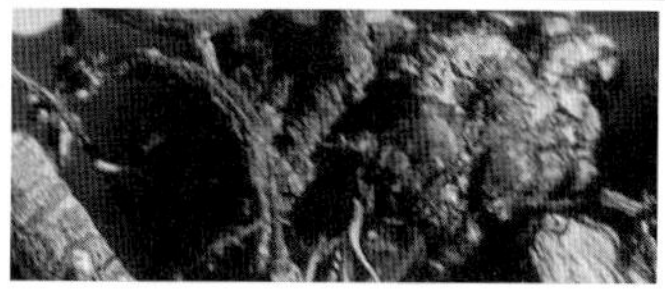

학명 : Angelica tenuissima, Ligusticum sinense, L. jeholense
이명 : 미경(微莖), 지신(地新), Ligustici rhizoma
기원 : 미나리과 다년생 초본인 고본의 뿌리줄기

1. 생물특성·분포

높이 30-80m. 줄기는 곧게 서고, 가지가 많이 갈라지며, 잎은 어긋난다. 꽃은 8-9월에 피고, 원줄기 끝과 가지 끝에 달리며, 꽃잎은 5개고 흰색이다. 열매는 분과로 편평한 타원형이다.

2. 주요물질·성분

Angelic acid, 고미질(a bitter extractive), resins 등이고 Butylphthalide, Cnidilide, Ligustilide, Methyleugenol, 5-Methyl-6-(2'-propenyl)benzodioxole, Myristicin, Neocnidilide 등

3. 약리효능·효과

진통효과가 있으며 사지관절의 통증, 복통, 두통에 좋다.

4. 채집가공·활용

봄, 가을에 채취하여 햇볕에 말려 사용. 열로 인한 두통에는 금한다.

20. 너삼

학명 : *Sophora flavescens, Echinosophora koreensis*
이명 : 고삼(苦蔘), 수괴(水槐), 지괴(地塊), 고골(苦骨), Sophorae radix
기원 : 콩과 다년생 초본인 도둑놈의 지팡이의 뿌리

1. 생물특성·분포

동아시아, 시베리아에 분포, 크기 0.8-1m, 잎은 홀수깃꼴겹잎으로 작은잎은 15-40개, 가지끝에 20㎝ 정도의 연한 노란색 총상화서로 핌, 꽃은 15-18㎜, 꽃받침은 통형, 끝이 5개로 얕게 갈라짐, 열매는 협과로 염주모양.

2. 주요물질·성분

Matrine, Oxymatrine, Xanthohumol, Isoxanthohumo, Noranhydroicaritin, Kurarinone이 함유

3. 약리효능·효과

강심, 이뇨, 건위, 자궁수축, 항궤양, 억균, 살충, 이질, 소변불리, 황달, 음부 소양증, 대하, 습진, 옴 등

4. 채집가공·활용

봄, 가을에 채취하여 햇볕에 말려 그대로 쓰거나 술에 볶는다.

21. 겨우살이

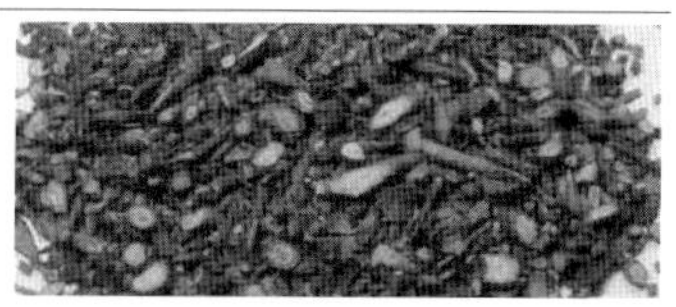

학명 : *Viscum coloratum*
이명 : 곡기생(槲寄生), 북기생(北寄生), 유기생(柳寄生), Visci Herba
기원 : 겨우사리의 잎이 달린 줄기를 말린 것.

1. 생물특성·분포

잎은 가지끝에 대생, 두꺼운 피침형이며 길이는 3-6cm, 폭은 6-12mm로서 둔두원저, 엽병은 없고 짙은 녹색, 열매는 10-12월에 익으며 반투명의 액과로 되며 과육은 점성이 강함.

2. 주요물질·성분

Oleanolic acid, β-Amyrin, Meso-inositol, Flavonoid, Lupeol, β-Sitosterol Viscoside A, Viscumneoside I-VII, Flavonoid 배당체, 상기생(桑寄生)에는 Quercetin, Avicularin 함유

3. 약리효능·효과

자궁수축작용, 혈압강하작용, 지혈작용, 강근골(强筋骨), 팔다리, 허리나 무릎이 아픈데, 중풍, 마비

4. 채집가공·활용

겨울부터 봄 사이에 채취하여 그늘이나 햇볕에 말린다.

22. 다시마(多侍麻)

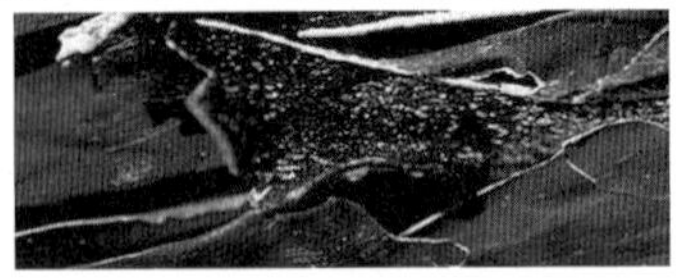

학명 : *Laminaria japonica*
이명 : 곤포(昆布), 해곤포(海昆布), 윤포(綸布), Liminariae thallus
기원 : 다시마과 두해살이 바닷나물인 다시마의 엽상체
1. 생물특성·분포
편평한 띠 모양으로서 길이 2-5m, 너비 10-50㎝, 두께 1-3㎜이다. 바깥면은 남갈색-흑갈색을 띠고 중앙부는 두껍고, 가장자리는 얇고 파상, 바깥면은 흰가루가 덮혀 있다. 냄새가 조금 비리고 맛을 짜다.
2. 주요물질·성분
Algin, Alginic acid, Laminin, Laminarin, Fucoidin, Glutamic acid, 아미노산, Mannit, Idone, Mannitol, 요오드, 칼슘, 칼륨, 나트륨, 마그네슘 등 각종 미네랄을 풍부.
3. 약리효능·효과
체질개선, 혈액순환촉진, 대사기능개선 및 조절, 강장, 갑상선기능조절, 혈압강하, 동맥경화방지, 항암, 방사성물질배설촉진, 혈액응고지연 등의 효능
4. 채집가공·활용
봄 또는 여름에 엽상체를 뜯어 잡질을 제거하고 물에 씻은 다음 햇볕에 말린다.

23. 관동화(款冬花)

학명 : Tussilago farfara
이명 : 관동(款冬), 동화(冬花), 봉즙채, 봉두채, Farfarae Flos
기원 : 국화과 관동의 꽃봉오리, 한국에서는 머위의 꽃봉오리를 대용
1. 생물특성·분포
꽃봉오리가 꽃대 끝에 달려있고, 꽃대에는 넓은 엷은 난형의 자색의 비늘잎이 붙어 있고, 끝이 뾰족하며 약 20매의 삼각형 포편이 있다. 내면은 백색의 솜털이 있다. 꽃대를 절단하면 특이한 향기과 맛은 쓰다.
2. 주요물질·성분
Faradiol, Rutin, Triterpenoid Saponin, Hyperin 정유 등
3. 약리효능·효과
기침, 가래, 인후염, 토혈에 사용한다.
4. 채집가공·활용
겨울에 채취하여 생용 혹은 꿀에 굽는다. 이른봄에 꽃봉오리를 따서 말려 사용한다.

24. 회화나무 열매

학명 : Sophora japonica
이명 : 괴각자(槐角子), 괴각(槐殼), 괴실(槐實), Sophorae fructus
기원 : 콩과 회화나무의 열매와 꼬투리를 건조한 것
1. 생물특성·분포
높이 15-20m. 꽃은 8월, 황백색의 길이 12-15㎜로 가지끝에 원추화서로 핌, 꽃받침 길이 3-4㎜로 둔한 5개의 톱니, 꼬투리는 잘록하고 길이는 5-8㎝로서 약간 육질이다. 열매는 10월에 익는다.
2. 주요물질·성분
과실에 9종의 Flavonoid와 Isoflavonoid가 함유, 어린 과실에는 Rutin이 48%나 함유
3. 약리효능·효과
대소변에 피가 나오는 것과 두통, 어지럼증을 다스린다
4. 채집가공·활용
여름철에 채취하여 생용하거나 혹은 까맣게 볶는다. 임산부는 신중히 응용해야 한다.

25. 회화나무 꽃

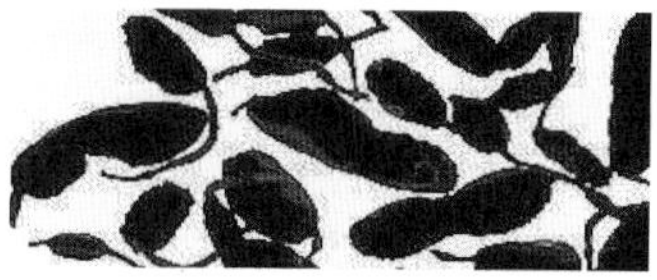

학명 : *Sophora japonica*
이명 : 회화나무, 괴화(槐花), 괴미, 괴화미, 홰나무꽃, Sophorae Flos
기원 : 콩과 회화나무의 꽃봉오리
1. 생물특성·분포
30. 괴각자(槐角子)과 동일
2. 주요물질·성분
rutin, sophoradiol, soporin 등이 주성분이다.
3. 약리효능·효과
장출혈, 자궁출혈, 토혈, 코피, 혈변, 눈충혈, 고혈압병, 동맥경화증, 중풍, 뇌일혈 등
4. 채집가공·활용
여름철에 채취하여 생용하거나 혹은 까맣게 볶는다.

26. 넉줄고사리

학명 : *Drynaria fortunei*
이명 : 골쇄보(骨碎補), 괵궐, 석모강(石毛薑), Drynariae rhizoma
기원 : 넉줄고사리의 뿌리줄기,
1. 생물특성·분포
넉줄고사리는 산지의 바위나 나무껍질에 자생, 뿌리줄기는 길게 뻗고 잎이 드문게 달리고 비늘조각 으로 줄모양의 바소꼴로 회갈색 막질이다. 잎자루는 길이가 5~15cm이고, 뿌리줄기 마디에서 나옴, 잎몸은 세모진 달걀 모양이고 길이가 10~20cm, 폭이 8~15cm이며 3~4회 깃꼴로 깊게 갈라진다.
2. 주요물질·성분
뿌리줄기에 전분 16.4%, 포도당 5.37%, naringin, davillic acid, hesperidin 등, 지상부 davillic acid, fern-9(11)-ene, hop-22(29)-ene, neohop-12-ene 등이 함유
3. 약리효능·효과
허리 통증, 오랜 설사, 귀울음, 타박상, 팔 다리 저림, 골절 등에 사용한다.
4. 채집가공·활용
겨울~봄에 채취하여 말리거나 쪄서 햇볕에 말려 사용한다. 검게 볶아 분말로 치질출혈에 사용

27. 참외꼭지

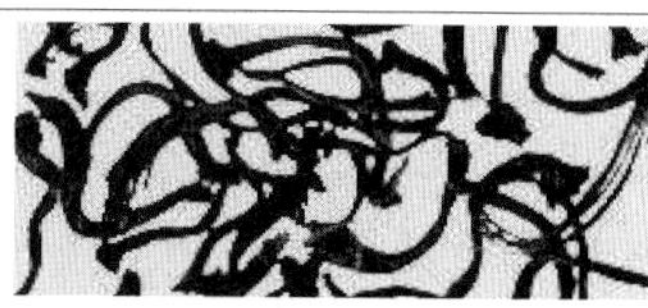

학명 : *Cucumis melo*
이명 : 과체(瓜蔕), 첨과체(甛瓜蔕), 향과체, Melonis calyx
기원 : 참외 및 동속동종식물의 덜 익은 열매꼭지.
1. 생물특성·분포
덩굴성 일년초로서 원줄기는 길게 옆으로 벋으며 덩굴손이 있다. 잎은 호생하고 가장자리에 톱니가 있다. 꽃은 일가화로서 6~7월에 황색, 열매는 황록색, 단맛, 타원형이나 품종에 따라 모양과 색이 다름
2. 주요물질·성분
수분 91%, 당질 6.4%를 함유하며 Adenosine, β-Amyrin, Dehydrochondrillasterol, Cylindrin, Elaterin(Melotoxin), Dietylsebacate(향기성분), 꼭지에 Cucurbitacin(쓴맛성분)이 있다.
3. 약리효능·효과
담이 체한 것을 토하게 만들고 갈아서 코에 불어 넣으면 습열을 제거한다.
4. 채집가공·활용
열매의 꼭지를 도려 내여 햇볕에 말리고, 가루를 내어 코에 불어넣는 방법으로 사용하기도 한다.

28. 하늘타리씨

학명 : *Trichosanthes kirilowii*
이명 : 과루인(瓜蔞仁), 하늘타리, 과루인(瓜蔞仁), Platycodi radix
기원 : 박과 다년생 하늘타리의 성숙한 과실의 종자

1. 생물특성·분포

잎은 어긋나고 손바닥처럼 5-7개로 갈라짐. 꽃은 암수 딴 그루로서 7-8월에 핀다. 열매는 둥글고, 지름 7㎝정도로서 오렌지색으로 익으며, 많은 회갈색의 종자가 들어있다.

2. 주요물질·성분

뿌리에 녹말, Stigmasterol, β-Sitostanol, Saponin, 염기성단백질인 Trichosanthin, 천화분에 Trichosanthin이고, 열매에 Trichosanic acid, Triterpene, 아미노산, 유기산, 수지, 당류, 색소 등, 씨(과루인)에는 기름 26%(불포화지방산 67%, 포화지방산 30%), 잎에 Luteolin, 열매 껍질에 붉은 색소는 Carotene과 Lycopene이 있다.

3. 약리효능·효과

거담, 진해, 변통 작용, 가슴이 답답하고 결리는데, 소갈, 황달, 변비 등에 사용한다.

4. 채집가공·활용

가을철 성숙 과실을 채취하여 말려서 사용하거나 약한 불에 볶아서 사용한다.

29. 구기자(枸杞子)

학명 : *Lycium chinense, L. barbatum*
이명 : 구기자(苟起子), 첨채자(甛菜子), 생약명 : Lycii fructus
기원 : 가지과 구기자나무의 성숙한 과실

1. 생물특성·분포

낙엽관목으로 원줄기는 비스듬히 자람, 소지는 황회색이고 털이 없음, 잎은 호생이나 총생하며, 중앙이 넓은 난형이나 난상피침형의 길이는 3-8cm, 꽃은 6-9월에 1-4개씩 액생 함, 열매는 길이 1.5-2.5cm로서 난상원형 또는 긴 타원형으로 8-10월에 익는다.

2. 주요물질·성분

4-α,14-α,24-Trimethylcholesta-8,24-dien-3-ol, 4-α,24-Dimethylcholesta-7,24-dien-3-ol, 4-α-Methylcholest-8-en-3-ol, 24-α-Methyllophenol, Aurantiamide acetate, β-Amyrin, βine, β-Sitosterol, Campesterol, Cholest-7-en-ol, Cholesterol, Choline, Cycloartanol, Cycloartenol, Cycloeucalenone, Dehydro-α-cyperone, 17-Deoxywithanone, 24-Ethylidenelophenol, Diosgenin, Eburicol, 24-Ethyllophenol, Gramisterol, 3-Hydroxy-7,8-dehydro-β-ionone, 20-Hydroxy-17-deoxywithanone, Isofucosterol, Kukoamine A, Kukoamine B, Lanost-8-en-3-β-ol, Lanosterol, Lophenol, Lupeol, Lyciumamide, Lyciumoside I-VII, Lyciumin A, Lyciumin B, Lyciumin C, Lyciumin D, 1-Methoxycarbonyl-β-carboline, 24-Methylene-cycloartanol, 24-Methyl-31-norlanost-9(11)-en-3-ol, N-9-Formylharman, Nicotianamine, 31-Nor-9-β-19-cycloanost-24-en-3-β-ol, 29-Norcycloartanol, 31-Norlanost-9(11)-enol, 31-Norlanost-8-en-3-ol, 31-Norlanosterol, Obtusifolin, Obtusifoliol, Perlolyrine, Scopoletin, Solavetivone, Stigmastane-3,6-dione(5α H), Stigmasterol, Sugiol, Vanillic acid, Withanolide A, Withanolide B

3. 약리효능·효과

정력강화, 거풍강골(祛風强骨), 장수(장복시), 불감증, 불임, 유정, 몽정, 대하증, 시력감퇴, 소변출혈

4. 채집가공·활용

충남 청양이 산지로 유명하고, 여름부터 가을에 채취하여 술로 찌거나 술에 넣고 씻음, 구기자 음료로 개발되어 판매되기도 하고, 각종 요리의 재료로 사용되기도 한다.

30. 관중(貫衆)

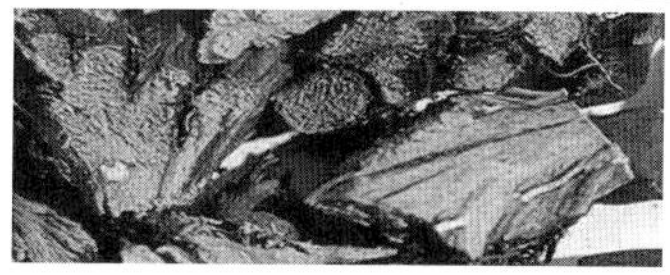

학명 : Dryopteris crassirhizoma
이명 : 면마(綿馬), 관중(貫中), Crassirhizomae rhizoma
기원 : 면마과 관중 및 청나래고사리, 고비과의 고비 등

1. 생물특성·분포

약재는 긴 원추형으로 둔원형, 하부는 약간 뾰족하고 구부러져 있으며 길이 10~20cm, 지름 5~8cm 정도 표면은 황갈-흑갈색, 횡단면은 갈색이며 유관속이 5~7개, 둥근 원을 형성하면서 배열되어 있다.

2. 주요물질·성분

Filmarone, Aspidin, Albaspidin, Aspidinol, Trisnorhopanone, Campesterol, Diplopterol, Dryocrassin, Dryocrassol, Dryocrassyl acetate, Fernene, Flavaspidic acid, Isoadiantone 등

3. 약리효능·효과

구충작용, 출혈증상, 코피, 토혈(吐血), 대소변 출혈 등 치료

4. 채집가공·활용

봄, 가을에 채취하여 줄기, 잔뿌리를 제거하고 햇볕에 말림. 수렴성을 높일 경우에는 볶아서 사용한다.

31. 패랭이꽃

학명 : *Dianthus chinensis, D. superbus var. longicalycinus*
이명 : 구맥(瞿麥), 술패랭이꽃, 산구맥(山瞿麥), Dianthi herba
기원 : 석죽과 패랭이꽃 및 술패랭이꽃의 지상부 전초

1. 생물특성·분포

높이 30cm, 꽃은 6-8월에 가지 끝에 1개씩 핌, 열매는 삭과, 끝이 4개로 갈라지며 꽃받침에 싸임.

2. 주요물질·성분

전초와 Triterpene Saponin, Vit. A, 꽃에 Eugenol, Thermopsoside, Flavonoid류 (Meloside A와 L), Nimbosterin, β-Sitosterol, Saponin류 (Dianchinenoside A-H, Dianthus superbus saponin A-D) 등

3. 약리효능·효과

이뇨작용, 방광염, 요도염, 급성신우신염, 수종, 임질과 기타 치질, 난산, 인후염 등에 사용한다.

4. 채집가공·활용

여름, 가을 꽃이 피기 전 채취하며 햇볕에 말려 사용, 임산부는 금한다.

32. 메밀(꽃)

학명 : *Fagopyrum esculentum*
이명 : 교맥(蕎麥), 모밀, 메밀, Lycii fructus
기원 : 여뀌과 메밀의 종자

1. 생물특성·분포

메밀은 중앙-동북아시아가 원산, 열매는 주로 3각형, 열매 과피는 단단하고 광택이 있으며 벗겨지기 쉽고, 내부에 종피, 배유, 배가 있다. 제분수율은 65~70%, 봄에 뿌려 여름에 수확하는 하형, 추형, 중간형이 있다.

2. 주요물질·성분

α-Amyrin, β-Amyrin, Catechin, Epicatechin, Fagopyrine, Hyperoside, Quercetin, Quercitrin, Myristoleic acid, n-Tetradecane, Salicylaldehyde, Gluten, Rutin 등을 함유하고 있다.

3. 약리효능·효과

동맥경화, 고혈압, 당뇨병, 화상, 습진, 종기, 소화촉진, 소화불량, 적체, 만성설사, 지혈, 옹종 등을 치료

4. 채집가공·활용

가을에 서리가 내릴때 종자를 채취하여 말려서 사용, 가축에는 햇볕을 쬐면 피부발진 유발하는 독성

33. 곤약

학명 : *Amorphophallus rivieri, A. konjac*

이명 : 곤약, 구약(蒟蒻), Konjac root

기원 : 천남성과 곤약의 뿌리 줄기

1. 생물특성·분포

곤약은 인도차이나가 원산지. 지하경은 직경 25cm 정도의 편구형-구형으로 무게는 3-4kg, 잎은 1m, 잎자루는 원주형, 화서는 30-50cm, 포는 통형, 밑쪽에는 암꽃, 위쪽에는 수꽃, 열매는 장과로 황적색 임

2. 주요물질·성분

구근에 Glucomannan이 10% 함유, 식이섬유로 난소화물질, 가수분해하면 Manose, Glucose로 분해

3. 약리효능·효과

곤약의 둥근 뿌리 줄기를 구약이라고 부르고, 가래를 없애고, 어혈을 풀어주고, 염증을 제거, 적체를 풀어주며 담을 없애는 작용, 월경이 없는 증상, 타박상, 뿌리 깊은 염증, 단독, 화상을 치료함

4. 채집가공·활용

거대 구근을 잘라 말려서 사용하거나 분말로 사용. 식이섬유로 저칼로리, 다이어트 식품으로 다양하게 이용

34. 고비고사리

학명 : *Cibortium barometz*

이명 : 구척(狗脊), 금모구척(金毛狗脊), 백지(百枝), Cibotii rhizoma

기원 : 방각궐과 상록초본인 금모구척의 뿌리줄기

1. 생물특성·분포

불규칙한 덩이로 길이 10~30cm, 지름 2~6cm, 바깥면은 짙은 갈색, 황금색 융모가 골진데 밀생되고, 윗쪽에는 적갈색의 목질 엽병이 있고, 아래는 흑색 기는 뿌리가 있음, 질은 단단하고, 냄새는 없고 맛은 덤덤하다.

2. 주요물질·성분

Perosin R. Onitin, 전분, Tannin, Kaempferol 등과 Histiopterosin A, Isopterosin C; (1S,11R) -form, 2'-O-β-D-Allopyranosylonitin, 2'-O-β-D-Glycopyranosylonitin, Onitin, Pterosin R 등

3. 약리효능·효과

간장과 신장보호, 허리, 다리, 관절 등 강건, 요통, 무릎 통증, 유정, 유뇨증, 대하 등에 사용한다.

4. 채집가공·활용

가을에 전초를 채취하여 불에 약하게 구워 씻고 잘게 썰어 건조 및 술에 하루 침지하여 6시간 쪄서 건조

35. 화살나무

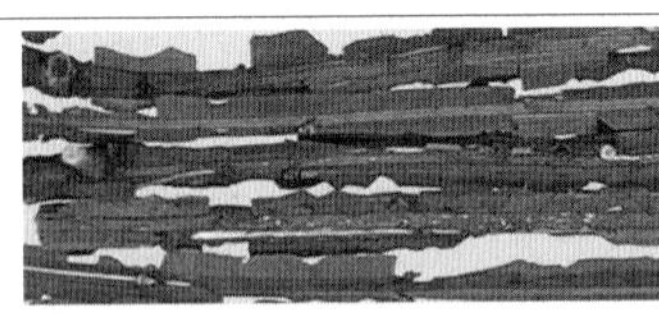

학명 : *Euonymus alatus*

이명 : 귀전우(鬼箭羽), 신전(神箭), Euonymi caulis suberatum

기원 : 노박덩굴과 낙엽관목인 화살나무의 가지

1. 생물특성·분포

높이 3m. 잔가지는 녹색, 오래된 줄기는 2-4줄의 코르크질 날개가 생김, 잎은 마주나고, 꽃은 황록색으로 5-6월에 피며 잎겨드랑이에 달림, 꽃받침잎, 꽃잎 및 수술은 각 4개, 자방은 1-2실, 열매는 삭과로 10월에 붉게 익음

2. 주요물질·성분

β-Sitosterol, β-Sitosterone, Dulcitol, Friedelin, Nicotinamide, Stigmast-4-en-3,6-dione(3,6-Diketone)

3. 약리효능·효과

어혈제거, 혈액순환 촉진, 무월경과 산후복통, 손발 저리고 아픈 증상, 타박손상, 류머티스성 관절염 등

4. 채집가공·활용

우리나라 전국의 고산지대에 자생하며 어린가지와 잎을 제거하고 햇볕에 말린다.

36. 구절초(九節草)

학명 : *Chrysanthemum zawadskii var. latilobum, - var. latilobum*
이명 : 구일초(九日草), 들국화, Chrysanthemi zawadskii herba
기원 : 국화과 구절초의 줄기와 잎

1. 생물특성·분포

전국 산야에 자생하는 다년초, 높이 30-100cm, 전체에 털이 있거나 혹은 없으며, 줄기는 곧게 서며 외대로 서거나 가지를 치며, 근경은 옆으로 길게 뻗으며 번식한다. 근생엽은 난형이고 밑이 수평이거나 심장형이며 가장자리는 얕게 갈라지고 끝이 둔하다. 경생엽은 아주 작고 약간 깊게 갈라진다. 꽃은 8-11월에 피고 백색 또는 연한 홍색이며 두화(頭花)는 가지끝에 하나씩 피고, 직경 6-8cm이며 총포는 반구형이고 총포편은 장타원형이고 3줄로 배열되어 있다. 열매는 11월에 성숙되며 수과(瘦果)이며 긴타원형이고 5개의 줄이 있다

2. 주요물질·성분

전초에는 정유, Linarin, Luteolin의 배당체, Chrysanthemin, Chrysanthemaxanthin 등이 있고, 정유에는 Camphene, Camphor, Carvone 등이 있고, 꽃에는 쓴맛물질인 고미소(주로 알칼로이드 물질), Chrysanthe min, Acacetin-7-rhamnoglucoside, α-Thujone과 정유에는 dl-동뇌(橦腦), Tetracosanoic hexacosane 등이다.

3. 약리효능·효과

장기관을 자극하여 연동(連動)운동으로 소화를 돕는다. 특히 여성질환과 신경통 등에 탁월한 효능 이 있는데 자궁을 따뜻하게 하여 자궁이 차서 생기는 월경불순, 자궁냉증, 불임증, 위냉, 소화불량 의 치료에도 효과적이다. 특히 여성들의 건강차로 수요가 높음

4. 채집가공·활용

전국의 산에서 자라며, 일본, 만주, 중국에 분포한다. 꽃이 피는 시기에 전초를 채취하여 말려서 그대로 사용함. 최근에는 기호 음용차로 애용되고 있으며 대량 수요에 맞추어 상업적으로 재배하고 있음

37. 배초향

학명 : *Agastache rugosa*
이명 : 곽향(藿香), 토곽향(土藿香), 배초향(排香草), Agastachis herba
기원 : 꿀풀과 배초향의 지상부 전초

1. 생물특성·분포

높이 1m. 향이 강하고, 짧고 부드러운 털이 많다. 잎은 마주나고, 꽃은 자줏색 7-9월에 윤상화서, 꽃잎은 자색으로 5개로 갈라지고, 수술은 4개로 길며 아랫입술이 큼, 열매는 동글납작하고 매끈함

2. 주요물질·성분

전초의 정유 0.28%, Methyl-chavicol(Esdragol 80%), d-Limonene(5%), Anisaldehyde(3%), p-Methoxyc innamaldehyde 등, Acacetin, Agastachoside, Agastanol, α-Pinene, Anethole, Anisaldehyde, Apigetri n, β-Farnesene, β-Pinene, β-Sitosterol, Calamenene, Daucosterol, , Erythrodiol, Elematriene, Estrag ole, delta-Cadinene, γ-Cadinene, Isoagastachoside, Linalool, Maslinic acid, Methyleugenol, Oleanolic acid, p-Cymene, Rosmarinic acid, Tilianin 등

3. 약리효능·효과

소화기계통의 기능을 항진시켜 소화불량, 설사, 감기에 좋음

4. 채집가공·활용

여름, 가을에 꽃이 필 때 채취하여 그늘에서 말려 사용. 오래 달이면 약성이 약해 짐

38. 부추씨

학명 : *Allium taquetii, A. tuberosum*

이명 : 구자(韭子), 구채자(韭菜子), 구채인(韭菜仁), Allii tuberosi semen

기원 : 나리과 부추나물의 성숙한 종자

1. 생물특성·분포

편압된 난형 또는 삼각형의 난원형이며, 한쪽 면은 평탄하며 다른 면은 조금 돌출되어 있고 기부는 둥글고 윗쪽은 약간 뾰족하여 길이 3-4mm, 너비 2-3mm이다. 바깥면은 흑색이며 확대경으로 볼 때 불규칙한 그물모양의 주름이 있고 질은 단단하다. 냄새가 없고 맛은 달고 맵다.

2. 주요물질·성분

Allyl 1-(methylthio)ethyl disulfide, Butyl 1-(methylthio)propyl disulfide, Kaempferol-3,4'-di-O-β-D-glucopyranoside, Kaempferol-3,4'-di-O-β-D-glucopyranosyl-7-O-β-D-(2-O-feruloyl)glucopyranoside(glucopyranosylkaempferol), Kaempferol-3-O-β-D-(2-O-feruloyl)-glucopyranosyl-4',7-di-O-β-D-glucopyranoside, Kaempferol-3-O-β-D-sophoroside(Sophoraflavonoloside), Kaempferol-3-O-sophorosyl-7-O-β-D-(2-O-feruloyl)glucopyranoside, Quercetin-3,4'-di-O-β-D-glucopyranoside, (3S)-1,2,3,4-Tetrahydro-β-carboline-3-carboxylic acid, Tyrosine(S-form)

3. 약리효능·효과

강정작용이 강력하여 동의보감에서는 부추씨를 「구채자」라고 부른. 몽정, 유정을 치료하고, 쇠약증, 발기부전 및 냉증과 불임증을 개선에 사용,

4. 채집가공·활용

전초와 뿌리는 식용으로도 사용함. 가을에 성숙한 종자를 채취하여 햇볕에 말려 사용, 생용하기도 하며 누렇게 될 때까지 볶아서 사용.

39. 인동덩굴

학명 : *Lonicera japonica, L. japonica var. repens for. Chinensis,*

이명 : 금은화(金銀花), (붉은)인동덩굴, 잔털인동덩굴, 인동화(忍冬花), 인동화(忍冬花), 겨우살이덩굴, 눙박나무, Lonicerae flos

기원 : 인동과 인동덩굴 및 근연식물의 꽃봉오리

1. 생물특성·분포

잎은 마주나고, 타원형. 꽃은 6-7월에 잎겨드랑이에 1-2개가 달리며, 꽃통은 길이 3-4cm이고 흰색~ 노란색으로 겉에 털이 있고 끝이 5갈래이다. 열매는 둥글고, 지름 7-8mm, 9-10월에 검은색

2. 주요물질·성분

Acetylcholine, α-Pinene, α-Terpineol, Apigenin, Benzyl alcohol, β-Carotene(all-trans), Carvacrol, Chlorogenic acid, Choline, Eugenol, Gamma-Carotene, Geraniol, Linalool, Loganin, Lonicerin, Luteolin, Lycopene, Vanillic acid, Zeaxanthin(all E-form)

3. 약리효능·효과

염증성 질병에 효과가 있어 대장염, 위궤양, 방광염, 인두염, 편도선염, 결막염 및 창양, 부스럼을 치료한다. 기타 열로 인하여 생긴 병이나 감기, 호흡기 질병, 매독 등에 효과가 있다.

4. 채집가공·활용

여름에 꽃 필 때 채취하여 생용 또는 볶는다. 꽃은 꽃송이가 피기 직전에 따서 그늘에 건조하고, 잎과 줄기는 가을에 베어서 그늘에 말려 씀. 술에 담궈서 복용하기도 하고, 볶아서 더운물에 차로도 복용

40. 바위손

학명 : *Selaginella tamariscina*
이명 : 권백(券柏), 회양초, 불사초, 장생초, 불수초, Selaginellae herba
기원 : 부처손과 부처손 (바위손)의 전초
1. 생물특성·분포
높이 20cm. 수많은 뿌리가 얽혀서 생긴 거짓줄기 끝에서 많은 가지가 사방으로 붙으며 깃모양으로 갈라짐, 잎은 4줄로 밀생하고, 포자낭 이삭은 잔가지 끝에 1개씩 달림, 포자엽은 난상 삼각형, 가장자리에 톱니가 있음
2. 주요물질·성분
amino acid, tannin, Amentoflavone, Cryptomerin B(Hinokiflavone-4',7'-di-methyl ether), Isocrypto merin(Hinokiflavone7'-Me ether) 등
3. 약리효능·효과
수렴성으로 지혈작용을 하여 각종 출혈병증 변혈, 토혈, 뇨혈, 탈항 등 치료, 혈액순환작용이 매우 강하여 어혈을 풀어주고 월경통, 타박상 등에 좋음
4. 채집가공·활용
전국 고산지대의 바위에 자생하며 봄, 가을에 채취하여 생용하거나 볶아서 사용

41. 금낭화(錦囊花)

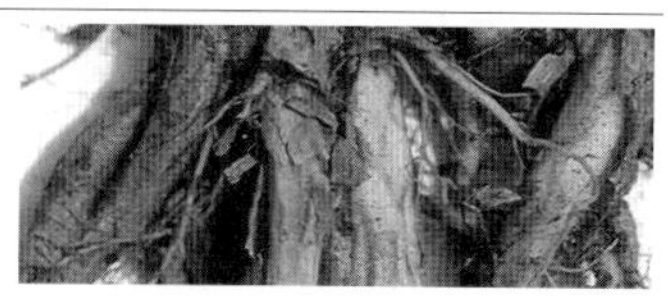

학명 : *Dicentra spectabilis*
이명 : 며느리주머니, 등모란, 생약명 : Bleeding heart, showy dicentra
기원 : 양귀비과 금낭화의 뿌리줄기
1. 생물특성·분포
키는 60cm, 분백색 줄기, 잎은 호생, 잎자루는 길고 뾰족하며 가장자리는 톱니, 꽃은 5-6월에 담홍색 총상화서로 줄기 끝에 달림, 화관(花冠)은 주머니모양이고 꽃잎은 4개 심장형으로 바깥 꽃잎 2개 는 밑부분이 꿀주머니가 달려 있다. 수술 6개, 암술 1개, 열매는 긴 타원형의 삭과(殼果)
2. 주요물질·성분
전초에 알칼로이드, Protopine, Disentrin, 기타 Coptisin, Chelirubine, Chelerythrine, Chelirutine 등
3. 약리효능·효과
풍을 제거하고 혈액순환을 좋게 하며, 상처의 독을 없애는 효능이 있다. 옴, 종기, 버짐 등
4. 채집가공·활용
가을에 뿌리줄기를 채취하여 건조한 것 그대로 사용 함

42. 골담초 뿌리

학명 : *Caragana sinica*
이명 : 골담초 (骨膽草), 백심피, 야황기(野黃芪), Caraganae radix
기원 : 콩과 낙엽소관목인 골담초의 뿌리
1. 생물특성·분포
높이 2m, 5월에 황적색 꽃이 핀다. 열매는 길이 3-3.5m로서 털이 없고 9월에 익음
2. 주요물질·성분
Myrcetin, Quercetin, Saponin, Stilbene, Caraganoside 등이 함유
3. 약리효능·효과
이뇨작용, 혈액순환을 좋게 하고 혈압강하작용이 있으므로 고혈압에 응용
4. 채집가공·활용
연중 채취하여 잔뿌리 및 흑갈색의 코르크를 제거하고 목심을 쪼개서 햇볕에 말림

43. 국화(菊花)

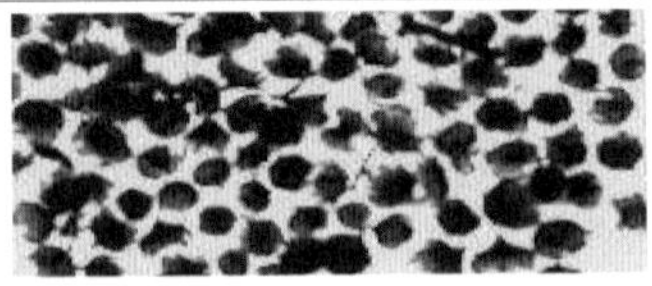

학명 : *Chrysanthemum morifolium*
이명 : 감국(甘菊), 금정(金精), 진국(眞菊), 절화(節華), Chrysanthemi flos
기원 : 국화 꽃, 어린순을 말린 것
1. 생물특성·분포
극동아시아에 분포, 주로 산지에 자생, 전체에 짧은 털, 높이는 60~90cm, 잎은 짙은 녹색, 어긋나며 난형, 깃꼴로 갈라져 긴 타원형이며 깊숙한 톱니모양, 9~10월에 산방두화가 피고, 설상화 노란색이나 흰색,
2. 주요물질·성분
Apigenin, Apigetrin, 16-β-Hydroxypseudotaraxasterol, Chlorogenic acid, Chrysanediol A, Chrysanthediacetate B, Chrysanthediacetate C, 3,5-Di-O-caffeoylquinic acid, Diosmetin-7- O-β-D-glucopyranoside, Pseudotaraxasterol, Taraxasterol 등
3. 약리효능·효과
두통, 어지럼증, 고혈압, 눈의 충혈 등에 좋음.
4. 채집가공·활용
9-10월에 꽃봉오리를 채취하여 건조, 싹, 꽃잎, 뿌리 모두 약재로 씀. 10월에 꽃을 말려 술에 넣어 마심.

44. 들국화

학명 : *Chrysanthemum indicum*
이명 : 야산국, 야황국(野黃菊), 산국화, 감국화, Chrysanthemi indici flos
기원 : 국화과 감국 및 국화의 두상화서
1. 생물특성·분포
높이는 1-1.5m. 줄기는 곧게 모여 나옴, 꽃은 9-10월에 노란색, 두화의 지름은 1.5cm, 열매는 수과로 길이1mm,
2. 주요물질·성분
1,8-Cineole, Acacetin, Acaciin, Anisaldehyde, Behenic-acid, β-Amyrin, Benzaldehyde, B-Elemene, β-Sitosterol, Borneol, Bornyl-acetate, Campesterol, Camphor, Chrysanthemol, Chrysanthenone, Cumambrin-A, Diosmetin-7-O-glucoside, Glyceryl-1-monobehenate, Heneicosane, Hexacosane, Kikuketone-A, Lignoceric-acid, Linarin, Luteolin, Luteolin-7-glucoside, Quercetin-glycoside, Stachydrine, Stigmasterol, Thymol, Tricosane, Ursolic-acid 등
3. 약리효능·효과
해열, 해독, 혈압강하, 항균, 항바이러스, 각종 종기, 목이 아픈데, 눈이 충혈되고 아픈데, 피부소양 증
4. 채집가공·활용
서리 내리기 전 꽃이 활짝 피었을 때 채취하여 음건 혹은 홍건, 유황훈, 증건 등으로 건조한다,

45. 갈대뿌리

학명 : *Phragmites communis*
이명 : 노모근(蘆茅根), 노고근(蘆고根), 노근(盧根), Phragmitis rhizoma
기원 : 벼과에 속한 다년생 초본인 갈대의 뿌리줄기
1. 생물특성·분포
높이 1-3m. 뿌리줄기는 길게 뻗고, 마디에 수염뿌리가 남, 줄기 속이 비어 있고, 잎은 2줄, 꽃은 9월에 핌
2. 주요물질·성분
Coixol, 단백질 5%, 지방 1%, 탄수화물 51% 및 Asparagine, Tricin, Vitamin B1, B2 등
3. 약리효능·효과
구갈, 구토, 폐에 종양, 이 생겨 농을 토하는 증상을 다스린다.
4. 채집가공·활용
각지의 원야, 물가, 강변에 분포하며, 일년내내 채취할 수 있으며 봄, 여름, 가을에 채취하여 말려 씀

46. 무우씨앗

학명 : *Raphanus sativus*

이명 : 내복자(萊菔子), 나복자, Raphani semen

기원 : 십자화과에 속한 무의 성숙한 종자

1. 생물특성·분포

높이 40-90㎝. 꽃은 6-7월에 황백색, 꽃이 핀 다음 꽃받침은 열매를 완전히 둘러싸고 붉은색으로 익음, 열매는 장과로 편압된 구형이고 길이 3mm내외, 지름 2.5mm이고, 외면은 갈색-적갈색, 한쪽에는 몇줄 세로홈, 아래끝에 갈색 둥근 돌기와 그물무늬가 있음

2. 주요물질·성분

Allyl-isothiocyanates, Aniline, Arabinogalactan protein R-1과 R-2, Benzoamin, Sugar protein, 3-Methylthiopropanol acetate, Oxalic acid, 2-Pentylamine β-Carotene, β-Sitosterol, Dimethoxykaempferol, Dimethylamine, Ethylamine, Kaempferol, N-Methylpenthylamine, Palmitic acid, Pyrrolidine, Proline, Rapanus Rs-Afp1, Rapanusin A와 B, Sinapin, Trigonelline, Violaxanthin, Vit. C, Vit. U(S-Methyl-Methionine)

3. 약리효능·효과

위산 분비촉진과 소화촉진, 복통설사, 해수, 천식, 담제거와 오래된 기침, 변비에 좋다.

4. 채집가공·활용

여름, 가을에 성숙한 종자를 채취하여 생용 혹은 볶아서 사용한다.

47. 벼뿌리

학명 : *Oryza sative*

이명 : 나도근(糯稻根), 나도근수(糯稻根鬚), Oryzae radix

기원 : 찰벼의 뿌리줄기와 뿌리

1. 생물특성·분포

난형-반원형의 덩어리, 뿌리줄기는 원추형으로 황갈색, 많은 수염 뿌리가 밀생한다. 바깥면은 황백색-황갈색으로 세로주름, 질은 부드럽고 횡단면은 황백색, 약간 냄새가 있고 맛도 덤덤하다.

2. 주요물질·성분

2-Acetylpyrrolidine, 2-Acetylpyrroline, Arbusculin B, Arundoin, Aspartic acid, Asparagine(S-form, L-form), Bisbynin, Campesterol, Castasterone, 2-C-Hydroxymethyl-D-erythrono-1,4-lactone, 2-C-Methyl-D-erythrono-1,4-lactone, Cycloeucalenone, Cylindrin, D-Arabinono-1,4-lactone, 3-Deoxy-D-arabinohexono-1,4-lactone, 2-Deoxy-D-lyxono-1,4-lactone, D-Erythrono-1,4-lactone, Gibberellin A416,17-Dihydro,16α,17-dihydroxy, 17-O-β-D-glucopyranoside, Gibberellin A716,17-Dihydro, 16-α,17-dihydroxy, 17-O-β-D-glucopyranoside, Glutamic acid, 1-Hydroxy-12,15-cassadiene-3,11-dione, Isoleucine, Leucine, L-Lyxono-1,4-lactone, L-Rhamnono-1,4-lactone, Lysine(S-form, L- form), Methionine, Momilactone A, Momilactone B, Momilactone C, Nicotianamine, 5'-O-(β-D-Glucopyranosyl)pyridoxine, Oryzabran B, Oryzabran D, Oryzabran A, Oryzabran C, Oryzalexin A, Oryzalexin B, Oryzalexin C, Oryzalexin D, Oryzalexin S, Oryzalide A, Oryzanol A, Phytin, Phytocassane A, Phytocassane B, Phytocassane C, Phytocassane D, Rhamnogalacturonan 1, Sakuranetin, Serine, Threonine (2S, 3R), Tricin, Tricin-5-O-β-D-glucopyranoside, Tyrosine(S-form), Valine, Violanthin, Vomifoliol

3. 약리효능·효과

식은땀, 만성간염 환자, 폐결핵으로 인한 미열과 식은땀을 흘리는 증상

4. 채집가공·활용

벼를 벤 다음 뿌리를 채취하여 햇볕에 말려 사용.

48. 금앵자(金櫻子)

학명 : *Rosa laevigata*
이명 : 자유자(刺楡子), 자이자(刺梨子), Rosae laevigatae fructus
기원 : 장미과 금앵자나무의 성숙한 과실
1. 생물특성·분포
줄기는 적갈색, 아래로 향한 갈고리 모양의 가시가 밀생, 잎은 깃꼴 모양으로 작은 잎은 3~5개가 있고, 가장자리에는 톱니가 있음, 꽃은 흰색, 지름 6-9㎝, 꽃받침과 꽃잎은 5개씩, 열매는 난형, 적색으로 익음.
2. 주요물질·성분
Aesculetin, Agrimonic acid A, B, Agrimomin, 2-α-Methoxyursolic acid, Corosolic acid, Diethyl malate, Daucosterol, Hederagenin, Laevigatin A-G (Tannin류), Methyl-β-D- glucopyranoside, Oleanolic acid, Pedunculagin, Rugosin B, C, F, G, Sanguiin H4, Ursolic acid, Tormentic acid, 등
3. 약리효능·효과
신장, 방광, 대장에 작용하며 유정, 유뇨, 오줌이 잦은 것을 낫게 하고, 설사를 멈추게 함
4. 채집가공·활용
가을에 서리가 내린 후 성숙 과실을 채취 가시와 종자를 제거하고 생용하거나 건조하여 사용 함

49. 금전초(金錢草)

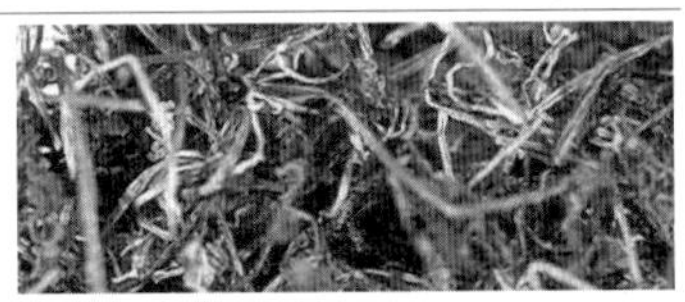

학명 : *Lysimachiae herba*
이명 : 백마편(白馬鞭), 연전초, 적설초, Lysimachia christinae hance
기원 : 꿀풀과 다년생 초본인 긴병꽃풀의 전초
1. 생물특성·분포
줄기는 땅을 포복하며 담록색에 붉은색, 잎은 마주나며, 잎몸은 심장형, 꽃은 노란색, 잎겨드랑이에 달리고, 꽃받침은 5개, 꽃잎은 4개, 수술은 5개, 밑은 모여 통모양, 열매는 둥근 흑색 선체(船體)
2. 주요물질·성분
Sterol, Flavone, Amino Acid, Tannin, 정유, Glechoma 등이 함유.
3. 약리효능·효과
해열, 이뇨, 소염, 진해, 가래 삭이는 작용, 신장결석증, 방광결석, 방광염 및 황달, 기관지천식, 만성기관지염, 이하선염, 부종, 옹종, 습진 등에 사용.
4. 채집가공·활용
봄에 채취하여 햇볕에 말리거나 혹은 생용한다.

50. 산도라지

학명 : *Platycodon grandiflorum*
이명 : 길경(桔梗), 고경(苦梗), 고길경(苦桔梗), 길경채, Platycodi radix
기원 : 초롱꽃과 다년생초본 도라지의 뿌리
1. 생물특성·분포
높이 40-100㎝. 꽃은 보라색, 흰색, 7-8월에 핌, 원줄기 끝에 핌, 꽃받침은 5개, 꽃통은 끝이 퍼진 종모양, 지름 4-5㎝, 5개로 갈라짐, 5개 수술과 1개 암술, 자은 5실, 암술대 끝은 5개로 갈라진다.
2. 주요물질·성분
뿌리의 주요성분으로 Platycodin A, -C, -D1, -D2, Polygalacin D1, -D2, Betulin, Inulin, Phytosterol, Chlorogenic acid, Platyconin, Polygalacic acid methyl ester, 사포닌 등
3. 약리효능·효과
감기로 인한 기침, 가래, 코막힘, 천식, 기관지염증, 흉막염, 인후통, 두통 등에 사용한다.
4. 채집가공·활용
봄과 가을에 채취하여 껍질을 벗기고 햇볕에 말려 사용, 가루로 만들거나 탕즙으로 복용

51. 천남생이

학명 : *Arisaema amurense var.serratum, A. amurense,*
이명 : 남성(南星), 반하정(半夏精), 천남성(天南星), Arisaematis rhizoma
기원 : 천남성 등의 동속 뿌리 덩이

1. 생물특성·분포

구경은 편구형이고 지름은 2-4cm, 전초는 높이 15 -50cm, 1장의 잎이 5-11갈래 열편으로 갈라져 난상 피침형, 길이 10-20cm, 꽃은 5-7월에 녹황색 육수화서로 정생, 불염포 통부는 깔때기모양, 녹색 바탕에 흰줄, 길이 5-8cm, 수그루의 육수화서축에 자색의 꽃밥으로 된 작은 수꽃이 핌, 열매는 10월에 적색 장과 달림.

2. 주요물질·성분

Triterphenesaponin, Benzoic acid, 전분, Amino acid, Triterpenoid, Saponin 등이 함유

3. 약리효능·효과

담을 삭이며 경련을 멈춤, 어혈 제거, 중풍으로 인한 반신불수, 언어장애, 안면신경 마비증 치료

4. 채집가공·활용

땅속에 묻혀있는 괴경을 캐어 껍질을 벗기고 말려 약재로 쓴다. 탕약, 가루약, 알약 형태로 복용 하거나 생것을 짓찧어 붙여 외용약으로도 사용. 독초로 어지럼증, 사지마비, 질식 등을 일으킴

52. 마삭줄

학명 : *Trachelospermum asiaticum var intermedium,*
이명 : 낙석등(絡石藤), 털마삭줄, 마삭줄, Trachelospermi caulis
기원 : 마삭줄과 털마삭줄 줄기.

1. 생물특성·분포

줄기덩굴은 원주형으로 지름 1-5mm, 잔가지가 많으며 구부러지며 바깥면은 적갈-다갈색이며 세로 주름, 반연근 또는 점상으로 돌기한 뿌리의 자국이 산재함, 잎은 타원형-난상피침형, 녹색, 대생 함

2. 주요물질·성분

Dambonitol, Arctiin, Tracheloside 등

3. 약리효능·효과

근육이 당기는 증상, 허리와 무릎이 시리고 아픈 증상, 타박상을 치료

4. 채집가공·활용

가을에 잎이 떨어지기 전에 채취하여 햇볕에 말려 사용,

53. 알로에

학명 : *Aloe vera, Aloe arborescens*
이명 : 노회(蘆會), 상담(象膽), 눌회(訥會), 노회(奴會), 알로에, Aloe
기원 : 나리과 다년생초본 알로에의 즙액을 농축하여 말린 것

1. 생물특성·분포

줄기는 짧고, 잎은 줄기 끝에 모여나며 곧게 서고, 육즙이 많음, 잎은 길이 15-40cm, 너비 3-6cm. 꽃은 2-3월에 피고, 길이는 2.5cm, 노란색이나 붉은 반점이 있음. 꽃대는 하나로 높이 60- 90cm이고. 열매는 삭과로 삼각형

2. 주요물질·성분

젤리질과 황색 수액층의 Anthrone와 Chromene계 함유, 주성분은 Aloe emodin, Aloesin, Feroxin B, 8-[2-(2-Furanyl)-2-oxoethyl]-7-hydroxy-5-methyl-2-(2-oxopropyl)-4H-1-benzopyran-4-one, Furoaloesone 등

3. 약리효능·효과

변비와 기생충에 유효, 항균작용으로 위와 장의 염증 소멸시켜 위의 기능을 정상화, 장활동 좋게 함

4. 채집가공·활용

연중 채취하여 잎의 밑부분을 잘라 흘러내린 즙을 모아 끓여 엿처럼 졸여 분쇄하여 사용

54. 녹두(綠豆)

학명 : *Phaseolus radiatus*
이명 : 청소두(靑小豆), Phaseoli radiati semen
기원 : 녹두열매 말린 것
1. 생물특성·분포
인도가 녹두 원산지, 잎은 호생 3출엽, 작은잎은 넓은 피침형-난상 원형, 꽃은 노란색 접형, 열매는 협과로 씨앗은 타원형으로 길이 4-6mm, 갈색이나 녹색, 열매는 꼬투리에 개열성으로 10~15개의 종자가 있음.
2. 주요물질·성분
팥과 비슷, 당질 45%(거의 전분), 단백질 21%, Arcelin, Arginine, Asparagine, Cystine, Leucine, Genistein, Phaseollidin, Phylloquinone, Phytosterols, Proline, Saponins, Vit-B-6 등 함유
3. 약리효능·효과
열을 식혀 주고 갈증을 해소, 혈당과 혈압을 강하작용, 빈혈이나 저혈압환자도 좋음, 간을 튼튼하게 해주고 해독작용과 해열작용이 있고, 피부를 진정시키고 모공수축과 피부를 맑게 하는 효과가 있음
4. 채집가공·활용
가을에 성숙한 종자를 채취하여 그늘에서 말려서 사용

55. 뻐국채

학명 : *Echinops setifer, Rhaponticum uniflorum*
이명 : 누로(漏蘆), 귀유마(鬼油麻), 뻐꾹채, 절굿대, Rhapontici radix
기원 : 국화과 다년생초본 뻐국채, 큰절굿대, 절굿대 뿌리
1. 생물특성·분포
높이 30-70㎝. 줄기는 곧게 서고 흰 털로 덮여 있고, 밑부분의 잎은 타원형, 꽃은 6-8월에 피며, 지름 6-9㎝로서 원줄기 끝에 1개씩 달리고, 총포는 반구형, 수과는 긴 타원형 크기는 5 × 2㎜ 임
2. 주요물질·성분
전초에 알칼로이드가 있으며 Echinopsine, 소량의 Echinopsein, Echinolin 등이 있다.
3. 약리효능·효과
열을 내리고 옹종을 없애는 효과, 여성의 유즙배출을 촉진시키는 효과
4. 채집가공·활용
가을에 채취하여 그늘에 말려서 사용 함

56. 참배암차즈기

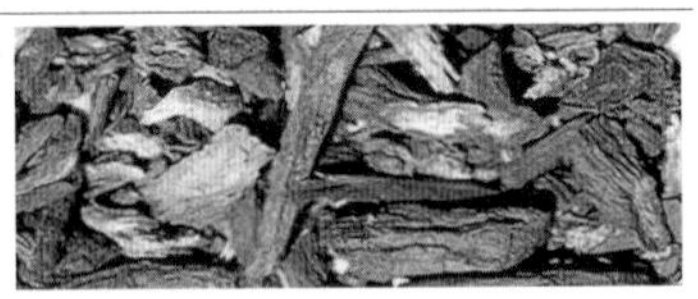

학명 : *Salvia miltiorrhiza*
이명 : 단삼(丹蔘), 적삼(赤參), 목양유(木羊乳), Salviae miltiorrhizae
기원 : 꿀풀과 다년생 초본인 단삼의 뿌리
1. 생물특성·분포
높이 40-80㎝, 전체에 황백색 연모가 있음, 뿌리는 긴 원주형으로 외피는 주홍색, 잎은 마주나고, 홑잎 또는 2회 깃꼴겹잎, 꽃은 5-6월에 자주색, 층층으로 달리며 수술이 길게 나옴,
2. 주요물질·성분
tanshinone A, B, C, isotanshinone, Cryptotanshinone 등이 함유
3. 약리효능·효과
월경불순, 생리통 및 기타 불면, 번조, 불안 등에 사용
4. 채집가공·활용
가을과 겨울에 채취하여 생용 혹은 볶아서 사용

57. 능소화(凌霄花)

학명 : *Campsis grandiflora*

이명 : 등라화(藤羅花), Chinese trumpet creeper

기원 : 능소화과 능소화나무의 꽃

1. 생물특성·분포

중국 원산, 관상용 귀화식물, 유독식물로 화밀은 눈에 유독함, 낙엽덩굴로 10m정도, 잎은 대생, 기수1회 우상복엽(奇數一回羽狀複葉), 작은잎은 7-9장, 난형이나 난상 피침형, 길이 3-6cm 임. 꽃은 8-9월에 속이 주황색이나 겉은 적황색, 지름 6-8cm, 가지 끝에 5-15송이씩 원추화서로 핌, 열매는 10월, 삭과

2. 주요물질·성분

Apigenin, β-Sitosterol, Boschniakine, Cachineside I-V, Campenoside, Campsiside, Pondraneoside, Tecomoside, Verbascoside 등

3. 약리효능·효과

이뇨제, 해열제, 통경약으로 산후병, 월경불순에 씀, 산후의 유방염에도 씀

4. 채집가공·활용

여름과 가을에 채취하여 햇볕에 말려 사용

58. 담두시(淡豆豉)

학명 : *Glycine max*

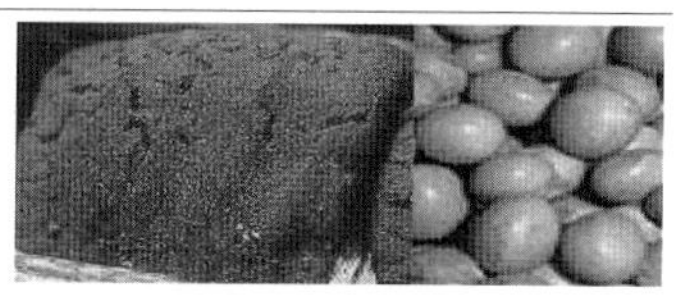

이명 : 담시(淡豉), 향시(香豉), Santali albae lignum

기원 : 찐콩, 소금, 조피나무 열매를 혼합 발효하여 건조

1. 생물특성·분포

흰콩이나 검은콩을 삶아 발효, 콩을 쪄서 소금, 조피나무열매를 섞고, 3일간 발효 후 생강을 잘게 썰어 넣고 항아리에 넣어 뚜껑을 닫고 30-37°C, 7-14일간 두었다가 햇볕에 말려 조피열매는 버림

2. 주요물질·성분

Acetaldehyde, β-Amyrin, Choline, Daidzin, 7-Dehydroavenasterol 등

3. 약리효능·효과

가볍게 땀을 내는 약으로 복용, 감기가 걸렸거나 가슴이 답답할 때, 불면증 등에 사용

4. 채집가공·활용

콩을 가공하며 발효시켜 건조하여 사용, 분말 등으로 만들어 사용

59. 엉겅퀴

학명 : *Cirsium maachii, C. pendulum, C. rhinoceros,*

이명 : 대계(大薊), 마계(馬薊), 산우계(山牛薊), Cirsii japonici herba

기원 : 국화과 다년생 초본 엉겅퀴의 전초

1. 생물특성·분포

높이 0.5-1m, 꽃은 6-8월에 자줏빛, 지름 3-5㎝, 수과는 길이 3.5-4㎜, 관모는 길이 16-19㎜ 임,

2. 주요물질·성분

Alkaloid 및 volatile oils 등으로 Ciryneol A-E, Hispidulin, Licoricidin, Pectolinarin, 9,10-cis-Epoxyheptadec-16-ene-4,6-diyn-8-ol, Heptadec-1-ene-11,13-diyne-8,9,10-triol(8S, 9R, 10S), 7-neohesperidoside, Tridec-1-ene-3,5,7,9,11-pentayne 등이 있다.

3. 약리효능·효과

출혈증, 감기, 피부병, 부종, 대하증 등에 사용한다.

4. 채집가공·활용

여름과 가을의 꽃이 필 때에 채취하여 노경을 제거하고 햇볕에 말림, 생용하거나 볶아서 사용

60. 단향(檀香)

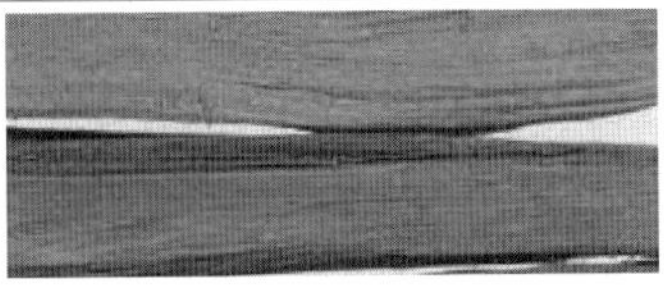

학명 : *Santalum album*
이명 : 백단향(白檀香), 백단(白檀), 소단향, Santali Albae Lignum
기원 : 단향과 상록소관목 단향나무의 심재(心材)

1. 생물특성·분포

서·동아시아와 남태평양 분포, 백단향 높이가 10m, 5월경, 노란색이나 자줏색 등의 작은 꽃이 피고, 향기는 수지가 아니라 방향유에서 유래, 목재는 향기가 있는 회황색 또는 적동색, 조각용, 향 및 향유를 만든다.

2. 주요물질·성분

심재(心材)에 3~5%의 정유, 정유의 90%는 α- 및 β-santalol, 이 밖에 Santene, Santalene, Santalic acid, Teresantalic acid, Santenone, Santalone 등이 있음

3. 약리효능·효과

비장과 위의 기능을 돕고, 명치와 배가 아픈 데, 맑은 물을 토하는 증상 등에 사용

4. 채집가공·활용

연중 채취하여 심재만을 약용하며 건조한 것을 사용

61. 당귀(當歸)

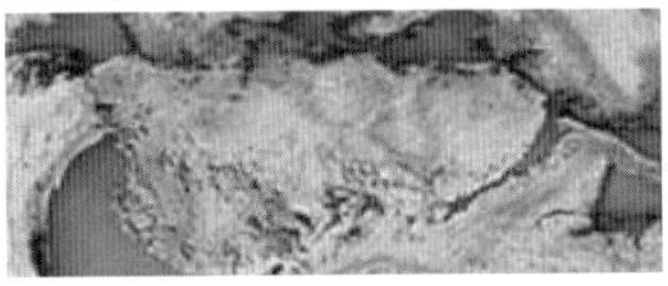

학명 : *Angelicagigas Nakai. Angelica sinensis*
이명 : 건귀(乾歸), Angelicagigantis radix
기원 : 미나리과 다년생 방향성 초본 당귀의 뿌리

1. 생물특성·분포

한당귀는 굵고 짧은 주근의 길이 3-7 × 2-5cm, 가지뿌리의 길이는 15-20cm이다. 바깥면은 엷은 황갈색-흑갈색으로 주근 및 가지뿌리에는 세로주름 많다. 중국당귀는 거의 원주형으로 3-5개 이상의 가지 뿌리가 있고 길이는 15-25cm, 바깥면은 황갈색-적갈색이고 세로주름과 옆으로 긴 피목이 있다.

2. 주요물질·성분

한당귀는 decursinol, decursin, 중국당귀는 ligustilide, butylidenephthalide 등이 들어 있다.

3. 약리효능·효과

부인냉증, 혈색불량, 산전 · 산후회복, 월경불순, 자궁발육부진, 혈액불순 마비증상, 생리통, 생리불순, 변비 등

4. 채집가공·활용

일당귀와 참당귀를 재배, 가을에 성숙한 뿌리를 채취하여 햇볕에 말림.

62. 대두황권(大豆黃卷)

학명 : *Glycine max*
이명 : 대두권(大豆劵), 황권(黃劵), 갯완두싹, Glycine semengerminatum
기원 : 대두발아 건조 한 것

1. 생물특성·분포

대두황권은 바깥면은 황색-흑갈색으로 조금 쭈그러져있고, 길이 5-10mm의 구부러진 1개의 배근과 2개의 황백색 자엽이 있다. 냄새가 없으며 콩비린 맛이 있dma.

2. 주요물질·성분

Acetaldehyde, Acetone, Bowman-birk protease reductase, Cadaverine 등.

3. 약리효능·효과

가슴이 답답한 증상, 소변이 잘 안나오는 증상, 배에 물이 찬 증상을 다스림

4. 채집가공·활용

대두를 발아 시켜 햇볕이나 건조기로 말림,

63. 대극(大戟)

학명 : *Euphorbia pekinensis, E. esula*
이명 : 하마선(下馬仙), 버들옻, 공거, Euphorbiae pekinensis radix
기원 : 대극과 다년생 초본 대극의 뿌리
1. 생물특성·분포
높이 80㎝. 줄기는 곧게 자람, 자르면 유액이 나옴, 잎은 어긋나며 꽃은 6월에 원줄기 끝에 달린다. 삭과는 사마귀 같은 돌기가 있고, 종자는 넓은 타원형이다.
2. 주요물질·성분
Euphorbon, Triterpenoid, Euphorbon, Euphorbia A-C, Quercetrin-5,3-di-D-galactoside, Phasin 등
3. 약리효능·효과
소변과 대변을 소통, 변비, 정신분열증, 옹종, 습창에 약용
4. 채집가공·활용
여름과 가을에 채취하여 잔뿌리와 잡질을 제거하고 햇볕에 말림, 생용 혹은 술에 볶은 후 재차 볶아서 사용

64. 대청엽(大靑葉)

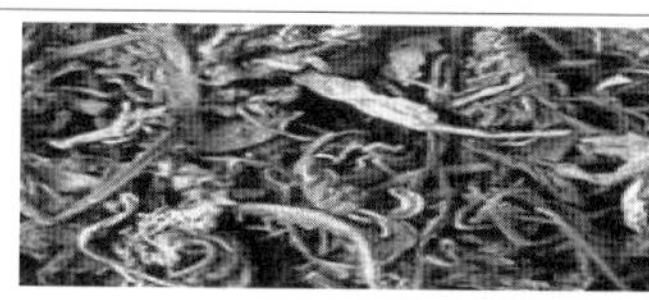

학명 : *Isatis indigotica*
이명 : 대청(大靑), 송람, 생약명 : Isatidis folium
기원 : 십자화과 두해살이 초본 대청잎 말린 것
1. 생물특성·분포
높이 30~70㎝로 털이 없으며 분백색, 근생엽에는 엽병이 있으나 경생엽에는 엽병이 없는 긴 타원형 또는 타원상 피침형, 개화기는 5~6월로 황색 꽃이 총상화서로 핌. 열매는 각과로 쐐기모양으로 흑색으로 익음.
2. 주요물질·성분
Istan, Daucosterol, Glucobrassicin, Hypoxanthine, Indigo, Tryptanthrin, Uracil, Uridine 등
3. 약리효능·효과
전염성이하선염, 부스럼, 단독, 입안염, 폐염, 일본뇌염, 설사, 황달 등에 사용
4. 채집가공·활용
여름과 가을에 채취하여 말려서 사용 함

65. 대추, 대조(大棗)

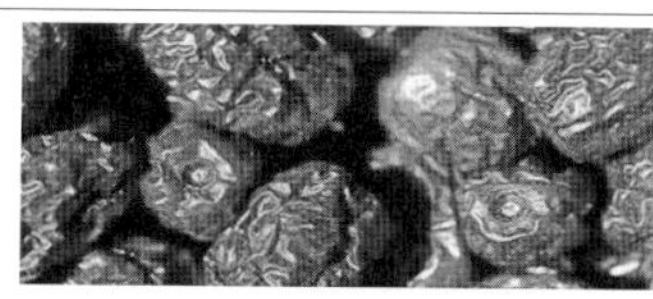

학명 : *Zizyphus jujuba var. inermis*
이명 : 건조(乾棗), 홍조(紅棗), 양조, 대추, Jujubae Fructus
기원 : 갈매나무과 낙엽 소교목 대추나무의 성숙한 과실
1. 생물특성·분포
경산, 보은에서 많이 재배, 잎은 호생하고 난형이며 길이 2~6cm, 나비 1~2.5cm이다. 열매의 표면은 적갈색이며 타원형이고, 길이 1.5~2.5cm에 달하며 빨갛게 익으면 단맛이 있음
2. 주요물질·성분
주성분은 당질(43%)이고, 그 외 단백질(1.5%), 지방(0.8%), 회분(4.2%), 비타민 C(60mg%) 등 함유, 씨에는 Betulin, Betulic acid 등과 c-AMP가 일반식물보다 1000배이상 다량 함유하고, 당류, 유기산 등이 있음
3. 약리효능·효과
해독효과, 강한 약재 중화 등에 사용, 설사, 복통, 신경질, 마른기침, 입안이 마르는데 사용하고, 장복하면 피부색가 좋아지고, 장수한다고 함
4. 채집가공·활용
가을에 성숙한 과실을 따서 햇볕에 말려서 사용, 최근에는 생용으로도 사용

66. 마늘

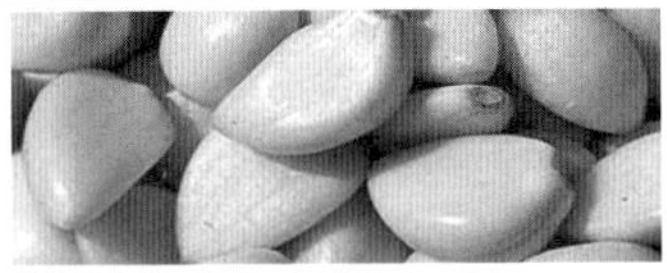

학명 : *Allium sativum*
이명 : 대산(大蒜), 호산(胡蒜), 독산(獨蒜), 독두산(獨頭蒜), Allii bulbus
기원 : 나리과에 속한 1년생 혹은 2년생본초인 마늘의 비늘줄기
1. 생물특성·분포
마늘은 비늘줄기는 둥글고 연한 갈색의 껍질 같은 잎으로 싸여 있고, 안쪽에 5-6개의 작은 비늘 줄기가 들어있음. 7월에 잎속에서 꽃대가 나와 그 끝에 1개의 화서가 달림. 마늘쪽이 꽃대를 중심으로 둘러싸고 있음. 마늘쪽의 바깥면은 유백색이고 투명한 얇은 껍질로 싸여 있다. 특이한 냄새가 있고, 맛은 몹시 맵다.
2. 주요물질·성분
주성분은 nicotinic acid, ascorbic acid, alliin, allicin, allithiamin, 0.2%의 정유가 있음.
3. 약리효능·효과
소화기능 촉진, 항균, 살기생충 효능, 뱀이나 벌레에 물린 상처, 이질, 학질, 백일해 등에도 효능이 있음
4. 채집가공·활용
봄, 여름에 채취하여 햇볕에 말리거나 생용 또는 볶아서 사용

67. 참더덕

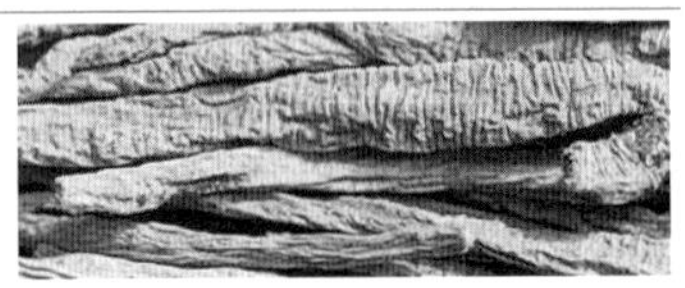

학명 : *Codonopsis pilosula*
이명 : 당삼(黨蔘), 만삼(蔓蔘), 황삼(黃蔘), Codonopsis pilosulae radix
기원 : 만삼의 뿌리.
1. 생물특성·분포
한국, 중국, 우수리강 등지에 분포, 자르면 유즙이 나옴, 뿌리는 도라지 모양으로 약 30cm, 잎은 난상 타원형, 양면에 잔털이 있음, 꽃은 7-8월에 피며 화관은 종형으로 끝이 5개로 갈라짐, 열매는 삭과로 10월에 익음
2. 주요물질·성분
Tanshinone A, B, C, Cryptotanshinone, Acetophenone, Adenine, α-Spinasterol, Fridelin, Atractyloside, Furan-2-carboxylic acid, 5-dihydropyridine-2-ethanol, Vanillin, N-buthylallophanate 등, 뿌리에 Pectin 9.5%, Dextrin 3.4%, 수지, 정유 0.05%, 총당분 28%, Saponin, 스테로이드배당체, 다량의 Inulin
3. 약리효능·효과
만성소모성 질병, 만성호흡기 질병, 빈혈 및 만성위장염, 폐결핵, 백혈병 등에 사용
4. 채집가공·활용
봄, 가을에 뿌리를 캐서 노두를 제거하고 생용, 꿀에 굽거나 혹은 밀기울에 볶라서 사용

68. 빈랑나무

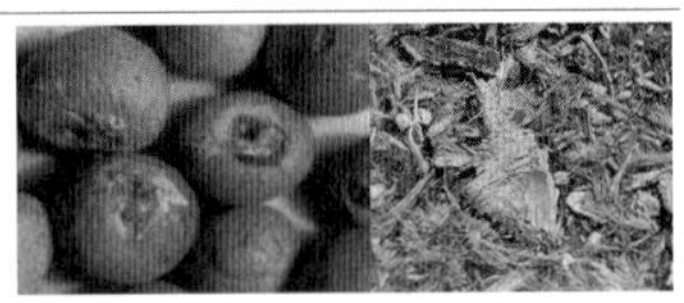

학명 : *Areca catchu*
이명 : 대복피(大腹皮), 빈랑피(檳랑皮), Arecae pericarpium
기원 : 종려과 빈랑나무의 성숙한 과실의 과피
1. 생물특성·분포
약재는 속이 비어 있는 방추형-긴 타원체를 세로로 자른 형체로 바깥면은 엷은 갈색-어두운 갈색이고 세로 주름이 있다. 안쪽면은 황색-어두운 갈색이고, 광택이 나며 가는 세로주름이 있음
2. 주요물질·성분
Arecilin, Arecaidine, Guvacine, Guvacoline, Tannin, Fatty oil 등.
3. 약리효능·효과
가슴과 배가 답답한 것, 붓고 배가 더부룩한 것, 각기, 대변이 시원치 않은 것을 낫게 하는 효능이 있다.
4. 채집가공·활용
동남아시아에 자생하며 겨울과 봄에 성숙한 과실 채취하여 피각을 취하여 햇볕에 말려 사용

69. 조선대황

학명 : *Rheum officinale, R. palmatum var. palmatum,*

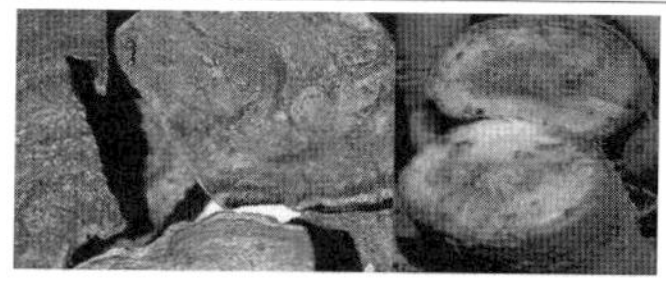

이명 : 대황(大黃), 황근(黃根), 약용대황, 장군풀, Rhei radixet rhizoma

기원 : 여뀌과 다년생 초본 장군풀의 뿌리, 뿌리줄기

1. 생물특성·분포

노란색의 굵은 뿌리줄기가 있고, 높이 1m. 꽃은 7-8월에 피며 가지와 원줄기 끝에 원추화서, 황백색 꽃이 달림, 화피조각은 6개로 두 줄로 배열, 수술은 9개, 암술대는 3개, 열매는 수과이다.

2. 주요물질·성분

Emodin, Chrysophanol, Rhein, Aloe-emodin, Glucogallin, Sennoside A, B, C, D, E, F 등

3. 약리효능·효과

배변, 어혈과 노폐물 제거 효능과 월경이상, 퇴행성 관절염, 열병, 각기, 종창, 화상 등에 약용

4. 채집가공·활용

가을에 3년이상 된 뿌리줄기를 채취하여 껍질, 노두와 잔뿌리를 제거하여 풍건, 홍건, 햇볕에 말린다. 법제로 생용 혹은 술로 볶거나 술에 쪄서 사용 함.

70. 산복숭아씨

학명 : *Prunus persica, P. davidiana*

이명 : 도인(桃仁), 핵도인(核桃仁), 복숭아나무, 산복사, Persicae semen

기원 : 장미과 낙엽소교목인 복숭아, 산복사의 성숙한 과실의 핵인

1. 생물특성·분포

높이 6m, 꽃은 4-5월에 연한 붉은색으로 잎보다 먼저 개화, 꽃잎은 5개, 수술은 많고 자방은 털이 밀생함. 열매는 핵과로 털이 많고 지름 5cm, 8-9월에 익고, 심장형의 종자가 1개 들어 있음.

2. 주요물질·성분

도인(씨앗)에는 Emulsin 약 30%, 청산배당체 Amygdalin, 수피에 Naringenin, 잎에 Nitride 배당체, 잎을 수증기 증류한 정유에는 Benzaldehyde 및 HCN을 함유, 백도화에는 Kaempferol 배당체가 함유.

3. 약리효능·효과

어혈제거로 생리불순과 생리통, 외용제로 피부 가려움돠 건조한데, 기미, 주근깨에 씀, 변비, 설사에도 좋음.

4. 채집가공·활용

익은 열매를 채취하여 과육과 핵각(核殼)을 제거하고 종인(種仁)을 모아 햇볕에 말려 사용한다.

71. 땃두릅

학명 : *Heracleum moellendorffii*

이명 : 독활(獨活), 강활(羌活), 멧두릅, Angelicae pubescentis radix

기원 : 오갈피나무과에 속한 다년생초본인 땃두릅의 뿌리

1. 생물특성·분포

높이 1.5m, 잎은 어긋나고 2회 깃꼴겹잎, 꽃은 7-8월에 가지와 원줄기 끝 또는 윗부분의 잎겨드랑이에 피고, 꽃잎은 5개로 연한 녹색, 지름 3㎜ 정도, 수술과 암술대는 각각 5개, 열매는 9-10월에 익는다.

2. 주요물질·성분

정유에는 Limonene, Sabinene, Myrcene, Humulene, 뿌리에는 l-Kaur-16-en-19-oic acid가 함유

3. 약리효능·효과

인체하부의 저리고 아픈데 효과적 임, 류머티즘, 관절통 등 각종 신경통, 통증과 경련 진정, 진통작용 등 있음. 감기, 두통, 치통, 해열, 강장, 거담, 위암, 당뇨병 등 사용

4. 채집가공·활용

봄과 가을에 뿌리를 채취하여 잔뿌리를 제거하고, 미화홍건(微火烘乾), 일광건조 함. 새순은 식용한다.

72. 골풀

학명 : *Juncus effusus var. decipiens*
이명 : 등심초(燈心草), 등초(燈草), 골풀속살, 등심(燈心), , Junci medulla
기원 : 골풀과 다년생 초본인 골풀의 줄기속 혹은 전초

1. 생물특성·분포

다년생 초본으로 높이 25-100cm 정도, 땅속줄기는 옆으로 뻗고, 많은 짧은 마디가 있다. 잎은 없으며 줄기 밑에 비늘조각모양으로 엽초가 있다. 꽃은 5-6월에 녹갈색 취산화서로 피고, 열매는 7-10월에 성숙한다.

2. 주요물질·성분

속심에는 섬유질, 지방, 단백질 및 Flavonoid인 Glucoluteolin, Arabinose, Xylos 등과 줄기에는 다당류가 있다. 주요성분으로는 7,8-Dihydroxycoumarin, Amide, Arsenic, β-Sitosterol, β-Sitosteryl-β-D-glucoside, Effusol, Juncusol, Luteolin, Luteolin-glucoside, Methyl-pentosans, Pentosans, xylan 등이 있다.

3. 약리효능·효과

이뇨, 해열 효능이 있고, 폐에 열기로 기침하는데, 후두염, 황달 등에 사용

4. 채집가공·활용

가을에 채취하여 햇볕에 말려 사용함, 생용 혹은 까맣게 볶아서 사용, 등잔 불심지로 사용하여 등심초라 함,

73. 쥐방울덩굴

학명 : *Aristolochia contorta*
이명 : 마두령(馬兜鈴), 마도령, 방울풀열매, Aristolochiae fructus
기원 : 쥐방울과 쥐방울덩굴의 성숙한 과실

1. 생물특성·분포

꽃은 7-8월에 녹자색, 꽃받침은 통형으로 밑은 둥글게 부풀고, 윗부분은 좁아져 나팔처럼 벌어져 있다. 열매는 삭과로 둥글며, 종자는 여러개이고 날개가 있다. 열매 안에는 여러 개의 편평하고 중첩된 씨가 배열되어 있다. 씨는 삼각형~둥근 삼각형으로 편평하며 한쪽은 흑색~진한 갈색이다.

2. 주요물질·성분

뿌리에는 정유가 약 1% 정도 있으며 주성분은 Aristolone 및 Aristolochic acid A, C 및 D, Norearistolochic acid, Aristolochialactam 등과 Magnoflorine, Cycleaneonine 등의 알칼로이드가 있다.

3. 약리효능·효과

폐열로 기침이 나고 숨이 찬 것과 가래, 종기, 고혈압, 치질에 사용

4. 채집가공·활용

가을에 황색으로 완숙된 열매를 채취하여 그늘에서 말린다. 생용으로 하거나 꿀로 볶아서 사용 함.

74. 마발(馬勃)

학명 : *Lasiosphaera fenzlii, L. nipponica*
이명 : 탈피마발(脫皮馬勃), 자색마발(紫色馬勃), Lasiosphaera seu calvatia
기원 : 마발 균체 말린 것

1. 생물특성·분포

말불버섯과 진균인 탈피마발의 성숙한 자실체, 편구형-구형으로 지름 10-30cm, 어릴 때는 흰색이다.

2. 주요물질·성분

Sodium phosphate, Gemmatein, Ergosterol, Leucine, Lyrosine, Mycosterin, Lycoperdin, Nucleotids 등

3. 약리효능·효과

기침, 인후의 염증이나 통증에 사용하고, 코피나 외상출혈에 바른다.

4. 채집가공·활용

봄과 가을에 성숙한 자실체를 채취하여 건조한 후 작게 분쇄하여 사용

75. 두충(杜沖)

학명 : *Eucommia ulmoides*
이명 : 목면(木棉), 사선(思仙), 사선목(思仙木), Eucommiae cortex
기원 : 두충나무과에 속한 낙엽소목인 두충나무의 나무껍질
1. 생물특성·분포
높이 20m. 줄기 껍질, 잎, 열매를 자르면 고무 같은 실이 나옴, 꽃은 암수 딴그루로서 새 가지의 밑부분 포편의 겨드랑이에 달리고 꽃덮개는 없다. 자방은 2개의 심피가 합쳐져 있음, 열매는 편평한 긴 타원형으로 날개가 있다.
2. 주요물질·성분
두중교 6-10%, 수지, Alcaloid, 유기산, Vit. C 및 Epipinoresinol, Syringaresinol-o-β-d-glucoside, Arsenic, Betulin, Betulinic-acid, Eucommin-A, gutta-percha, Pinoresinol-diglucoside, Ulmoprenol 등
3. 약리효능·효과
정기쇠퇴로 인한 요통, 무릎이 차고 시린 증상, 몽정, 조루, 소변불리에 좋음, 강장, 신장과 간기능 촉진, 허리와 다리 통증, 생식기능 증진 등에 효과적이다.
4. 채집가공·활용
중국 중남부지방에 분포하며 귀화식물로 각지에 재배하고 있다. 15-20년생 줄기 껍질을 벗겨 햇볕에 말려 사용함. 혈압강화용은 염수초(鹽水炒)는 두충을 솥에 넣고 약한 불로 볶아 황색이 되면 염수를 뿌리 말려 사용

76. 마황(麻黃)

학명 : *Ephedra sinica, E. equisetina*
이명 : 초마황(草麻黃), 목적마황(木賊麻黃), 비염(卑鹽), Ephedrae herba
기원 : 마황과 다년생 초본 초마황, 목적마황, 중마황의 지상부 초질경
1. 생물특성·분포
중국 원산, 높이 30-70m. 목질의 뿌리줄기는 땅 속을 포복, 줄기는 곧게 서고, 비늘잎은 막질, 꽃은 둥근 비늘모양 화서, 포편은 3-5쌍, 각 포편 속에 1개의 암꽃이 있음, 종자는 2개가 들어 있음
2. 주요물질·성분
전초에 알칼로이드 1-2%, 주성분은 Ephedrine, 이밖에 α-Terpineol, β-Terpineol, D-Pseudoephedrine, Ephedrine, Methylephedrine, Niacin, Nor-ephedrine 등
3. 약리효능·효과
발열과 오한 감기, 기침, 천식, 관절통증 등에 사용, 부종, 마비, 소양감 등에도 사용한다.
4. 채집가공·활용
가을에 채취하여 햇볕에 말려 사용하거나 꿀에 볶아서 사용한다.

77. 마편초(馬鞭草)

학명 : *Verbena officinalis*
이명 : 자정용아초(紫頂龍芽草), 구아초(狗牙草), Verbenae herba
기원 : 마편초과 다년생 초본 마편초의 전초
1. 생물특성·분포
높이 30-60㎝. 잎은 마주난다. 꽃은 7-8월에 연한 자색으로 피고, 열매는 분과로 4개이다.
2. 주요물질·성분
전초에는 verbenin, tannin, hastatoside, verbenalin, verbenalol 등이 있다. 그 외에 adenosine, aucubin, β-carotene, caffeic-acid, citral, ursolic-acid 등
3. 약리효능·효과
이뇨, 혈맥순환, 청열해독, 해열, 어혈제거 효능이 있고, 황달, 디프테리아 및 생리불순, 생리통, 타박상에 사용
4. 채집가공·활용
여름과 가을 개화시 채취하여 햇볕에 말려 사용

78. 동아씨

학명 : *Benincasa hispida*
이명 : 동과자(冬瓜子), 과자(東瓜子), 동과인, 동아, Benincasae semen
기원 : 박과 동아호박의 성숙한 종자
1. 생물특성·분포
줄기는 굵고 네모지며 황갈색의 날카로운 털로 덮여 있음, 덩굴손은 2-3개로 갈라짐, 꽃은 암수 한그루, 황색, 열매 크며, 과육은 육질로 외피에는 흰가루로 덮여 있음.
2. 주요물질·성분
Arginine, Asparagine, Aspartic acid, β-Pyrazol-1-ylalanine, β-Sitosterol, cis-4-Hydroxy-D-proline, Citrulline, Cucurbitacin B, Cysteine, Gamma-Glutamyl-β-pyrazol-1-ylalanine, Glutamic acid, Glutamine, Isoleucine, Isomultiflorenol, Isomultiflorenol acetate, Leucine, 5-Methylcytosine, Proline, Triacontan-1-ol, Trigonelline, Urease 등
3. 약리효능·효과
해열, 진해, 거담, 이뇨, 소종 효능이 있고, 오줌을 잘나오게 하고, 폐나 장에 종양, 탁한 소변에 좋음
4. 채집가공·활용
가을철에 익은 과실을 채취하여 종자 모아 햇볕에 말리고, 볶아서 사용한다.
* 동과피(冬瓜皮) : 이뇨작용, 부종과 구갈에 사용, Resin이 많고, 가을에 과피를 건조하여 약용

79. 아욱

학명 : *Malva verticillata*
이명 : 동규자(冬葵子), 규채자(葵菜子), 규자(葵子), Malvae semen
기원 : 아욱과에 속한 1년생초본인 아욱의 성숙한 종자
1. 생물특성·분포
높이 90㎝, 잎은 어긋나고 둥글며, 3-7개로 얕게 갈라짐, 봄~가을까지 작은 꽃줄기에 연한 분홍색 꽃이 핌, 열매는 꽃받침에 싸여 있고, 종자는 구부러진 콩팥 모양이며 바깥면은 회백-회갈색이고 방사형의 융기가 있음.
2. 주요물질·성분
Mucilage, Polysaccharides, Flavonoids 등과 씨와 전초에 점액질이 있다. 전초에 Vit. B, E, Octacosane, 꽃에 Malvidindl 있음. Polysaccharide류는 Malva acidic polysaccharide MVS-III-A, Malva acidic polysaccharide MVS-IV-A, Malva polysaccharide MVS-1, Malva polysaccharide MVS-V, Malva polysaccharide MVS-VI, Polysaccharide MVS-IIA, Polysaccharide MVS-IIG 등이 있다.
3. 약리효능·효과
이뇨, 통변 효능이 있어 변비, 부종, 젖이 잘 안 나오는데 사용
4. 채집가공·활용
가을에 익은 종자를 채취하여 햇볕에 말려서 사용

80. 삼씨

학명 : *Cannabis sativa*
이명 : 마자인, 화마인(火麻仁), 대마인(大麻仁), Cannabis fructus
기원 : 삼과 일년생 초본 삼의 성숙한 과실
1. 생물특성·분포
크기는 3m 내외, 줄기는 세로 골이 지며 혁피(韧皮)질이다. 섬유길이는 3~10cm 정도, 잎은 5~9개 작은잎이 있는 장상복엽이다. 열매는 원구형-편난 원구형, 외면은 반들반들한 회록색-회황색으로 매우 작은 백색-갈색 또는 흑색의 무늬가 있고 양쪽에 1개씩의 능선이 있음.

2. 주요물질·성분

종자의 주요성분은 Arachidic-acid, Ascorbic-acid, β-Carotene, Campest-4-en-3-one, Campestanol, Campesterol, Campesterol, Cannabichromene, Cannabidiol, Cannabinol, Edestin, Glycocoll, Histidine, Isolinolenic-acid, Linoleic-acid, Linolenic-acid, Carine, Niacin, Oleic-acid, Oxyproline, Riboflavin, Thiamin, Tryptophan 등

3. 약리효능·효과

혈압강하, 변비 특히 노인변비, 출산 후 변비 등에 좋다. 마약류로 유통이 금지되어 있음.

4. 채집가공·활용

가을에 열매가 익었을 때 채취하여 햇볕에 말려 사용하고, 살짝 볶아 빻아서 사용 함

81. 맥문동(麥門冬)

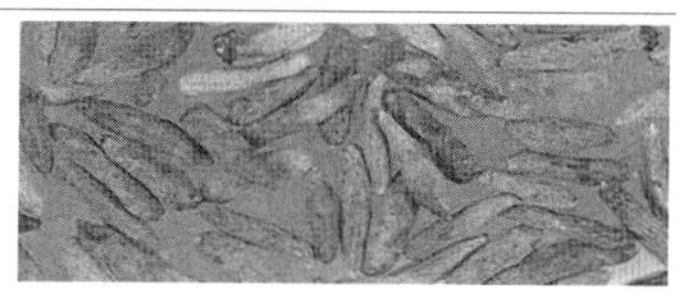

학명 : *Liriope platyphylla, L. spicata,*

이명 : 문동(門冬), 맥동(麥冬), 오구, 양구, 우구, Liriopis tuber

기원 : 나리과 다년생 초본 소엽맥문동의 덩이 뿌리

1. 생물특성·분포

뿌리줄기는 굵고 딱딱하며, 뿌리는 가늘지만 강하고, 수염뿌리 끝이 땅콩처럼 굵어지는 것이 있다. 꽃은 5-6월에 피며, 꽃덮이는 6개, 연한 자줏빛이다. 열매는 얇은 껍질이 벗겨지면서 검은색 종자가 노출된다.

2. 주요물질·성분

Ophiopogonin A, B, C, D, B',C',D', 다종의 Steroid saponin, Monosaccharide와 Oligosaccharide(Glucose, Fructose, Sucrode가 71%) 등이 있고, 주요성분은 6-Aldehydo-isoophiopogonanone A, 6-Aldehydo-isoophiopogonone A, 6-Aldehydo-isoophiopogonone B, 6-Aldehydo-ophiopogonone A, Azetidine-2-carboxylic acid, β-Sitosterol, Borneol-7-O-β-D-glucosylpyranoside, Daucosterol, 3-(3,4-Dihydroxybenzyl)-5-hydroxy-7,8-dimethoxy-6-methyl-4-chromanone, 5,7-Dihydroxy-6-formyl-8-methyl-3-(3,4-methylenedioxybenzyl)chroman-4-one, Ophiopogonin B', Ophiopogonin C', Ophiopogonin D', Ophiopogonin D, Ruscogenin(25R), 2',5,7-Trihydroxy-6-methyl-3-(3',4'-methylenedioxybenzyl)-4-chromenone, Tulipanin, Vicenin-2 등이 있다.

3. 약리효능·효과

보익재로 폐와 호흡기에 좋고, 폐결핵, 만성기관지염, 각혈, 폐열에 사용하고, 점질물이 많아 변비에도 좋다.

4. 채집가공·활용

여름철에 채취하여 햇볕에 말려서 사용, 덩이뿌리의 심을 제거하고 말려서 사용한다.

82. 순비기나무

학명 : *Vitex rotundifolia*

이명 : 만형자(蔓荊子), 만형실(蔓荊實), 만형자나무, Viticis fructus

기원 : 마편초과 순비기나무와 덩굴순비기나무의 성숙한 과실

1. 생물특성·분포

높인 30-50㎝. 꽃은 7-9월에 가지 끝에서 나오는 원추화서로 피고, 꽃받침잎은 술잔 모양이며, 꽃통은 벽자색이다. 열매는 원형 또는 달걀 모양이고 딱딱하며, 지름 5-7㎜로서 9-10월에 흑자색으로 익는다.

2. 주요물질·성분

열매와 잎에 정유가 있으며 Camphene, Pinene, 미량의 Alkaloid, Vit. C, Vitexicarpin (Casticin)이 있다.

3. 약리효능·효과

감기로 인한 두통, 어지럼증, 눈이 충혈되고 아픈데, 신경성 두통과 고혈압성 두통, 체온강하 등에 사용

4. 채집가공·활용

가을에 과실이 성숙하면 채취하여 햇볕에 말려서 사용하거나 황색이 될 때까지 볶아서 사용

83. 쇠비름

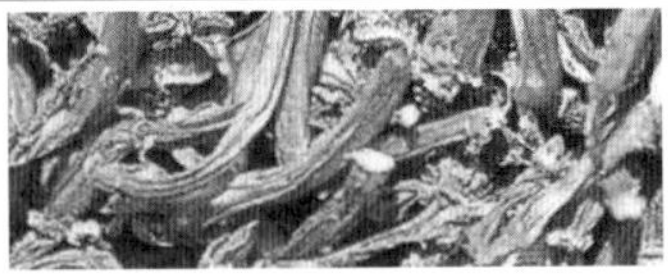

학명 : *Portulaca oleracea*
이명 : 마치현(馬齒莧), 마현(馬莧), 말비름, Portulacea herba
기원 : 쇠비름과 일년생 본인 쇠비름의 전초
1. 생물특성·분포
쇠비름은 일년생 초본에 다육질, 줄기는 원주형, 잎은 도란형, 꽃은 7~9월에 황색, 종자는 8~10월에 흑갈색
2. 주요물질·성분
Alanine, Aspartic acid, Behenic acid, β-Amyrin, β-Sitosterol, Campesterol, Caproic acid, Ferulic acid, Isopalmitic acid, Lauric acid, Linolenic acid, L-Malic acid, Myristic acid, Malic acid, Oleic acid, Oxalic acid, Poria cocos polysaccharide H-11, Portulaca polysaccharide IB, Norepinephrine, Pachyman, Phorbic acid, Portuloside A, Stearic acid, Stigmasterol, Vitamin C, Dopamine, Saponine, Tannin 등
3. 약리효능·효과
해열, 해독, 소염 작용이 있고, 이질, 요도염, 대하증, 마른 버짐, 무좀, 습진, 종기 등을 사용
4. 채집가공·활용
봄에서 가을에 줄기와 잎을 채취하여 말려서 사용.

84. 모과

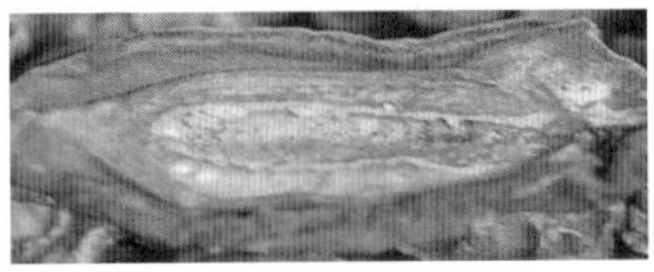

학명 : *Chaenomeles sinensis, C. speciosa*
이명 : 목과(木瓜), 목과실(木瓜實), 철각리(鐵脚梨), Chaenomelis fructus
기원 : 장미과 모과나무의 과실
1. 생물특성·분포
흔히 모과로 부르며 크기는 높이 7-10m. 잎은 어긋나며 턱잎은 바늘모양이고, 꽃은 연한 붉은색으로 5월에 핀다. 열매는 지름 8-15㎝의 원형으로 딱딱하고, 9월에 노란색으로 익으며 향기가 좋고, 신막이 강하다.
2. 주요물질·성분
Malic acid, Citric acid, Tartaric acid, Saponin, β-Sitosterol, Campesterol, β-D-Glucopyranoside, Campesteryl-β-D-Glucopyranoside, Oleanolic acid, Tormentic acid, Chaenoside A, B 등
3. 약리효능·효과
소화촉진, 구역질과 담을 삭인다. 감기, 기관지염, 폐렴 등으로 기침이 심할 때 효과가 좋다.
4. 채집가공·활용
가을에 성숙한 과실을 채취하여 열수처리(5-10분) 하여 건조하다가 4-5조각으로 잘라 완전히 말려 사용한다.

85. 엿기름

학명 : *Hordeum vulgare var. hexastichon*
이명 : 맥아, 대맥모(大麥毛), 대맥아(大麥牙), Hordei fructusgerminiatus
기원 : 벼과 보리의 이삭을 발아시킨 것
1. 생물특성·분포
맥아는 긴 방수형이며 새싹과 유근이 있고, 엷은 황색으로 배유는 유백색이다.
2. 주요물질·성분
Aconitic acid, β-Sitosterol, Caffeic acid, Dimethylamine, Ethylamine, Feruloylquinic acid, Diastase, Vitamin B, 지방, 포도당, 맥아당 등이 있다.
3. 약리효능·효과
흔히 민간에서는 소화제처럼 사용하며 소화불량, 식욕부진, 구토, 설사 등에 사용한다.
4. 채집가공·활용
성숙한 영과(穎果)를 채취하여 발아시켜 맥아로 만들어 햇볕에 말려 사용한다. 약간 볶아 사용하기도 한다.

86. 속새

학명 : *Equisetum hyemale*

이명 : 목적(木賊), 절절초(節節草), Equiseti hiemalis herba

기원 : 속새과 속새의 지상부 전초

1. 생물특성·분포

높이 30-60㎝. 줄기는 곧고 짙은 녹색, 잎은 퇴화되어 비늘모양. 포자낭 이삭은 줄기 끝에 원추형으로 난다.

2. 주요물질·성분

Lutein, Lycophyll, Nicotine, Palustrine, Equisetic acid, Dimethyl sulfone, Thymine, 다량의 규산염, Saponin, Resin 및 glucose를 함유, 전초에는 회분(거의 규산염) 17%, 아미노산 12% 정도 들어 있다.

3. 약리효능·효과

눈물이 나고 충혈된데, 하혈, 혈변성 이질, 탈항 등을 다스림

4. 채집가공·활용

봄과 가을에 채취하여 햇볕에 말려 사용한다.

87. 무궁화 수피

학명 : *Hibiscus syriacus*

이명 : 목근피(木槿皮), 근피(槿皮), 천근피(川槿皮), Hibisci cortex

기원 : 아욱과 낙엽관목 무궁화 나무의 줄기 및 뿌리 껍질

1. 생물특성·분포

무궁화로 높이가 2-4m이고, 줄기는 회색, 잎은 어긋나며 마름모꼴로 가장자리에 불규칙한 톱니가 있다. 꽃은 새가지에 하나씩 피며 종모양으로 홍자색 계통이나 흰색, 분홍색, 다홍색, 보라색, 자주색, 등청색 등이 있다.

2. 주요물질·성분

Tannin, Mucin, Acetylbenzaldehyde, α-Ionone, α-Tocopherol, α-Bisabolol, Anethole, Antheraxanthin, Auroxanthin, β-Bisabolol, β-Carotene, β-Ionone, β-Sitosterol, β-Tocopherol, Campesterol, Chrysanthemaxanthin, Cuminyl alcohol, Indole, Isoeugenol, Isolutein, Pelargonin, Malvidin, Lutein, Pulegone, Quinoline, Safranal, Saponaretin, Saponarin, Syriacusin, Terpinen-4-ol, Thymol, Undecan-2-one, Vitamin C, Vitexin 등.

3. 약리효능·효과

목근피는 옴이나 버짐, 치질염증, 적백대하, 여성생식기 가려움증 치료, 목근화는 소화불량, 설사에 좋다.

4. 채집가공·활용

봄이나 여름에 채취하여 줄기나 뿌리 껍질을 벗겨 햇볕에 말려서 사용한다.

88. 으름덩굴

학명 : *Akebia quinata,. Akebia quinata var. polyphylla*

이명 : 목통(木通), 만년등(萬年藤), 통초(通草), Akebiae caulis

기원 : 으름덩굴과 으름덩굴의 목질경

1. 생물특성·분포

꽃은 암수 딴그루로 5-6월에 잎겨드랑에 총상화서로 달림, 열매는 삭과로 6-10㎝, 10월에 자갈색으로 익는다.

2. 주요물질·성분

Saponin류인 hederagenin 및 oleanolic acid를 주체로하는 akeboside가 있고 줄기에는 akebosides, 뿌리에는 β-sitosterol, butulin, β-glucodide, myoinositol, akebin, hederagenin, oleanolic acid 등

3. 약리효능·효과

혈뇨나 탁한 소변 증상, 월경불순, 유즙분비 불량을 다스린다.

4. 채집가공·활용

가을에 채취하여 외피를 제거하고 햇볕에 말려 사용한다.

89. 모란

학명 : *Paeonia suffruticosa*
이명 : 목단피(牧丹皮), 목작약(木芍藥), 모란뿌리껍질, Moutan cortex
기원 : 미나리아재비과 낙엽소관목인 모란의 뿌리껍질
1. 생물특성·분포
높이 1-1.5m. 꽃은 양성으로 5월에 붉은색으로 피며, 지름 15㎝. 꽃받침잎은 5개, 꽃잎은 8개 이상으로 크기와 모양이 다르다. 수술은 많고 암술은 2-6개, 열매는 골돌과(蓇葖果)로 털이 많고 9월에 익고, 종자는 둥글다.
2. 주요물질·성분
Paeonol, Paeoniflorin, Paeonside, 정유, 알카로이드 등이 있고, 생약으로 저장중 Paeonol 배당체는 분해되어 Paeonol 가향결정이 석출 됨, 주요성분은 Paeonolide, Paeonoside, Benzoic acid, Campesterol, β-sltosterol, Paeoniflorin, Oxypaeoniflorin, Benzoylpaeoniflorin, Benzoyl-dxy-paeoniflorin 등이다.
3. 약리효능·효과
진정, 최면, 진통, 혈압강하, 부종억제, 항균 등 작용이 있고, 생리불순이나 생리통, 토혈, 코피, 혈반에 사용
4. 채집가공·활용
3~5년생 뿌리를 3-10월에 채취하여 속심을 제거하고 햇볕에 말린다. 생용하거나 술에 볶아 사용한다.

90. 목향(木香)

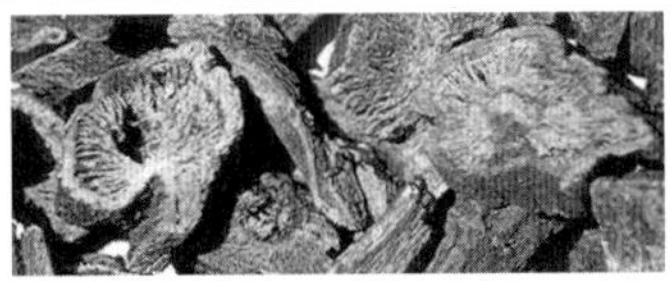

학명 : *Saussurea lappa*
이명 : 운목향(雲木香), 청목향(靑木香), 밀향(蜜香), Aucklandiae radix
기원 : 국화과 다년생 초본인 당목향, 천목향, 월서목향, 토목향의 뿌리
1. 생물특성·분포
높이 1.5-2m. 줄기와 뿌리가 굵다. 꽃은 7-8월에 두상화서, 수과는 타원상 원형, 관모는 2층 깃털모양이다.
2. 주요물질·성분
뿌리와 뿌리줄기의 정유(1-5%)를 식혀 결정을 얻는데, 이것을 helenin이라고 한다.
그리고 inulin, pseudoinulin, saponin, 쓴맛 물질 등과 그외 scopoletin, umbelliferone 등
3. 약리효능·효과
체한 것, 가슴과 배가 부풀고 아픈 것, 구토, 설사, 아랫배에서 대퇴부 쪽으로 당기는 증상 등을 다스린다.
4. 채집가공·활용
가을과 겨울에 채취하여 잔뿌리를 제거하고 햇볕에 말리고, 생용하거나 밀기울로 구워서 사용한다.

91. 몰약(沒藥)

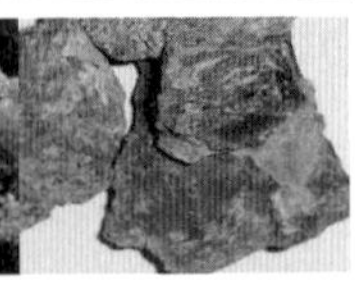

학명 : *Commiphora myrrha. C. abyssinica*
이명 : 말약(末藥), Akebiae caulis
기원 : 감람과 몰약수의 상처 삼출 수지를 건조한 것
1. 생물특성·분포
아프리카, 아라비아 지방에 자생, 수피에 상처를 내어 채취한 수지, 엷은 황색-갈색 덩어리이다.
2. 주요물질·성분
Acetic Acid, β-Sitosterol, Cinamaldehyde, Cuminaldehyde, Dipentene, Eugenol, Limonene, Metacresol 등
3. 약리효능·효과
어혈성 복통, 생리통, 무월경, 멍든데, 부스럼, 점막의 염증 등에 사용함
4. 채집가공·활용
나무에 상처를 입혀 흘러나온 수액을 채취하여 건조한 것.

92. 무화과나무

학명 : *Ficus carica, F. carica*

이명 : 천생자(天生子), 무화과(無花果), 무화과나무, Fig

기원 : 뽕나무과 무화과나무의 열매

1. 생물특성·분포

무화과는 여름철에 고온, 강우량이 적은 기후에 적합. 무화과는 꽃의 종류, 수분의 필요 유무에 따라 원예적으로 카프리계, 스미르나계, 보통계, 산페드로계의 4종가 있다.

2. 주요물질·성분

무화과에 Ficin(단백질분해효소)와 Lipase, Amylase, Paraoxydase, Oxydase 등 및 그외 Stigmasterol, Bergapten, Psoralen, Teraxasterol, β-Sistosterol, Ficusogenin, Rutin, Octacosan-Amylin, Lupeol 등

3. 약리효능·효과

건위작용이 있어 설사나 변비 등의 병증, 인후종통, 치질과 피부의 버짐에 응용한다.

4. 채집가공·활용

가을에 성숙한 과실을 채취하여 햇볕에 말려 사용한다.

93. 밀봉나무

학명 : *Buddleja officinalis*

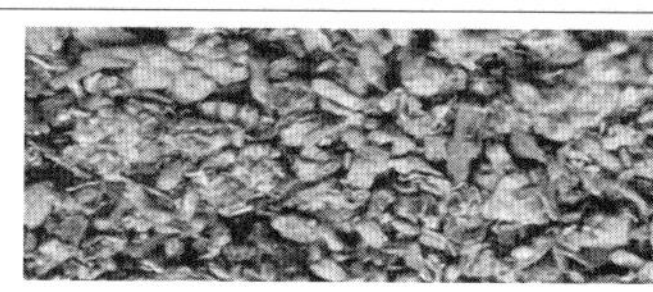

이명 : 밀몽화(密蒙花), 황반화(黃飯花), 소면화(小綿花), Buddlejae flos

기원 : 마전과 낙엽관목 밀몽화나무의 화서

1. 생물특성·분포

중국 호북성 이남에서 자생, 가지와 잎자루, 잎 뒷면, 화서에 부드러운 털이 빽빽하게 있다. 잎은 마주나며 긴 난형, 꽃은 취산형 원추화서가 가지끝과 잎겨드랑이에 모여 나고, 꽃은 통 모양, 열매는 삭과로서 달걀모양이고, 종자가 많이 있다.

2. 주요물질·성분

다량의 Flavonoid 을 함유하며 Acaciin, Acacetin, Glucose, Linarin 등이 있다.

3. 약리효능·효과

거풍(祛風), 한랭(寒冷), 윤폐(潤肺), 명목(明目), 해열, 소염 효능이 있고, 안약으로 녹내장, 충혈되고 눈물이 날 때, 야맹증 등에 좋고, 간과 눈을 보호하는데도 좋다.

4. 채집가공·활용

봄에 꽃이 피기전에 채집하여 햇볕에 말려 사용한다. 하룻밤 술에 담갔다가 변색되면 햇볕에 말려 사용

94. 박하(薄荷)

학명 : *Mentha arvensis var piperascens*

이명 : 소박하(蘇薄荷), 집박하, Menthae herba

기원 : 꿀풀과 다년생 초본인 박하의 지상부 전초

1. 생물특성·분포

높이 50㎝. 꽃은 7-9월에 연한 자줏빛으로 피며 줄기 윗부분과 가지의 잎겨드랑이에 달려 층을 이룸, 수술은 4개, 분과는 타원형, 잎은 난원형-긴 타원형, 길이 2-8 × 너비 10-25㎜, 열매는 맺지 않는다.

2. 주요물질·성분

박하 잎의 정유중 77-78%가 멘톨이고, 그 외에 초산, 수지, 소량의 타닌이 있다. 주요성분은 α-Pinene, Anisaldehyde, β-Car-3-ene, β-Pinene, 3-Carene, Chlorophyll A, Chlorophyll B, 1,8-Cineole, Daucosterol, Ethylene, Eugenol, Isomenthol, Linalool, Menthol, Menthofuran, Menthone, Neomenthol 등이다.

3. 약리효능·효과

건위, 정장, 해열, 치통완화, 흥분, 건위, 진통 등 효능이 있고, 방향청량제로 식료품과 향장품, 향료로도 많이 소비된다. 두통, 중풍, 두풍, 관절통, 피로회복 및 기침, 감기, 눈의 충혈, 인후통, 피부병 치료, 외용제로는 피부점막과 혈관수축 작용으로 말초신경을 마비시켜 염증, 통증, 소양감을 멈추게 한다.

4. 채집가공·활용

여름 5-9월에 채취하여 그늘에서 알려 사용한다. 향기가 매우 좋고 강하여 한약과 신약의 원료, 청량음료의 향기, 제과의 방향원료 등으로 쓰이며 옛날에는 채소로도 사용하였다고 한다.

95. 끼무릇

학명 : *Pinellia ternata, P. tripartita*

이명 : 반하(半夏), 양안반하(羊眼半夏), 대반하, 끼무릇, Pinelliae rhizoma

기원 : 천남성과 다년생 초본인 반하의 덩이줄기

1. 생물특성·분포

둥근 뿌리줄기는 지름 1㎝., 1-2개의 잎이 있으며 작은잎은 3개, 꽃은 6-7월에 피며 육수화서, 수꽃은 대가 없이 꽃밥만 있다. 열매는 녹색 장과이다.

2. 주요물질·성분

Apigenin-6-C-β-D-galactopyranoside, β-Sitosterol, Campesterol, Daucosterol, Choline, Pinellia lectin, Pinellia polysaccaride PT-F-2-1, Pinellin 등

3. 약리효능·효과

거담, 진해 등의 효능이 있어 구토, 기침, 가래에 쓰고, 어지럼증, 두통, 위장염 등을 다스린다.

4. 채집가공·활용

전국에 분퍼하며 뿌리의 구경을 외피를 제거하고 건조하여 사용한다.

96. 갓의 씨앗

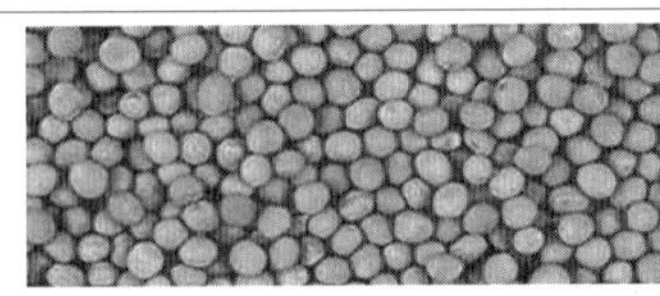

학명 : *Sinapis alba*

이명 : 백개자(白芥子), 개자(芥子), 황개자(黃芥子), Sinapis semen

기원 : 십자화과 숙년생 초본인 겨자 및 갓의 성숙한 종자

1. 생물특성·분포

원산지는 지중해연안과 남유럽, 1-2년생 초본, 근생엽은 갈라지지 않으며 넓은 타원형 또는 거꿀달걀꼴, 경생엽은 긴 타원형으로 양면에 주름이 지며 흔히 흑자색을 띤다. 꽃은 총상화서로 노란색이고, 열매는 6~7월에 각과가 달리고, 씨앗은 둥근 황색이다. 잎과 줄기는 식용하며 씨앗은 겨자로 사용된다.

2. 주요물질·성분

배당체인 Sinigrin, Myrosine, 지방유(37%), Myrosinase(효소), Acetone, Allyl isothiocyanate, Sinabin, α-Tocopherol, Sinapic acid, Sinapin등을 함유한다.

3. 약리효능·효과

온폐거담(溫肺去痰), 이기산결(理氣散結), 통락지통(通絡止痛) 효능 및 위점막 자극, 항균 및 억균, 국부자극 작용이 있다. 구비(久痹), 구토반위(嘔吐反胃), 담탁해수(痰濁咳嗽), 담탁효천(痰濁哮喘), 요통(腰痛), 유담(流痰), 음저(陰疽), 전광(癲狂), 탈저(脫疽), 한습각기(寒濕脚氣), 흉협창만(胸脇脹滿) 치료에 사용한다.

4. 채집가공·활용

여름과 가을에 성숙한 과실의 종자를 채취하여 햇볕에 말려 사용하며 생용 혹은 볶아서 사용한다. 흔히 향신료의 겨자는 씨앗은 가루로 만들어 따뜻한 물을 부어 두면 씨속에 함유된 시니그린 (Sinigrin)이 효소인 미로신 (Myrosine)에 의해 가수분해 되어 약 1%의 휘발성 겨자기름 (Allyisothiocyanate)이 유리되어 특유의 향기와 코를 찌르는 듯한 톡 쏘는 매운맛이 생기게 된다. 꽃이나 식초를 함께 넣고 개서 5-10분쯤 두면 효소활성이 활발해져서 매운 맛이 더 강해진다.

97. 댕댕이덩굴

학명 : *Stephania tetrandria, S. acutun*
이명 : 목방기(防己), 한방기(漢防己), Stephaniae tetrandrae radix
기원 : 방기과 댕댕이덩굴, 한방기의 뿌리

1. 생물특성·분포

길이 7m이며 잎은 어긋난다. 꽃은 암수 딴그루로 6월에 피는데, 잎겨드랑이에서 나오는 총상화서에 달린다. 열매는 핵과로 둥글며, 10월에 검은색으로 익는다.

2. 주요물질·성분

목방기에는 Trilobine, Isotrilobine, Trilobamine 등을 함유, 한방기에는 Sinomenine, Disinomenine, Sinactine, Tuduranine 등의 알칼로이드와 Stigmasterol, Sitosterol 등이 있다.

3. 약리효능·효과

진통, 해열, 이뇨 등 효능이 있어 감기, 중풍, 요도염, 설사, 부인구토, 얼굴마비, 손발통증 치료에 사용

4. 채집가공·활용

목방기(한국 산야), 한방기(중국의 남방)를 봄과 가을에 채취하여코르크 껍질을 벗기고 햇볕에 말려 사용한다.

98. 방풍(防風)

학명 : *Ledebouriella seseloides, L. divaricata*
이명 : 중국방풍(中國防風), 회초(茴草), 병풍(屛風), Ledebouriellae radix
기원 : 미나리과 방풍의 뿌리

1. 생물특성·분포

높이 1m. 줄기는 곧게 서고, 가지가 많고 둥근 모양, 잎은 어긋나며 꽃은 7-8월에 흰색 복산형화서를 이루고, 열매는 편평한 타원형 분과이다.

2. 주요물질·성분

휘발성 정유, 페놀성 물질, 고미배당체, Mannitol, 다당류, 유기산 등이 있으며 주성분은 Ligustilide와 n-Butyliden phthalide 등이다.

3. 약리효능·효과

뿌리에는 해열, 진통, 발한, 거담, 해독 등 효능이 있고, 감기몸살, 두통, 뼈마디 통증, 중풍에 사용한다.

4. 채집가공·활용

봄과 가을에 이년생 뿌리를 채취하여 햇볕에 말리고, 생용하거나 지사용은 볶고, 지혈용은 까맣게 볶아 쓴다.

99. 은행씨

학명 : *Ginkgo biloba*
이명 : 백과(白果), 압각수, 은행씨, 은행나무, 은행(銀杏), Ginkgo semen
기원 : 은행나무과 낙엽소목인 은행나무의 성숙한 종자

1. 생물특성·분포

동아시아에 분포하는 원시식물, 높이 30m. 잎은 부채꼴. 꽃은 암수 딴그루로 5월에 짧은 가지에 잎과 함께 핀다. 열매는 노란색으로 둥글며, 종자는 난형으로 2-3개의 능선이 있고, 흰색이다

2. 주요물질·성분

Ginkgoic acid, Hydroginkgolic acid, Ginkgetin, Isoginkgetin, Ginkgolides, Pyridoxine, Ginkgotoxin이 있고, 전분 31.5%, Tryptophane이 많고, Ergosterine, Vit. A와 C, Niacin, 벤토산, Cytokinin 등이 있다.

3. 약리효능·효과

진해, 거담, 활열, 이뇨 작용이 있고, 폐결핵, 천식, 가래가 많은 증상, 배뇨곤란, 대하, 유뇨증, 오줌을 자주보는 증상 등에 사용하고, 잎 추출물은 혈전용해제, 말초순환기장애 치료, 기억력 회복, 고혈압 예방 등에 사용한다.

4. 채집가공·활용

가을에 성숙한 열매를 채취하여 씨앗을 모아 햇볕에 말려 사용한다. 탕제는 생용하나 산제는 찌거나 볶아 사용 함.

100. 자란(紫蘭)

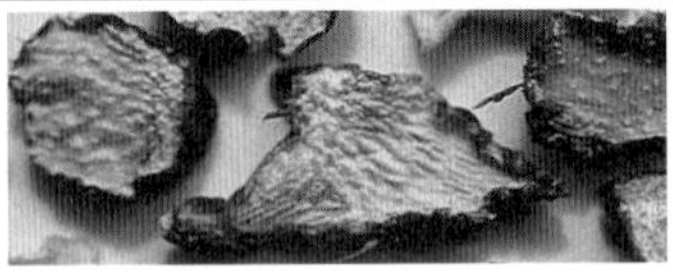

학명 : Bletilla striata
이명 : 백급(白芨), 백급(白給), 감근(甘根), 자혜근, Bletillae rhizoma
기원 : 난초과 다년생 초본인 자란의 덩이줄기
1. 생물특성·분포
난초과 다년생 초본으로 줄기의 높이 40-70㎝. 잎은 줄기 밑부분에서 5-6개가 달림, 꽃은 5-6월에 홍자색으로 피며, 6-7개의 꽃이 총상으로 달린다. 열매는 삭과로 길이 3-3.5㎝이다.
2. 주요물질·성분
덩이줄기에는 전분 30%, 포도당 1.5%, 점액질(Bletillagum), 정유가 있고, 주성분은 Batatasin III, Blestriarene-A,B,C, 4,7-Dihydroxy-2-methoxy-9,10-dihydrophenanthene, Mannotriose, p-Hydroxybenzoic acid, p-Hydroxybenzyl alcohol, Physcion, Protocatechuic acid, Shanciguol, Rancinamycin IV 등이다.
3. 약리효능·효과
소염, 지혈작용이 있어 기침, 코피, 외상성 출혈 등의 출혈증, 염증, 악창(惡瘡), 타박상에도 좋다.
4. 채집가공·활용
고산에 자생하며 관상용으로 재배도 한다. 여름과 가을에 채취하여 햇볕에 말려 사용한다.

101. 백두구(白豆寇)

학명 : Amomum cardamomum
이명 : 다골(多骨), 백구(白寇), 각박(殼泊), Amomi rotundus fructus
기원 : 생강과 다년생 초본인 (자바)백두구 성숙한 탈피 과실의 과피
1. 생물특성·분포
다년초로 뿌리줄기는 포복하고 굵고 크며 마디가 있고 목질이다. 줄기는 직립하고 원주상이며 높이는 2-3m, 잎은 2줄로 어긋나고 잎자루는 없으며 선상 피침형으로 길이는 23cm 정도된다.
2. 주요물질·성분
열매에 정유(2.4%)와 α-borneol, α-camphor, α-numulene, numulene epoxide, 1,8-cineol, α-,β-terpinene, α-,β-pinene, caryophyllene, myrcene, myrtenal, carvone, terpinele-4-ol, sabinene 등
3. 약리효능·효과
방향성 건위, 구풍, 위액분비 촉진, 장의 연동운동 활성화로 위통, 헛배부름, 소화불량, 구토, 딸꾹질에 약용함.
4. 채집가공·활용
가을에 황녹색을 성숙과를 채취하여 햇볕에 말리고, 볶아 분쇄하여 사용한다.

102. 할미꽃

학명 : *Pulsatilla koreana*
이명 : 백두옹(白頭翁), 조선백두옹, 노고초, Pulsatillae radix
기원 : 미나리아재비과 다년생 초본인 할미꽃의 뿌리
1. 생물특성·분포
북반구에 30여 종이 분포하며 뿌리는 원주형으로 굵다. 작은잎 5개인 우상복엽, 꽃은 4-5월에 피며 밑을 처짐, 꽃받침 조각은 6개, 적자색이다. 수과는 긴난형으로 길이 5㎜, 겉은 민들레처럼 흰색 털이 있다.
2. 주요물질·성분
뿌리에는 Protoanemonin, Pulchinenoside, Betulinic acid, Anemonin, Saponin(9%) 등이 있다.
3. 약리효능·효과
항균, 진정, 진통, 피부점막자극, 심장독 작용 등이 있고, 이질, 아메바성 이질, 경부림프절염, 치질출혈, 혈성설사, 월경이상 등에 좋고, 독과 어혈을 풀어주어 신경통, 말라리아, 종기에 해독제, 수렴제로 사용함
4. 채집가공·활용
봄철 꽃이 피기전에 채취하여 뿌리를 자라서 햇볕에 말려 사용한다.

103. 가위톱

학명 : *Ampelopsis japonica*

이명 : 백렴(白蘞), 백근(白根), 곤륜, 토핵, 백초, 가회톱, Ampelopsis radix

기원 : 포도과 가위톱의 뿌리

1. 생물특성·분포

황해 이북 중국 동북부 등지에 분포, 길이 2m 이상, 갈색의 덩이뿌리, 잎은 장상(掌狀)으로 3~5개로 갈라짐, 꽃은 양성화로 6~7월에 연한 노란색의 취산화서, 열매는 장과로 9~10월에 익으며 흰가루로 덮혀 있다.

2. 주요물질·성분

뿌리에는 Gallotannins, Quercetin 3-O-(2-O-galloyl)-α-rhamnoside, 유기산, 점질물, 녹말 등이 있다.

3. 약리효능·효과

청열해독(淸熱解毒), 산결(散結), 염창생기(斂瘡生肌), 지통(止痛)의 효능이 있어 옹종(癰腫), 화상(火傷), 경간(驚癎), 혈리(血痢), 장풍(腸風), 치루(痔漏)를 치료하고, 소아경련과 학질, 성기부종, 적백대하에 사용

4. 채집가공·활용

황해도 이북에 분포하며 봄과 가을에 채취하여 햇볕에 말리거나 쪄서 말린다.

104. 띠뿌리

학명 : *Imperata cylindrica var koenigii*

이명 : 백모근(白茅根), 백화모근(白花茅根), 삐비, 띠, Imperatae rhizoma

기원 : 벼과 다년생 초본인 띠의 뿌리줄기

1. 생물특성·분포

줄기는 30~80cm, 잎은 뿌리에서 나며 편평하고, 꽃은 5~6월에 흰색으로 피며 줄기 끝에 수상화서를 이룸,

2. 주요물질·성분

뿌리줄기에 Anemonin, Arborinol-methyl ether, Arundonin, Campesterol, catechol, Benzoic acid, β-Sitosterol, 6-C-Glucopyranosyl-3',4',5,7-tetrahydroxyflavone, Chlorogenic acid, Citric acid, Cylindrin, Fructose, Fumaric acid, Gentisic acid, 5-Hydroxytryptamine, Glucose, Neochlorogenic acid, o-Coumaric acid, Oscine, Oxalic acid, p-Hydroxybenzaldehyde, p-Hydroxybenzoic acid, Scopoletin, Scopolin, Stigmasterol, Vanillic acid, Vanillin, Xylose 등

3. 약리효능·효과

양혈지혈(凉血止血), 이습퇴황(利濕退黃), 청열이뇨(淸熱利尿) 보중익기(補中益氣) 효능이 있고, 토혈, 코피, 혈뇨, 부정자궁 출혈, 생리불순 등에 사용하고, 황달, 소갈, 타박상, 신장염, 신장성 고혈압, 간염 등에 사용한다.

4. 채집가공·활용

봄에 싹이 나오기전이나 가을철에 뿌리를 채취하여 햇볕에 말려 생용하거나 볶아서 사용한다.

105. 백미꽃

학명 : *Cynanchum atratum*

이명 : 백미(白微), 미초(薇草), 골미(骨美), Cynanchi atrati radix

기원 : 박주가리과 다년생 초본인 백미꽃의 뿌리

1. 생물특성·분포

박주가리과 초본으로 높이 30-60m. 줄기는 곧고 유즙이 있고, 원주형 긴 뿌리는 말꼬리 모양이다. 잎은 타원형으로 마주나고, 꽃은 5-7월에 흑자색으로 줄기 상부에 모여 난다. 열매는 골돌로 넓은 비늘 모양이다.

2. 주요물질·성분

Arsenic, Cynanchol, 방향성 정유, Cynatratosides, Atratosides, Cynaversicosides 등이 함유되어 있다.

3. 약리효능·효과

해열, 강심, 이뇨, 진해, 혈압상승 효능이 있고, 발열, 폐열 해수, 종기, 악창, 인후염, 뱀에 불린 상처에 사용한다.

4. 채집가공·활용

전국 고산지대의 양지쪽에 자생하는 가공 : 잡질을 제거하고 잘라서 사용한다.

106. 백부근(百部根)

학명 : *Stemona japonica, S. sessilifolia*

이명 : 백조근(百條根), 수약(嗽藥), 구충근(九蟲根), 백부, Stemonae radix

기원 : 백부과 다년생 초본인 덩굴백부의 덩이뿌리

1. 생물특성·분포

중국에 분포하며 높이 60-90㎝., 뿌리는 굵은 방추형으로 수십 개가 모여 남, 줄기의 윗부분은 덩굴성이고, 잎은 보통 4개가 돌려 난다. 꽃은 7월에 피며, 열매는 삭과로 9월에 익는다.

2. 주요물질·성분

백부의 괴근에는 많은 양의 Alkaloid가 함유되어 있는데, Stemonine, Isostemonidine, Protostemonine, Paipunine, Hypotuberostemonine 등

3. 약리효능·효과

온폐(溫肺), 윤폐(潤肺), 하기(下氣), 화담(化痰), 지해(止咳), 항균(抗菌), 살충(殺蟲), 멸슬(滅蝨) 등의 효능이 있고, 기침, 백일해, 몸에 이(蝨), 음부 소양증, 옴, 부스럼, 담마진 등에 약용한다.

4. 채집가공·활용

봄과 가을에 채취하여 끓는 물 속에 당침하거나 쪄서 햇볕에 말리고, 생으로 사용하면 살충력이 강하고, 꿀에 구워 사용하면 기침을 멎게 하는 진해작용이 강해진다.

107. 노랑돌쩌귀

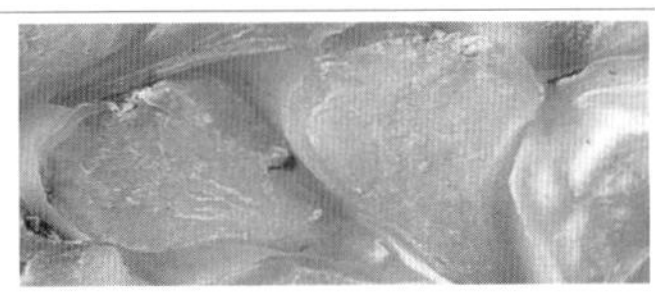

학명 : *Aconitum koreanum, Typhonium giganteum*(독각련)

이명 : 백부자(白附子), 관백부(關白附), 독각련(獨角蓮), Typhonii rhizoma

기원 : 흰바꽃 뿌리줄기, 천남성과 다년생 초본인 독각련 덩이줄기

1. 생물특성·분포

줄기는 곧게 서며 높이는 1m, 마늘쪽 같은 뿌리가 2-3개씩 달림, 잎은 어긋나고, 꽃은 7-8월에 피며 연한 황색이나 자줏빛 총상화서, 뿌리 덩이는 맛은 쓰며 혀끝이 마비된다.

2. 주요물질·성분

백부자의 괴경에는 β-sitosterol, Saponin, Glucoside, 유기산, 당류, 점액질 등이 있다.

3. 약리효능·효과

두통, 파상풍 등에 효과를 나타낸다.

4. 채집가공·활용

한국, 중국 동북지역 고산에 자생하며 생백부자를 수침하여 2-3회 세척하여 5-7일 후에 30분간 삶아 음건

108. 측백나무씨

학명 : *Thuja orientalis, Biota(Thuja) orientalis*

이명 : 백자인(柏子仁), 백실(柏實), 측백자(側柏子), Biotae semen

기원 : 측백나무과 측백나무의 성숙한 종인(種仁)

1. 생물특성·분포

동아시아 분포, 울타리용으로 식재, 상록침엽수로 교목으로 잎은 중엽은 능형이나 난형, 꽃은 자웅일가로 꽃이삭은 작은 구형이다. 열매는 구과로 둥근 난형, 종자는 타원형으로 9-10월에 익는다.

2. 주요물질·성분

열매에는 지방유 14% 정도, 소량의 정유와 사포닌이 있고, 주성분은 D-α-Pinene 등이다.

3. 약리효능·효과

잎에는 지혈, 진해, 거담, 소염, 항균, 항바이러스 효능으로 고혈압, 해수, 지혈, 단독의 치료에 좋고, 열매의 종인(種仁)은 자양강장, 진정, 안정, 통변 효능이 있어 불면증, 신경쇠약, 기침, 가래, 변비 등을 치료한다.

4. 채집가공·활용

가을에 성숙한 종자를 채취하여 종피를 제거한 종인을 취하여 그늘에 말려 사용한다.

109. 백선피(白鮮皮)

학명 : *Dictamnus albus*
이명 : 백전(白膻), 백양(白羊), 금작아초, 백선, Dictamni radicis cortex
기원 : 산초과 다년생 초본인 백선의 뿌리 껍질
1. 생물특성·분포
높이 90㎝, 곧은 줄기와 굵은 뿌리가 있고, 잎은 어긋남, 꽃은 5-6월에 피며 연한 붉은색으로 원줄기 끝에 총상화서로 달림, 열매는 삭과로 5개로 갈라지며 털이 있다.
2. 주요물질·성분
뿌리에는 β-Sitosterol, campesterol, dasycarpol, dictamnoside A-E, dictamnine, fraxinellone, γ-fagarine, isomaculosidine, isoquercitrin, limonin, diosphenol, ethylfagarine, ethylskimmianine, obacunone, psoralen, scopoletin, quercetin, skimmianine, xanthotoxin 등
3. 약리효능·효과
습진, 농양, 피부가려움증과 음부가려움증, 황달, 소변불리에 좋고, 추출액은 해열, 항균작용이 있다.
4. 채집가공·활용
봄과 가을에 채취하여 껍질을 제거하고 목심에서 기름을 제거하여 햇볕에 말려 사용한다.

110. 백작약(白芍藥)

학명 : *Paeonia lactiflora var. hortensis*
이명 : 백작(白芍), 작약(芍藥), 금작약(金芍藥), Paeoniae radix alba
기원 : 미나리아재비과 다년생 초본인 함박꽃과 산작약의 뿌리
1. 생물특성·분포
높이 40~50cm, 뿌리는 굵은 육질, 잎은 2회 3출엽으로 긴 타원형, 꽃은 6월에 흰색, 원줄기 끝에 1개씩 달림, 열매는 골돌과로 종자는 흑색이다.
2. 주요물질·성분
뿌리에 배당체(Paeonolide, Paeoniflorin), Paeonine 및 Tannin, Methylsalicylic acid, Salicylic acid, 정유, 소량의 Albiflorin, Oxypaeoniflorin, Benzoypaeoniflorin, Benzoic acid, β-Sisterol 등이 있다.
3. 약리효능·효과
수렴, 해열, 진정, 진통, 진경, 해열, 항염, 항궤양, 혈압강하, 관상동맥확장, 항균 등의 작용이 있고, 각종 통증과 함께 생리불순, 생리통, 식은 땀, 가슴, 옆구리와 배 통증, 팔다리의 경련과 통증 등에 효과가 있다.
4. 채집가공·활용
가을에 수확하여 생용하거나 볶아서 사용하고, 술에 볶아서도 사용한다.

111. 구릿대

학명 : *Angelica dahurica*
이명 : 백지(白芷), 백채(白채), 향백지(香白芷), Angelicae dahuricae radix
기원 : 미나리과 다년생 초본인 구릿대의 뿌리
1. 생물특성·분포
높이 1-2m. 꽃은 6-8월에 흰색의 윤산화서로 작은 꽃대가 20-40개. 열매는 분과로 편평한 타원형
2. 주요물질·성분
뿌리에 Byakangelicin, Byakangelicol, Oxypeucedanin, Imperatorin, Angelic acid, Angelicatoxin(경련)
3. 약리효능·효과
진정, 진경, 항균, 거풍, 진통 작용이 있고, 주로 감기 두통, 치통, 대하, 피부의 창양, 피부병과 소양감에 좋다.
4. 채집가공·활용
여름이나 가을에 채취하여 물에 담가 연하게한 후 썰어 건조하여 사용한다.

112. 민백미뿌리

학명 : *Cynanchum stauntoni*
이명 : 백전(白前), 수약(嗽藥), 석람(石蓝), Cynanchi stauntonii rhizoma
기원 : 박주가리과 다년생 초본인 백전의 뿌리줄기 및 뿌리

1. 생물특성·분포

민백미꽃 뿌리로 산지의 양지 풀밭에서 자람, 높이 30~60cm, 줄기에 유액, 잎은 마주나며 타원형, 꽃은 5-7월에 흰색 산형화서, 열매는 골돌과로 뿔모양이다. 종자에는 흰색털이 있다.

2. 주요물질·성분

주성분으로 Triterpenoid saponin류로 Glucoside A-J 및 Hamcockinol, β-Sitosterol, 지방산(C 24-30) 등

3. 약리효능·효과

거담, 진해 작용이 있고, 기침, 천식에 좋다.

4. 채집가공·활용

가을에 채취하여 생용 혹은 꿀에 구워서 사용함

113. 남가새

학명 : *Tribulus terrestris*
이명 : 백질려(白蒺藜), 자질려(刺蒺藜), 질려자(蒺藜子), Tribuli fructus
기원 : 납가새과 일 · 다년생 초본인 납가새의 성숙한 과실

1. 생물특성·분포

바닷가의 모래밭에 자람, 길이는 1m, 잎은 마주나고 짝수 깃꼴겹잎, 7월에 노란색 꽃, 열매는 5개조각의 합과

2. 주요물질·성분

Kaempferol, Kaempferol-3-glucoside, Tribuloside, Peroxidase 등과 지방유 3.5%, 소량의 정유, Tannin, 수지스테롤, 미량의 Alkaloid, Saponin 등이 함유

3. 약리효능·효과

혈압강하, 이뇨 작용 및 두통, 어지러움, 가슴과 옆구리통증, 젖분비 불량, 풍열성 눈충혈, 가려움증 등에 사용

4. 채집가공·활용

가을에 성숙한 과실을 채취하여 햇볕에 말리고, 생용하거나 살짝 볶거나 소금물에 굽는다.

114. 흰삽주

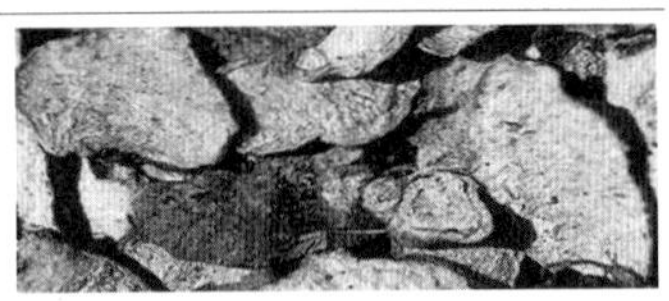

학명 : *Atractylodes macrocephala*
이명 : 백출(白朮), 산계(山薊), Atractylodis macrocephalae rhizoma
기원 : 국화과 다년생 초본인 흰삽주의 뿌리줄기

1. 생물특성·분포

높이 50-60cm, 뿌리줄기가 굵고, 잎은 어긋남, 꽃은 7-10월에 자색, 열매는 수과로 부드러운 털이 있다.

2. 주요물질·성분

Atractylol을 주성분으로 하는 정유와 Atractylon, Vitamine A, Atractylenolide I, II, III, ß-Eudesmol, Hinesol, Atractylodin, 3-β-Acetoxyatractylon, 1,4-Diacetoxytetradeca-6,12-diene-8,10-diyne, (6E,12E)-Tetradecadiene-8,10-diyne-1,3-diol diacetate, 1(5),11-Guaiadiene, 3-Hydroxyatractylon, Selina-4(14),7(11)-diene-8-one, Tetradeca-4-trans-6-trans-12-trans-triene-8,10-diyne-1,3-diol diacetate 등

3. 약리효능·효과

진정, 마비 작용이 있고, 추출물은 이뇨, 항균 작용이 있음, 명치 불편, 구토, 설사, 식욕부진과 권태에 좋음

4. 채집가공·활용

봄과 가을에 채취하여 잔뿌리와 노두를 제거하고 말려서 사용

115. 까치콩

학명 : *Dolichos lablab*
이명 : 백편두(白扁豆), 남편두(南扁豆), 편두(扁豆), 작두, Dolichoris semen
기원 : 콩과 편두(까치콩)의 성숙한 종자
1. 생물특성·분포
길이 6m. 잎은 어긋나며 3출엽, 꽃은 총상화서로 자줏빛, 꽃은 접형(蝶形), 열매 꼬투리는 5개 씨앗이 있음
2. 주요물질·성분
단백질, 지방, 탄수화물, 칼슘, 인, 철과 함께 Phytin, Pantothenic acid, 아연이 함유되어 있고, 또한 청산배당체, Trypsin reductase, Amylase inhibior, 적혈구응집소 A, B 등이 있고, 꽃에는 Robinin이 있음.
3. 약리효능·효과
보양용으로 먹고, 설사, 대하, 구토 등의 증상에도 좋다.
4. 채집가공·활용
가을에 완숙종자를 채취하여 햇볕에 말려 사용한다.

116. 참나리

학명 : *Lilium longiflorum, L. tigrinum*
이명 : 백합(百合), 백백합(白百合), 참나리, 나리, Lilii bulbus
기원 : 나리과 다년생 초본인 참나리의 비늘줄기
1. 생물특성·분포
높이 30-100㎝., 비늘줄기는 편구형의 다육질, 잎은 바늘 모양, 꽃은 5-6월에 통꽃, 열매는 삭과 긴 타원형이다.
2. 주요물질·성분
비늘줄기에는 Colchicine 등의 수종의 Alkaloid 성분이 있고, 전분, 단백질, 지방 등도 다소 함유되어 있다.
3. 약리효능·효과
진정, 진해, 이뇨 작용이 있고, 마른 기침, 토혈, 가슴두근거림, 정신이 불안 등에 사용한다.
4. 채집가공·활용
가을에 뿌리줄기를 채취하여 생용하거나 꿀에 구워서 사용한다.

117. 보골지(補骨脂)

학명 : *Psoralea corylifolia*
이명 : 파고지(破故紙), 흑고자(黑故子), 개암풀, Psoraleae fructus
기원 : 콩과 일년생 초본인 파고지의 성숙한 종자
1. 생물특성·분포
중국 남부에 자생, 높이는 1-1.5m, 잎은 어긋나며 꽃은 7-8월에 두상 총상화서, 꽃잎은 나비 모양으로 연한 자주색, 열매 꼬투리는 난형, 검은색 껍질이 밀착되어 있고, 종자는 1개이다.
2. 주요물질·성분
Corylifolinini, Courmarin 유이(類以)물질, Flavonoid화합물, 정유(약 20%), 유기산, 수지, 정유, Bakuchiol, Psoralen, Angelicin, Bavachin, Bavachinin, Isobavachin, Isopsoralen, 지방유 등이 함유되어 있고, 껍질에는 Psoralidin, Corylifolin 등이 함유되어 있다.
3. 약리효능·효과
강심, 항암, 지혈, 항균, 여성호르몬 유사 작용 등이 있고, 허리와 무릎이 시리고 아픈데, 소변을 자주 볼 때, 음위와 유정, 유뇨, 설사 등에 효과가 좋다.
4. 채집가공·활용
가을철에 성숙한 종자를 채취하여 햇볕에 말려 생용하거나 소금물에 담구었다가 볶는다.

118. 백운풀

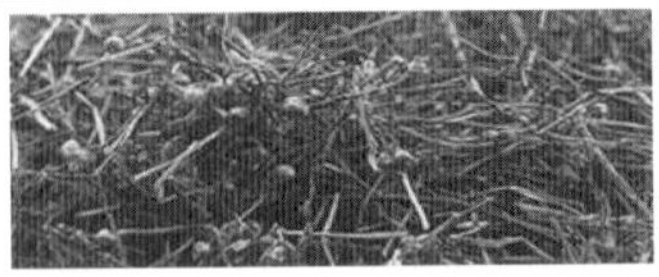

학명 : *Oldenlandia diffusa, Hedyotis diffusa*
이명 : 사설초(蛇舌草), 백운풀, 화설초, Oldenlandiae diffusae herba
기원 : 백화사설초(白花蛇舌草) 혹은 백운풀 전초

1. 생물특성·분포

중국남부에 자생, 높이 20~40cm, 잎은 대생하고 난형, 꽃은 흰색으로 화관 4개, 수술은 4개, 열매는 납작한 구형이다. 한국에서도 남부지방과 제주도에 매우 희귀하게 자생한다.

2. 주요물질·성분

Methatriacontane, Hentriacontane, Stigmasterol, Ursolic acid, Oleanolic acid, β-Coumaric acid, β-Sitosterol 등이 함유

3. 약리효능·효과

해열, 해독, 항염 작용이 있고, 인후염, 편도선염, 뱀에 물린데, 소변불리 통증, 위암, 식도암, 직장암 등

4. 채집가공·활용

여름과 가을에 채취하여 햇볕에 말려서 사용한다.

119. 솜양지꽃

학명 : *Potentilla discolor*
이명 : 번백초(翻白草), 계각초(鷄脚草), 계퇴근, Descolor cinquefoil herb
기원 : 장미과 다년생 초본인 솜양지꽃의 전초

1. 생물특성·분포

원줄기는 비스듬히 자라며 전체에 솜털이 밀생, 뿌리는 비대한 방추형, 잎은 총생, 깃골겹잎, 작은잎은 3-7장, 타원형, 꽃은 4~8월에 노란색 취산화서, 열매는 수과로 털이 없는 갈색이다.

2. 주요물질·성분

뿌리에 Tannin, Flavonoid, Protocatechuic acid, Phloroglucinol 등이 있다.

3. 약리효능·효과

객혈, 토혈, 하혈, 붕루 등의 출혈병증에 사용되고, 말라리아, 이질 등의 치료에 사용된다.

4. 채집가공·활용

여름과 가을에 꽃이 피기전에 채취하여 햇볕에 말려서 사용한다.

120. 복령(茯령)

학명 : *Poria cocos*
이명 : 복토(茯토), 복령(伏령), 운령(雲령), 복면(茯免), Poria
기원 : 다공균과(구멍쟁이버섯과) 진균인 복령 균핵을 건조한 것

1. 생물특성·분포

담자균류 민주름목 구멍장이버섯과의 약용버섯, 지하 소나무뿌리의 균핵으로 지름 10-30㎝의 감자모양 또는 타원형 암갈색 덩어리, 표면은 주름이 많다. 산야에 채취하고, 배양하기도 한다.

2. 주요물질·성분

β-Pacyman(7.5%), Triterpenoid 화합물인 Pachymic acid, Pinicolic acid, Ebricoic acid, Tumulosic acid, 3-β-Hydroxylanosta-7,9(11),24-trien-21-oil acid 등이 함유되어 있다.

3. 약리효능·효과

복령의 다당류는 면역촉진, 항암 및 이뇨작용이 있고, 가슴이 두근거리는 불면증, 각종 보양재 원료로 사용.

4. 채집가공·활용

복령 내부를 썰어 말린 백복령, 외피 흑색부를 복령, 피층과 적색부를 적복령, 뿌리가 있는 조각을 복신이라 함

121. 부용화

학명 : *Hibiscus mutabilis, H. sinensis*

이명 : 부용(芙蓉), 칠성화(七星花), 상강화(霜降花), Confederate rose

기원 : 아욱과 부용의 꽃, 뿌리, 잎, 가지 말린 것

1. 생물특성·분포

중국 원산, 크기는 1-3m, 잎은 호생하며 원형으로 꽃은 연한 붉은색, 열매는 둥근 삭과이며 씨는 신장형이다.

2. 주요물질·성분

Flavonoid, Amino acid, Tannin, Betulinic-acid 등과 Ascorbic-acid, β-Carotene, Cyanidin-diglucoside, Hentriacontane, Quercetin, Riboflavin, Thiamin 등이 있다.

3. 약리효능·효과

해열, 청열, 소염, 해독 효능이 있으며 심한 종기, 화상과 폐렴성 기침, 토혈, 백대하 등에 효과가 좋다.

4. 채집가공·활용

귀화식물로 꽃은 채집하여 햇볕에 건조하여 사용한다.

122. 부소맥(浮小麥)

학명 : *Triticum aestivum*

이명 : 부수맥(浮水麥), 부맥(浮麥), 밀쭉정이, Tritici immatri semen

기원 : 벼과 일 · 이년생 초본 밀의 미성숙 유과

1. 생물특성·분포

높이 0.7-1m, 줄기에는 6-9개의 마디가 있음, 잎은 편평한 바늘 모양, 꽃은 5월에 수상화서로 길이 6-10㎝,

2. 주요물질·성분

녹말, 단백질, 지방, 인산칼슘, vit. B 등과 Diazepam, Coumarin, Apigenin, β-Amyrin, β-Carotene, Biotin, Cephalin, Choline, Ergosterol, Folacin, Glutenin, p-Coumaric acid, Pentosans, Purothionin-A, Pyridoxine, Riboflavin, Tocopherol, Trigonelline 등.

3. 약리효능·효과

몸이 약해 식은 땀을 흘리거나, 과로하여 피곤할 때 효과가 좋다.

4. 채집가공·활용

익기전에 채취하여 햇볕에 말려 사용하며 물에 담궈서 뜨는 것을 상품으로 하며 부소맥의 이름의 유래이다.

123. 봉선화

학명 : *Impatiens balsamina*

이명 : 봉선(鳳仙), 봉선화(鳳仙花), 금봉화, 지갑하, 봉선화, Garden balsam

기원 : 봉선화과 봉선화의 전초 및 종자

1. 생물특성·분포

인도, 동남아시아 원산, 높이 25-60cm, 줄기는 육질, 꽃은 6월에 분홍, 빨간, 주홍, 보라색, 흰색 등이 있고, 홑꽃과 겹꽃이 있다. 열매는 삭과(殼果)로 타원형, 씨앗은 터지면 사방으로 퍼짐.

2. 주요물질·성분

꽃에는 각종 Anthocyanin 및 Cyanidin, Delphinidin, Pelargonidin, Malvidin, Kaempfefol, Quercetin, 2-Methoxy-1,4-napthoquinone, Balsaminone-A과 B 등이 있고, 종자에는 Parinaric acid가 있다.

3. 약리효능·효과

소염, 진통 작용이 있으며 산후복통, 월경불순, 간염, 생선이나 게를 먹고 배앓이를 할 때, 신장결석, 요로결석, 어혈, 류머티즘 관절염, 타박상, 종기나 습진을 치료에 좋다.

4. 채집가공·활용

전초와 종자를 가을에 채집하고, 꽃은 꽃이 필때 채취하여 생용 혹은 말려서 사용한다.

124. 복분자(覆盆子)

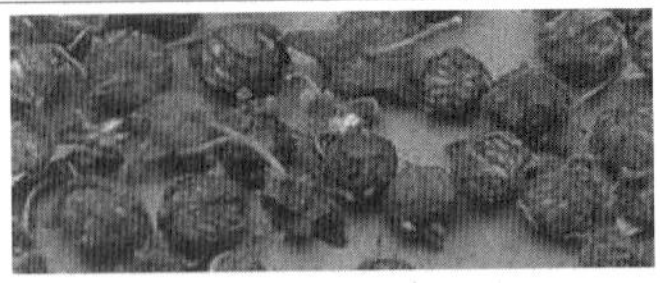

학명 : *Rubus coreanus*
이명 : 복분(覆盆), 오포자(烏포子), 산딸기, Rubi fructus
기원 : 복분자딸기 덜익은 열매을 건조한 것,
1. 생물특성·분포
높이 2-3m, 줄기가 휘어 지면에 뿌리를 내림, 줄기는 자줏빛, 갈고리모양 가시, 꽃은 5-6월에 연한 붉은색, 잎은 깃꼴겹잎, 둥근 열매는 7-8월에 붉은색으로 익지만 점차 검은색으로 된다.
2. 주요물질·성분
복분자에는 유기산, 당류, 소량의 vit. C, 인, 철, 칼륨이 있고, 주요성분은 Coreanogenoic acid, Coreanoside F1, Nigaichigoside F1, Suavissimoside R1, 정유, Saccharide, Vit C 등이고 성숙열매에 Malic acid, Tartaric acid, Isocitric acid, Astragalin, Isoquercitrin, Citronene, Citric acid, 당 등이 있다.
3. 약리효능·효과
해열, 강심, 이뇨 작용 및 신장의 양기를 북돋아주는 작용이 있다고 애용되었고, 남성의 정력 강장제, 신장과 간의 기능 강화 등의 효능과 유정, 몽정, 유뇨증(遺尿症), 소변을 자주 보거나 불임증 등에 사용
4. 채집가공·활용
입하절 후에 녹색을 띤 미숙 과실을 채취하여 술에 찌고 말려 사용한다.

125. 바꽃

학명 : *Aconitum carmichaeli*
이명 : 부자(附子), 오두(烏頭), 바곳, Aconiti iateralis preparata radix
기원 : 미나리아재비과 다년생 초본인 바꽃의 자근 가공품
1. 생물특성·분포
높이 60-120㎝, 뿌리줄기는 흑갈색 방추형, 잎은 어긋나며, 꽃은 9-10월에 피며 꽃받침잎은 남자색으로 5개, 꽃잎은 2개로 긴 발톱모양으로 구부려져 있다. 열매는 골돌로 1.5-1,8㎝ 정도된다.
2. 주요물질·성분
진통과 독성작용 Aconitine과 Mesaconitine, 강심작용 Higenamine과 Coryneine, 그 외 Talatisamine 등
3. 약리효능·효과
심장 수축력 강화, 진통, 소염, 뇌하수체·부신피질계의 호르몬을 흥분 작용이 있으며 심한 통증, 관절·류마티스 질환, 복통, 위장통증, 설사, 곽란, 신경통 등에 사용한다. 부자는 독이 강해서 사용에 세심한 주의를 필요하다.
4. 채집가공·활용
6-7월에 채취하여 가공하며 보통 염부자(鹽附子, 소금물에 침지 건조 반복)로 가공하여 사용한다.

126. 개구리밥

학명 : *Spirodela polyrhiza, Lemna perpusilla*
이명 : 부평(浮萍), 수평(水萍), 부평초(浮萍草), Spirodelae herba
기원 : 개구리밥과 개구리밥 및 좀개구리밥의 전초
1. 생물특성·분포
부유식물로 잎처럼 생긴 넓은 난형, 잎의 앞면은 녹색이고 뒷면은 자줏빛, 꽃은 흰색이다.
2. 주요물질·성분
다량의 Vit. B1, B2, C 및 Flavonoid, Sterol, 엽록소, 당단백질, Tannin 등이 있다.
3. 약리효능·효과
해열, 강심, 이뇨, 뇌척수염 바이러스 항균 작용이 있고, 풍진과 피부 소양증, 부종 등에 효과가 있다.
4. 채집가공·활용
각지의 연못이나 호수에서 여름과 가을에 채취하여 그늘에 말려 사용한다.

127. 비자나무

학명 : *Torreya nucifera*
이명 : 비자(榧子), 적과(赤果), 향비(香榧), 비자나무 종자, Torreyae semen
기원 : 주목과 비자나무의 성숙한 종자
1. 생물특성·분포
높이 25m, 줄기 껍질은 회갈색, 잎은 넓은 바늘 모양, 꽃은 암수 딴그루로 4월에 피고, 수꽃은 잎겨드랑이에 모여 피며 암꽃은 가지끝에 핀다. 열매는 핵과로서 적갈색으로 익고, 종자는 원추형이다.
2. 주요물질·성분
종자에 지방유가 많고, Palmitic acid, Oleic acid, Stearic acid 등과 Tannin, 정유, 다당류 등이 있다. 주요성분은 Artecanin, Behenic acid, β-Sitosterol, Campesterol, Cholesterol, Communic acid, delta-Tocopherol, Ferruginol, Hinokiol, 18-Hydroxyferruginol, Isofucosterol, Isopimaric acid, Kayadiol, Kayaflavone, Neotorreyol, Oleic acid, 18-Oxoferruginol, Palmitic acid, Torreyal, trans-2-trans-6-Farnesol, Vitexin 등
3. 약리효능·효과
각종 기생충 질환에 사용하고, 약한 사하(瀉下)작용이 있어 기생충의 체외 배설을 도와 준다.
4. 채집가공·활용
가을에 종자가 성숙하였을 때 채취하여 햇볕에 말려 사용한다.

128. 비파엽(枇杷葉)

학명 : *Eriobotrya japonica*
이명 : 노귤(盧橘), 비파잎, 비파나무 잎, Eriobotryae folium
기원 : 장미과 상록소관목인 비파나무의 잎
1. 생물특성·분포
높이는 6-8m이며 잎은 어긋난다. 꽃은 10-11월에 가지 끝에 흰색 원추화서로 달리며, 열매는 지름 3-4cm로 다음해 6월에 노란색으로 익는다.
2. 주요물질·성분
잎 정유에는 Nerolidol과 Farnesol, 이외 α-, β-Pinene, Camphene, Myrcene, Citric acid, Tannin 등이 있고, 열매에는 Pentosan 3.74%와 비타민류, 꽃에는 Amygdalin, Cerylalcohol, Amino acid 등이 있다.
3. 약리효능·효과
열을 내려 기침을 멈추고 가래를 삭게하며 구토와 딸꾹질, 만성 기관지염에 이용된다.
4. 채집가공·활용
봄과 여름에 잎을 채취하여 햇볕에 말려 생용하거나 꿀에 볶아서 사용한다.

129. 빈랑(檳榔)

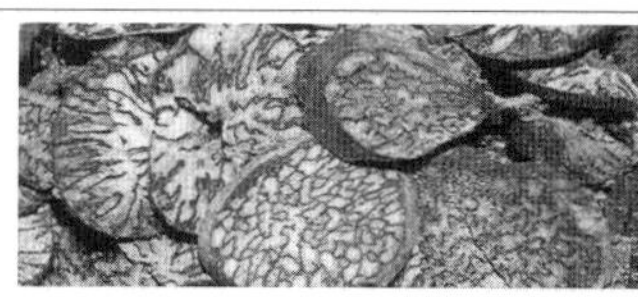

학명 : *Areca catechu*
이명 : 빈랑자(檳榔子), 빈랑나무 종자, 산빈랑, 빈랑손, Arecae semen
기원 : 야자과 빈랑나무의 성숙한 종자
1. 생물특성·분포
둔한 원추형 또는 편평한 구형, 크기는 15-35 × 15-30mm, 조금 특이한 냄새, 떫은 맛과 쓴맛이 있다.
2. 주요물질·성분
Alkaloid 0.3-0.6% 함유, 주성분은 Arecaine, Arecilin, Arecoline, Arecaidine, Guvacine, Guvacoline, Tannin, Fatty oil, Alanine, Cinnamtannin A1, Hydroxychavicol 등
3. 약리효능·효과
구충, 항균, 항바이러스 작용 등이 있으며 각종 기생충증에 사용된다.
4. 채집가공·활용
겨울과 봄에 성숙한 과실을 따서 과피를 벗겨내고 햇볕에 말려 사용하며 볶아서 사용하기도 한다.

130. 도꼬로마

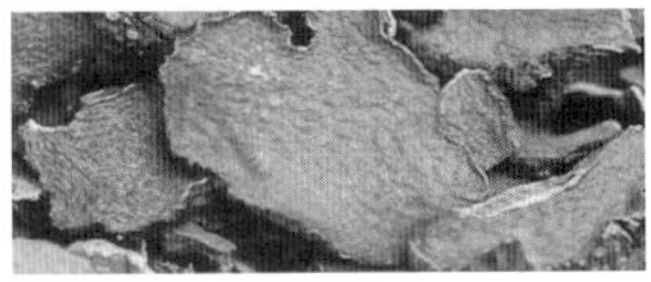

학명 : *Dioscorea tokoro*
이명 : 비해(萆薢), 백지(百枝), 큰마, Dioscoreae tokoro rhizoma
기원 : 마과 큰마의 덩이줄기
1. 생물특성·분포
뿌리줄기는 굵음, 잎은 어긋나고 삼각상 심장형, 꽃은 암수딴그루로 6-7월에 핌. 열매는 삭과로 3개의 날개가 있고, 종자 한쪽에는 막질의 날개가 있다.
2. 주요물질·성분
Saponin 성분인 Dioscin, Dioscorin, Discorea-sapotoxin-A 등은 살충작용, Dioscin은 사상균 항균작용, 그외 Gracillin, Tokoronin, Yononin 등의 Saponin 류가 있다.
3. 약리효능·효과
이뇨효과, 관절이 붓고 아플 때 이용된다.
4. 채집가공·활용
봄과 가을에 채취하여 햇볕에 말려 사용한다.

131. 용뇌수

학명 : *Dryobalanops aromaticag*
이명 : 빙편(氷片), 용뇌(龍腦), 용뇌향(龍腦香), Borneolum syntheticum
기원 : 용뇌향나무 수간 수지 또는 수간 증류한 백색 결정체
1. 생물특성·분포
상록교목인 용뇌향수의 수지, 용뇌수 가지의 삼출 건조수지와 가지를 썰어 수증기증류법으로 승화시켜서 냉각한 결정체, 반투명한 둥근 덩어리 또는 조각이나 과립상의 결정, 유백색 혹은 담회갈색이다.
2. 주요물질·성분
수지성분으로 D-Borneol, 정유에는 다량의 Terpene류 함유, 이외에 Humulene, β-Elemene, Sesquiterpene (Carophyllene 등) 및 Triterpenoide 물질로 Oleanolic acid, Alphitolic acid, Asiatic acid 등이 있다.
3. 약리효능·효과
소아 경기, 중풍, 고열과 정신이 혼미할 때, 인후두염, 구내염, 눈병 및 각종 염증 등에 이용된다.
4. 채집가공·활용
남양군도와 인도 지방에 분포, 가공 정제한 결정체를 사용하며 청량한 향기와 맛이 있다.

132. 범부채

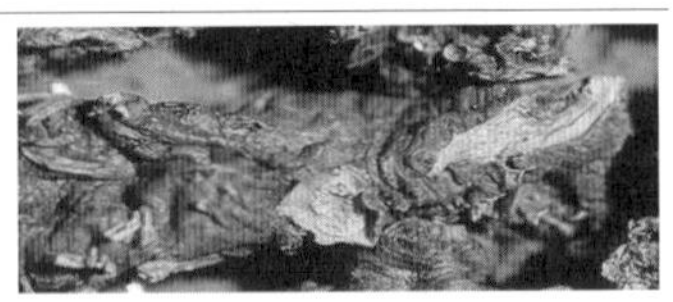

학명 : *Belamcanda chinensis*
이명 : 사간(射干), 오선(烏扇), 사간붓꽃, Belamcandae rhizoma
기원 : 붓꽃과 다년생 초본인 범부채의 뿌리줄기
1. 생물특성·분포
높이 50-100㎝., 꽃은 7-8월에 황적색 바탕에 짙은 반점, 열매는 난형 삭과, 종자는 검은색으로 윤채가 있음.
2. 주요물질·성분
뿌리에는 Belamcandin, Iridin, Tectoridin, Tectorigenin, Isotectoridine Mangiferin 등이 있다.
3. 약리효능·효과
해열, 해독작용, 혈액순환촉진, 종기와 가래를 제거하는 작용이 있다. 해열작용과 항염작용, 진통작용, 혈압강하작용, 항균작용 등이 있다.
4. 채집가공·활용
봄과 가을에 채취하여 줄기와 잔 뿌리를 제거하고 햇볕에 말리거나 쌀뜨물에 1-2일 담구었다가 햇볕에 말린다.

133. 수세미오이

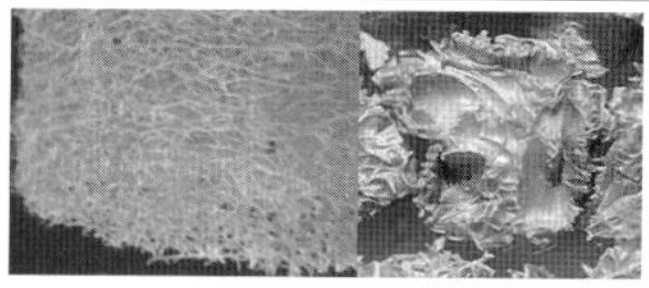

학명 : *Luffa cylindrica*
이명 : 사과락(絲瓜絡), 사과망(絲瓜網), Luffae fructus retinervus
기원 : 박과 수세미오이의 과실의 망상섬유와 유관속
1. 생물특성·분포
줄기는 오각형으로 능선이 있음, 덩굴손을 내어 다른 물체를 감아 오름, 잎은 어긋나며 꽃은 암수 한그루로서 8-9월에 노란색으로 핌, 열매는 원통형으로 녹색이며 섬유질이다.
2. 주요물질·성분
사과락에서는 Saponin, Luffein, 다량의 점액 및 Citrulline, Cucurbitacin, Xylan등이 있고, 사과에는 Citrulline, 사과자에 지방유가 다량 함유되어 있음.
3. 약리효능·효과
해열, 소염, 해독, 유즙촉진 효능이 있고, 종기, 유방염, 풍습성 사지마비통, 해수, 가래, 흉협부동통 등에 좋음
4. 채집가공·활용
완숙과를 채취하여 외피 및 과육과 종자를 제거하고 햇볕에 말린다.

134. 사군자(使君子)

학명 : *Quisqualis indica*
이명 : 오릉자(五棱子), 유구자(留求子), 시군자인, Quisqualis fructus
기원 : 사군자과 사군자나무의 성숙한 과실
1. 생물특성·분포
타원형-난원형으로 4~6개의 세로줄, 횡단면은 5각 별모양, 종피는 엷으며 약한 향기와 맛은 조금 달다.
2. 주요물질·성분
열매에는 Arachidic acid, Potassium quisqualate, Quisqualic acid, Trigonelline, Phytosterols, 지방유 20-27%가 있으며 지방은 Oleic acid, Palmitic acid, Stearic acid, Linoleic acid 등이다. 종피에는 Quisqualic acid 등이 함유되어 있다.
3. 약리효능·효과
회충증으로 인한 복통과 소아감적에 사요한다. 구충제로 흔히 사용된다.
4. 채집가공·활용
가을에 성숙한 과실을 채취하여 탈피하여 햇볕에 말리거나 홍건한다.

135. 사상자(蛇床子)

학명 : *Cndium monnieri*
이명 : 사미(蛇米), 사주(蛇珠), 사상인(蛇床仁), 승독, 조극, Cnidii fructus
기원 : 미나리과 사상자 및 벌사상자의 성숙한 과실
1. 생물특성·분포
사상자는 타원형, 표면은 회황-회갈색, 등쪽면은 3개 늑선, 봉합면 2개의 갈색 늑선이 있고, 향기가 있다.
2. 주요물질·성분
한국산 사상자에는 정유가 1.4% 들어 있고, 주요성분은 α-Cadinene, Torilin, Toriline 및 pErtroceline, Oleine, Myristine이 함유되어 있고, 중국산 사상자에는 1-Pinene, 1-Camphene, Bornyl isovalerate, 와 Osthol 등 12종의 Cumarin 성분이 함유되어 있다.
3. 약리효능·효과
살균력이 있어 트리코모나스성 질염, 음부 및 피부 소양증, 여성 대하, 음위증과 자궁냉증에 효과가 좋다.
4. 채집가공·활용
봄과 가을에 성숙한 과실을 채취하여 햇볕에 말려 사용한다.

136. 사인(砂仁)

학명 : *Amomum xanthioides, A. villosum*(양춘사), *A. longiligulare*
이명 : 축사인(縮砂仁), 축사밀(縮砂蜜), 공사인, 축사씨, Amomi fructus
기원 : 생강과 다년생 초본인 축사와 사인, 해남사인의 성숙한 과실
1. 생물특성·분포
미얀마와 타이 원산, 크기는 90-120cm, 잎은 2갈래로 갈라짐, 꽃은 수상화서로 50-60개 과실이 달린다. 열매는 삭과로 타원상 구형이고, 건조하면 적갈색으로 변한다.
2. 주요물질·성분
종자에 3% 정유가 있고, 주성분은 Borneol, Bornyl acetate, Linalool, Nerolidol 및 Saponin이 있고, 잎에는 Borneol, Bornyl-acetate, Camphor, Limonene 등이 있다.
3. 약리효능·효과
건위 및 위장 자극 효능이 있으며 구토, 설사, 태아의 태동불안을 치료한다.
4. 채집가공·활용
성숙과실을 채취하여 탈피하고 양건 혹은 홍건하여 사용한다.

137. 산사나무

학명 : *Crataegus pinnatifida, C. p. var.psilosa, C. p. var.major*
이명 : 산사(山査), 산사(酸査), 아가위, 찔광이, 당구자, Crataegii fructus
기원 : 장미과 산사나무의 성숙한 과실
1. 생물특성·분포
높이는 5m, 줄기 껍질은 회색이며 가시가 있음, 잎은 어긋나며 꽃은 5월에 흰색으로 피고, 열매는 둥글며 지름이 1.5cm. 9-10월에 적색으로 익고, 흰색 반점이 있다.
2. 주요물질·성분
열매에는 Hyperoside, Quercetin, Anthocyanidin, Oleanol acid, Tartaric acid, Citric acid, Crategolic acid, 당류, vItamin C, Tannin 등이 있다.
3. 약리효능·효과
진정, 강심, 소화촉진 작용이 있으며 특히 육류, 지방과 단백질 소화에 효과가 좋다.
4. 채집가공·활용
가을철에 성숙한 과실을 채취하여 절편으로 햇볕에 말리거나 압착하여 햇볕에 말린다.

138. 새모래덩굴

학명 : *Sophora subprostrata, Indigofera kirilowii*
이명 : 산두근(山豆根), 산대두근(山大豆根), Sophorae tonkinensis radix
기원 : 콩과 낙엽소관목인 월남괴(越南槐)의 뿌리와 뿌리줄기
1. 생물특성·분포
덩굴성 초본으로 1-3m, 잎은 방패모양, 꽃은 6월에 연한 황색의 원추화서. 열매는 둥글고 9월에 흑색으로 익음, 뿌리는 원주형으로 표피는 엷은 갈색이고 목부는 엷은 황색, 콩비린 냄새가 있다.
2. 주요물질·성분
Matrine, Oxymatrine, Anagyrine, N-Methylcytisine 등의 Alkaloid, Flavon Inducer, 고급알콜에테르 등
3. 약리효능·효과
혈압강하, 항암, 진경, 근육이완, 심장수축력증강, 면역항진, 백혈구상승, 항균, 해독 등의 작용이 있고, 폐와 위의 열을 내리고, 폐암, 인두암, 인후염, 편도선염, 치은염 및 종기, 해수, 천식 등에 사용한다.
4. 채집가공·활용
봄부터 가을에 채취하여 줄기와 잔뿌리를 제거하고 햇볕에 말려 사용한다.

139. 잔대

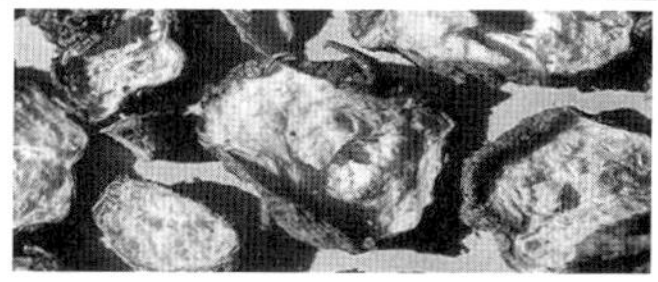

학명 : Adenophora triphylla var. japonica
이명 : 사삼(沙參), 사엽사삼(四葉沙參), Adenophorae radix
기원 : 초롱꽃과 잔대의 뿌리

1. 생물특성·분포

높이 70-120㎝. 뿌리는 방추형, 꽃은 7-9월에 종모양으로 하늘색, 열매는 삭과로 끝에 꽃받침이 달려 있다.

2. 주요물질·성분

뿌리에는 Triterpenoid, Saponins, β-sItosterol, Tocosterol, Phytosterol, 전분 등이 하유되어 있다.

3. 약리효능·효과

거담배농(祛痰排膿), 진해, 혈압강하, 호흡중추 흥분, 혈당상승, 혈중 콜레스테롤 감소, 최유(催乳), 해열 등의 효능이 있고, 신피핍력(神疲乏力), 두훈(頭暈), 두통(頭痛), 폐옹(肺癰), 유옹(乳癰), 장옹(腸癰), 창절종독(瘡癤腫毒), 후아(喉蛾), 산후유소(産後乳少), 백대(白帶), 독사교상(毒蛇咬傷), 나력(瘰癧) 등에 사용 함.

4. 채집가공·활용

봄과 가을에 채취하여 거친 표층을 제거하고 햇볕에 말려 사용한다.

140. 산수유나무

학명 : *Cornus officinalis*
이명 : 산수유(山茱萸), 기실, 산수육(山茱肉), 석조(石棗), Corni fructus
기원 : 층층나무과 산수유나무의 열매

1. 생물특성·분포

높이 5-7m. 꽃은 양성으로서 3-4월에 잎보다 먼저 노란색으로 피고, 열매는 긴 타원형으로 8월에 붉게 익는다.

2. 주요물질·성분

과육에 Cornin, Verbenalin, Saponin, Tannin, Ursolic acid, Malic acid, Tartaric acid, Vit. A 가 함유

3. 약리효능·효과

이뇨, 혈압강하, 항암, 억균, 단백질의 소화촉진, 혈중 백혈구 증가 작용이 있고, 유정과 빈번한 소변, 다한증, 월경과다 증상, 허리와 무릎이 아픈데, 팔다리에 힘이 없을 때 약용한다.

4. 채집가공·활용

가을에 붉게 익은 성숙과실을 채취하여 씨앗을 제거하고 햇볕이나 온돌에서 말리거나 술에 쪄서 사용한다.

141. 산약(山藥)

학명 : *Dioscorea tenuipes, D. batatas, D. japonica*
이명 : 서여(署蕷), 산우(山芋), 서여(薯여), 마, 토저, Dioscoreae rhizoma
기원 : 마과 다년생 덩굴성 초본 마의 뿌리

1. 생물특성·분포

뿌리는 육질, 잎은 마주나고, 꽃은 6-7월에 피고, 열매는 삭과로 3개의 둥근 날개와 종자가 있다.

2. 주요물질·성분

Saponin, 점액(Mucin 등), Cholin, 전분, Glycoprotein, Amino acid 및 Vit. C, Abscisin II, β-Carotene, Dioscin, Dioscorin, Diosgenin, Thiamin 등이 있다.

3. 약리효능·효과

소화기는 강화 및 건위작용, 면역력 강화, 혈중 콜레스테롤 감소, 비장 기능강화로 권태감, 무력감, 음식감소, 설사 치료, 해수, 천식, 가래를 삭이고, 소갈증, 허리와 무릎 시린 증상, 유정, 조루증, 소변 자주 보는 증상, 신체허약과 빈혈, 사지마비동통 등에 사용한다.

4. 채집가공·활용

가을과 겨울에 채취하여 대나무칼로 껍질과 잔뿌리를 제거하고 햇볕에 말리거나 풍건한다.

142. 산초(山椒)

학명 : *Zanthoxylum schinifolium*
이명 : 분지나무, 상초, 젠피나무, Zanthoxyli fructus
기원 : 운향과 낙엽관목 혹은 소관목인 산초나무의 성숙한 과피
1. 생물특성·분포
전국 산기슭 양지쪽 자생, 키 3m 가시가 호생, 잎은 깃꼴겹잎, 작은 잎은 13-21장, 길이 1.5-5cm. 피침형, 가장자리에 톱니가 있음. 꽃은 소형. 황록색, 암수딴그루, 취산화서, 열매는 둥근 삭과로 녹갈색, 씨앗은 흑색.
2. 주요물질·성분
과피에 Acid amide계인 Sanshool, 정유가 있고, 주요성분은 α-, β-Sanshool, Citronellal, Dipentene, Geraniol, Hyperin, Sanshoamide 등, 열매에는 Xanthoxin(경련), Xanthoxinic acid(마비) 독성분도 있다.
3. 약리효능·효과
과피를 복부냉증을 제거, 구토와 설사 치료, 회충, 간디스토마, 치통, 지루성피부염 등에 효과가 좋음
4. 채집가공·활용
가을철 열매가 익을 때 채취하며 종자를 제거하고 과피만 건조하여 사용한다.

143. 초피(椒皮)

학명 : *Zanthoxylum piperitum*
이명 : 천초(川椒), 화초(花椒), 제피나무, 조피나무, 좀피나무, Prickly ash
기원 : 운향과 낙엽관목 혹은 소관목인 산초나무의 성숙한 과피
1. 생물특성·분포
높이 2.5-3m, 잎은 어긋나고 홀수 1회 깃꼴겹잎, 꽃은 9월에 연한 황록색, 열매는 녹갈색, 종자는 검은색
2. 주요물질·성분
과피에 정유 2-4%, 주성분은 Dipentene(54%), Citronellol(8%), Citronellal, Phellandrene, Geraniol 등이다. 매운맛 성분으로 α-Sanshool과 β-Sanshool, Sanshoamide가 5-8% 들어 있고, 그 밖에 경련독인 Xanthoxin, 마비성 물질인 Xanthoxinic acid, Tannin으로 Hyperin, Sterol류로 Campesterol, Stigmasterol, β-Sitosterol 등이 있다. 뿌리와 줄기에는 알칼로이드 Magnoflorine이 있다.
3. 약리효능·효과
구충으로 인한 복통, 설사, 구토 등의 병증, 피부습진에 활용한다.
4. 채집가공·활용
가을철 과실이 성숙했을 때 채취하며 종자를 빼내고 과피를 건조하여 사용한다.

144. 까치무릇

학명 : *Cremastra variabilis*
이명 : 산자고(山慈姑), 주고(朱姑), 모고(毛姑), Cremastrae tuber
기원 : 난초과 다년생 초본인 약난초 및 두잎 약난초의 줄기
1. 생물특성·분포
다년생 풀로 비늘줄기는 길이 3~4cm로 둥글다. 뿌리잎은 2개로 선형, 꽃은 4~5월에 꽃잎은 6개, 백색바탕에 자줏빛 줄이 있다. 열매는 삭과로 녹색이며 둥근 세모꼴이다.
2. 주요물질·성분
점액질, Glucomannan, 포도당 등이 있고, 유독성분으로 Colchicine이 있다.
3. 약리효능·효과
해독작용이 있어 벌레나 뱀에게 물린데, 종양, 종기 등에 바르고, 식도암, 유선암 등 각종 항암제로 사용 함.
4. 채집가공·활용
여름에 가구경 및 인경을 채취하여 쪄서 햇볕에 말려 사용한다.

145. 산조인(酸棗仁)

학명 : *Zizyphus jujuba, Z. vulgaris var. spinosus*
이명 : 산조인(山棗仁), 메대추씨, 멧대추씨, Zizyphi spinosae semen
기원 : 갈매나무과 묏대추나무의 성숙한 종인(種仁)
1. 생물특성·분포
잎은 어긋나며 꽃은 5-6월에 잎겨드랑이에서 2-3개씩 핌, 열매는 구형 핵과로 9-10월에 적갈-암갈색으로 익음. 산조인은 난원형으로 크기는 6-9 × 4-6 × 2-3㎜, 표면은 황갈색-적갈색으로 광택성
2. 주요물질·성분
지방질, 단백질, Sterol, Jujuboside A, B 및 Betulin, Betulic acid, Betulinic acid, Jujubosides, Jojobogenin, Sajoinine A-K, Canaverine, Methylasimilobine, Vit C, β-Carotene, Pectin, 환원당, Tannin 등
3. 약리효능·효과
진정, 최면과 진통, 혈압강하 작용이 있다.
4. 채집가공·활용
가을에 성숙한 과실을 채취하여 과육을 제거하고 종인(種仁)을 취해서 햇볕에 말려 생용하거나 볶아서 사용

146. 삼백초(三白草)

학명 : *Saururus chinensis*
이명 : 수목통(水木通), 삼점백(三點白), Saururi herba seu rhizoma
기원 : 삼백초과 다년생 초본인 삼백초의 뿌리와 전초
1. 생물특성·분포
뿌리줄기는 흰색, 줄기는 높이가 50~100cm, 잎은 어긋나고 난상 타원형, 표면은 녹색이고 뒷면은 연한 흰색, 줄기 윗부분에 있는 2~3개의 잎은 표면이 흰색임, 열매는 둥글고 종자가 각 실에 1개씩 들어 있음.
2. 주요물질·성분
정유에는 Methylnonylketone, 향기성분은 Decanoylacetoaldehyde 및 Methylethylketone, Methylnonylketone, Capraldehyde, 줄기에 Tannin, 잎에 Querectin, Quercitrin, Isoquercitrin, Avicularin, Hyperin, Rutin 등
3. 약리효능·효과
이수(利水), 청열(淸熱), 해독(解毒), 이뇨(利尿), 소종(消腫), 토역열담(吐逆熱痰) 효능이 있고, 각기(脚氣), 개선(疥癬), 대하(帶下), 소변불리(小便不利), 수종 (水腫), 옹종(癰腫), 임삽(淋澁), 풍습비(風濕痺)에 약용한다.
4. 채집가공·활용
제주도에서 자생하며, 7-8월 여름에 채취하여 햇볕에 말려서 사용한다.

147. 매자기

학명 : *Sparganium erectum*
이명 : 삼릉(三稜), 형삼릉(荊三릉), 경삼릉(京三릉), Sparganii rhizoma
기원 : 흑삼릉과 다년생 초본인 매자기의 건조한 괴경
1. 생물특성·분포
방동산이과 키 70-100cm. 전체가 해면질, 줄기는 곧고 굵음. 뿌리는 길게 뻗고 끝에 단단한 덩이뿌리가 몇 개 생김. 잎은 줄기보다 길다. 꽃은 진한 갈색 두상화서가 총상으로 달림, 열매는 도란형으로 길이 6-10mm,
2. 주요물질·성분
괴경에는 Astringenin, Betulin, Betulinaldehyde, Betulinic acid, Lupeol, Resveratrol, Scirpusin A, Scirpusin B 등이 있음.
3. 약리효능·효과
파혈(破血), 행기(行氣), 소적(消積), 화식(化食), 지통(止痛), 통경(通經), 타태(墮胎), 통유(通乳), 산종(散腫), 파기산결(破氣散結) 효능이 있고, 월경이 갑자기 멈추면서 복통이 있거나 산후 복통, 체했을 때 효과가 있다.
4. 채집가공·활용
가을과 겨울에 채취하여 잎과 잔뿌리를 제거하고 괴경을 수침 후 햇볕에 말려 사용한다.

148. 꽈리열매

학명 : *Physails alkekengi Var. franchetil*
이명 : 산장실(酸漿實), 괘금등(掛金燈), Physalitis Fructus
기원 : 가지과 다년생 초본인 꽈리의 성숙한 과실

1. 생물특성·분포

높이는 40-60㎝, 잎은 어긋나며 꽃은 1송이씩 피고, 꽃받침이 열매를 둘러싸며 적색으로 익고, 장과이다.

2. 주요물질·성분

종자에 4-α,14-α,24-Trimethylcholesta-8,24-dien-3-ol, 4-α,24-Dimethylcholesta-7,24-dien-3-ol, 4-α-Methyl-24-ethylcholesta-7,24-dien-3-ol, 24-α-Methyllophenol, Calystegin A5, Calystegin B3, Cycloartanol, Cycloartenol, Cycloeucalenol, 24-Ethylidenelophenol, 24-Ethyllophenol, Gramisterol, Lanost-8-en-3-β-ol, Lanosterol, Lophenol, Luteolin, 24-Methylene-cycloartanol, 24-Methyl-31-norlanost-9(11)-en-3-ol, 29-Norcycloartanol, 31-Norlanost-9(11)-enol, 31-Norlanost-8-en-3-ol 등이 있다.

3. 약리효능·효과

해열, 해독, 이뇨 작용이 있어 부종, 간염, 말리리아, 황달 치료와 기침, 인후통종, 무사마귀 치료에 씀

4. 채집가공·활용

가을에 과실이 홍색으로 익을 때 채취하여 햇볕에 말려 사용한다.

149. 뽕나무겨우살이

학명 : *Loranthus parasiticus*
이명 : 상기생(桑寄生), 기생초(寄生草), 우목, 완동, 기설, Taxilli ramulus
기원 : 겨우살이과 상록 기생소관목인 뽕나무겨우살이의 잎과 가지

1. 생물특성·분포

키 30~60cm, 잎은 Y자 모양으로 마주나며, 이른 봄인 3월에 가지 끝에 연노란색 꽃이 핌, 10월에 둥근 장과가 녹황-연노란색 반투명체로 익고, 과육은 고점질물이 있다. 원주형으로 바깥면은 회갈색~적갈색이고 작고 엷은 색의 피목이 많다. 냄새가 없고 맛은 떫다.

2. 주요물질·성분

β-Amyrin, Inositol, Avicularin, Quercetin, Quercitrin, Viscotoxin, Viscine, Arabinose, Oleanolic acid 등

3. 약리효능·효과

혈압강하, 혈중 콜레스테롤 감소, 이뇨, 항균, 항바이러스 작용 등이 있고, 팔다리가 저리고 아프거나 허리와 무릎이 시리고 아플 때, 임신시 태루가 있거나 태동이 불안할 때 효고가 좋고, 고혈압에도 좋다.

4. 채집가공·활용

겨울부터 봄 사이에 채취하여 햇볕에 말려서 사용한다.

150. 뽕나무껍질

학명 : *Morus alba, M. bombycis, M. dissecta*
이명 : 상백피(桑白皮), 상근백피(桑根白皮), 오목이, Mori cortex
기원 : 뽕나무과 낙엽관목인 뽕나무의 뿌리껍질

1. 생물특성·분포

높이 6-10m, 꽃은 암수 딴그루로서 6월에 피고, 열매는 집합과로 열매 이삭은 긴 구형으로 검은색으로 익는다.

2. 주요물질·성분

Umbelliferone, Scopoletin, Flavonoid (Morusin, Mulberrochromene, Mulberrin), Tannin, Mucin 등

3. 약리효능·효과

혈압강하, 거담, 항균, 진해, 이뇨, 소종 작용이 있어, 폐열로 인한 기침, 소변불리에 효과가 있다.

4. 채집가공·활용

겨울철에 채취하여 코르크층을 제거하고 햇볕에 말려 생용 혹은 꿀에 구워서 사용한다.

151. 뽕나무열매

학명 : *Morus alba*
이명 : 상심자(桑葚子), 상실(桑實), 오심(烏葚), 흑심(黑葚), Mori fructus
기원 : 뽕나무 익지 않은 열매
1. 생물특성·분포
가지는 회갈색 또는 회백색, 잎은 난상 원형 또는 긴 타원상 난형, 꽃은 암수 딴그루이며 수꽃 이삭은 긴 타원형, 암꽃 이삭은 넓은 타원형, 열매 형태는 장원형이고 길이 1-2㎝, 지름 0.5-0.8㎝, 황갈색, 갈홍색 또는 암자색으로 익고, 맛은 당고 조금 신맛이다.
2. 주요물질·성분
과실에는 Carotene, Vitamin B1, Vitamin B2, Vitamin C, Nicotinic acid 등, 유기산, 당류 등 함유
3. 약리효능·효과
소갈, 어지럽고 귀가 울릴 때, 가슴이 두근거리면서 잠이 안올 때 효과가 좋다.
4. 채집가공·활용
열매가 자홍색일 때 채취하여 햇볕에 말려서 사용한다.

152. 뽕나무잎

학명 : *Morus alba*
이명 : 상엽(桑葉), 철선자(鐵扇子), 경상상엽(經霜桑葉), Mori folium
기원 : 뽕나무과 뽕나무류 잎
1. 생물특성·분포
잎의 상면은 황녹색 또는 엷은 황갈색이고 작은 혹모양의 돌기가 있다. 하면은 조금 엷은 색이고 그물모양의 엽맥이 있고 그 위에 털이 나 있다. 질은 부스러지기 쉽고 가볍다. 냄새는 거의 없고 맛은 덤덤하다. 뽕나무(M. alba), 가새뽕(M. bombycis for dissecta), 산뽕나무(M. bombycis)의 잎을 모두 사용한다.
2. 주요물질·성분
성분은 Rutin, Quercetin, Isoquercetin, Moracetin C-D, 미량의 β-Sitosterol, Lupeol, Campesterol, Inokosterone, Myoinositol, Hemolysin 등이 있다.
3. 약리효능·효과
혈당강하, 혈압강하, 이뇨, 항균 작용이 있으며 감기로 인해 발열과 기침, 눈의 충혈과 아플 때 효과가 좋다
4. 채집가공·활용
첫 서리가 내린 후에 잎을 채집하여 햇볕에 말려 사용한다.

153. 뽕나무가지

학명 : *Morus alba*
이명 : 상지(桑枝), 눈상지(嫩桑枝), 상조(桑條), Mori ramulus
기원 : 뽕나무과 뽕나무류 잔가지
1. 생물특성·분포
긴 원주형, 바깥면은 회색-회황색이며 황갈색 점상의 피목, 목부는 황백색이며 방사상 무늬가 있다. 뽕나무(M. alba), 가새뽕(M. bombycis for dissecta), 산뽕나무(M. bombycis)의 어린가지를 모두 사용한다.
2. 주요물질·성분
Tannin, Fructose, Stachyose, 포도당, Maltose, Raffinose, Xylose, Arabinose, Vit A, K, Na, SiO_2 등
3. 약리효능·효과
팔다리가 저리고 아프거나 잘 펴지지 않을 때, 류마티스 관절염, 부종 등에 효과가 있다.
4. 채집가공·활용
늦은 봄과 초여름에 어린 가지를 채취하여 햇볕에 말려서 사용한다.

154. 삼칠근(三七根)

학명 : *Panax notoginseng*
이명 : 전삼칠(田三七), 전칠(田七), 금불환(金不換), Notoginseng radix
기원 : 두릅나무과 인삼속 삼칠의 뿌리

1. 생물특성·분포

두릅나무과 인삼속의 다년생 초본, 뿌리는 원추형으로 크기는 1-6 × 1-4cm, 근두부에 줄기자국과 작은 혹 모양의 돌기가 있음, 절단면은 회록색-황록색 및 회백색으로 방사상의 무늬, 중국에서는 재배하기도 한다.

2. 주요물질·성분

뿌리에는 Saponin, Arasaponin A, Arasaponin B, Quercetin, β-Sitosterol, Daucosterol 등이 있고, 주요성분은 인삼사포닌류와 유사한 Ginsenoside Rb1, Rd, Re, Rg1 및 Rg2, Notoginsenoside C3, D1, D2, E2, R1, R2, R3 및 R4, 지혈성분으로 Decichine이 함유되어 있다.

3. 약리효능·효과

지혈, 혈액순환 촉진, 어혈제거 작용이 있어 각종 출혈증, 어혈성 복통, 종기, 진통, 산후에 출혈 증상에 사용. 소종과 진통 효능이 있어 타박상과 골절상 통증, 부스럼이나 종기 등 치료에도 사용된다.

4. 채집가공·활용

늦여름-초가을 개화 전이나 겨울에 종자가 성숙한 다음 3-7년생 개체를 채취하여 햇볕에 말려 사용한다.

155. 상황(桑黃)

학명 : *Phellinus linteus*
이명 : 수설(樹舌), 상이(桑耳), 상목이(桑木耳), 상신(桑臣), Sanghuang
기원 : 담자균류 잔나비걸상과 뽕나무 줄기에 기생하는 버섯

1. 생물특성·분포

상황(桑黃) 또는 상이(桑茸)는 뽕나무에서 나오는 황색버섯, 산 뽕나무의 고목에서 자생, 매우 희귀한 담자균류, 버섯 전체가 목질화되어 딱딱한 편구형 또는 말굽 모양으로 갈색, 암회갈색, 황색, 흑색 등이다.

2. 주요물질·성분

k, Ca, Mg, Vit. B2(Riboflavin), Vit B3(Niacin), Vit C, Polysaccharide인 β-Glucan 등을 함유하고 있다.

3. 약리효능·효과

추출된 다당류는 면역체에 작용하여 면역체계를 활성화하고, 소화기 계통의 암에 억제 효과가 있다.

4. 채집가공·활용

뽕나무와 참나무 등의 고목에 자생하며 말려 썰어서 사용한다.

156. 사마귀알집

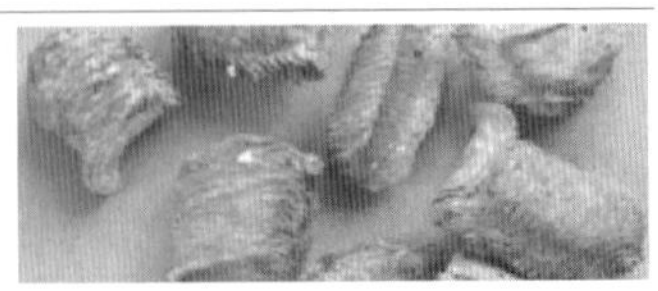

학명 : *Paratenodara sinensis, Statilia maculata, Hierodula patellifera*
이명 : 상표초(桑螵蛸), 상초(桑蛸), 표초(螵蛸), , Mantidis ootheca
기원 : 좀사마귀, 넓은배사마귀, 사마귀의 알집 삶은 것

1. 생물특성·분포

원주형-반원형으로 여러개의 막으로 된 엷은 층이 쌓여 배열, 크기는 25-45 × 2-3 × 15-20mm, 다공질체

2. 주요물질·성분

사마귀의 알에는 단백질, 탄수화물, 지방, 조섬유, 회분, 철, 칼슘, 물 및 케로틴 색소 등이 있고, 알껍질의 단백질막에는 구연산 칼륨의 결정이 있다. 알의 노른자에는 조단백과 지단백이 많이 들어 있다.

3. 약리효능·효과

보신조양(補腎助陽), 고정축뇨(固精縮尿) 효능이 있고, 야뇨, 유뇨증, 소변을 자주 보거나 탁한 증상, 음위와 조루, 발기부전 등에 효과가 좋다.

4. 채집가공·활용

9월부터 2월에 채집하여 삶아서 햇볕에 말려 사용한다.

157. 자리공

학명 : *Phytolacca esculenta*

이명 : 상륙(商陸), 당륙(當陸), 장류근(章柳根), phytolaccae radix

기원 : 자리공과 다년생 초본인 자리공의 뿌리

1. 생물특성·분포

자리공의 뿌리를 약용, 높이 1m, 덩이뿌리는 굵고, 줄기는 원기둥 모양, 잎은 달걀 모양이나 타원형으로 어긋난다. 꽃은 5-6월에 흰색 총상화서, 열매는 분과로 둥근모양이다.

2. 주요물질·성분

열매의 붉은지색소는 염기성색소로 Betanidine의 배당체인 β-cyanin(Betanin)이 있고, 잎에 Ascorbic acid, Isoquercitrin, Astragalin, Kaempferol-3-glycoside, 열매와 씨에는 비타민 B군과 비타민 PP(Nicotinic acid), Anthocyan색소가 있다. 씨에는 지방이 약 10%, 뿌리에는 다량의 질산칼륨(KNO_3)과 saponin, 정유, 수지, Jaligonic acid 및 Phytolaccatoxin, Phytolaccine과 Oxymyristic acid, 알칼로이드 등이 있다.

3. 약리효능·효과

강한 이뇨작용이 있으며 수종창만, 복수, 배가 더부룩한 증상, 가슴과 옆구리가 죄고 아픈 증상, 소변불리 등에 약용하고, 만성 신장염, 늑막염, 각기병, 적백대하, 이뇨제로도 사용한다.

4. 채집가공·활용

봄과 가을에 채취하여 절편으로 잘라서 그늘에서 말리거나 식초에 담구어 약한불로 말려 사용한다.

158. 생강(生薑)

학명 : *Zingiber officinale*

이명 : 자강(子薑), 자강(紫薑), 모강(母薑), Zingiberis rhizoma recens

기원 : 생강과 다년생초본인 생강의 뿌리줄기

1. 생물특성·분포

높이 30-50㎝, 뿌리줄기는 굵은 육질, 연한 노란색의 매운맛, 잎은 바늘 모양, 원산지에서는 노란 꽃이 핌.

2. 주요물질·성분

주요성분으로 Zingiberol, Zingiberene, Phellandrene, Camphene, Citral, Methylheptenone, Linalool, Asparagin, Pipecolic acid, Glutamic acid, Asparagin acid, Serine, Glycine 등이 있다.

3. 약리효능·효과

건위, 혈압상승, 항균 작용이 있으며 감기와 기침, 속이 찬데 사용한다.

4. 채집가공·활용

여름과 가을에 채취하여 생강의 근경을 찌거나 삶아서 건조하여 '건강' 또 불에 구워 말려 '흑강'을 만듬

159. 상산(常山)

학명 : *Orixa japonica*

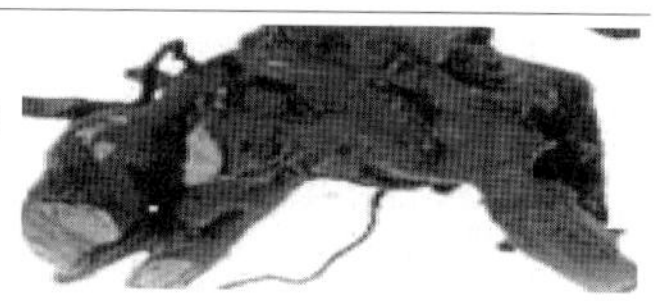

이명 : 석초(石草), 항산(恒山), 계골상산(鷄骨常山), 황상산, Dichroae radix

기원 : 운향과 상산나무 뿌리

1. 생물특성·분포

운향과에 남부지방에 자생, 높이 2m 정도, 잎은 호생하고 타원형 또는 도란형, 꽃은 4-5월에 피고 황록색, 수꽃은 총상화서로 2-3cm, 암꽃은 1송이씩 핌, 열매는 작은 견과로 6-7월이 결실한다.

2. 주요물질·성분

뿌리에 Alkaloid 0.1% 함유, α-,β-,γ-Dichroine, Dichroidine, 4-Quinazoane,Umbelliferone 등이 있다.

3. 약리효능·효과

전광(癲狂), 학질(瘧疾), 흉중담음적취(胸中痰飮積聚) 치료에 쓰고, 반하, 진피 등과 함께 사용해야 함.

4. 채집가공·활용

가을에 채취하여 황주(黃酒)에 담그었다가 불에 약간 볶아 햇볕에 말려서 사용한다.

160. 생지황(生地黃)

학명 : *Rehmanniaglutinosa, R.glutinosa f. hueichingensis*

이명 : 생지황(生地黃), 원생지(原生地), 건지황(乾地黃), Rehmanniae radix

기원 : 현삼과 다년생 초본인 지황 또는 회경지황의 뿌리줄기

1. 생물특성·분포

높이 20-30㎝. 꽃은 6-7월에 연한 홍자색, 줄기 끝에 총상화서. 열매는 삭과로 타원상 구형이다.

2. 주요물질·성분

뿌리 주요성분은 β-Sitosterol과 Mannitol이며, 소량의 Stigmasterol, Campesterol, Rehmanin, Alkaloid, Glu cose, Vitamin A, Adenosine, Gardoside, Glutinoside 등이 있고, 전초에는 Rehmanioside A-C, Zingiberol, Zingiberene, Phellandrene, Adenosine, Ajugol, α-Methoxyrehmaglutin, β-Methoxyrehmagluti, Jioglutin E, Jioglutolide, Luteolin-3'-methyl ether, Melittosidem Monomelittosidem, Myoporoside 등이 있다.

3. 약리효능·효과

자음(滋陰), 청열(淸熱), 양혈(凉血), 생진(生津), 지혈, 강심, 이뇨, 혈당량강하 작용이 있고, 허약체질, 발열질환, 토혈, 코피, 자궁출혈, 생리불순, 변비에 사용함.

4. 채집가공·활용

가을에 뿌리를 채취하여 생용(생지황)하거나 건조(건지황), 또는 쪄서 말려(숙지황) 사용한다. 각각 용도가 다르다. 부작용으로 생지황은 생강을 다식하면 치질을 유발, 건지황은 설사, 복통, 현기증, 허약, 심계항진을 일으킬 수 있고, 숙지황은 설사, 복통, 현기증, 무리력증, 가슴이 두근거리는 증상 등이 유발될 수 있다.

161. 숙지황(熟地黃)

학명 : *Rehmannia glutinosa*

이명 : 숙지(熟地), Rehmanniae radix preparat

기원 : 현삼과 다년생 초본인 지황 또는 회경지황의 뿌리줄기

1. 생물특성·분포

지황을 쪄서 말린 것이다.

2. 주요물질·성분

2'-Acetylacteoside, Ajugol, Alanine, Arginine, Aspartic acid, Aucubin, Catalpol, Cistanoside F, Decaffe oylacteoside, 3,4-Dihydroxy-beta-phenethyl-O-alpha-L-rhamnopyranosyl-(1->3)-O-beta-D-galacto pyranosyl-(1->6)-4-O-caffeoyl-beta-D-glucopyranoside, 6,8-Dihydroxy-boschnialactone, 8-Epi-loga nic acid, Glutamic acid, Isoacteoside, Isoleucine, Jiocarotenoside A1와 A2, Jioglutoside B, Jionoside A1, A2, B2, B1, C, D 및 E, Leucine, Leucosceptoside A, Lysine, Martynoside, Melittoside, 2-Methoxy-4-m ethylphenyl-O-beta-D-apiofuranosyl-(1->6)-beta-D-glucopyranoside, Monomelittoside, 6-O-cis-Fer uloyl ajugol, 6-O-(4'-O-alpha-L-Rhamnopyranosyl)-vanilloyl ajugol, 6-O-p-Comaroylajugol, 6-O-p-Hydroxybenzoyl ajugol, 6-O-sec-Hydroxyaeginetoylajugol, 6-O-trans-Feruloyl ajugol, 6-O-Vanilloyl ajugol, 2-Phenethyl-O-beta-D-xylopyranosyl-(1->6)-beta-D-glucopyranoside, 2-Phenethyl-O-beta-D-xylopyranosyl-(1->2)-beta-D-glucoside, Phenylalanine, Purpureaside C, Rehmaionoside A와 C, Reh mannioside A, B, C 및 D, Salidroside, Serine, Threonine, (-)-Tyrosine, Valine, Verbascoside 등이 있다.

3. 약리효능·효과

자보간신(滋補肝腎), 양혈(養血), 보허(補虛), 전골수(塡骨髓), 자음양혈(滋陰養血), 통신장수(通腎壯水) 효능이 있고, 간신음허(肝腎陰虛), 골증(骨蒸), 노수(勞嗽), 도한(盜汗), 면색위황(面色萎黃), 목혼(目昏), 붕루(崩漏), 소갈(消渴), 수발조백(鬚髮早白), 요각연약(腰脚軟弱), 월경부조(月經不調), 유정(遺精), 이명:(耳鳴)에 약용함.

4. 채집가공·활용

가을에 뿌리를 채집하여 깨끗이 씻어 껍질을 벗겨내어 그늘에 말린 후 막걸리를 뿌려가며 시루에 찌서 그늘에 마리고 다시 찌고 말리는 작업을 반복하여 9번씩 법제한 것을 구증구포(九蒸九曝) 숙지황이라 한다.

162. 석곡(石斛)

학명 : *Dendrobium moniliforme*
이명 : 임란(林蘭), 두란(杜蘭), 금채화(金釵花), Dendrobii herba
기원 : 난초과 다년생 석곡의 지상줄기
1. 생물특성·분포
잎은 2-3년생, 꽃은 5-6월에 흰색 또는 연한 붉은색으로 원줄기 끝에 1-2개가 달림, 열매는 난형, 환초석곡(가늘고 긴 원주형, 크기 15-35 × 0.1-0.3㎝이며, 마디 길이 1-2㎝), 마편석곡(긴 원주형, 길이 40-120 × 0.5-0.8㎝이며, 마디 길이는 3-4.5㎝), 황초석곡(원주형, 길이 30-80 × 0.3-0.5㎝이고, 마디 길이는 2-3.5㎝) 등이 있다.
2. 주요물질·성분
주요성분은 Dendrobine, Dendramine, Nobilonine, Dendroxine, Dendrine, 점액질과 전분 등.
3. 약리효능·효과
앵위생진(養胃生津), 자음제열(滋陰除熱), 명목(明目), 강요(强腰) 효능이 있으며 해열, 진통, 건위 작용이 있고, 입이 마르고 갈증, 밤에 열이 오르는 증상 등에 좋다.
4. 채집가공·활용
늦은 봄에서 가을철에 채취하여 말려 사용한다.

163. 석류피(石榴皮)

학명 : *Punica granatum*
이명 : 석류각(石榴殼), 산류피(酸榴皮), 석류과피, Granati pericarpium
기원 : 석류과 낙엽관목 석류나무의 성숙한 과실의 껍질
1. 생물특성·분포
높이는 3-5m, 잎은 마주나고 타원형, 꽃은 5-6월에 붉은색으로 피며 꽃받침은 통모양이고 다육질로 5-7개로 갈라짐. 열매는 원형으로 9-10월에 익으면 터져 벌어지고, 속에는 다즙의 흰색·담홍색, 분홍색의 종자가 있음.
2. 주요물질·성분
석류피에는 Tannin(10-20%), 수지, Mannitol, 점액질, 당질, Inulin, Malic acid, Pectin 등이 있고, 줄기와 뿌리의 껍질에는 Pelletierene, Pseudopelletierene 등이 있으며 열매 껍질에는 탄닌, 점액질, 고미질 등, 꽃에는 Punicin, 씨에는 Punicic acid의 Glyceride가 함유.
3. 약리효능·효과
삽장지사(澁腸止瀉), 살충 작용이 있고, 설사, 변혈, 탈항, 붕우, 대하 등에 좋고, 근피는 촌충 살충효과가 있다.
4. 채집가공·활용
가을에 완숙과를 채취하여 속과 종자를 제거하고 햇볕에 말리거나 홍건하여 사용한다.

164. 석위(石韋)

학명 : *Pyrrosia lingua, P. petiolosa*
이명 : 석사(石사), 석피(石皮), 금성초(金星草), Pyrrosiae folium
기원 : 고란초과 다년생 상록 부생 초본인 석위, 애기석위의 잎
1. 생물특성·분포
뿌리줄기는 옆으로 길게 뻗음, 비늘조각이 많고, 잎은 드물게 나고, 포자낭군은 잎 뒷면에 흩어져 있음.
2. 주요물질·성분
Saponin, Anthraquinones, Tannin, Hopene-B, β-Sitosterol을 함유하고 있음.
3. 약리효능·효과
이수통림(利水通淋), 화담지해(化痰止咳), 지혈(止血) 효능이 있으며 소변에 열림(熱淋), 석림(石淋) 및 혈림(血淋) 등의 증상, 만성기관지염, 토혈, 코피, 자궁 출혈, 각혈에 좋음
4. 채집가공·활용
늦여름이나 가을에 채취하여 햇볕에 말려 사용한다.

165. 석창포(石菖蒲)

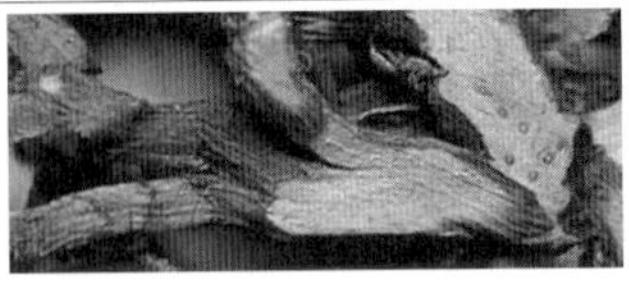

학명 : *Acorus gramineus, A. gramineus var. variegatus*
이명 : 창포(菖蒲), 창본(昌本), 구절창포(九節昌蒲), Acorigraminei rhizoma
기원 : 천남성과 다년생 초본인 석창포의 뿌리줄기

1. 생물특성·분포

뿌리줄기는 옆으로 뻗고, 마디가 많다. 잎은 뿌리줄기 끝에서 모여 나고, 꽃은 6-7월에 연한 노란색으로 육수화서로 불염포는 잎 같고 화서를 싸지 않는다. 열매는 삭과로 난형이다.

2. 주요물질·성분

뿌리에 정유 0.11-0.42%, 주성분은 β-Asarone, Asarone, Caryophyllene, α-Humulene, Sekishone, Saprol, Humulene, Trans-4-propenyle 등이다.

3. 약리효능·효과

건위, 진정, 진통 작용이 있으며 정신혼미, 귀와 눈이 저하, 머리가 무거울 때 좋고, 머리를 맑게하는데 씀

4. 채집가공·활용

가을에 채취하여 뿌리줄기만 씻어서 햇볕에 말려 사용한다.

166. 선모(仙茅)

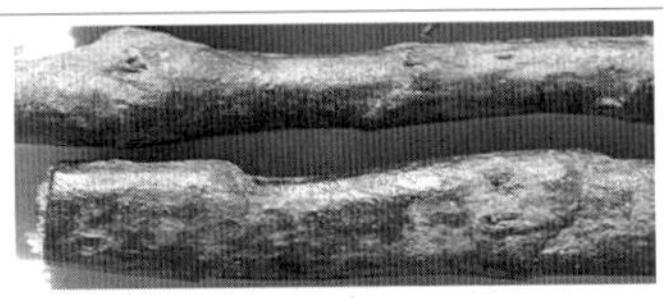

학명 : *Curculigo orchioides*
이명 : 파라문삼(婆羅門參), 독각선모(獨脚仙茅), Curculiginis rhizoma
기원 : 석산과 다년생 초본인 선모 및 큰잎 선모의 뿌리 줄기

1. 생물특성·분포

잎은 띠(茅)와 비슷하고, 꽃은 황색으로 잎겨드랑이에 달리고, 열매는 삭과로 타원상 구형, 종자는 흑색 구형

2. 주요물질·성분

뿌리줄기에는 Tannin(4%), 지방, 수지, 전분 등이 있고, 기타 Curculigoside, Lycorine, Mucolage, Curculigenine, Curculigosaponin, Curculigol 등이 있다.

3. 약리효능·효과

강근골(强筋骨), 거한습(祛寒濕), 온비양(溫脾陽), 온신장양(溫腎壯陽) 효능이 있어 항노화, 항산화, 면역강화, 진통, 해열, 항혈전 작용이 있고, 근골불건(筋骨不健), 근골위연(筋骨萎軟), 복통, 붕루(崩漏), 설사, 소변빈수, 양위(陽痿), 양허냉사(陽虛冷瀉), 요슬랭비(腰膝冷痺), 유뇨, 유정(遺精), 정냉(精冷), 한습비통(寒濕痺痛)에 씀.

4. 채집가공·활용

초봄 싹이 나오기 전이나 늦은 가을에 채취하며 하루 쌀뜨물에 담가 두었다가 건져서 볶아서 사용한다.

167. 금불초

학명 : *Inula britannica var. chinensis*
이명 : 선복화(旋覆花), 금전화(金錢花), 하국(夏菊), 금비초, Inulae flos
기원 : 국화과 다년생 초본인 금불초의 꽃

1. 생물특성·분포

높이 20-60㎝, 줄기는 곧고, 잎은 어긋남, 꽃은 7-9월에 황색, 열매는 수과로 10개의 능선과 털이 있다.

2. 주요물질·성분

Flavonoid 화합물과 당 및 Quercetin, Isoquercetin, Caffeic acid, Chlorogenic acid, Inulin(44%), Taraxasterol, Sitosterol, Inulicin 등이 알려졌다.

3. 약리효능·효과

꽃은 소담행수(消痰行水), 강기지구(降氣止嘔) 효능과 진해, 거담, 이뇨 작용이 있고, 해수, 천식, 가래 끓는데, 위장과 신경 증상. 흉복부 창만, 소화불량, 딸꾹질에 사용하고, 뿌리는 외상이나 타박상에 찧어 붙인다.

4. 채집가공·활용

여름과 가을에 꽃이 필때 채취하여 생용하거나 꿀에 볶아 사용한다.

168. 선인장(仙人掌)

학명 : *Opuntia ficus-indica*

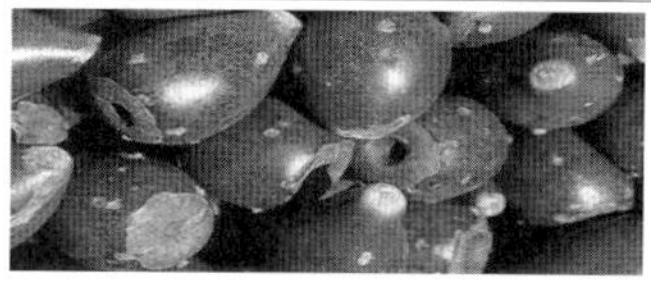

이명 : 선장자(仙掌子), Phyllostachys culmus, Opuntiae caulis et radix

기원 : 선인장과 선인장의 줄기와 열매

1. 생물특성·분포

높이 1-2m, 편평한 가지, 가시가 2-5개씩 모여 남, 여름철에 줄기 끝에서 노란색 꽃이 핌, 열매는 난형 적색

2. 주요물질·성분

줄기에는 Triterjpenoid, Malic acid, Succinic acid, 회분의 약 24%의 탄산칼륨 함유, 열매에는 주요성분은 trans-Linalool oxide(38.3%), cis-Linalyl oxide(29.6%), Linalool(23.4%) 함유

3. 약리효능·효과

청열해독(清熱解毒), 행기활혈(行氣活血) 효능이 있으며 소화불량, 만성설사, 배앓이, 치질과 치질출혈, 대변출혈 및 종기, 옴, 오래 된 해수, 기관지염, 당뇨병이나 신경통 치료에도 이용한다.

4. 채집가공·활용

제주 및 남부지방에서 자생하거나 재배하며 열매를 채취하여 생용하며 즙을내어 잼과 주스 등으로도 사용

169. 매미탈피

학명 : *Cryptotympana pustulata, C. atrata*

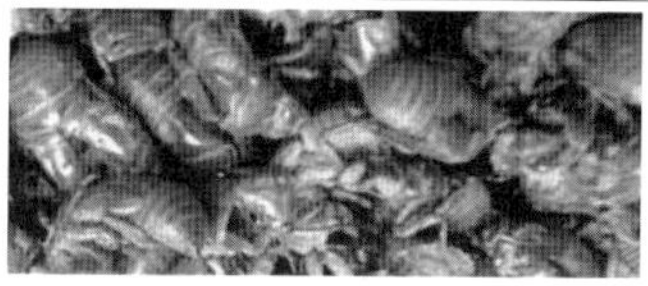

이명 : 선태(蟬蛻), 선퇴(蟬退), 선의(蟬衣), Cicadae periostracum

기원 : 말매미 또는 매미과 성충 탈피 껍데기

1. 생물특성·분포

매미 탈피 껍데기, 약 3.5cm, 지름 2cm, 바깥면은 황백색~황갈색으로 반투명이고 광택, 등쪽은 십자로 갈라짐.

2. 주요물질·성분

키틴질(β-1-04-,04-Polyacetylglucosamine)로 그 중에 단백질, 아미노산, 유기산 회분(33%) 등을 함유

3. 약리효능·효과

거풍지경(去風止痙), 명목퇴예(明目退翳), 소산풍열(疏散風熱), 이인후(利咽喉), 투진지양(透疹止痒) 효능이 있어 진정, 항경련, 해열 작용이 있고, 경풍(驚風), 다루(多淚), 담마진, 목예(目翳), 목적(目赤), 소아경간(小兒驚癎), 소아야제(小兒夜啼), 실음(失音), 인후종통(咽喉腫痛), 파상풍, 풍열감모(風熱感冒), 풍진, 피부소양에 약용

4. 채집가공·활용

여름과 가을에 수집하여 잘 씻어 햇볕에 말려 사용한다.

170. 짚신나물

학명 : *Agrimonia pilosa*

이명 : 선학초(仙鶴草), 용아초(龍牙草), 낭아초, 낭자, Agrimoniae herba

기원 : 다년생 초본인 짚신나물의 지상부 전초

1. 생물특성·분포

높이 30-100㎝, 잎은 깃꼴겹잎, 꽃은 6-8월에 황색, 열매는 수과로 꽃받침에 싸임, 줄기의 기부는 목질화

2. 주요물질·성분

Agrimoniin, Agrimonolide, Luteolin-7-β-glucoside, Apigenin-7-β-glucoside, Tannin, Sterol, 유기산, 페놀성 성분, Saponin, Gallic acid 등이 함유되어 있음

3. 약리효능·효과

수렴, 지혈, 건위, 항암, 항염, 지사 등의 작용, 알콜추출물과 Agrimolid는 강심과 혈압상승 조충과 트리코모나스에 대한 살충작용이 있음, 각혈, 토혈, 소변 출혈, 변혈, 자궁출혈, 각종 출혈증에 널리 사용된다.

4. 채집가공·활용

여름과 가을에 꽃이 피기 전에 채취하여 햇볕에 말려 사용한다.

171. 족도리풀

학명 : *Asarum sieboldii* (족도리풀), *Asarum maculatum* (개족도리풀)
이명 : 세신(細辛), 소신(小辛), 세초(細草), Asari herbacum radice
기원 : 쥐방울덩굴과 다년생 초본인 족도리풀의 뿌리를 포함한 전초
1. 생물특성·분포
뿌리줄기는 육질로 매운맛, 줄기 끝에서 2개의 잎이 나오며 심장형, 꽃은 4-5월에 검은 자주색, 열매는 장과
2. 주요물질·성분
뿌리정유 2-3%, Methyleugenol, Eucarvone, Asaryketone, Safrole, Limonene, Cineole, 1,8-Cineole, ℓ-β-Pinene 및 Lignan(ℓ-Asarone, Asatone), Alkaloid(Higenamine), 신미성분(n-Isobutyl-2,4,8,10-dodecatetraen amide)이 있고, 북세신 뿌리정유에는 Methyleugenol(3%,), Safrole, β-Pinene, 페놀물질, Eucarvone 등이 있음.
3. 약리효능·효과
해열, 항알러지, 국소마취, 항균, 진통 작용이 있으며 감기로 인한 두통과 몸살, 가래기침, 콧물 등에 사용
4. 채집가공·활용
여름과 가을에 채취하여 그늘에 말려 사용한다.

172. 조뱅이

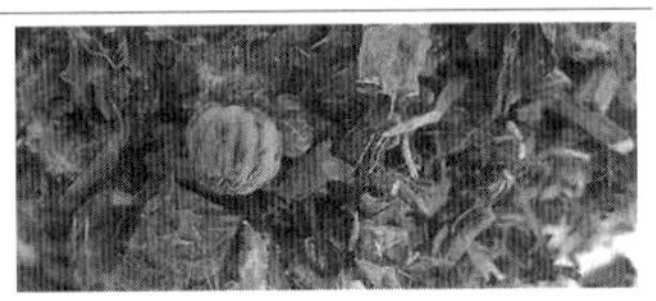

학명 : *Cephalonoplos segetum*
이명 : 소계(小薊), 청자계(靑刺薊), 건침초(乾針草), Cephalonoplosi herba
기원 : 국화과 조뱅이 전초, 어린잎과 줄기는 식용
1. 생물특성·분포
엉겅퀴 일종, 높이는 25-50cm, 경생엽은 장타원상 피침형, 꽃은 5-8월에 자주색, 열매는 깃털이 있음.
2. 주요물질·성분
Alkaloid, Saponin 등이 있으며 주요성분은 Pectolinarin, Acacetin, Rhamnoglucoside, Tannin, Ascorbic acid, Caroten, Flavonoid, Asparagin acid, Vitamin A, 단백질, 당질 등이 함유되어 있음.
3. 약리효능·효과
이뇨, 이담, 혈압강하, 지혈, 백혈구 탐식촉진, 항암, 항균, 자궁수축, 항염 작용 등이 있고, 간염과 신장염, 고혈압 등에 사용되고, 토혈과 뇨혈(尿血), 코피, 붕우 등 각종 출혈증에 사용한다.
4. 채집가공·활용
여름과 가을에 채취하여 햇볕에 말려서 이용한다.

173. 소목(蘇木)

학명 : *Caesalpinia sappan*
이명 : 소방목(蘇方木), 소방(蘇枋), 적목(赤木), 홍자(紅紫), Sappan lignum
기원 : 콩과 낙엽관목 소방목의 심재
1. 생물특성·분포
가지에 드물게 가시가 있고, 잎은 어긋나며 깃꼴겹잎. 꽃은 원추화서 황색, 열매 꼬투리는 납작한 긴 타원형
2. 주요물질·성분
Brasilin이 약 2%, Tannin 및 Sappanin, α-1-Phellandrene, Ocimene 등이 주성분인 정유(精油) 함유,
3. 약리효능·효과
혈액응고촉진, 중추신경억제, 항균, 혈관수축 등의 작용이 있고, 곽란, 금창(金瘡), 기옹(氣壅), 산후혈훈(産後血暈), 손상어혈(損傷瘀血), 실음(失音), 오로부지(惡露不止), 욕로(褥勞), 월경부조(月經不調), 이질(痢疾), 적백리(赤白痢), 중풍불어(中風不語), 창양(瘡瘍), 통경(痛經), 파상풍, 황달에 사용
4. 채집가공·활용
전년에 채취하여 껍질과 심을 제거하고 햇볕에 말려 사용한다.

174. 아스파라거스

학명 : *Asparagus officinalis var. alltilis*
이명 : 소백부(小百部), 아스파라거스, Asparagus
기원 : 백합과 아스파라거스의 뿌리줄기
1. 생물특성·분포
백합과에 속하는 다년생 초본으로 150여종의 자생종이 있으며 한 품종만 식용으로 이용됨.높이 1-2m, 뿌리줄기는 짧고, 꽃은 암수 딴그루이며, 종모양으로 황록색, 열매는 장과로 육질이며 붉은색이다.
2. 주요물질·성분
뿌리줄기에는 Arginine, Asparagine, Aspartic-acid, β-Carotene, Isoleucine, Pentosans, Phytosterols, Proline, Rutin, Sarsasapogenin, Coumarin, Carotene, 정유 등이 함유되어 있다.
3. 약리효능·효과
식욕증진, 이뇨, 윤폐, 진해, 거담, 살충, 혈압강하 효능이 있고, 심장질병, 콩팥과 방광의 질병, 통풍, 빈혈, 정력증진, 고혈압, 당뇨, 류마티스, 신경통, 동맥경화 및 외용재로 피부버짐, 옴, 각 기생충 살충제로 씀
4. 채집가공·활용
지중해 동부, 소아시아, 남부 러시아에서 폴랜드 등지 초원에 야생하며 채집하여 건조하여 그대로 사용한다.

175. 소엽, 차조기

학명 : *Perilla frutescens var. acuta, P. frutescens var. crispa*
이명 : 소자(蘇子), 자소자(紫蘇子), Perilliae semen
기원 : 꿀풀과 일년생 초목인 소엽의 성숙한 과실을 건조한 것
1. 생물특성·분포
높이 50-80㎝, 꽃은 8-9월에 연한 자줏빛으로 피고,
2. 주요물질·성분
linolenic acid, 정유, Oil, Vit. B1, α-Pinene, α-Terpineol, β-Pinene, Geraniol, Linalool, Perilla alcohol, Perillaldehyde 등이 있음
3. 약리효능·효과
강기(降氣), 소담(消痰), 제한(除寒), 온중(溫中), 관장(寬腸), 익오장(益五臟), 윤심폐(潤心肺), 통이변(通二便), 활장(滑腸), 지해평천(止咳平喘), 해어해독(解魚蟹毒), 신온산결(辛溫散結), 윤폐(潤肺) 효능이 있어 견상(犬傷), 곽란, 구토, 담천(痰喘), 대변비결(秘結), 반위, 사교상, 상기(上氣), 오격(五膈), 징결(癥結) 등에 약용한다.
4. 채집가공·활용
가을에 과실이 완숙했을 때 채취하여 햇볕에 말려 생용하거나 약성의 완화를 위해 볶아서 사용하기도 한다.

176. 속단(續斷)

학명 : *Dipsacus asper, D. japonicus*
이명 : 용두(龍豆), 속절(屬折), 접골(接骨), 천속단, Dipsaci radix
기원 : 속단과 다년생 초본인 속단(산토기꽃) 및 천속단의 뿌리
1. 생물특성·분포
줄기에 6-8개의 모서리, 잎은 마주나며 꽃은 8-9월에 흰색 두상화서로 피고, 열매는 9-10월에 익는다.
2. 주요물질·성분
Alkaloid, 정유, Vit. E, Iridoid. Gentianine, Triterpenoid, Saponin, Akebia Saponin D, Daucosterol, Secologanin, Loganin 등이 있음.
3. 약리효능·효과
배농(排膿), 지혈, 진통, 조직재생촉진 작용이 있고, 허리와 무릎 통증, 관절염, 붕우, 유정, 타박상 등에 효과
4. 채집가공·활용
중국 중부 이남에 분포하며 가을철에 채취하여 생용하거나 술에 볶거나 소금물에 볶라서 사용한다.

177. 소합향(蘇合香)

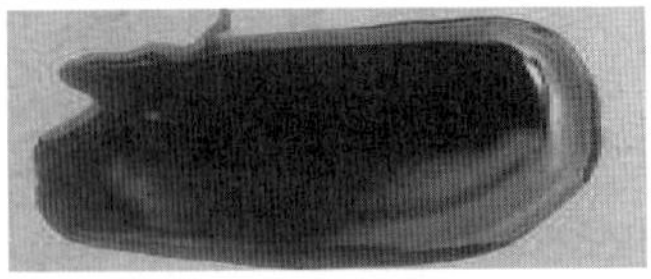

학명 : *Liquidambar orientalis*
이명 : 소합향유(蘇合香油), 제고(帝膏), 소합유(蘇合油), Styrax liquides,
기원 : 조록나무과 낙엽관목인 소합향의 수지

1. 생물특성·분포

원산지는 소아시아 남부로 터키가 주산지, 초여름에 나무껍질에 상처를 내어 삼출 수지를 모아 알콜에 용해시켜 여과한 후 알콜을 증발시켜 정제하여 소합향 만듬, 반유동성 점액질로 황백색-회갈색의 반투명체

2. 주요물질·성분

3-Epioleanolic-acid, α-Sitosterol, α-Storesin, Benzyl-alcohol, Benzyl-cinnamate, β-Sitosterol, β-Storesin, Cinna mic-acid, Cinnamic-alcohol, Cinnamyl-cinnamate, Ethyl-cinnamate, Monotropeoside, Phenyl propyl-cinnamate, Shikimic-acid, Storesin, Storesin-cinnamate, Styracin, Styrene, Styrol, Vanillin 등

3. 약리효능·효과

자극성 거담, 경미한 항균, 항궤양, 살균, 방부 작용이 있고, 피부질환에 외용하고, 의식불명, 가래가 끓는데, 벌레에 물린데, 기관지 천식, 만성기관지염 등에 효과가 있음.

4. 채집가공·활용

초여름에 수피의 상처로 삼출 침윤된 껍질을 모아 채취하여 알코올로 용해하여 여과하고, 알코올을 증발시키면 정제된 소합향이 얻는다. 아프리카, 인도, 터키 등에 자생하며, 중국의 광서 등지에서 재배한다.

178. 소회향(小茴香)

학명 : *Foeniculum vulgare*
이명 : 회향(茴香), 향자(香子), 토회향(土茴香), 회향, Foeniculi fructus
기원 : 미나리과 다년생 초본인 회향의 성숙한 과실

1. 생물특성·분포

남유럽 원산, 크기 1~2m, 꽃은 7~8월에 피고 황색이며 산형화서이고, 열매는 7~8월에 결실하며 분과로 선상 긴 타원형이고 건조하면 향기가 난다. 종자는 긴 원주상으로 과병이 붙어 있다.

2. 주요물질·성분

정유 3-6%, 주성분은 Anethole, Fenchone이며 α-Pinene, Camphene, α-Phellandrene, Dipentene, Anis aldehyde와 지방유 등이 있음

3. 약리효능·효과

진통, 건위작용이 있으며 아랫배가 차고 아픈데, 허리 아픈데, 구토와 복통에 효과가 있음.

4. 채집가공·활용

중국에서 많이 재배하며 가을에 성숙한 과실을 채취하여 햇볕에 말려 사용한다.

179. 쇄양(鎖陽)

학명 : *Cynomorium songaricum*
이명 : 쇄양(쇄陽), 불로약(不老藥), 지모구(地毛球), Cynomorii herba
기원 : 쇄양과 다년생 기생 초본인 쇄양의 뿌리즐기를 건조한 것

1. 생물특성·분포

높이 0.5-1m, 뿌리줄기는 짧은 혹 모양, 잎은 비늘모양 난형, 꽃은 암자색 수상화서, 열매는 견과로 구형이다.

2. 주요물질·성분

Anthocyanidin, Triterpenoid saponin, Tannin, Cynoterpene, Daucosterol, β-Sitosterol, Ursolic acid 등

3. 약리효능·효과

허리와 무릎이 약하여 보행곤란 증상, 발기부전, 조루, 변비 등에 효과가 있다.

4. 채집가공·활용

중국의 감숙성과 내몽고에서 많이 생산되며 채집하여 세척한 후 건조해서 사용한다.

180. 속수자(續隨子)

학명 : *Euphorbia lathyris*
이명 : 천금자(千金子), 천량금(千兩金), 생약명 : Euphorbiae semen
기원 : 대극과 이년생 초본인 속수자의 성숙한 종자
1. 생물특성·분포
지중해와 서남아시아 원산, 높이 1m 내외, 절단하면 진이 나옴, 꽃은 꽃같은 꽃이삭, 열매는 삭과로 둥글다.
2. 주요물질·성분
종자에 지방 20-48%, Coumarin 0.6%, Daphnetin, Euphorbetin, Esculin 등이 있고, 유독성분으로 Euphorbiasteroide이 있다.
3. 약리효능·효과
사하축수(瀉下逐水), 파혈소징(破血消癥), 살충(殺蟲) 효능이 있고, 어혈, 명치끝이 아픈데, 부종, 복수(腹水), 월경정지 및 식중독 등에 사용된다.
4. 채집가공·활용
중국 하북, 하남, 절강에서 재배하며 여름이나 가을에 성숙한 종자를 채취하여 생용이나 탈지 후 사용 함.

181. 승마(升麻)

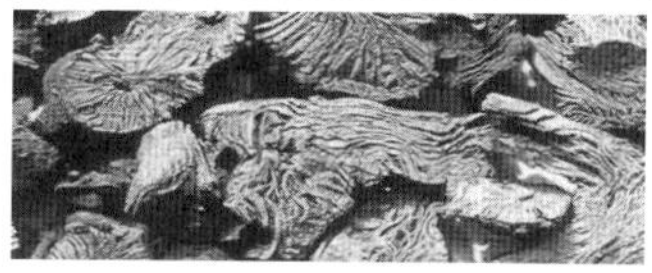

학명 : *Cimicifuga heracleifolia. C. simplex,*
이명 : 주승마(周升麻), 계골승마(鷄骨升麻), Cimicifugae rhizoma
기원 : 미나리아재비과 다년생초본인 승마, 눈빛승마, 황새승마 뿌리줄기
1. 생물특성·분포
뿌리는 굵고 흑자색, 꽃은 8-9월에 흰색으로 피며, 원줄기윗부분에 많은 꽃이 달림, 열매는 골돌로 많은 자루가 있고, 종자는 타원상 구형으로 옆으로 주름이 있다.
2. 주요물질·성분
Cimicifugine, Salicylic acid, Tannin, 수지, Caffeic acid, Ferula acid 등이 있고, 눈빛승마에는 Cimitin, Alkaloid, 당류, 유기산, 수지, 배당체, Isoferulic acid, Ferulic acid 및 Caffeic acid가 있음
3. 약리효능·효과
해열, 항균, 진정, 강심, 이뇨, 혈압강하, 해독, 항두드러기 등 효능이 있으며 인한 두통, 치통, 구내염, 목이 붓고 아플 때, 두드러기, 발진, 탈항, 자궁하수 등에 이용된다.
4. 채집가공·활용
가을에 뿌리를 채취하여 해독목적은 생용하고, 양기를 향상에응 황정즙을 넣고 볶아서 사용한다.

182. 감꼭지

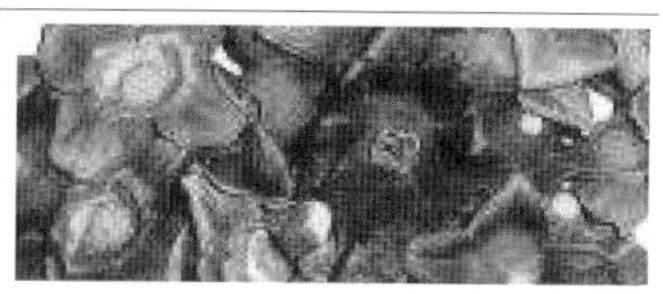

학명 : *Diospyros kaki*
이명 : 시체(柿蔕), 시전(柿錢), 시정(柿丁), 시악(柿萼), Kaki calyx
기원 : 감나무과 낙엽교목인 감나무의 열매 꽃받침을 건조한 것
1. 생물특성·분포
감꼭지는 감과실 밑부분에 있는 얇게 넷으로 갈라진 넙적한 꽃받침으로 지름 15-25㎜, 두께 1-4㎜이다. 열편은 난형-세모꼴에 넓은 난형이며 윗쪽으로 말려 있고 합편부의 중앙은 좀 두껍다.
2. 주요물질·성분
Hydroxytriterpenic acid 0.37%, Oleanolic acid, Betulic acid, Ursolic acid, 포도당, 과당, 지방유, Tannin 등
3. 약리효능·효과
진정과 지사작용이 있으며 주로 딸꾹질을 멋게하는 데 차처럼 끓여서 마신다.
4. 채집가공·활용
가을에 감을 수확하고 과실의 꽃받침을 모아 건조하여 사용한다.

183. 시호(柴胡)

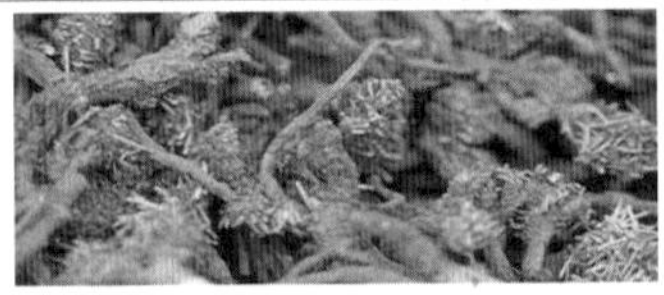

학명 : *Bupleurum falcatum, B. longiradiatum, B. euphorbioides,*
이명 : 자호(茈胡), 시초(柴草), 죽엽시호, 북시호, 뫼미나리, Bupleuri radix
기원 : 산형과 다년생 초본인 시호의 뿌리를 건조한 것

1. 생물특성·분포

높이 40-70㎝, 뿌리줄기는 굵고 매우 짧으며, 줄기잎은 바늘모양, 꽃은 8-9월에 원줄기 끝과 가지 끝에서 노란색으로 핌, 열매는 타원형으로 9월에 익고, 길이는 35㎜이다.

2. 주요물질·성분

정유 및 Bupleurumol, Oleic acid, Linolenic acid, Palmitic acid, Stearic Acid, Lignoceric acid, 포도당 및 Saponin 등이 있고, Saponin에는 Saikosaponin A, B, C, Longispinogenin 등이 있다.

3. 약리효능·효과

해열, 간보호, 항균, 항염, 항궤양, 혈중콜레스테롤 강하, 진정, 진통 작용이 있고, 울체, 가슴과 옆구리가 결리는데, 생리불순, 감기 발열, 학질, 설사와 탈항, 자궁하수 등 약용한다.

4. 채집가공·활용

봄과 가을에 채취하여 햇볕에 말려 술이나 식초로 볶아서 사용한다.

184. 신곡(神麯)

학명 : *Triticum aestivum* (Common wheat)
이명 : 신국(神麴), 육신곡(六神曲), Massa medicata fermentata
기원 : 밀기루 등을 혼합한 반죽의 발효한 것

1. 생물특성·분포

일종의 혼합재료 발효약재로 모양이 일정치 않으며 황갈색 또는 갈색의 덩어리이다. 질은 분말을 뭉쳐 놓은 것으로써 가볍고 엉성하여 부스지기 쉽고, 갈색 섬유상의 물질이 섞여 있고, 쉰 냄새와 약간 쓴맛이 남.

2. 주요물질·성분

밀기울, 적소두 가루, 행인가루, 청호즙, 창이자즙, 야료즙 성분과 발효생성물

3. 약리효능·효과

소화촉진, 속을 편하게 하며 체하였을 때, 구토와 설사, 산후에 어혈로 인한 배가 아픈데 효과가 좋다.

4. 채집가공·활용

밀가루와 밀기울, 적소두 가루, 행인가루, 청호즙, 창이자즙, 야료즙 등의 재료를 반죽하여 누룩과 같이 만들거나 짚이나 마대 등으로 싸서 온실에서 발효시킨 것이다.

185. 자목련 꽃봉오리

학명 : *Magnolia liliflora, M. denudata, M. kobus*
이명 : 신이(辛夷) 후도(侯桃), 망춘화(望春花), Magnoliae flos
기원 : 목련과 낙엽목인 자목련의 꽃봉오리를 건조한 것

1. 생물특성·분포

털 많은 겨울눈, 잎은 어긋나며 꽃은 4-5월 잎보다 먼저 흰색으로 핌, 열매는 적갈색 원통형, 종자는 적색임.

2. 주요물질·성분

휘발성 정유, Flavonoid, Alkaloid, 1,8-Cineole, Ergenol, Chavicol methyl ether, Pinene, Capric acid 등

3. 약리효능·효과

흥분(興奮), 발산(發散), 강압(降壓), 산풍(散風), 국부수렴(局部收斂), 혈압강하(血壓降下), 자궁흥분(子宮興奮), 항진균(抗眞菌) 효능이 있고, 코막힘, 축농증, 두통, 오한, 발열, 전신통, 가래 기침에 사용

4. 채집가공·활용

이른 봄철에 꽃봉오리를 채취하여 햇볕에 말려 사용한다.

186. 아담자(鴉膽子)

학명 : *Brucea javanica*
이명 : 고삼자(苦蔘子), 노아담(老鴉膽), 압담자(鴨膽子), Fructus bruceae
기원 : 소태나무과 아담자의 성숙한 과실을 건조한 것
1. 생물특성·분포
열매는 계란형으로 크기는 6-10 × 4-7㎜, 표면은 흑색계 주름, 종자도 계란형으로 황백색이다.
2. 주요물질·성분
열매에는 소량의 정유와 Fat oil(약56%), Palmitic acid가 있고, 목질부에 Tannin, Quassin, Nigakinone, Methylnigakinone, Nigakilactone A, Picrasin A, Nigakihemiacetal A 등이 있다.
3. 약리효능·효과
청열해독(淸熱解毒), 절학치리(截瘧治痢), 부식췌우(腐蝕贅疣) 효능이 있고, 이질, 학질, 사마귀, 티눈, 질염, 치창(痔瘡), 복사(腹瀉) 등의 치료에 좋고, 특히 식도암과 대장암, 피부상피암, 자궁경부암 등에도 쓴다.
4. 채집가공·활용
중국의 남부지방에 자생하고, 가을에 익은 열매를 채취하여 햇볕에 말려 사용한다. 한다.

187. 아출(莪朮)

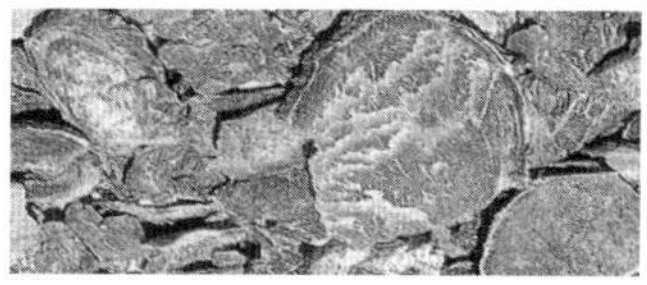

학명 : *Curcuma zedoaria*
이명 : 봉아출(蓬莪朮), 봉아무(蓬莪茂), 봉출(蓬朮), Zedoariae rhizoma
기원 : 생강과 다년생 숙근초본인 아출의 뿌리줄기를 건조한 것
1. 생물특성·분포
생강과 뿌리줄기로 살이 찌고 향기가 강한 연한 노란색, 잎은 긴 타원형, 꽃은 수상화서, 꽃잎은 노란색.
2. 주요물질·성분
근경에 정유가 1-1.5%, Sesquiterpene류가 주성분이며 Zederone, Zedoarone, Curdione, Furanodiene, Curzerene, Furanodienone, Curzerenone, Isofuranodienone, Epicurzerenone, Curcumenol 등이다.
3. 약리효능·효과
항암 및 항균작용이 있으며 가슴과 복부가 아프고, 산후에 어혈로 인해 무월경, 각종 타박상 등에 좋다.
4. 채집가공·활용
중국의 남부에 자생하고, 가을과 겨울에 채취하여 쪄서 햇볕에 말리거나 생용 혹은 식초에 볶아 사용한다.

188. 애엽(艾葉)

학명 : *Artemisia argyi, A. princeps Var. orientlis, A. montana*
이명 : 의초(醫草), 첨애(甛艾), 애(艾), 약쑥, 참쑥, Artemisiae argi folium
기원 : 국화과 황해쑥의 잎을 건조한 것
1. 생물특성·분포
높이 60-120㎝, 꽃은7-9월에 원줄기 끝의 원추화서, 열매는 수과로 1.5 × 0.5㎜이다. 약재는 지상부를 쓴다.
2. 주요물질·성분
황해쑥은 정유를 함유하며 Cineol (Eucalyptol)이 가장 많고, 이외에 β-Caryophyllene, Linalool, Artemisia alcohol, Camphor, Borneol 등이 있다.
3. 약리효능·효과
지혈 및 항균작용이 있고, 각종 냉증, 월경부조, 자궁이 차서 임신이 안될 때 좋고, 각종 열성출혈증을 다스림.
4. 채집가공·활용
주로 생용하며 지혈용으로는 식초와 함께 볶아서 사용한다. 약재는 윗부분을 잘라 20-25㎝길이의 다발로 묶는다. 줄기는 지름 1-4㎜이며 짧은 흰털이 밀생하여 엷은 황백색을 이루고 5-8개의 세로줄이 있다.

189. 안식향(安息香)

학명 : *Styrax benzoin, S. tonkinensis*
이명 : 안실향(安悉香), 안식향지(安息香脂), Benzoinum
기원 : 안식향나무 상처 수지 말린 것

1. 생물특성·분포

수마트라안식향은 인도네시아가 주생산지, 월남안식향은 월남과 태국에서 생산. 수마트라안식향은 구형의 과립을, 표면은 적갈색 또는 회갈색이며 신선한 것은 유백색 임, 월남안식향은 약간 편평한 구상 과립 또는 덩어리로 불투명하며 표면은 갈색의 수지층과 유백색 내면. 강한 열을 가하면 자극성의 기체를 발생한다.

2. 주요물질·성분

수마트라안식향에는 수지가 약 90% 함유, 주요성분은 Benzaldehyde, benzoic-acid, cinnamic-acid, cinnamyl-cinnamate, coniferyl-benzoate, coniferyl-cinnamate, phenylpropyl-cinnamate, resin, styrene, sumaresinoic-acid, vanillin 등이다.

3. 약리효능·효과

방부 및 거담작용이 있고, 개규행기혈(開竅行氣血), 벽사악(辟邪惡), 안심신(安心神), 난신기(暖腎氣), 활혈(活血), 지통(止痛), 안신(安神), 거강신(去降神) 효능이 있으며 고독(蠱毒), 곽란, 귀태(鬼胎), 기울(氣鬱), 노채(勞瘵), 산후혈훈(産後血暈), 소아경간(小兒驚癎), 요통(腰痛), 유정(遺精), 전시(傳尸), 졸심통(卒心痛), 중악(中惡), 중풍담연옹성(中風痰涎壅盛) 등을 치료한다.

4. 채집가공·활용

여름과 가을에 수령 5-10년생 안식향나무에 삼각으로 상처를 내어 수지를 채집하여 건조한다.

190. 속각(粟殼)

학명 : *Papaver somniferum, P. radicatum var. pseudoradicatum*
이명 : 아편(鴉片), 아편꽃열매깍지, 어미각, 속각, Papaveris fructus
기원 : 양귀비의 씨 껍질

1. 생물특성·분포

아시아 열대, 온대 지방과 유럽 등지에 분포, 지중해 연안 또는 소아시아가 원산지이다. 높이가 50~150cm이다. 잎은 어긋나고 길이 3~20cm의 긴 달걀 모양이며 꽃은 5~6월에 흰색, 붉은 색, 자주색 등 여러 가지 빛깔로 피고 열매는 삭과이고 길이 4~6cm의 둥근 난형이며 완숙되어 익으면 위쪽 구멍에서 종자가 나온다.

2. 주요물질·성분

총 Alkaloid 함량은 10-25%이며 주로 Mecon산염의 형태이며 주요성분은 Aesculetin, Arachidic acid, Behenic acid, Caffeic acid, Codamine(S-form), Codeine, Dopamine, Ferulic acid, Glaudine, Isoquercitrin, Isoquinoline, Laudanidine, Lauric acid, Meconine, Lauroleic acid, Morphine, Opium acid, Oripavine, Oxysanguinarine, Palaudine, Protopine, Reticuline, Somniferine, Stearic acid, Thebaol 등이 있다.

3. 약리효능·효과

삽장(澁腸), 지사(止瀉), 염폐(斂肺), 지해(止咳), 고신(固腎), 지통(止痛), 고삽수렴(固澁收斂) 효능이 있고, 구사(久瀉), 구수(久嗽), 근골동통(筋骨疼痛), 심복통(心腹痛), 유정(遺精), 탈항(脫肛)에 사용한다.

4. 채집가공·활용

4월에서 6월 사이에 채취하여 씨를 제거한 후 햇볕에 말려서 사용한다.

* 앵속각(罌粟殼)

양귀비로 높이 50~120cm, 일년생으로 잎은 난형으로 회녹색이다. 꽃은 5~6월에 원줄기 끝에 1개씩 달리며 자색, 홍색, 황금색, 흰색이고, 열매는 삭과(蒴果)로 난상 구형이며 익으면 윗부분의 구멍에서 종자가 나온다. 열매 봉우리에 상처를 내어 나오는 하얀 유액을 모아 가공한 것을 아편이라 한다. 강한 마취, 진통, 진정, 최면, 해열 작용이 있어 다양한 용도로 사용된다. 습관성이 강하며 구토, 발한, 발열, 설사 등의 금단증상이 있음. 양귀비의 씨는 마약성분이 거의 없어 빵, 베이글 등 식품재료로 쓰고, 종자유는 식용유로도 사용

191. 더덕

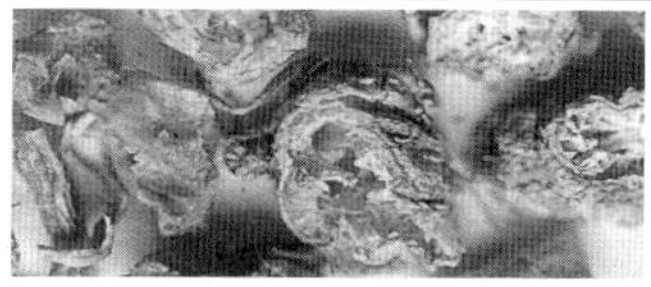

학명 : *Adenophora triphylla var. japonica*
이명 : 양유(羊乳), 사엽삼(四葉蔘), 토당삼(土黨蔘), Adenophorae radix
기원 : 초롱꽃과 더덕의 뿌리를 건조한 것
1. 생물특성·분포
크기는 2m전후, 흰색 유즙, 꽃은 8-9월에 피고 종형, 열매는 9~10월에 결실, 뿌리는 회백색, 내부 다공질
2. 주요물질·성분
사포닌, 이눌린, 인, 비타민, 단백질, 칼슘, 당류 등의 성분이 있고, Adenophoric acid, Methyl ester, β-Sitosterol, Daucosterol, Lupeone, Saponin, Triphyllol 등이 있다.
3. 약리효능·효과
거담, 진해, 청열배농(淸熱排膿), 해열, 해독, 혈관확장, 혈압강하, 적혈구와 헤모글로빈 수치를 증가, 유즙분비 촉진 효능이 있고, 해수, 천식, 폐렴, 유선염, 장염, 각종 종기, 산모의 젖이 적을 때 약용한다.
4. 채집가공·활용
봄과 가을에 채취하여 껍질을 벗기고 말려 사용한다.

192. 박새

학명 : *Veratrum nigrum*
이명 : 여로(藜蘆), 이로(梨蘆), 녹총, Veratri nigri rhizoma et radix
기원 : 여로(藜蘆) 뿌리줄기
1. 생물특성·분포
다년초, 높이 40-100cm, 근경은 짧고, 뿌리는 방추형 또는 원주상, 잎은 좁은 피침형으로 크기 20-25 × 3-9cm, 꽃은 7-8월에 피고 짙은 자줏빛 갈색의 총상 원추화서, 열매는 10월에 성숙되며 삭과는 타원형,
2. 주요물질·성분
Didesacetylprotoveratrine A, Germerine, Germidine, Neogermerine, Rubijervine, Protoveratrine A, Veramarine, Veramine, Verazine 등의 Alkaloid가 함유
3. 약리효능·효과
살충, 혈압강하, 간보호 효능이 있으며 중풍, 각종 피부질환, 황달, 설사, 두통, 종기 등에도 이용된다.
4. 채집가공·활용
5-6월에 채취하여 햇볕에 말리거나 또는 뜨거운 물에 데쳐서 햇볕에 말려서 이용한다.

193. 방아풀

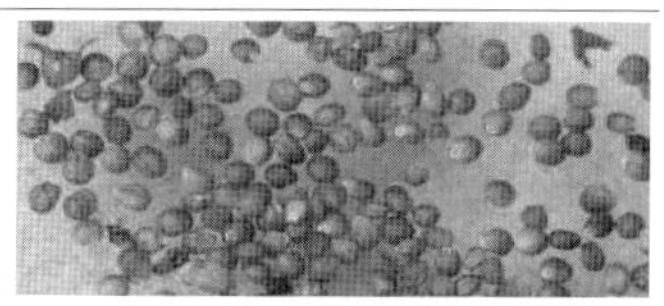

학명 : *Isodon japonicus*
이명 : 연명초(延命草), 회채화(回菜花), 아로리방풀, Pogostemonis herba
기원 : 꿀풀과 다년생초본인 방아풀의 지상부 전초
1. 생물특성·분포
높이 50-100cm, 줄기는 네모진 능선, 잎은 대생하며 난형, 꽃은 8~9월에 취산화서, 열매는 편평한 타원형
2. 주요물질·성분
Diterpene의 고미질로 Enmein, Dihydroenmein, Enmein-3-acetate, Nodosin, Isodocarpin, Isodotricin, Oridonin, Ponicidin, Epinodosinol, Sodoponin, Isodoacetal, Nodosinin, Odonicin이 함유되어 있다.
3. 약리효능·효과
소화, 건위, 진통 작용이 있으며 소화불량, 식욕부진, 복부창만, 식욕부진, 메스꺼움, 구토, 설사, 복통, 감기 등에 약용하고, 여름철 식체, 구취, 옴이나 버짐 등에 사용된다.
4. 채집가공·활용
여름과 가을에 꽃이 필 때 채취하며 그늘에서 말려 사용한다. 어린 잎을 살짝 데쳐 무쳐 먹고, 생선회를 먹을 때 쌈으로 먹고, 된장국, 고추장이나 된장에 넣어 장아찌로 만든다.

194. 참소리쟁이

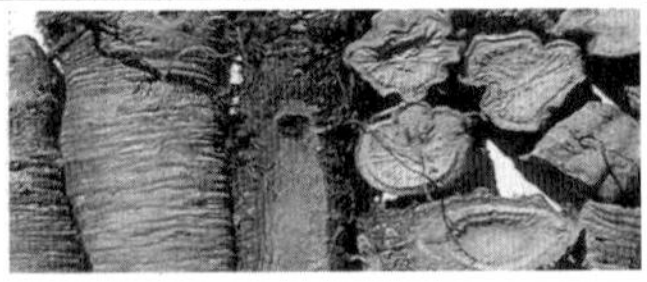

학명 : *Rumex japonicus*

이명 : 양제근(羊蹄根), 양제대황(大黃), 패독채근(敗毒菜根), Rumecis radix

기원 : 여뀌과 다년생 초본인 참소리쟁이의 뿌리

1. 생물특성·분포

높이는 40~100cm, 줄기와 잎은 어긋나고 난상 긴 타원형, 꽃은 5~7월에 연녹색 줄기나 가지 끝에 총상화서로 피고, 열매는 수과이고, 굵고 긴 원주형 뿌리는 약재로 쓰며 어린잎은 식용한다.

2. 주요물질·성분

뿌리에는 Acetic acid, α-Pinene, α-Terpineol, Benzaldehyde, Benzoic acid, Benzyl alcohol, β-Pinene, Carvacrol, Chrysophanic acid, cis-Sinapic acid, Decanoic acid, Dodecanol 1,2-Diacetin, acetate, Emodin, Furan-2-carboxylic acid, Furfural, Furfuryl alcohol, Lauric acid, Linalool, m-Cresol, Nep odin, Nerolidol, o-Cresol, Octan-1-ol, Palmitic acid, p-Cresol, phenol, 2-Phenylethanol, Propionic acid, Quercitrin, Thymol 등이 있다.

3. 약리효능·효과

해열, 지혈 효능이 있어 각종 출혈병, 코피, 토혈, 변혈, 붕루 등에 쓰며 열성 변비에도 사용한다.

4. 채집가공·활용

가을에 채취하여 햇볕에 말려 사용하고, 식용은 이른 봄에 어린 잎을 나물로 먹는다.

195. 약모밀

학명 : *Houttuynia cordata*

이명 : 어성초(魚腥草), 자배어성초(紫背魚腥草), Houttuyniae herba

기원 : 삼백초과 일년생 초본인 약모밀의 지상부을 건조한 것

1. 생물특성·분포

높이 50cm, 잎은 심장형, 꽃은 5-6월에 흰색 수상화서, 열매는 삭과, 잎과 줄기에서 고기비린내가 난다.

2. 주요물질·성분

정유 0.0049%, Decanoyl acetaldehyde, Myrcene, Methyl-n-nonylketone, Lauric aldehyde, Capric acid 등이 함유되어 있고, 주요성분으로는 Afzelin, α-Pinene, β-Sitosterol, Borneol acetate, Chlorogenic acid, 1,8-Cineole, cis-N-(4-Hydroxystyryl)benzamide, cis-N-(4-Hydroxy-styryl)-benzamide, Decanoyl ac etaldehyde, Dodecan-1-al, Geraniol, Hyperoside, Linalool, p-Cymene, Quercitrin, Thymol, trans-N-(4-Hydroxystyryl)benzamide, trans-N-(4-Hydroxy-styryl)-benzamide, Undecan-2-one 등이 있다.

3. 약리효능·효과

소종, 배농, 해열, 해독, 강심, 이뇨, 항균 효능이 있으며 종기, 폐렴, 기침, 토혈, 기관지염, 소아의 폐렴, 장염 설사, 요로감염 등에 약용한다.

4. 채집가공·활용

여름과 가을에 전초를 채취하여 햇볕에 말려 사용한다.

196. 리치종자

학명 : *Litchi chinensis*

이명 : 여지핵(茘枝核), 여인(茘仁) 지핵(枝核), 대려핵(大려核), Litchi semen

기원 : 무환자나무과 여지의 성숙한 종자를 건조한 것

1. 생물특성·분포

높이는 10m, 짝수깃꼴겹잎은 원형으로 2-5개씩 마주나고, 꽃은 원추화서로 꽃잎은 녹황색, 열매는 핵과로 둥글며 종자는 타원형-난원형으로 표면은 어두운 홍색-자흑색으로 매끈매끈하며 광택이 있다.

2. 주요물질·성분

α-Pinene, α-Terpinene, Cinnamyl acetate, Citric acid, Citronellol;(R)-form, γ-Terpinene, Gentisic acid, Lactic acid, Levulinic acid, Linalool, Linalyl oxide, Malic acid, Malonic acid, Pelargonin, 2-Phe nylethanol 등이 있다.

3. 약리효능·효과

거한지통(祛寒止痛), 행기산결(行氣散結) 효능이 있고, 고환이 당기고 아픈 통증, 위통과 부녀자의 아랫배가 아픈 증상에 사용한다.

4. 채집가공·활용

중국에 자생하며 여름철에 채집하며 껍질을 제거하여 생용하거나 소금물과 같이 볶아서 사용한다.

197. 개나리

학명 : *Forsythia koreana, F. saxatilis, Abeliophyllum distichum*

이명 : 연교(連翹), 한련자(旱連子), 대교자(大翹子), Forsythiae fructus

기원 : 물푸레나무과 낙엽교목인 개나리의 과실을 건조한 것.

1. 생물특성·분포

높이 3m. 잎은 마주나고, 꽃은 3-4월에 노란색, 열매는 난형으로 종자는 갈색이고 5-6㎜ 날개가 있다.

2. 주요물질·성분

과실에 Forsythol, Sterol, Saponin, Flavonol 배당체, Matairesinoside, 껍질에는 Oleanolic acid가 함유. 의성개나리의 주요 성분은 Aceteoside, Acetyloleanolic acid, Arctigenin, Arctiin, Astragalin, β-Hydroxy verbascoside, β-Amyrin acetate, Betulinic acid, Forsythide, Forsythoside F, Forsythosideg, Isoquer citrin, Matairesinol, Kaempferol류, Matairesinoside, Oleanolic acid, Phillyrin, Quercetin, Verbascosi de, Ursolic acid, Viridissimic acid 등

3. 약리효능·효과

항균, 항염증, 혈압강하, 지혈, 간치료, 해열, 진토, 이뇨, 소염 작용이 있고, 정신혼몽에 쓰며, 종기, 반진, 맹장염, 폐농양, 림프절염, 인후염 등에 사용

4. 채집가공·활용

가을에 익은 과실을 채취하여 햇볕에 말려 사용한다. 중국개나리(Forsythia suspensa), 개나리(F. koreana), 의성개나리(F. viridissima)의 열매도 모두 약용한다.

198. 연꽃종자

학명 : *Nelumbo nuciferag*

이명 : 연자육(蓮子肉), 연실(蓮實), 우실(藕實), 연자육, Nelumbinis semen

기원 : 수련과 다년생 수생초본인 연꽃의 성숙한 종자를 건조한 것

1. 생물특성·분포

뿌리는 옆으로 길게 뻗는다. 꽃은 7-8월에 연한 붉은색, 꽃턱은 원추형, 열매는 견과이고, 종자는 타원상 구형,

2. 주요물질·성분

다량의 전분 및 Raffinose, 단백질, 지방, 탄수화물, Ca, 철 등dl 있고, 주요성분은 Carbohydrates, dEmethy Lcoclaurine, Erucic-acid, Gadoleic-acid, Liensinine, Lotusine, n-Norarmepavine, n-Nornuciferine, Neferin, Nuciferine, o-Methy lcorypalline, Oxoushinsunine, Pronuciferine 등이 있다.

3. 약리효능·효과

가슴이 두근거리면서 잠을 이루지 못하는 증상과 신장이 약하여 나타나는 유정과 대하 등에 효과를 나타낸다.

4. 채집가공·활용

늦가을에서 초겨울에 연실이 성숙한 것을 채취하여 햇볕에 말리거나 심을 제거하고 쪄서 사용하거나 약한 불로 건조하여 사용한다.

199. 광나무열매

학명 : *Ligustrum lucidum, L. japonicum*
이명 : 여정자(女貞子), 여정실(女貞實), Ligustri lucidi fructus
기원 : 물푸레나무과 제주광나무의 성숙한 과실을 건조한 것

1. 생물특성·분포

높이 5-10m, 잎은 마주나고, 꽃은 흰색으로 7-8월에 핀다. 열매는 난형, 10월에 흑자색으로 익는다.

2. 주요물질·성분

과실에 D-mannit, Oleanolic acid, Oleic acid, Linoleic acid 등이 함유되어 있고, 주요성분은 Acetylursolic acid, Apigetrin, Cyanidin-3-O-β-D-rutinoside, Cyanin, 3,4-Dihydroxyphenethyl alcohol, 3,4-Dihydroxyphenethyl-β-D-glucopyranoside, 10-Hydroxyligustroside, 10-Hydroxyoleuropein, Isorhoifolin, Ligustrin, Ligustroside, Luteolin-7-O-β-D-rutinoside, Malvidin-3-O-β-D-rutinosyl-5-O-β-D-glucopyranoside, Nuezhengalaside, Nuezhenide, Oleanolic acid, Oleuropeic acid, Oleuropein, Phenethyl-p-hydroxy-β-D-glucoside, p-Hydroxyphenethyl alcohol, Quercetin, Specnuezhenide, Taxifolin, Taxifolin, Ursolic acid 등이다.

3. 약리효능·효과

보음(補陰), 산화(散火), 조중(調中), 양정신(養精神), 오수발(烏鬚髮), 명이목(明耳目), 안오장(安五臟), 익간신(益肝腎), 건요슬(健腰膝), 제열익정(除熱益精), 구복(久服) : 비건(肥健), 경신(輕身), 불로(不老) 효능이 있고, 간신음허(肝腎陰虛), 노인대변비결(老人大便秘結), 두훈(頭暈), 목혼(目昏), 수발조백(鬚髮早白), 요연(腰軟), 이명:(耳鳴), 적안(赤眼) 등에 약용한다.

4. 채집가공·활용

가을과 겨울 과실이 익으면 채취해여 황주로 증숙하여 햇볕에 말려 사용한다.

200. 오가피(五加皮)

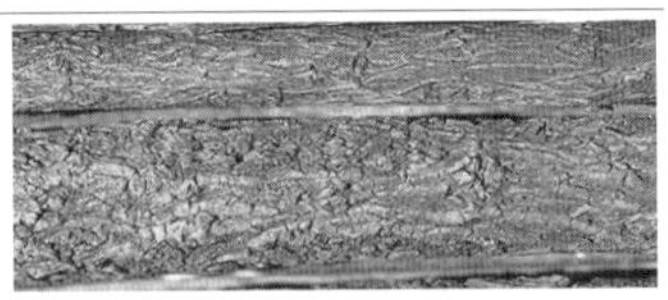

학명 : *Acanthopanax sessiliflorus, A. seoulense, A. chiisanensis*
이명 : 남오가피(南五加皮), 엽목(五葉木), Acanthopanacis cortex
기원 : 두릅나무 낙엽교목인 오갈피의 뿌리껍질을 건조한 것

1. 생물특성·분포

높이 3-4m, 줄기 껍질은 회색, 잎은 3-5개 장상, 꽃은 8-9월에 자줏빛으로 피고, 열매는 장과로 타원형,

2. 주요물질·성분

정유, acanthoside B, β-sitostanol, campesterol, daucosterol, savinin, sesamin, stigmasterol 등

3. 약리효능·효과

중추, 흥분, 비특이적 면역강화, 강심, 강장 작용 등이 있고, 몸이 저리고 아픈데, 부종과 각기 등에 이용된다.

4. 채집가공·활용

여름과 가을에 채취하여 햇볕에 말려 사용한다.

201. 벽오동씨앗

학명 : *Firmiana simplex*
이명 : 오동자(梧桐子), 벽오동, 청동, Firmiana fructus, chinese parasol
기원 : 벽오동과 벽오동의 종자

1. 생물특성·분포

중국, 인도차이나 원산, 높이 15m, 나무껍질은 녹색, 잎은 난형, 꽃은 연한 노란색 원추화서, 열매는 삭과

2. 주요물질·성분

열매에 Arsenic, Caffeine, Sterculic-acid, Theobromine, 알칼로이드류, 유기산, 기름이 있다.

3. 약리효능·효과

거풍, 진통 작용이 있으며 타박상, 월경불순, 생리통, 치통, 탈모증의 치료제로 사용된다.

4. 채집가공·활용

중부 이남에 귀화식물로 재배, 여름과 가을에 종자를 채취하여 말려서 사용한다.

202. 영지(靈芝)

학명 : *Ganoderma lucidum, G. japonicum*

이명 : 홍지(紅芝), 영지초(靈芝草), 불로초, 만년버섯, Ganoderma

기원 : 구멍쟁이버섯과 영지의 자실체를 건조한 것

1. 생물특성·분포

갓은 반원형~신장형, 처음에는 황백색이나 담갈색이나 적갈색, 갓 뒤는 황백색, 자루는 원통형의 적갈색이거나 흑갈색, 삿갓은 목질화되어 딱딱하며 반원형 또는 콩팥모양이다.

2. 주요물질·성분

자지(紫芝)에는 Ergosterol, 유기산, Glucosamine, 다당류, 수지, Mannitol 등이 함유되어 있으며, Betaine 등의 Amino산 유도체를 함유하고 있다.

3. 약리효능·효과

진정, 진통, 기관지 및 내장 평활근 이완, 강심, 혈압강하, 거담, 진해, 간보호, 비특이적 면역강화, 혈중 콜레스테롤 강하 등의 작용이 있고, 고혈압과 고지혈증, 협심증, 간염 및 병으로 몸이 허약한데 효과가 좋다.

4. 채집가공·활용

가을에 채취하여 햇볕에 말려 사용한다.

203. 오미자(五味子)

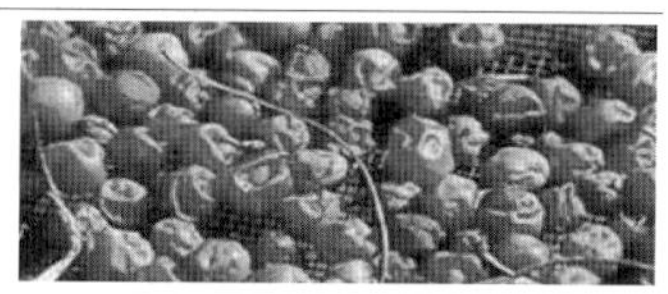

학명 : *Schizandra chinensis, S. nigra japonica*

이명 : 현급(玄及), 회급(會及), 오매자(五梅子), Schizandrae fructus

기원 : 목련과 오미자의 완숙한 과실

1. 생물특성·분포

크기는 6-8m, 잎은 타원형, 꽃은 암수 딴그루로 6-7월에 붉은빛 황백색, 열매는 8-9월에 붉은색으로 익는다.

2. 주요물질·성분

3%의 정유가 있으며 성분은 Deoxyschizandrin, gomisin-K-2, Gomisin-K-1,(DL)-γ-schizandrin, 6-o-benzoylgomisin-i, α-chamigrene, angeloylgomisin-H, O, P, Q, Angeloylisogomisin-O, Argolic-acid, arsenic, benzoylgomisin, benzoylgomisin-H, O, β-2-bisabolene, β-carotene, β-chamigrene, β-chamigrenol, β-sitosterol, citral, D-α-ylangene, deangeloylgomisin-B, Deoxygomisin-A, Deoxygomosin-A, Deoxyschizandrin, dimethylgomisin-J, Epigomisin-O, Epsilon-schizandrin, gamma-schizandrin, gogomisin-D, Gomisin-A-H, J, K-1, K-2, K-3, L-1, L-2, M-1, M-2, N, O, R, S, T, Isoschisandrolic-acid, isoschizandrin, kaempferol-3-o-β-rutinoside, lignan, lignans, m-schizandrin, malic-acid, meso-dihydroguaiaretic-acid, octadecanoic-acid-2-3-dihydroxy-propyl-ester, p-schizandrin, pectins, peonidin-3-o-β-D-Glucoside, pregomisin, protocatechuic-Acid, pseudo-γ-schizandrin, resins, schisandrin, schisandrol, schisandrolic-acid, schisanhenol, schisanthenol, schisantherin-A, B, D, Schizander-A, B, Schizandrin, schizandrin-A, B, C, Schizandrol, schizandrol-A, B, Schizantherin-B, Sesquicarene, steroids, syringin, tannin, thymoquinol-2-o-β-D-Glucopyranoside, thymoquinol-5-o-β-D-Glucopyranoside, tigloylgomisin-G, H, P, Tocopherols, wueizisu-c, wuweichun-A, B, Wuweizi-ester, wuweizi-ester-A, B, Wuweizichun-b, wuweizisu-A, B, C 등

3. 약리효능·효과

중추신경흥분, 피로회복촉진, 혈압조절, 위액분비조절, 혈당량강하, 진해, 지사 작용 등이 있고, 허약한 데, 무력증, 폐와 신이 허하여 기침이 나고 숨찬데. 갈증 날 때, 식은땀, 유정, 야뇨증, 설사, 중이염, 심근쇠약증, 야맹증, 폐렴, 건망증, 피로회복, 불면증, 피부염, 저혈압, 동맥경화, 당뇨, 간염 등에 쓴다.

4. 채집가공·활용

가을철에 과실이 붉게 익었을 때 채취하여 햇볕에 말린다. 폐기를 수렴용은 생용, 신장보호용 술과 함께 볶아서 쓰고, 기침, 유정, 설사등의 치료에 사용하고자 할 때는 식초와 같이 볶아서 사용한다.

204. 오동피(梧桐皮)

학명 : *Paulownia coreana, P. tomentosa*
이명 : 동피(桐皮), 오동나무, 머귀나무, Paulownia tree
기원 : 오동나무의 껍질.
1. 생물특성·분포
한국 특산종, 높이 15m, 잎은 마주나고 난상 원형, 꽃은 5~6월에 원추화서, 열매는 삭과(殼果)로 난형 임.
2. 주요물질·성분
Anisaldehyde, Apigenin, Artecanin, Aucubin, Benzaldehyde, Benzyl alcohol, β-Oxoacteoside, β-Sitosterol, Caffeic acid, Campesterol, catalpol, catalposide, Coniferin, Cyanin, Daucosterol, Delphin, Isoverbascoside, Linalool, m-Cresol, o-Cresol, Oct-1-en-3-ol, Paulownin, Paulownioside, p-Cresol, phenol, 2-Phenylethanol, Piperitol(form), p-Hydroxybenzoic acid, Sesamin, Stigmasterol, Succinic acid, Syringin 등이 있다.
3. 약리효능·효과
치질에 내복하며, 타박상에는 식초를 넣고 볶아서 붙이거나 종기와 악창에 찧어 붙인다.
4. 채집가공·활용
가을에 채집하여 햇볕에 말려서 사용한다.

205. 매화열매

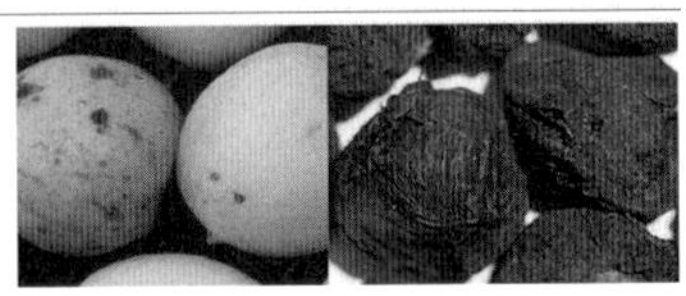

학명 : *Prunus mume*
이명 : 오매(烏梅), 매실(梅實), 훈매(薰梅), Mume frutus
기원 : 매화나무의 덜익은 열매를 훈증한 것
1. 생물특성·분포
높이 5-7m. 꽃은 연한 붉은색, 핵과는 둥글고, 지름 2-3㎝, 녹색에서 7월에 노란색으로 익으며 신맛이 강하다.
2. 주요물질·성분
과육에는 Citric acid (19%), Malic acid(15%), Succinic acid, 탄수화물, Sitosterol, Oleanolic acid 등이 있고, 씨앗에는 α-Terpineol, Amygdalin, Benzaldehyde, Benzoic acid, Eugenol, Furfural, Guaiacol, Lauric acid, Linalool, Linalyl oxide, Linolenic acid, Naringenin, o-Cresol, Stearic acid, Succinic acid 등
3. 약리효능·효과
염폐삽장(斂肺澁腸), 용담소종(涌痰消腫) 효능이 있어 거담, 장운동억제 항균 작용이 있고, 기침, 설사, 갈증, 회충구제, 구토, 복통 등에 약용한다.
4. 채집가공·활용
봄에 미숙 과실을 채취하여 탈피하여 대바구니에 넣어 왕겨 연기로 훈증하여 말린다.

206. 오수유(吳茱萸)

학명 : *Evodia officinalis, E. rutaecarpa*
이명 : 오수(吳茱), 좌력(左力), Evodiae fructus
기원 : 운향과 낙엽관목 오수유의 미성숙 과실을 약한 불로 건조한 것
1. 생물특성·분포
높이 5m. 잎은 마주나고 홀수 1회 깃꼴겹잎, 꽃은 5-6월에 녹황색 산방화서, 열매는 둥근 삭과로 붉은색
2. 주요물질·성분
Evodene, Evodine, Evodiamine, Rutaecarpine, Evolitrine, Limonin, Evodol, Synephrine, Higenamine 등
3. 약리효능·효과
두통, 옆구리 통증 및 구토, 치통, 습진 등을 치료한다.
4. 채집가공·활용
가을에 미성숙한 과실을 채취하여 햇볕에 말려 사용하거나, 감초 달인물에 침지하여 약하게 화건한다.

207. 오약(烏藥)

학명 : *Lindera strychnifolia*

이명 : 천태오약(天台烏藥), Linderae radix

기원 : 녹나무과 오약의 덩이뿌리를 건조한 것

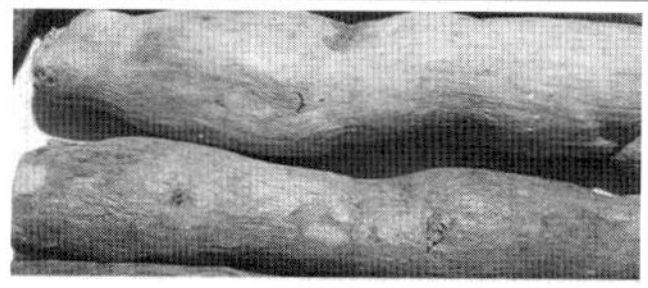

1. 생물특성·분포

높이 5m. 뿌리는 길고 통통하며, 잎은 홀수 1회 깃꼴겹잎, 꽃은 4-5월에 담황색, 9월에 검고 둥근 열매를,

2. 주요물질·성분

l-borneol, linderene 및 그 Acetate, Epicatechin, Hesperidin, Proanthocyanidin B2 등이 함유되어 있다.

3. 약리효능·효과

행기지통(行氣止痛), 온신산한(溫腎散寒) 효능이 있으며 진통, 건위, 장연동촉진 작용이 있고, 통증과 생리통, 소변을 자주 보는데, 유뇨증, 구토와 소화불량 등에 효과적이다.

4. 채집가공·활용

겨울~봄철에 채취하여 외피를 제거 후 물에 담궈서 부드럽게 되면 절단하고 건조하여 사용한다.

208. 옥수수수염

학명 : *Zea mays*

이명 : 옥미수(玉米鬚), 옥촉서에(玉蜀黍蕊), 옥수수수염, Maydis stigmata

기원 : 벼과 일년생초본인 옥수수의 화주를 건조한 것

1. 생물특성·분포

높이 1-3m, 수꽃은 줄기 끝, 암꽃은 줄기 윗부분의 잎겨드랑이에 달리며, 약재는 가는 실 또는 머리카락 모양으로 엷은 녹색-황갈색을 띤다.

2. 주요물질·성분

이뇨, 항염, 혈압강하, 지혈 작용 등이 있고, 신장염으로 인한 부종과 각기, 황달형 간염, 담낭염, 담결석, 당뇨병, 토혈, 코피 날 때, 고혈압과 비염 등에 효과가 있다.

3. 약리효능·효과

Saponin, Cryptoxanthin, Vit. C와 K, Malic acid, Pantothenic acid, Inositol, Stigmasterol, Sitosterol 등

4. 채집가공·활용

여름과 가을에 성숙한 열매를 채취하여 햇볕에 말려 사용한다.

209. 둥굴레뿌리

학명 : *Polygonatum odoratum var. pluriflorum, P. robustum*

이명 : 옥죽(玉竹), 여위(女萎), 둥굴레, Polygonati odorati rhizoma

기원 : 백합과 다년생 초본인 둥굴레의 뿌리줄기를 건조한 것

1. 생물특성·분포

높이 30-60㎝, 육질의 뿌리줄기, 잎은 어긋나며 꽃은 6-7월에 피고, 열매는 린다. 열매는 장과로 둥글고 검은색.

2. 주요물질·성분

뿌리줄기에 Convallarin, Convallamarin, Quercitol 등의 강심배당체, 다량의 점액질, Steroid 배당체, 소량의 Alkaloid, Kelidonin, Asparagine, Mannit, 전분, Vit. A 등이 있다.

3. 약리효능·효과

자음윤조(滋陰潤燥), 양위생진(養胃生津) 효능이 있으며 심장박동향진, 항산화, 혈당억제, 혈당강하 작용이 있고, 발열, 소변이 자주 마려운 증상 등에 효과를 나타낸다.

4. 채집가공·활용

봄과 가을에 채취하며 생용하거나 꿀물로 삶아 쪄서 말려 사용한다.

210. 층층둥굴레

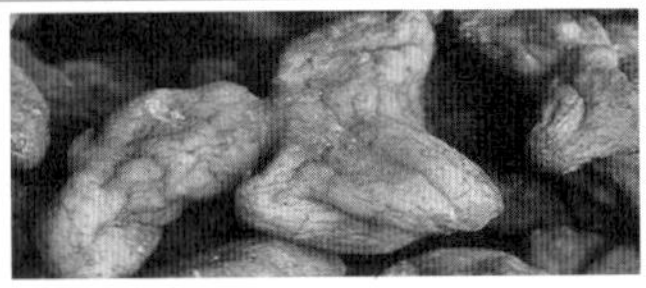

학명 : *Polygonatum sibiricum, P falcatum*
이명 : 황정(黃精), 토죽(土竹), 녹죽(鹿竹), 낚시둥글레, Polygonati rhizoma
기원 : 백합과 다년생 초본인 층층둥글레의 뿌리 줄기를 건조한 것
1. 생물특성·분포
줄기는 둥글고 높이 50-80㎝, 잎은 어긋나고 긴 타원형, 열매는 둥글며 흑자색으로 익음,
2. 주요물질·성분
잎에는 Azetidine-carboxylic acid, Convallamarin, Sugar, Vit. A 등이 있고, 뿌리줄기에는 Convillarin, Convallamarin 등 강심배당체, 점질물질, Steroideglycoside, Chelidonic acid, Aparagine, Mannite 등.
3. 약리효능·효과
혈압강하, 혈당량강하, 동맥경화방지, 간지방제거 작용이 있고, 허약체질, 오한과 발열, 식욕부진, 약골 등
4. 채집가공·활용
봄과 가을에 채집하여 생용하거나 술을 넣고 쪄서 사용한다. 민간에서 건강차로 마시며 상품으로도 판매한다.

211. 맥람채

학명 : *Saponaria vaccaria, Melandryum firmum, M. firmum for. pubescens*
이명 : 왕불류행(王不留行), 금궁화(禁宮花), 장구채, Vaccariae semen
기원 : 석죽과 일년생 초본인 맥람채의 성숙한 종자를 건조한 것
1. 생물특성·분포
높이 30-80㎝, 잎은 마주나고, 꽃은 7월에 원줄기 끝에 취산화서로 층층으로 달림, 열매는 삭과로 난형이다.
2. 주요물질·성분
종자에 각종 Saponin, Vacsegoside인 Gypsogenin, Qupllaic acid, Gypsogenic acid, Glucuronic acid, Glucose, Xylosee, Arabinose, Fucose, Rhamnose 등이 있음.
3. 약리효능·효과
활혈통경(活血通經), 행혈(行血), 지혈(止血), 하유소종(下乳消腫), 정통(定痛), 최생(催生), 통혈맥(通血脈), 행혈(行血) 효능이 있으며 경폐(經閉), 금창(金瘡), 난산(難産), 발배(發背), 비뉵(鼻衄), 소변불리(小便不利), 옹저(癰疽), 월경부조(月經不調), 유옹(乳癰), 유풍(遊風), 통경(痛經), 풍비(風痺), 풍진(風疹) 등에 약용한다.
4. 채집가공·활용
여름과 가을에 성숙한 종자를 채집하여 생용을 하거나 약한 불로 볶아서 사용한다.

212. 용담초(龍膽草)

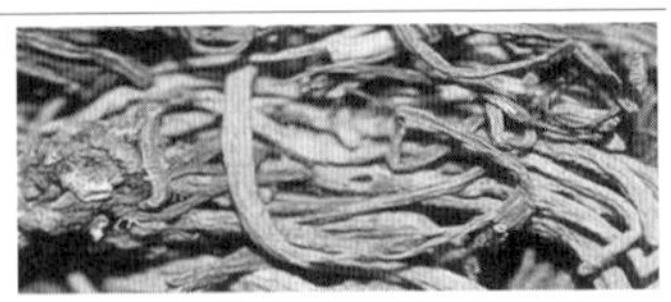

학명 : *Gentiana scabra var. buergeri, G. triflora, G. uchiyamai*
이명 : 용담(龍膽), 고담(苦膽), 초용담(草龍膽), 과남풀, Gentianae radix
기원 : 용담과 다년생 초본인 용담의 뿌리줄기를 건조한 것
1. 생물특성·분포
높이 20-60㎝, 뿌리줄기는 짧고 굵은 수염뿌리가 있음, 잎은 마주나며 꽃은 8-10월에 자줏빛, 열매는 삭과이다.
2. 주요물질·성분
Gentiopicrin(2%), Gentianine(0.15%), Gentianose(4%) 및 Arsenic, Gentianine, Gentianose, Gentiobiose, Gentiopicrin, Gentiopicroside, Gentisic-acid, Gentisin, Swertiamarin 등이 있다.
3. 약리효능·효과
위액분비촉진, 위운동촉진, 간기능촉진, 혈압강하, 진해, 해열, 항균 등의 작용이 있고, 음부종기가 가려운 증상, 대하, 눈의 충혈과 두통, 귀가 울림, 가슴과 허리통증, 팔다리 경련, 빈뇨 등에 약용한다.
4. 채집가공·활용
봄과 가을에 채취하여 건조해서 사용한다.

213. 용안육(龍眼肉)

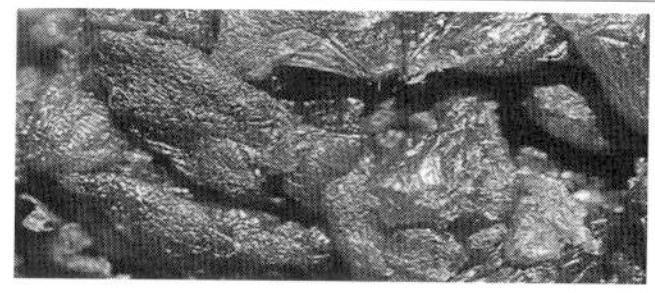

학명 : *Dimocarpus longan, Euphoria longan, Nephelium longan*

이명 : 익지(益智), 밀비(蜜脾), 용안건(龍眼乾), Longanae arillus

기원 : 무환자나무과 용안의 가종피를 햇볕에 건조한 것

1. 생물특성·분포

잎은 2-5쌍이 어긋나고, 꽃은 작은 황백색, 꽃받침이 5개로 갈라지고 열매는 핵과로 황갈색, 2개 흑색 종자

2. 주요물질·성분

생용안육에는 수분 77.15%, 회분 0.61%, 지방 0.13%, 단백질 1.47%, 가용성 함질소화합물 등이 함유되어 있고, 주요성분은 Glucose, Sucrose, Tartaric acid, 포도당, 유기산, Adenine, Choline 등이 있다.

3. 약리효능·효과

강장, 항산화, 면역기능 활성화 작용 등이 있고, 신경성 심계항진, 건망증, 불면증, 허혈성 황달 등에 약용

4. 채집가공·활용

중국남부 등지에 자생하고, 가을에 익은 열매를 채취하며 생용하거나 쪄서 건조하여 사용한다.

214. 우방자(牛蒡子)

학명 : *Arctium lappa*

이명 : 오실(惡實), 편복자(편복刺), 서점자(鼠粘子), 우엉씨, Arctii fructus

기원 : 국화과 우엉의 성숙한 종자를 건조한 것

1. 생물특성·분포

높이 1.5m, 뿌리는 길고 굵음, 꽃은 7월에 두화가 산방상으로 핌, 열매는 둥근 삭과, 씨앗은 갈색 관모가 있음.

2. 주요물질·성분

Arctiin과 지방유 25-30%가 들어 있고 주요성분은 α-Amyrin, α-Amyrin acetate, Aplotaxene, Arctic acid, Arctigenin, Arctignan, Benzaldehyde, β-Amyrin, β-Eudesmol, Clovene, Cnicinolide, Cyperene, 9(10)-Dehydrofukinone, Desmutagenic factor(Arctium lappa), Pseudotaraxasterol, Pseudotaraxasterol acetate, Taraxasterol, Taraxasterol palmitate 등

3. 약리효능·효과

항염, 이뇨, 항균, 강심, 거풍, 해열, 해독 작용 등이 있고, 인후통, 감기, 기침가래, 두드러기, 종기 등에 씀.

4. 채집가공·활용

가을철에 익은 씨앗을 채취하며 생용하거나 약한 불로 볶아서 사용한다.

215. 우슬(牛膝)

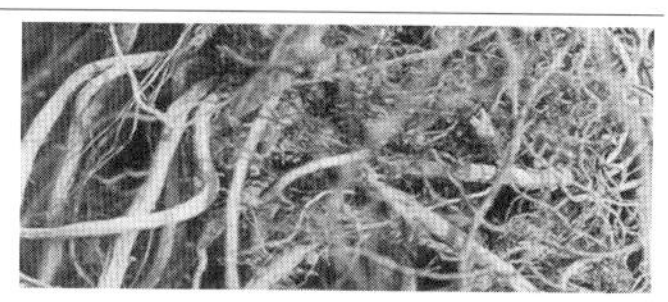

학명 : *Achyranthes bidentata, A. japonica*

이명 : 회우슬(懷牛膝), 쇠무릎지기, Achyranthis bidentatae radix

기원 : 비름과 우슬의 뿌리를 건조한 것

1. 생물특성·분포

높이 50-100㎝, 잎은 마주나며, 8-9월에 수상화서, 열매는 포과로 긴 타원형이며 1개의 종자가 들어 있다.

2. 주요물질·성분

회우슬에는 triterpenoid, saponin이 함유되어 있으며 가수분해하면 oleanol 산이 생성되며, 다량의 칼슘도 함유되어 있다. 이외에도 inokosterone, β-sitosterol, succinic acid, kalium salts, betaine, ecdysone, γ-aminobutyric acid 등도 함유되어 있다.

3. 약리효능·효과

혈액순환촉진, 어혈제거, 이뇨, 항알러지, 항균, 작용이 있고, 월경조절, 관절염과 관절통, 요통 등에 약용 함.

4. 채집가공·활용

가을철에 채취하여 햇볕에 말린다.

216. 육계(肉桂)

학명 : *Cinnamomum loureirii, C. cassia*
이명 : 계피(桂皮), 모계(牡桂), 대계(大桂), Cinnamomi cortex
기원 : 계수나무 조피(粗皮)를 벗긴 수간피.

1. 생물특성·분포

육계나무(C. loureirii)의 수피를 약용하며 계수나무(Cercidiphyllum japonicum)의 수피는 약용하지 않는다. 수피를 계피, 어린가지를 계지라고 한다. 얇은 나무껍질은 손상을 최소화하기 위해서 대롱모양으로 만다.

2. 주요물질·성분

휘발성 정유성분이 1-2%, 주성분은 Cinnamic aldehyde가 75-90%이고, 그 외 점액질, Tannine 등이 함유.

3. 약리효능·효과

건위, 억균, 혈액순환 작용이 있고, 손발이 찬데, 허리와 무릎이 시고 아픈데, 비위가 차고 소화가 안되며 설사하는데, 아랫배가 차고 아프면서 월경이 없으면서 배가 아픈 데에 쓴다.

4. 채집가공·활용

8-10월 사이에 5-6년생 이상 나무껍질을 채취하여 햇볕과 그늘에서 말려서 사용한다.

217. 욱리인(郁李仁)

학명 : *Prunus nakail, P. humillis*
이명 : 욱리인(郁里仁), 이스라지씨, Pruni japonicae semen
기원 : 장미과 낙엽교목인 앵도, 아스라지 성숙한 종자

1. 생물특성·분포

높이 1m, 잎은 어긋나며 난형, 꽃은 5월에 분홍색으로 핌, 열매는 둥근 적색, 종자는 둥근 끝이 뾰족함.

2. 주요물질·성분

Afzelin, Ikurinin albumin IR-A, Ikurinin albumin IR-B, Kaempferitrin, Multiflorin B, Multinoside A, Muningin, Protocatechuic acid, Prunuside, Ursolic acid, Vanillic acid 등

3. 약리효능·효과

대변과 소변 변통, 부종과 각기병 등에 좋다.

4. 채집가공·활용

가을에 성숙한 과실을 채취하여 꿀에 하루 동안 담갔다가 그늘에 건조하여 사용한다.

218. 운지(雲芝)

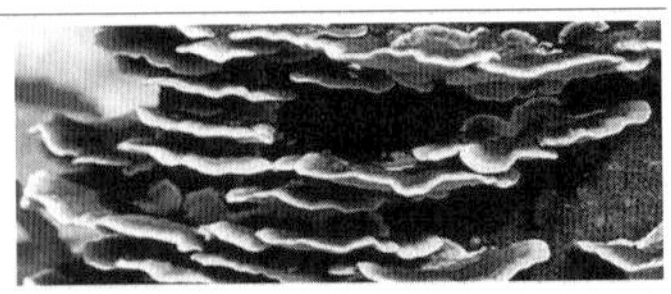

학명 : *Coriolus versicolor, Polystictus versicolor*
이명 : 구름버섯, Coriolus mushroom
기원 : 구멍쟁이버섯과 구름버섯의 자실체

1. 생물특성·분포

구름버섯, 갓의 길이가 1-5㎝, 반원형 또는 원형으로 무리지어 군생함, 표면은 흑색 또는 회색, 황갈색 혹은 암갈색 둥근 원형 무늬가 있고, 전체적으로 광택과 짧은 털이 있다.

2. 주요물질·성분

유리아미노산 18종, Ergosterol, β-Sitosterol, 포화지방산 11종, 불포화지방산 9종, Coriolan(다당), Krestin, Thelphoric acid, Aminopeptidase, Carboxymethylcellulase, Cellulase, Glucose-2-oxidase, Lactase, Ligninase, Ligninperoxidase, Melanoisin 분해효소 등이 있다.

3. 약리효능·효과

운지는 항종양과 항암제 면역기능 부활제로 사용되며 예로부터 위암, 식도암, 직장암, 폐암, 간암, 유방암 등 각종 암의 예방과 치료제로 복용하였다.

4. 채집가공·활용

고목 또는 그루터기에 자생하는 자실체를 채집하여 말려서 사용한다.

219. 육두구(肉荳구)

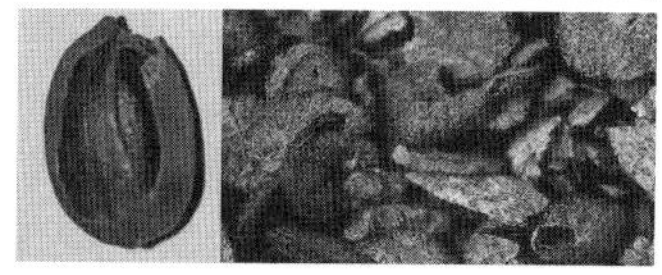

학명 : *Myristica fragrans*

이명 : 두구(荳구), 육과(肉果), Myristicae semen

기원 : 육두구나무 성숙한 과실

1. 생물특성·분포

말레이가 원산지, 열매의 종피를 제거하여 건조한 것을 육두구, 그 가종피를 말린 것을 육두구화(Mace)라고 한다. 종자는 가종피를 제거하여 석회유에 침윤시켜 건조하여 육두구(Nutmeg)를 만든다.

2. 주요물질·성분

육두구 씨앗에 2-15%의 정유, 주성분은 D-Pinene, D-Camphene 등의 Terpene, Myristicin 4%, Eugenol 0.2%, Dipentene, Terpene 알콜류 6% 등이 함유, 종자유에는 지방이 35-45%, 지방의 30-70%는 Trimyristin, Olein 3%, 불검화물 8.5% 이다. 육두구화에는 20-22% 정유가 있으며 주성분은 β-Pinene, Limonene, 1,8-Cineole, α-Bergamotene, α-Copaene, α-Cubebene, α-Farnesene, α-Humulene, α-Phellandrene, α-Pinene, α-Terpinene, α-Terpineol, α-Thujene, β-Sitosterol, Boron, Camphene, Camphor, Copaene, Delphinidin, Elemicin, Eugenol, Furfural, Gamma-terpinene, Geraniol, Isoeugenol, Limonene, Linalool, Malabaricone-B, Malabaricone-C, Methoxyeugenol, Myrcene, Myristicin, p-Cymene, Phytosterols, Sabinene, Stigmasterol, Safrole, Terpinolene, Trans-isoelemicin, Trimyristin 등이다.

3. 약리효능·효과

건위, 장연동운동항진, 지사(止瀉), 해독, 소화계기능향상 작용이 있고, 곽란, 복통, 소아토역(小兒吐逆), 숙식(宿食), 심복창통(心腹脹痛), 유식적체(乳食積滯), 적백리(赤白痢), 충통(蟲痛) 등에 약용한다.

4. 채집가공·활용

말레지아, 인도네시아, 스리랑카 등지에서 생산되며, 4-6월과 11-12월에 채취하여 가공한다.

220. 울금(鬱金)

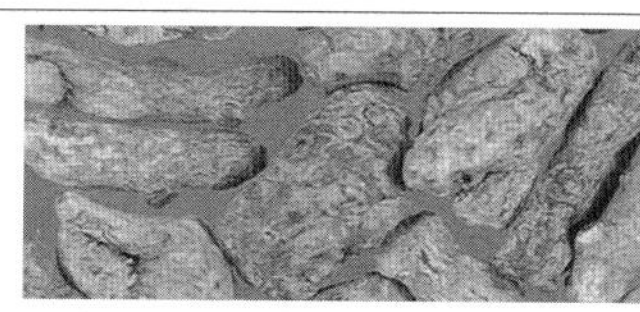

학명 : *Curcuma longa*

이명 : 마술(馬述), 황울(黃鬱), Turmeric

기원 : 생강과 울금의 덩이뿌리를 건조한 것

1. 생물특성·분포

높이 1-1.5m, 뿌리는 굵은 난형 덩이뿌리, 잎은 긴 타원형, 꽃은 이삭화서, 열매는 보통 맺지 않음.

2. 주요물질·성분

뿌리줄기에 황색소(Curcumin), 정유에는 Sesquiterpene(65.5%), sesquiterpene alcohol(22%), d-Camper(2.5%), d-Campene, d-camphene, Turmerone, p-tolylmethylcarbinol 등이 있다. 주요성분은 1,8-cineole, α-phellandrene, α-pinene, α-terpinene, AR-turmerone, β-sitosterol, β-pinene, bis-demethoxycurcumin, bis-desmethoxycurcumin, campesterol, camphor, cineol, cineole, curcumene, curcumenol, curcumenone, curcumin, curcuminoids, curdione, curlone, curzerenone-C, Cyclo-isoprenemyrcene, cyclocurcumin, D-Camphene, D-Camphor, D-Sabinene, demethoxycurcumin, desmethoxycurcumin, eugenol, limonene, linalool, isoborneol, γ-terpinene, p-cymene, p-tolyl-methy lcarbinol, phytosterols, stigmasterol, salicylates, terpinene, terpineol, terpinolene, turmerin, turmerone, zingiberene, Zedoarondiol, ukonan-A-D 등이다.

3. 약리효능·효과

행기해울(行氣解鬱), 양혈파어(凉血破瘀) 효능이 있고, 고독(蠱毒), 금창(金瘡), 비상독(砒霜毒), 산후패혈입심(産後敗血入心), 요혈(尿血), 이통(耳痛), 자한(自汗), 전광(癲狂), 치(痔), 타혈(唾血), 토혈(吐血), 통경(痛經), 혈적(血積), 황달(黃疸), 흉복창만(胸腹脹滿) 등에 약용한다.

4. 채집가공·활용

겨울과 봄에 괴근을 채취하여 약한 불로 건조하여 사용한다.

221. 원지(遠志)

학명 : *Polygala tenuifolia*
이명 : 고원지(苦遠志), 애기풀, 아기풀, Polygalae radix
기원 : 원지과 다년생 초본인 원지의 뿌리를 건조한 것
1. 생물특성·분포
높이 30㎝, 뿌리는 굵고 잎은 어긋남, 꽃은 7-8월에 자줏빛으로 피고, 총상화서, 열매는 2개로 갈라진 삭과이다.
2. 주요물질·성분
Saponin(Onjisaponin A-G, Tenuifolin), Xanthones(2,6,7,8-Tetramethoxyxanthone, 3-Hydroxy-2,6,7,8-Tetramethoxyxa polygalitol) 등이 함유되어 있다. 주요성분은 anhydro-D-sorbitol, Pentamethoxyxanthone, trimethoxycinnamic-acid, arsenic, β-amyrin, n-acetyl-D-glucosamine, onjisaponin-A-G, polygalitol, presenegenin, presenegenin-β-D-glucopyranoside, resin, saponin, senegenin, tenuidin, tenuifolin 등이 있다.
3. 약리효능·효과
영심안신(寧心安神), 거담개규(祛痰開竅), 소옹종(消癰腫) , 항경련, 용혈, 혈압강하, 위점막자극, 자궁흥분, 항돌변·항암 작용이 있어 심신불안, 불면, 건망증, 유정, 정신착란, 황홀감, 해수, 가래, 종기와 유방염 등
4. 채집가공·활용
봄과 가을에 채취하여 심을 제거하고 음건한다. 정신안정용은 감초물에 구워서 사용, 거담진해용은 꿀에 볶아 씀

222. 원화(芫花)

학명 : *Daphnegenkwa Siebold*
이명 : 거수(去水), 패화(敗花), 적화(赤花), Genkwa flos
기원 : 팥꽃나무과 팥꽃나무의 꽃봉오리를 건조한 것
1. 생물특성·분포
높이 1m 내외, 잎은 마주나며 긴 타원형, 꽃은 3-5월에 피고 연한 자주색 산형화서, 열매는 둥근 홍색 장과
2. 주요물질·성분
전초에는 Genkwanin, Apigenin, 3'-Hydroxygenkwanin, Yuankanin, Genkwadaphnin, Yuanhuacine, Yuanhuadine, Yuanhuafine, Yuanhuacium ester A, B, Yuanhuatine, Yuanhuapine, Sitosterol, Benzoic acid, Isoquercitrin, Galuteolin, Yuanhuanin, Genkdaphin가 있고, 꽃에는 Yuanhuacine, Genkwadaphnin가 있다.
3. 약리효능·효과
사수축음(瀉水逐飮), 살충료창(殺蟲療瘡) 효능이 있으며 담, 수종, 기침, 소변과 대변 잘 나오게 하는데 사용
4. 채집가공·활용
봄의 개화직전에 채취하여 식초를 넣고 약한 불로 충분히 볶아 그늘에서 건조하여 사용한다.

223. 위령선(威靈仙)

학명 : *Clematis mandshurica*
이명 : 능소(能消), 로선(露仙), Clematidis radix
기원 : 미나리아재비과 으아리의 뿌리와 뿌리줄기를 건조한 것
1. 생물특성·분포
길이 2m, 잎은 마주나며 깃꼴겹잎, 꽃은 6-8월에 흰색 취산화서, 열매는 수과로 난형 9월에 익음.
2. 주요물질·성분
Anemonin, Anemol, Saponin, Clematoside C, Hederagenin, Sitosterol, Oleanolic acid, 당류 등이 함유
3. 약리효능·효과
혈압강하, 평활근 흥분, 이뇨, 혈당하강, 진통, 항균 작용이 있고, 관절굴신불리, 사지마비, 요통, 사지동통, 근육마비, 타박상을 치료 및 오장의 기능항진, 경락이 막힌 통증에 사용한다.
4. 채집가공·활용
으아리(C. ematis), 큰꽃으아리(C. patens), 참으아리(C. terniflora)의 뿌리를 가을에 채취하여 말려 사용한다.

224. 유피(柳皮)

학명 : *Salix integra, S. purpurea var. multinervis*
이명 : 버드나무, 수양버들, Salicis ramulus
기원 : 버드나무과 수양버들의 줄기껍질을 건조한 것
1. 생물특성·분포
높이가 17m, 줄기껍질은 녹색이고 오래된 수간 껍질은 균열이 진다. 잎은 바늘모양, 열매는 삭과이다.
2. 주요물질·성분
Acetylsalicilic acid, salicin, isosalipurposide, omega-salicoylsalicin, purpurein, salicyltremuloidin 등이 있다. 주요한 물질은 alboside, α-glucan, amentoflavone, apigenin, β-carotene, catechin, catechin-tannins, cyanidin, fragilin, glucomannan, isoquercitrin, grandidentatin, L-Arabinofuranan, niacin, p-coumaric-acid, pectin, pentosans, picein, quercetin, quercimeritrin, resin, rutin, salicin, salicortin, salicylic-acid, salireposide, syringoside, tannin, triandrin, vimalin 등이 있다.
3. 약리효능·효과
해열, 해독의 효능이 있고, 류머티즘 통증, 소변불리, 간염, 류머티즘에 의한 통증, 피부의 습진, 종기, 가려움증, 황달, 유선염, 갑상선종, 내장출혈, 화상, 치통에 좋다.
4. 채집가공·활용
가지, 잎, 줄기 껍질을 수시로 채취하여 말려서 사용한다.

225. 육종용(肉從容)

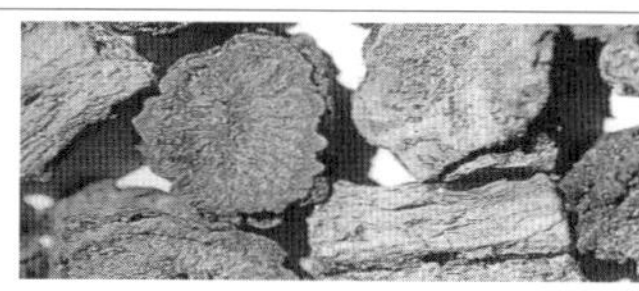

학명 : *Cistanche deserticola*
이명 : 육송용(肉松容), 지정(地精), 오리나무더부살이, Cistanches herba
기원 : 열당과 다년생 기생초본인 육종용의 육질경을 건조한 것
1. 생물특성·분포
높이 30-45㎝, 줄기는 원주형이고, 잎은 침상, 꽃은 수상화서 원주형이고 꽃잎은 종모양. 열매는 타원상 구형.
2. 주요물질·성분
미량의 Alkaloid, Saponin, Amino acid, Boschniakine 염기성 물질, 수증기 증류하여 Alo-cis-isoiridomyrmecin, Alo-cis-iridomyrcin, Alo-cis-dehydrolactone, Alo-cis-isodehydronepelactone, Boschnialactone, Neo-boschnialactone 등이 있다.
3. 약리효능·효과
정력감퇴, 고환위축, 전립선염, 유정, 불임증, 골연화증, 요통, 노약자 변비, 여러가지 출혈 등에 사용된다.
4. 채집가공·활용
중국의 내몽고, 감숙, 청해, 신강 등지에 자생하며 봄과 가을에 채취하여 탈피하여 약한 불로 처리하여 사용

226. 은시호(銀柴胡)

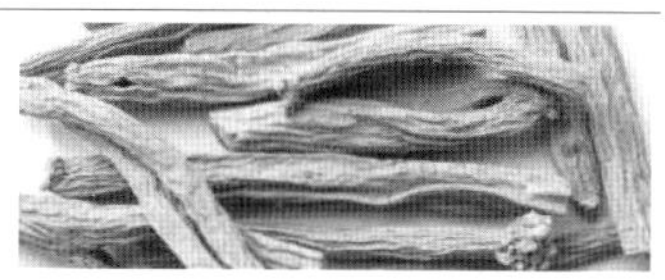

학명 : *Stellaria dichotoma var. lanceolata*
이명 : 은주시호(銀州柴胡), 호(銀胡), 산채근(山菜根), Stellariae radix
기원 : 은시호 뿌리 건조한 것
1. 생물특성·분포
흰색 꽃이 산방상 취산화서를 이루어 많이 달리고. 열매는 삭과로 둥글고 4개로 갈라지며 8~9월에 익는다.
2. 주요물질·성분
Furoic acid, Gypsogid, Gypsogenin, Triterpenoidal saponins, 6,8-di-C-galactopyranosylapigenin, 6-C-galactopyranosyl-isoscutellerein 등이 있다.
3. 약리효능·효과
거담, 콜레스테롤강하, 해열 작용이 있으며 열병, 어린이의 감기로 인한 저열, 수척, 조급 등에 사용
4. 채집가공·활용
봄과 가을에 채취하여 그늘에서 말려 사용한다.

230. 음양곽(淫羊藿)

학명 : *Epimedium koreanum*
이명 : 삼지구엽초(三枝九葉草), 선령비(仙靈脾), 정초, Epimedii herba
기원 : 매자나무과 다년생 초본인 삼지구엽초의 전초를 건조한 것
1. 생물특성·분포
높이 30㎝, 잎은 삼지구엽(三枝九葉)이다. 꽃은 5월에 황백색으로 피고 열매는 삭과로 방추형이고, 2개로 갈라짐
2. 주요물질·성분
뿌리줄기에 Desmethylicariin, Magnoflorine이 있고, 전초에는 알칼로이드 함량이 낮고 Icariin, Myricetin, Delphinidin, Quercetin, Cyanidin, Caffeic □cid, Ferulic acid 등이 있습니다.
3. 약리효능·효과
대표적인 강장약으로, 발기부전, 정력감퇴, 여자의 자궁발육부전, 팔다리가 차고 저린 증상, 팔다리의 중풍 등의 질환으로 인한 사지마비, 여성 갱년기 장애와 소아마비의 급성기 등에 사용된다.
4. 채집가공·활용
여름과 가을에 줄기와 잎이 무성할 때 채취하며 생용하거나 동물유와 같이 약한 불로 볶아서 건조하여 사용한다.

231. 율무

학명 : *Coix lacryma-jobi var.mayuen, C. lacryma-jobi*
이명 : 의이인(薏苡仁), 의인(薏仁), 율무쌀, 율미, 울미, Coicis semen
기원 : 벼과 율무의 성숙한 종자를 건조한 것
1. 생물특성·분포
높이 1-1.5m, 꽃은 7월에 피고, 수꽃이삭은 암꽃이삭을 뚫고 위로 나와 3㎝정도 자라며, 열매는 달걀 모양이다.
2. 주요물질·성분
Ascorbic-acid, Benzoxazinoids, Campesterol, Cerebrosides, cis-8-Octadecenoic-acid, cOicin, Coixan-a-c, Coixenolide, Phytin, Syringic-acid, Saponin, Stigmastanol, Stigmasterol, Syringaresinol 등이 있다.
3. 약리효능·효과
항염, 콜레스테롤강하, 항암, 진통, 진정, 소염, 해열 작용이 있고, 부종, 소변불리, 설사, 폐나 장의 농양 등
4. 채집가공·활용
가을에 완숙한 열매를 채취하여 껍질을 벗겨서 생용하거나 볶아서 쓴다.

232. 익모초(益母草)

학명 : *Leonurus sibiricus*
이명 : 익명(益明), 익모(益母), 야고초, 곤초, 충초, 야천마, Leonuri herba
기원 : 꿀풀과 일 · 이년생 초본인 익모초의 지상부를 건조한 것
1. 생물특성·분포
높이 1m. 줄기는 네모지고 흰색 털이 있고, 꽃은 7-8월에 연한 홍자색으로 핀다. 열매는 흑색이다.
2. 주요물질·성분
Leonurine, Stachydrine, Leonuridine, Rutin, Benzoic acid, Chamazulene, Cycloleonurinin, Epoxyol eic acid, Eugenol, Isokobusone, Isoleosibirin, Leosibiricin, Leosibirin, Linoleic acid, Menthanol, Violaxanthin, Zeaxanthin 등이 있다.
3. 약리효능·효과
자궁수축, 호흡중추흥분, 강심이뇨, 이뇨, 강혈압, 장평활근이완, 혈액순환촉진 등의 작용이 있고, 부인과 질환에 주로 사용된다. 월경조절, 어혈제거, 생리통, 월경이 멎은 것, 산후 복통, 부종 등에 사용됨.
4. 채집가공·활용
여름의 개화시에 채취하여 생용하거나 햇볕에 말려 사용한다.

233. 익지인(益智仁)

학명 : *Alpinia oxyphylla*
이명 : 익지자(益智子), 익지종, 영화고, Alpiniae oxyphyllae fructus
기원 : 생강과 다년생 초본인 익지의 과실을 건조한 것
1. 생물특성·분포
높이 1-3m, 잎은 어긋나며 꽃은 흰색 원추화서로 열매는 타원상 구형 삭과, 외피는 여러개 선명한 맥이 있다.
2. 주요물질·성분
Volatile oil, Cineole, Terpene, Sesquiterpene, Zingiberene, Nootkatol, Yakuchinone A-B 등이 있다.
3. 약리효능·효과
건위, 항설사, 항염증, 항암 작용이 있고, 유뇨, 빈뇨, 소아 야뇨증, 유정, 설사, 완복냉통 등에 사용
4. 채집가공·활용
5~6월에 성숙한 과실을 채취하며 껍질을 벗겨 볶거나 소금물에 담갔다가 볶아서 사용한다.

234. 배롱나무

학명 : *Lagerstroemia indica*
이명 : 자미근(紫薇根), 백일홍나무, 배롱나무, 자미, 생약명 : Crape myrtle
기원 : 부처꽃과 배롱나무의 뿌리
1. 생물특성·분포
크기는 10m 내외, 줄기는 연한 홍자색, 잎은 마주나며 타원형 또는 둥근 모양, 꽃은 붉은색 원추화서, 열매는 삭과, 개화기는 7-9월, 결실기는 10월이다. 붉은 꽃이 100일 동안 핀다고 백일홍나무라는 이름이 붙었다.
2. 주요물질·성분
뿌리 조요성분은 3,3',4-Tri-o-methyl-ellagic-acid, Delphinidin-3-arabinoside, Dihydroverticillatine, Ellagic-acid, Gallic-acid,laceracetal, Lagerine, Malvidin-3-arabinoside, Methyl-gallate, Methyllagerine, Petunidin-3-arabinoside 등이 있다.
3. 약리효능·효과
뿌리(자미근)은 치통, 이질, 꽃(자미화)는 산후에 출혈, 태독, 잎(자미엽)은 이질, 습진, 창상, 출혈 치료에 씀.
4. 채집가공·활용
중국원산 귀화식물로 꽃과 잎은 여름에, 뿌리는 수시로 채취하여 말려서 사용한다.

235. 인삼(人蔘)

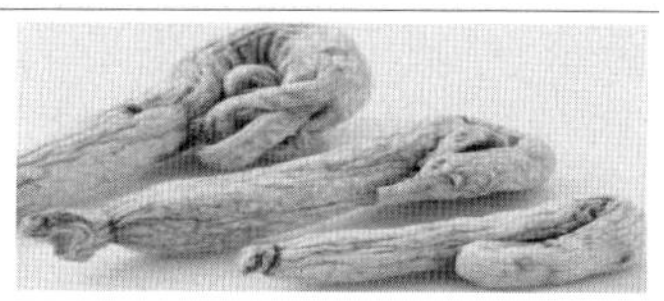

학명 : *Panax ginseng*
이명 : 백삼(白蔘), 홍삼(紅蔘), 토정, 신초, 혈삼, Ginseng radix
기원 : 두릅나무과 다년생 초본인 인삼의 뿌리를 건조한 것
1. 생물특성·분포
높이 50-60㎝. 꽃은 4월에 연한 녹색으로 피고, 둥근 열매는 여러개가 산형으로 모여 달리며 붉은색으로 익음
2. 주요물질·성분
주요성분으로 인삼사포닌(Ginsenoside), 폴리아세틸렌(Polyacetylene), 항산화활성 페놀계화합물, 간장보호물질인 고미신(Gomisin-N, -A), 인슐린 유사작용 산성펩티드, 강압작용 Cholin 등이 들어 있다.
3. 약리효능·효과
강장, 중추신경흥분, 면역글로불린과 임파세포수증가, 혈압상승, 혈구수증가, 혈당강하, DNA와 RNA생합성증가, 동맥경화예방 작용 등이 있고, 보기약(補氣藥)으로 오장육부의 원기를 돋우는 중요한 약재로 비장과 폐에 작용하여 기운을 북돋아 준다.
4. 채집가공·활용
일반적으로 재배 4~7년 후, 가을에 잎과 줄기가 마르면 채취하여 생용하거나 법제하여 사용한다.

인삼 주요성분은

β-panasinsene, 1,8-cineol, 1-o-α-glucoside-propan-2-on-1-ol, 10-acetyl-panaxytriol, 2-5-dimethyl-tride
cane, 2-6-diethyl-pyrazine, 2-6-ditert-butyl-4-methyl-phenol, 2-ethyl-5-methyl-pyrazine, 2-ethyl-6-meth
yl-pyrazine, 2-glucoginsenoside-rf, 2- iso-butyl-3-methoxy-pyrazine, 2-iso-propyl-3-methoxy-pyrazine,
2-iso-propyl-5-methyl-anisole, 2-methyl-hexanoic-acid-ehtyl-ester, 2-methyl-tetradecane, 2-sec-butyl-3
-methoxy-pyrazine, 20(s)-protopanaxadiol-3-o-β-d-glucopyranoside, 20-(s)-dihydro-protopanaxatrione, 2
0-glucosyl-ginsenoside, 3-9-10-triacetoxy-heptadeca-1-16-diene-4-6-diyne, 3-iso-propyl-2-methoxy-5-
methyl-pyrazine, 3-sec-butyl-2-methoxy-5-methyl-pyrazine, 4-methyl-thiazole-5-ethanol, 4-oxy-oct-6-e
noic-acid-methyl-ester, 5-ethyl-2-3-dimethyl-pyrazine, 9-10-epoxy-heptadec-1-16-diene-4-6-diyn-3-on
e, 9-10-epoxy-heptadeca-1-16-diene-4-6-diyn, acetyl-panaxydol, adenine, allo-aromadendrene, α-γ-dipal
mitin, α-guaiene, α-humulene, α-maltosyl-β-d-fructofuranoside, α-neoclovene, α-panasinsene, α-phellan
drene, α-pinene, α-pyrrolidone, α-santalene, α-selinene, arachidic-acid, aromadendrene, arsenic, behenic
-acid, benzyl-β-primeveroside, β-bisabolene, β-carotene, β-elemene, β-eudesmol, β-farnesene, β-guaiene,
β-gurjunene, β-humulene, β-maaliene, β-neoclovene, β-panasinsene, β-patchoulene, β-selinene, β-sitoster
ol, β-sitosterol-3-o-β-d-glucoside, bicyclogermacrene, caffeic-acid, campesterol,(-6'-linolenylglucoside, -
6'-linolylglucoside, -6'-oleylglucoside, -6'-palmitylglucoside, -6'-stearylglucoside) caproic-acid-butyl-este
r, caproic-acid-propyl-ester, carbon-disulfide, caryophyllene, caryophyllene-alcohol, cerebroside, choline,
cis-caryophyllene, citral, cysteine, cystine, daucosterine, daucosterol, delta-cadinene, densichine, di-iso-pr
opyl-sulfide, diglycosyl-diglyceride, disaccharides, elemene, epsilon-muurolene, eremophilene, erucic-aci
d, estradiol, estriol, estrone, eugenol, falcarinol, ferulic-acid, fluoride, folic-acid, gadoleic-acid, galanin,
gamma-aminobutyric-acid, gamma-elemene, gamma-patchoulene, gamma-selinene, gensenoside-RD, gent
isic-acid, ginsenan-PA, -PB, -S-I-A, -S-II-A, Ginseng-polypeptide, ginseng-polypeptide-GPP, Ginsenol, gins
enOside, -K, -NG-R-2, -R-O, -RA, -RA-1, -RA-2, -RA-3, -RA-O, -RB, -RB-1, -RB-2,-RB-2, -RB-2-C,-RB-3,
-RB-C, -RB-C,-RB-Group, -RC, -RC, -RC-2, -RD, -RD, -RD-2, -RE, -RE-2, -RE-3, -RF, -RG, -RG -RG-1
-RG-1 -RG-2 -RG-3 -RH -RH-2, -RH1, ginsenosides-Z-R-1, ginsenoyne-A-K, -A-linoleate, ginsenoynes,
gly-arg-gamma-glu-val-nh2, glyco-chenodeoxycholic-acid, glyco-deoxy-cholic-acid, glycocholic-acid, go
msempsode-RB-2, harman, heneicosanoic-acid, heptadec-1-en-4,6-diyn-3,9,10-triol, heptadec-1-en-4,6-
diyne-3,9,10-triol, heptadec-1-en-4,6-diyne-3,9-diol, heptadeca-1-4-diene-6-8-diyne-3-10-diol, heptade
ca-1-8-dien-4-6-diyn-3-10-diol, heptadeca-1-8-diene-4-6-diyn-10-ol-3-one, heptadeca-1-8-diene-4-6-
diyn-3-10-dione, heptadeca-1-8-diene-4-6-diyne-3-10-diol, heptadeca-1-9-dien-4-6-diyn-3-ol, heptade
ca-1-en-4,6-diyn-3,9-diol, heptadeca-1-ene-4-6-diyne-3-9-10-triol, heptadeca-1-trans-8-diene-4-6-diy
ne-3-10-diol, heptadecan-1-ol, heptadecan-2-one, heptadecanoic-acid, humulene, iso-butyl-propionate,
iso-propyl-propionate, isoleucine, karusan-a-e, kilocalories, lignoceric-acid, ligustrazine, limonene, linaloo
l, linolein, lysophosphatidyl-inositol, lysophosphatidy lcholine, malonyl-ginsenoside-RB-1, -RB-2, -RC, -RD,
mayurone, methionine, molybdenum, monosaccharides, myristic-acid, n-9-formyl-harman, n-formyl-har
man, n-nonacosane, n-pentadecane, neo-interm edeol, nervonic-acid, nicotinamide, nicotinic-acid, norhar
man, notoginsenoside-R-1, O-α-d-glucopyranosyl...fructofuranoside, o-α-D-glucopyranosyl...glucopyran
ose, p-coumaric-acid, p-hydroxycinna mic-acid, panacene, panasinsanol-A-B, panax-ginseng-20(S)-prosa
pogenin, -genin-F-1, -genin-F-2, -genin-F-4, -glycoprotein, -glycoside-P-1, -지방용해성-peptide, -polyace
tylene-C, -polyacetylene-D, -polyacetylene-E, -polyacetylene-F, -polyacetylene-G, panax-ginseng-protein,
panax-glycoprotein, panax-polypeptide, panax-polyphenol IC50-permethyl-ether, panax-polysaccharide,
-GH-1, -GL-4, -GL-4-II-B-1-II, panax-protein, panax-saponin-A, -C, panaxacol, panaxadiol, panaxan-A,
-B-T, -U, panaxatriol, -glycoside, panaxic-acid, panaxin, panaxoside-A, -A-progenin-I, -B-F, panaxydol,
-chlorohydrin, -linoleate, panaxyne, -epoxide, panaxynol, -linoleate, panaxytriol, pantothenic-acid, patcho
ulene, pectin, pentadecanoic-acid, perlargonidin-3-o-β-D-glucoside, perlolyrine, phenylalanine, phosphati
dic-acid, phosphatidyl-choline, -ethanolamine, -glycerol, -inositol, polyacetylenes, polysaccharide, -SA,
-SB, Pro-renin, proline, protopanaxadiol, -glycosides, putrescine, pyroglutamic-acid, pyruvic-acid, quinqu
enoside-r-1, rhamnose, riboflavin, salicylic-acid, saponin-II, -III, -IV, -V, Selina-4(14),7(11)-diene, senecras
sidiol, sesquiterpen ediol, sitosterol-6'-linolenylglucoside, -linolylglucoside, -oleylglucoside, -palmitylgluco
side, -stearylglucoside, spermidine, spermine, spinacine, stearic-acid, stigmasterol, stigmasterol-6'-linolen
ylglucoside, -linolylglucoside, -oleylglucoside, -palmitylglucoside, -stearylglucoside, tartaric-acid5, terpine
ol, thiamin, thuj-4(10)-ene, trace-elements, trans-β-farnesene, trans-caryophyllene, tricosanoic-acid, trim
ethyl-pyrazine, tripalmitin, uridine, vanillic-acid, vitamin-B12 등

236. 인진호(茵蔯蒿)

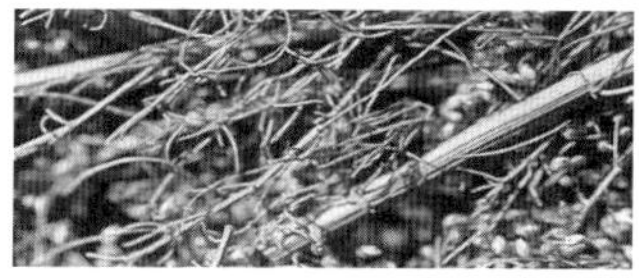

학명 : *Artemisia capillaris*
이명 : 인진(茵蔯), 면인진(綿茵蔯), 더위지기, Artemisiae capillaris herba
기원 : 국화과 사철쑥의 전초를 건조한 것
1. 생물특성·분포
크기는 30-100cm, 잎이 가늘고 꽃이 없이 열매가 열린다. 겨울을 넘겨 봄에 마른 줄기에서 새순이 나온다.
2. 주요물질·성분
Abscisic acid(S-form), Aesculetin dimethyl ether, α-Copaene, α-Curcumene, α-Pinene(+,-), α-Terpineol, Apigenin, Arcapillin, Artemisia ketone, Artepillin A, Artepillin B, Artepillin C, β-Bisabolene, β-Gurjunene, β-Pinene, β-Sitosterol, Borneol acetate, Butyric acid, Caffeic acid, Capillanol, Capillarin, Capillarisin, Capillartemisin, Capillartemisin A, Capillarol, Capillartemisin-7-methyl ether, Capillen, Capillen, Capillone, Chlorogenic acid, 3-Carene, 1,8-Cineole, Cirsilineol, Coumarin, Dehydrofalcarinol, Dehydrofalcarinone, 6-Demethoxycapillarisin, 6-Demethoxy-4'-methylcapillarisin, 3,5-Dimethoxyallylbenzene, 4,5-Di-O-caffeoylquinic acid, 3,5-Di-O-caffeoylquinic acid, 1,3,11-Elematriene, 4-Ethylphenol, Eugenol, Eupatolitin, Falcarinol, Gamma-Terpinene, Genkwanin, Gibberellin A3, Isoarcapillin, Isoborneol, Isochlorogenic acid B, Isoscopoletin, Luteolin-3'-methyl ether, m-Cresol, Methoxycapillene, 6-Methoxy-7,8-methylenedioxycoumarin, 4'-Methylcapillarisin, 7-Methylcapillarisin, Methyleugenol, Neocapillen, Norcapillen, o-Cresol, o-Ethylphenol, o-Methoxycapillen, p-Cresol, p-Cymene, 8-p-Cymenol, phenol,1-Phenylhexa-2,4-diyn-1-ol, 1-Phenylpenta-2,4-diyne, Quinic acid, Rhamnocitrin, Sanguiin H1, Scoparone, Scopoletin, Terpinolene, trans-α-Bergamotene, trans-Ocimene, 5,6,7-Trihydroxycoumarin 등이 있다.
3. 약리효능·효과
이뇨, 해열 효능이 있고, 간과 담의 염증 질환에 두루 이용하며 간염, 지방간, 담낭염, 담낭 결석, 황달에 사용함.
4. 채집가공·활용
봄에 줄기와 잎을 채취하여 햇볕에 말려 사용한다.

237. 개미취

학명 : *Aster tataricus, A. koraiensis*
이명 : 자원(紫苑), 자완(紫莞), 자채(子菜), 산백채, 반혼초, Asteris radix
기원 : 국화과 개미취의 뿌리와 뿌리줄기를 건조한 것
1. 생물특성·분포
높이는 1.5m 정도, 줄기는 곧게 서며 뿌리줄기가 짧다. 잎은 좁고 어긋나며 꽃은 7~10월에 연한 자주색 또는 하늘색으로 핀다. 열매는 수과로 10~11월에 맺으며 길이 3mm 정도의 털이 난다.
2. 주요물질·성분
전초에는 Quercetin, Astersaponin, 0.27%의 정유, Shionone, 꽃에는 많은 Flavonoid와 Carotinoid 종류로 Chrysanthemaxanthine, Xanthophyll, Taraxanthin 등이 있다. 뿌리에는 Triterpenoid인 Friedelin, Epifriedelin, Shionone, 결정성사포닌(Astersapongenin과 Arabinose로 물분해), Hederagenin의 Monoglucoside, Coumarin화합물인 Aurapten과 그 유도체 Quercetin, 0.66%의 정유가 있다.
3. 약리효능·효과
거담, 진해, 항암, 항균 등의 작용이 있고, 마른 기침과 가래가 끓는데,
4. 채집가공·활용
봄과 가을에 채취하여 생용하거나 윤폐용은 꿀을 발라 불에 약간 구워서 사용한다.

238. 주목나무

학명 : *Taxus cuspidata*
이명 : 자삼(紫杉), 주목(朱木), 생약명 : Japaness yew
기원 : 주목과 주목나무의 가지와 잎
1. 생물특성·분포
크기는 20m, 줄기가 붉다. 꽃은 4-5월에 피고, 열매는 난원형 핵과로 적색이며 달고, 자갈색 종자가 있다.
2. 주요물질·성분
잎에는 Diterpene류 화합물을 함유. 즉 택시닌(Taxine), 택시닌 A, H 및 L, 등과 Ponasterone A, Ecdysterone, Sciadopitysin가 있다. 잔가지 함유 Taxine은 항백혈병작용과 항종양작용이 있는 택솔(Taxol)을 함유한다.
3. 약리효능·효과
이뇨, 혈압강하 작용이 있고, 신장병으로 얼굴이 부은데, 특히 당뇨병자 혈당, 난소암, 자궁암, 월경통에 좋고, 함유된 Taxol 성분은 자궁암, 유방암 등에 항암제로 사용되고 있다.
4. 채집가공·활용
일본, 중국, 둥베이, 우수리, 러시아 동부에 분포하며 봄부터 가을사이에 채취하여 말려 약재로 사용한다.

239. 지치

학명 : *Lithospermum erythorhizon*
이명 : 자초(紫草), 자단(紫丹), 자근(紫根), 자초용, Lithospermi radix
기원 : 지치과 지치의 뿌리를 건조한 것
1. 생물특성·분포
전남도 진도지방에서 많이 재배, 꽃과 뿌리가 검붉은 가지색을 띠기 때문에 자초 또는 지치, 자근이라고 한다. 높이 30-70cm, 뿌리가 굵은 자주색, 꽃은 5-6월에 백색 총상화서, 열매는 난상 원형 견과로 골질(骨質)이다.
2. 주요물질·성분
Acetylshikonin, Shikonin, Dimethylacrylshikonin, Isobutylshikonin, Valeric acid, Lithospermin, Hydroxyisovalerylshikonin, Tetracrylshikonin이 있고, 서양지치에는 Lithospermic acid, octa 6,9,12,15-Tetraenoic acid와 Shikonin등의 Naphthoquinone계의 자색색소, 탄수화물, 옥시산 등이 있다.
3. 약리효능·효과
해열, 해독 작용이 있고. 피부병의 반진, 습진 및 외용제로 습진, 화상, 동상 등의 환부에 붙인다.
4. 채집가공·활용
봄과 가을에 채취하여 세척 후 건조하여 사용한다.

240. 호제비꽃

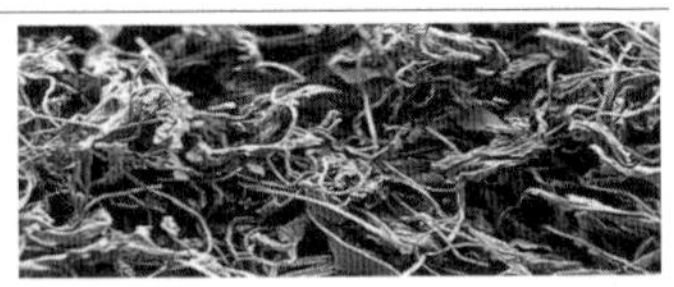

학명 : *Viola yedoensis*
이명 : 자화지정(紫花地丁), 지정초(地釘草), 제비꽃, Violae herba
기원 : 제비꽃과 다년생초본인 제비꽃의 뿌리를 포함한 전초
1. 생물특성·분포
전체에 짧고 흰 털이 있으며, 뿌리는 흰색이며 갈라짐. 잎은 밀생하며 넓은 피침형, 꽃은 4월경에자주색으로 피고 열매는 삭과에 털이 없다. 제비꽃과 비슷하지만 잎자루에 날개가 없고 옆에 달린 꽃잎에 털이 없다.
2. 주요물질·성분
Glycoside, Serotinic acid 및 Flavonoids (Violanthin, Violaxanthin, Rutin), Salicylic acid, Salicylates, Saponins, Unidentified alkaloid, Tannins, Mucilage, Gums, Resin, Violin 등이 있다.
3. 약리효능·효과
양혈소종(凉血消腫), 청열해독(淸熱解毒) 효능이 있으며 모든 종기, 임파선염, 부스럼과 피부질환을 치료한다.
4. 채집가공·활용
봄과 여름에 열매가 익으면 채취하고, 건조하여 사용한다.

241. 잠사(蠶絲)

학명 : *Bombyx mori*

이명 : 원잠사(原蠶沙), 잠시(蠶屎), 잠분(蠶糞), Bombycis excrementum

기원 : 누에가 2-3일 잠을 잘 때 배설한 똥

1. 생물특성·분포

누애 2 · 3잠령 똥으로 짧은 원주형 과립으로 2~5 × 1.5~3mm, 회흑색으로 특유한 풀냄새가 있고 맛은 쓰다.

2. 주요물질·성분

유기물, 회분, Chlorophyll, vitamin E와 K, β-carotene 등을 함유하고 있다.

3. 약리효능·효과

사지와 피부 감각이상, 관절이 벗벗한데, 피부 습진이나 가려움증, 두통, 머리 어지러운데 사용한다.

4. 채집가공·활용

누애 두 번과 2번째 잠을 잘 때 배설한 분변을 채취하고, 건조하여 사용한다.

242. 장뇌(樟腦)

학명 : *Cinnamomum camphora*

이명 : 뇌자(腦子), 조뇌(潮腦), 캠퍼, 생약명 : Camphora

기원 : 녹나무의 목부, 가지, 잎을 증류하여 얻은 장뇌유 결정체

1. 생물특성·분포

높이 약 20m, 나무껍질은 어두운 갈색, 잎은 어긋나고 난상 타원형, 꽃은 양성화로 5월에 흰색~노란색 원추화서, 열매는 장과 지름 8mm 정도의 공 모양이고 10월에 검은빛을 띤 자주색으로 익는다.

2. 주요물질·성분

주성분은 Camphene, Linalol, Ocimenol, 1,8-Cineole, α-Bisabolol, α-Calacorene, α-Hexanal, α-Phellandrene, α-Pinene, α-Terpinene, α-Terpineol, α-Terpinyl-acetate, Azulene, β-Bisabolol, β-Caryophyllene, β-Elemene, β-Hexanal, β-Myrcene, β-Pinene, β-Selinene, Bisabolene, Borneol, Cadinadiene, Cadinene, Cadinenol, Cadineol, Caffeic-acid, Campesterol-glucoside, Camphazulene, Camphene, Campherenol, Campherenone, Camphor, Camphoracene, Camphorene, Camphorenone, Caprinaldehyde, Caproic-acid, Capronaldehyde, Caprylic-acid, Carvacrol, Caryophyllene, Cinnamonol, Cis-2,6,6-trimethyl-2-vinyl-5-hdroxytetrahydrofuran, cis-3-Hexenol, cis-Linalol-oxide, cis-Ocimene, Citronellic-acid, cItronellol, Cresol, Cubenol, Cumin-alcohol, Cuminaldehyde, Cyanidin, Dihydrocuminyl-alcohol, Dimethylmatairesinol, Dimethylsecoisolariciresinol, Dihydroeugenol, Dipentene, EO, Epicampheronol, Epicubenol, Ethyl-guaiacol, Ethyl-phenol, Eugenol, Fenchene, Formic-acid, Furfural, Gamma-terpinene, Geranial, Geraniol, Geranyl-acetate, Guajazulene, Heliotropin, Hinokin, Hotrienol, Humulene, Isobutyric-acid, Isovaleraldehyde, Kaempferol, Junenol, Kusunokinin, Kusunokiol, Kusunol, Lauric-acid, Laurin, Laurolitsin, Leucocyanidin, Limonene, Linalol, Linalyl-acetate, Mesityloxide, Methyl-eugenol, Methyl-furfuryl, Methyl-isobutyl-ketone, Methyl-vinyl-ketone, Myrcene, Myristic-acid, Myristinaldehyde, n-Enanthic-acid, n-Hexanol, n-Hexylaldehyde, Nerol, nerolidol, neryl-acetate, orthodene, p-cymene, p-cymol, pentenylaldehyde, phellandrene, piperitone, Piperonal, Piperonylacrolein, Piperonylic-acid, Propionaldehyde, Propionic-acid, Propyl-pyrocatechol, Quercetin, Reticulene, Sabinene, Safrole, Salvene, Secoisosolariciresinol-dimethyl-ether, Stearinaldehyde, Suvenol, t-Cadinol, t-Muurolol, Terpinen-1-ol, Terpinen-4-ol, Terpinolene, Tragetonol, Trans-linalol-oxide, Trans-ocimene, Vanillin 등dl 있다.

3. 약리효능·효과

강심흥분 효능이 있으며 정신 의식혼미, 심장과 호흡기 질병, 쇼크 및 습진, 부스럼, 옴, 버짐, 타박상에 사용함

4. 채집가공·활용

연중 채취하여 목부, 가지, 잎을 절단 수증기 증류하여 얻은 장뇌유를 냉각시켜 결정을 석출시켜 만듬.

243. 저령(猪苓)

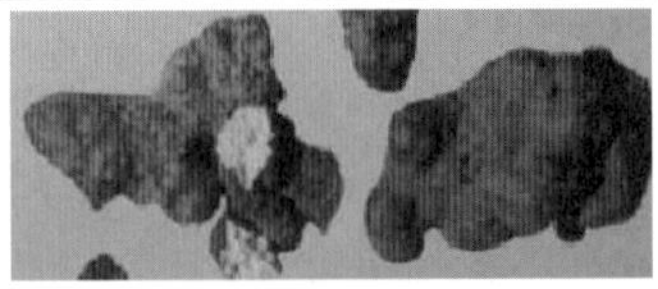

학명 : *Polyporus umbellatus*
이명 : 지오도(地烏桃), 야저령(野猪苓), 야저뇨(野猪尿), 주령, Polyporus
기원 : 단풍나무, 상수리나무, 떡갈나무의 근부에 기생하는 이류
1. 생물특성·분포
균핵체는 가랑잎이 쌓인 땅 속에서 생김, 생강처럼 울퉁불퉁한 덩어리, 겉은 검은 밤색이며 속은 흰색, 5-10월에 균핵체에 우산모양의 자실체가 발생된다. 땅속에 있는 균핵에서 자실체가 발생되어 저령버섯이 된다.
2. 주요물질·성분
수용성 다당류인 α-hydroxy-tetracosanoic acid, ergosterol, Biotin 등이 함유.
3. 약리효능·효과
이뇨, 혈압강하, 항암 작용이 있으며 부종, 설사, 소변이 혼탁한데, 대하 등에 약용한다.
4. 채집가공·활용
중국의 운남, 하남 등지에서 많이 생산되며 봄과 가을에 균핵을 채취하여 흙을 제거하고 말려 사용한다.

244. 모시풀

학명 : *Boehmeria frutescens*
이명 : 저마근(苧麻根), 저근(苧根), 저마(苧麻), Boehmeriae radix
기원 : 쐐기풀과 모시풀의 뿌리를 건조한 것
1. 생물특성·분포
키 1-2m, 근경은 목질, 줄기는 둥근모양, 잎은 호생하며 넓은 난형, 꽃은 원추화서로 수꽃은 황백색, 암꽃은 연녹색이다. 열매는 수과로 타원형이며, 여러 개가 붙어 있음. 개화기 7-8월.
2. 주요물질·성분
뿌리에 Phenol류, Triterpenoids (Sterol), Chlorogenic acid, Chlorine, Emodin, 등이 함유되어 있다.
3. 약리효능·효과
해열, 지혈 효능이 있으며 지혈약으로 코피, 기침 코피, 혈뇨 등 출혈증에 사용하고, 안태작용도 있다.
4. 채집가공·활용
겨울철이나 봄철에 채취하여 햇볕에 건조한 후 사용한다.

245. 꾸지나무

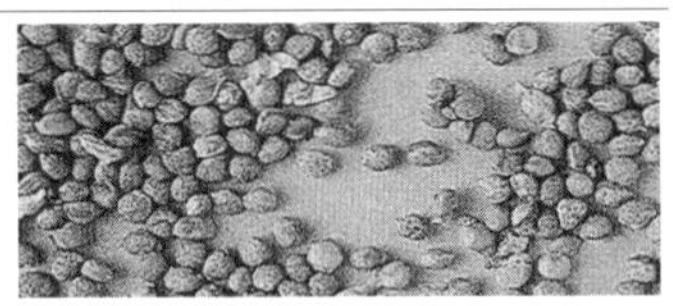

학명 : *Broussonetia papyrifera*
이명 : 저실자(楮實子), 저실(楮實), 닥나무열매, Broussonetiae fructus
기원 : 뽕나무과 낙엽소목인 꾸지나무의 과실
1. 생물특성·분포
높이 12m, 줄기껍질은 회색 또는 엷은 회갈색, 잎은 어긋나며 넓은 난형, 꽃은 암수 딴그루, 수꽃 이삭은 원통형이고 밑으로 처지며, 암꽃 이삭은 구형이다. 열매는 둥글고, 지름 2㎝, 외과피는 붉은색으로 9월에 익음.
2. 주요물질·성분
Saponin, Vit. B, 유지 등이 있고, 주성분은 4',7-Dihydroxyflavan, 4-O-Methyldavidioside, 7-Hydroxy-4'-methoxyflavan, Betulinic-acid, Broussonins, Kazinol 등이 있다.
3. 약리효능·효과
요통이나 양위, 무릎이 시리고 저린 데, 눈을 밝에 하고 허혈성 두통이나 어지럼증 등에 쓴다. 발기부전, 허리와 무릎이 시린데, 붓는데 등에 쓴다.
4. 채집가공·활용
여름과 가을에 홍색으로 익으면 채취하여 불순물을 제거하고 건조하거나 약한 불에 구워서 사용한다.

246. 적작약(赤芍藥)

학명 : *Paeonia lactiflora, P. veitchii*
이명 : 목작약(木芍藥), 홍작약(紅芍藥), Paeonia radix rubra
기원 : 미나리아재비과 다년생초본인 적작약의 뿌리를 건조한 것

1. 생물특성·분포

높이 50-80㎝, 뿌리는 방추형이며 자르면 붉은색, 뿌리잎은 1-2회 깃꼴로 3출엽, 꽃은 5-6월에 흰색 또는 붉은색으로 피고, 열매는 골돌과이다.

2. 주요물질·성분

전초에 α-Vicianoside, Astragalin, Lactifloric-acid, Paeonifloriquinone이 있고, 잎에는 qUercetin, Quercimeritrin, Kaempferol이 있고, 새싹에는 Sucrose, 열매에는 Meso-inositol, 꽃에는 Methylmyristic-Acid, β-Glucogallin, β-Sitosterol, β-Sitosterol-α-glucoside, Glucogallin, Hexagalloyl-glucose, Kaempferol-diglucoside, Paeonidin, Pentacosan이 있다. 뿌리에는 Penta-galloyl-glucose, Albiflorin, Arsenic, Benzoic-acid, Benzoylpaeoniflorin, Calcium, Daucosterol, Octadecadienoic-acid, Copper, Decagalloyl-glucose, Gallic-acid, Galloyl-tannins, Glucose, Hederagenin, Heptagalloyl-glucose, Iron, Lactiflorin, Linoleic-acid, Magnesium, Manganese, Methyl-gallate, Myo-inositol, Nonagalloyl-glucose, Octagalloyl-glucose, Oxypaeoniflorin, Paenol, Paeoniflorigenone, Paeoniflorin, Paeonin, Paeonol, Paeonolide, Paeonoside, Palmitic-acid, Pentagalloyl-glucose, Potassium, Sodium, Tannin, Zinc 등이 있다.

3. 약리효능·효과

진정, 진통, 진경, 해열, 항암, 항궤양, 혈압강하 작용이 있으며 어혈로 인한 월경통, 옆구리 통증, 배가 뭉치고 아픈데, 타박상 등을 다스리고, 그 외 반진(斑疹)이나 혈열(血熱)로 인한 코피나 피를 토하는 것도 다스린다.

4. 채집가공·활용

채집한 후 불순물을 제거하고 건조하여 사용한다.

247. 적소두(赤小豆)

학명 : *Phaseolus calcaratus, P. angularis*
이명 : 홍소두(紅小豆), 주소두(朱小豆), 팥, Phaseoli semen
기원 : 콩과 덩굴팥이나 팥의 성숙한 종자를 건조한 것

1. 생물특성·분포

인도 원산, 덩굴성으로 길게 자람, 잎은 어긋나고 작은잎이 3장씩으로 난형이나 사각형, 꽃은 8월에 노란색 총상화서, 열매는 꼬투리로 종자는 긴 타원형으로 붉은색 또는 연한 노란색이다.

2. 주요물질·성분

적소두의 54%가 당질, Saponin이 0.3%, 단백질은 21% (약 80%는 Globulin), 소량의 지방이 있고, 표피에는 Cyanidin 배당체가 있어 팥 앙금으로 만들면 금속이온과 반응하여 암색으로 변한다. 주요성분은 α-Globulin, Arginine, Azukisapogenol, β-Carotene, β-Globulin, Carnaubic-acid, Cuorin, Daidzein, Delphinidin-3-monoglucoside, γ-l-Glutamyl-l-β-phenyl-β-alanine, Genistein, Hydroxygenistein, Leucine, Phytosterols, Pipecolic-acid, Proline, Robinin, Stigmasterol 등이 있다.

3. 약리효능·효과

해독, 배농, 이수소종 효능이 있으며 각기, 황달, 소변불리, 종기, 창양(瘡瘍), 수종(水腫) 등에 좋다.

4. 채집가공·활용

가을에 종자가 성숙하면 채취하여 생용한다.

248. 바디나물

학명 : *Angelica decursiva*
이명 : 전호(前胡), 야근채(野芹菜), 생치나물뿌리, Peucedani radix
기원 : 미나리과 바디나물과 흰꽃바디나물의 뿌리를 건조한 것
1. 생물특성·분포
높이 1m, 뿌리가 굵고 줄기 속은 비어 있다. 잎은 2-3회 깃꼴겹잎, 꽃은 5-6월에 흰색, 열매는 분과로 바늘 모양
2. 주요물질·성분
Badinin, Bergapten, Coumarin, Decursin, Decursinol, Decursidin, Decuroside I - V, Flavonoid, Isoimperatorin, Imperatorin, Tannin,uMbelliferone, Nodakenin, Nodakenitin, Oxypeucedanin, Saponin, Peucedanin, 정유 등을 함유함.
3. 약리효능·효과
거담, 진해, 자궁수축 작용이 있고, 가래가 끓거나 감기 열, 기침과 두통, 기타 백일해, 노인야뇨증 등에 사용함
4. 채집가공·활용
가을과 겨울에 채취하며 불순물을 제거하고 그늘에서 건조한 후 사용한다.

249. 다닥냉이

학명 : *Lepidium apetalum, Draba nemorosa var. hebecarpa*
이명 : 정력자(葶藶子), 대실(大室), 정력(葶藶), 꽃다지씨, Lepidii semen
기원 : 십자화과 이년생 초본인 다닥냉이나 재쑥의 성숙한 종자
1. 생물특성·분포
다닥냉이는 높이 약 20cm, 전체에 짧은 털이 빽빽하고, 뿌리에 달린 잎은 긴 타원형, 꽃은 4~6월에 노란색 총상화서로 피고, 열매는 각과로 긴 타원형이고 7~8월에 익는다. 씨앗은 적갈색으로 편평한 긴 타원형이다. 꽃다지는 높이가 60cm, 줄기는 곧고 털이 없고, 뿌리잎은 뭉쳐나고 방석모양, 꽃은 5~7월에 흰색 총상화서, 열매는 각과로 끝이 오목한 원반모양, 종자는 갈색의 작은 원반모양이고 가장자리에 흰색의 막질 날개가 있다.
2. 주요물질·성분
종자에는 Coumarin, Allantoin, Sinigrin, Saponin, Arachidic acid, Lecithin 등이 있다.
3. 약리효능·효과
강심작용이 있으며 기침, 가래, 수종, 숨이 찬데, 천식, 폐의 옹종, 복수, 소변불리, 부종 등에 사용
4. 채집가공·활용
여름에 과실이 성숙하였을 때 채취하며 생용하거나 약한 불로 볶아서 사용한다.

250. 종려피(棕櫚皮)

학명 : *Trachycarpus fortunei*
이명 : 종판(棕板), 종골(棕骨), 진종피(陳棕皮), Trachycarpi petiolus
기원 : 종려나무 수피
1. 생물특성·분포
종려피는 Trachycarpus fortunei 및 동속식물의 해묵은 줄기 겉껍질과 섬유질을 제거한 수피를 약용한다.
2. 주요물질·성분
Tannin과 다량의 섬유소가 함유되어 있다.
3. 약리효능·효과
종려피는 수렴, 지혈 작용이 있어 각종 출혈증에 사용된다. 토혈, 코피, 대변혈, 피오줌, 성기출혈, 외상성 출혈, 설사, 옴 등에 쓰고, 종자는 이질설사에 쓰고, 뿌리는 토혈, 대변 출혈, 자궁 출혈에 사용한다.
4. 채집가공·활용
가을에 섬유상 입꼭지를 채취하여 잘라 햇볕에서 말려 사용한다.

251. 정향(丁香)

학명 : *Eugenia aromatica, E. caryophyllata*
이명 : 송정향(松丁香), 공정향(公丁香), Lepidii semen
기원 : 정향수의 꽃봉오리를 건조한 것
1. 생물특성·분포
높이 약 20m, 잎은 난형, 몰루카 섬 원산이며, 잔지바르가 세계적인 산지, 줄기는 매끈하며 잎은 타원형, 어린잎은 다소 홍자색, 꽃은 줄기 끝에 피며 꽃봉오리는 1.5cm 내외이며, 4개의 꽃받침과 꽃잎이 있다.
2. 주요물질·성분
정향 꽃봉오리에는 Eugenol, Acetyl euggenol, Chavicol, Eugenol salcylate, β-Caryophyllene, Humulen e, Epoxydihydrocaryophyllene 등이 있다.
3. 약리효능·효과
건위, 억균 작용이 있으며 향이 좋아 서양요리에서 향신료로도 사용되고, 복부의 냉증, 구토, 식욕부진, 복통, 딸꾹질 등에 약용한다.
4. 채집가공·활용
꽃이 피기전 선홍색의 화뢰를 채취하여 화경을 제거하고 햇볕에 말린다.

252. 조각자(皀(早)角子)

학명 : *Gleditsia sinensis*
이명 : 조자(皀刺), 조각침(皀角針), 주염나무가시, Gleditsiae spina
기원 : 콩과 낙엽교목인 조각자나무의 가시를 건조한 것
1. 생물특성·분포
높이 15-20m, 편평한 가시가 있고, 잎은 어긋나고 1-2회 깃꼴겹잎, 꽃은 6월에 연황색, 열매는 꼬투리
2. 주요물질·성분
조각자에 Tannin, Triterphene, Saponin 등이 있고, 조협(皁莢)에는 Gledinin, Gledigenin(비당부), Gleditsia saponin, Nonacosane, Stigmasterol 등이 있다.
3. 약리효능·효과
평활근진경, 혈압강하, 호흡중추흥분 작용이 있으며 부스럼, 곪은 악창, 나병 등에 약용한다.
4. 채집가공·활용
* 조협(早莢-열매), 조각자(早角刺-가시), 조협자(早莢子-종자)모두 약용하며 수시로 혹은 봄과 가을에 채취하녀 물에 담궜다가 햇볕에 건조하여 사용한다.

253. 조구등(釣鉤藤)

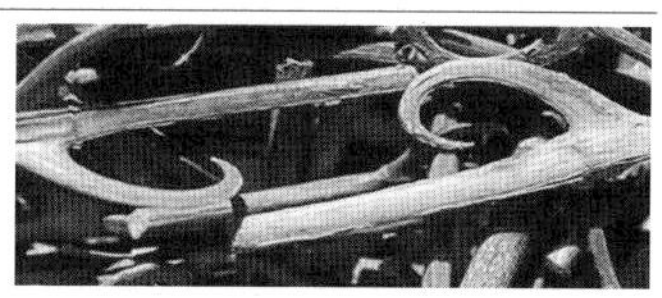

학명 : *Uncaria sinensis, U. rhynchophylla*
이명 : 조등(釣藤), 조등구(釣藤鉤), Uncariae ramulus et uncus
기원 : 꼭두서니과 조구등의 갈고리가 달린 가지를 건조한 것
1. 생물특성·분포
작은 가지는 네모지고, 낚싯바늘 모양의 가지는 잎겨드랑이에서 나와 아래로 굽는다. 잎은 마주나고 떡잎은 크며 화서는 잎겨드랑이에 달린다. 삭과는 곤봉모양으로 털이 있다.
2. 주요물질·성분
Rhynchophylline, Isorhynchophylline, Akuammigine, Cardimine, Corynoxeine, Isocorynoxeine, Coynantheine, Hirsuteine, Hirsutine 등이 함유되어 있다.
3. 약리효능·효과
간과 심포의 화열을 삭히는 요약으로 경련이나 간질, 두통, 현훈, 마비, 소아 발작, 고혈압 등에 좋다.
4. 채집가공·활용
가을과 겨울에 채취하며 세척, 건조하여 사용한다. 혈압강하용은 탕제를 끓이는 중간에 넣어 사용한다.

254. 조협(皂莢)

학명 : *Gleditsia japonica var. koralensis*
이명 : 저아조(猪牙皂), 조각(皂角), 생약명 : Gleditsiae fructus
기원 : 콩과 조각자나무의 미성숙한 과실을 건조한 것
1. 생물특성·분포
높이 15-20m, 편평한 가시가 있고, 잎은 어긋나고 1-2회 깃꼴겹잎, 꽃은 6월에 연황색, 열매는 꼬투리이며 납작하고 긴 칼집모양이며 약간 구부러졌고, 바깥면은 짙은 자갈-흑갈색, 열매껍질의 자른 면은 노란색이고 섬유성이다. 씨는 많고 납작한 타원형이며 황갈색이고 광택이 나며 매끄럽다.
2. 주요물질·성분
Triterphene, Saponin, Tannin, Gledinin, Glekinin, Glediegenin, Gleditschiasaponin, Cerylalcohol, Nonacosane, Stigmasterol, Stigmasterol, Triacanthin 등이 있다.
3. 약리효능·효과
배농, 부종, 옹종, 위·십이지장궤양, 종창, 창종, 피부소양증 등의 피부 염증 등의 외상치료에 사용됨
4. 채집가공·활용
가을에 성숙한 과실을 채취하여 햇볕에 말려두고, 사용시 파쇄하여 사용한다.

255. 삿갓나물

학명 : *Paris verticillata*
이명 : 조휴(蚤休), 중루(重樓), 중태(重台), 삿갓나물, Rhizoma paridis
기원 : 백합과 다년생초본인 삿갓나물의 뿌리줄기를 건조한 것
1. 생물특성·분포
뿌리줄기는 지름이 3-4㎜로서 옆으로 길게 뻗고 끝에서 줄기가 나옴, 높이는 30-40㎝, 잎은 긴 타원형으로 6-8개가 둘러 나며, 꽃은 6-7월에 잎 중앙에서 1개가 핀다. 열매는 장과로 둥근 흑자색이다.
2. 주요물질·성분
Pariphyllin, Dioscin, Dehydrotrillenogenin, 20-Hydroxyecdysone, Citric acid, Ecdysterone, L-Asparagine, Paridin, Piristidin, Paridol, Paristyphnin, Pectin, Pennogenin 등이 있다.
3. 약리효능·효과
소종지통(消腫止痛), 식풍정경(熄風定驚), 청열해독(淸熱解毒) 효능이 있으며 종기치료약으로 좋다. 모든 열로 인한 종기나 종양, 인후부가 붓고 아픈 증상, 독사 등의 뱀에 물린 상처, 타박상 등에 약용한다.
4. 채집가공·활용
연중 혹은 가을과 겨울에 채취하여 수염뿌리를 제거하고 햇볕에 말려 사용한다.

256. 조릿대잎

학명 : *Lophatherum gracile*
이명 : 담죽엽(淡竹葉), 조릿대풀, Lophatheri herba
기원 : 조릿대풀 건조 잎
1. 생물특성·분포
길이 25~75cm, 줄기는 원주형으로 마디가 있고, 속이 비어 있음, 잎은 피침형, 바깥면은 옅은 녹색~황록색
2. 주요물질·성분
Arundoin, β-Sitosterol, Campesterol, Cylindrin, Friedelin, 14-Taraxeren-3-ol, Stigmasterol 등
3. 약리효능·효과
심, 위, 소장에 작용 구갈이나 가슴 두근거림, 배뇨 곤란, 소변이 탁한데 사용한다.
4. 채집가공·활용
5-6월에 채취하여 쪄서 말려서 사용한다.

257. 죽엽(竹葉)

학명 : *Sasa borealis var.gracilis*

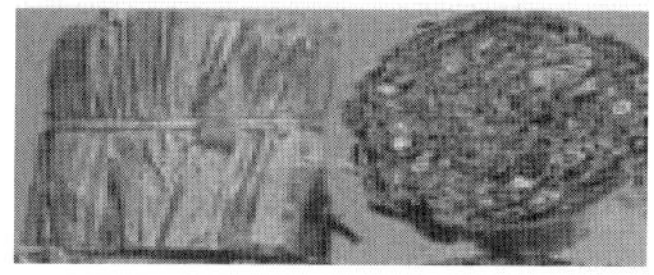

이명 : 담죽엽(淡竹葉), 기주조릿대, 담죽엽, Bambusae folium

기원 : 벼과 다년생초본인 솜대의 잎을 건조한 것

1. 생물특성·분포

솜대 높이 15-20m. 죽순대 다음으로 크며, 줄기는 처음에는 녹색이지만 황록색으로 변함, 약재는 엷은 막편-띠상, 바깥면은 엷은 녹색-황록색 또는 회백색이다.

2. 주요물질·성분

Arundoin, β-Sitosterol, Campesterol, Cylindrin, Friedelin, Stigmasterol, 14-Taraxeren-3-ol 등이다.

3. 약리효능·효과

두통과 목마름 증상, 소아경기, 심한 기침, 소변이 적고 붉은 증상에 사용한다.

4. 채집가공·활용

여름에 1년이상 된 잎을 채취하여 채집, 건조하여 사용한다.

258. 죽력(竹瀝)

학명 : *Phyllostachys nigra var. henonis*

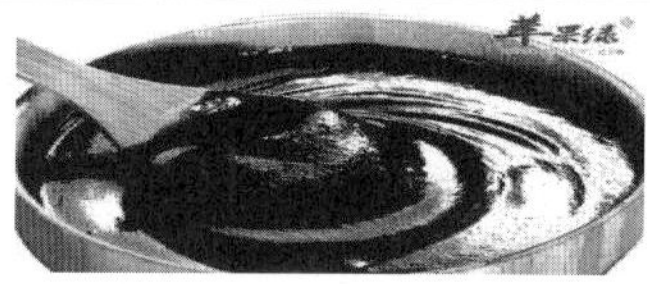

이명 : 죽력수(竹瀝水), 죽즙, 참대기름, Bambusae caulis in liquamen.

기원 : 참대류, 왕대류의 줄기를 불에 쪼일 때 흘러내리는 즙액

1. 생물특성·분포

줄기는 높이 10m 내외, 보통 노란색 바탕에 검은색 반점, 잎은 바소꼴이며 꽃은 6~7월에 피고 원추화서, 열매는 영과로서 내영과 외영이 있고 가을에 익는다. 약 60년 주기로 꽃이 피고 열매를 맺은 후 죽는다.

2. 주요물질·성분

다량의 당류, 아미노산이 함유되어 있고, 주요성분은 Pentosan류, Lignen류, Triterpene류, Arundoin, β-Sitosterol, Campesterol, Cylindrin, Friedelin, Stigmasterol 등이 있다.

3. 약리효능·효과

열을 내리고 담을 삭이며 혈압을 다스리고, 피를 맑게 한다. 중풍, 반신불수, 뇌졸중으로 인한 언어 장애와 팔다리가 아픈 것, 화상, 숙취를 치료하고, 눈을 밝게 하고 인체의 모든 감각기관과 배설 기능을 원활히 한다.

4. 채집가공·활용

신선한 줄기를 30-50cm로 양쪽 마디를 잘르고 쪼개어 쌓아놓고 중앙부를 가열하여 흐르는 즙액을 모은다.

259. 죽여(竹茹)

학명 : *Phyllostachys nigra var. henonis, Bambusa tuldoides,*

이명 : 죽피(竹皮), 참대속껍질, Bambusae caulis in taeniam

기원 : 대과 참대 곧 왕대의 속껍질을 말린 것

1. 생물특성·분포

엷은 막편-띠상 또는 불규칙한 실모양으로 너비와 두께가 고르지 않으나 바깥면은 엷은 녹색-황녹색 또는 회백색이며 가루로 된 것도 있다. 질은 가볍고 탄력성이 있으며 섬유성이다. 냄새가 약간 있고 맛은 덤덤하다.

2. 주요물질·성분

Pentosan, Lignen, Cellulos, Triterpene류 등을 함유되어 있다.

3. 약리효능·효과

폐담으로 인한 기침, 가래, 숨이 찬데, 위의 열로 인한 구토, 딸꾹질 등에 약용하고, 어린이의 경련성 질병, 피를 토하는 증상, 코피, 부정자궁출혈 등에도 사용한다.

4. 채집가공·활용

연중 채취가 가능하며 신선한 줄기를 취하여 외피를 제거한 다음 약간 녹색을 띠는 중간층을 가늘고 기다랗게 깎아 다발로 묶고 그늘에서 말린다. 담이 있을 때에는 주로 생것을 쓰고 구역질에는 생강즙을 볶아 쓴다

260. 지각(枳殼)

학명 : *Citrus aurantium*
이명 : 상각(商殼), 지각(只殼), Aurantii fructus
기원 : 운향과 상록소교목인 탱자나무의 익은 과실을 건조한 것

1. 생물특성·분포
잎은 어긋나고 두꺼우며, 잎자루에는 좁고 긴 날개가 있다. 꽃은 흰색으로 열매는 둥근 등황색이다.
2. 주요물질·성분
정유와 플라라보노이드 배당체 등을 함유하며 주요성분은 d-Limonene, Hesperidin, Naringin,Umbelliferone, Limonin, 유기산, Vitamin C, Ca, K 등이 있다
3. 약리효능·효과
자궁수축, 위장운동항진, 혈압상승, 강심, 이뇨 작용 등이 있고, 가슴과 옆구리가 이픈데, 구토, 딸국질, 소화불량, 설사, 탈항, 자궁하수 등에 사용한다. 익은 열매를 지각(枳殼), 덜익은 열매를 지실(枳實)이라고 한다.
4. 채집가공·활용
여름과 가을에 성숙한 과실을 채취하여 쪼개서 햇볕에 말리고, 밀기울과 같이 볶아서도 사용한다.

261. 지실(枳實)

학명 : *Poncirus trifoliata*
이명 : 지실(枳實), 점자(점刺), 선탱자, Aurantii immaturus fructus
기원 : 운향과 상록소교목인 탱자나무의 미숙 과실을 건조한 것

1. 생물특성·분포
높이 3m. 잎은 어긋나며 3출엽. 꽃은 5월에 흰색으로 피고, 열매는 둥글고, 향기가 좋다. 미숙과는 녹색이다.
2. 주요물질·성분
열매에 Limonene, Linalool, Poncirin, Naringin 등이 있다.
3. 약리효능·효과
자궁수축, 위장운동항진, 혈압상승, 강심, 이뇨 작용 등이 있고, 지각과 효능이 비슷하며 가슴이 답답하고 아픈데, 부종, 소화불량, 변비 치료 및 위하수(위의 위치 하강), 자궁하수, 탈항 등에도 효과가 좋다.
4. 채집가공·활용
봄과 여름철에 어린 열매를 채취하며 생용하거나 밀기울과 함께 볶아서 사용한다.

262. 헛개나무

학명 : *Hovenia dulcis*
이명 : 지구자(枳구子), 헛개나무, 호리깨나무, 볼게나무, Hovenia lignum
기원 : 갈매나무과 헛개나무의 과병을 가진 열매 또는 씨.

1. 생물특성·분포
낙엽교목, 잎은 호생하며 넓은 난형, 꽃은 흰색 취산화서, 열매는 둥근 갈색으로 꼭지)는 울퉁불퉁한 육질이다.
2. 주요물질·성분
열매에 다량의 Glucose, Calcium malate 함유되어 있고, 주요성분은 Hoduloside Ⅰ-Ⅴ, Hoveine A, Hovenolactone, Hovenoside D, G, I, Saponin C2, E, H, Rhamanose, Mannose, Galactose, Arabinose, Glucose, Rutin, Malic acid, Catalase, Peroxidase, Triterpenoide, Hovenic acid, Frangulanine, Ampelopsin 등이다.
3. 약리효능·효과
이뇨, 구토, 숙취 약리 효능과 알코올 중독성 간장 치료제로 사용되고 있다. 열매인 지구자는 류머티즘, 딸국질, 구토, 구갈, 사지마비, 번열 치료하고, 줄기껍질을 지구목피로 혈액순환, 근육을 풀고 소화불량을 치료한다.
4. 채집가공·활용
가을에 열매와 과병을 채취하여 말려 건조한다.

263. 지골피(地骨皮)

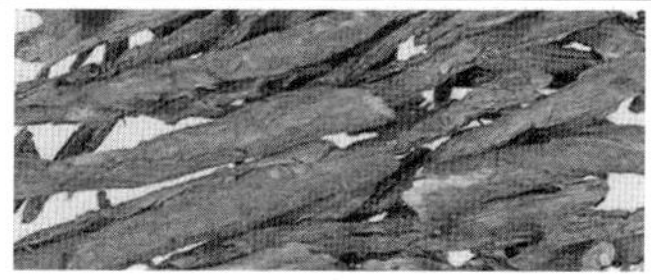

학명 : *Lycium chinense, L. barbarum*
이명 : 지골(地骨), 구기근(拘杞根), 구기자뿌리껍질, Lycii radicis cortex
기원 : 가지과 낙엽소교목인 구기자나무의 뿌리껍집을 건조한 것
1. 생물특성·분포
구기자는 높이 1-2m, 꽃은 6-9월에 연한 자색, 열매는 붉은 타원상 구형이다. 약재는 구기자 뿌리이다.
2. 주요물질·성분
Betaine, β-sitosterol, Zeaxanthin, Physalien, Meliscic acid, Rutin, Kukoamine A, Steroid Saponin류, Nicotianamine, Sugiol, Diosgenin 등이 함유되어 있다.
3. 약리효능·효과
혈압강하, 혈당량강하, 해열, 항균 작용이 있으며 주로 강장과 해열제로 사용되어 폐결핵, 당뇨, 간과 신의 허약증이나 신경통, 두통, 어깨통증, 근육통, 요통, 허리와 무릎의 무력감, 절상, 화상 등에 이용한다.
4. 채집가공·활용
봄과 가을에 채취하여 목심을 제거하고 건조하여 사용한다.

264. 지모(知母)

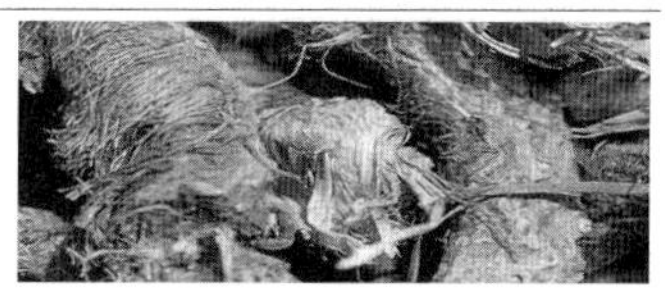

학명 : *Anemarrhena asphodeloides*
이명 : 야료(野蓼), 기모(기母), 창지(昌支), Anemarrhenae rhizoma
기원 : 지모과 다년생 초본인 지모의 뿌리줄기를 건조한 것
1. 생물특성·분포
뿌리줄기는 굵으며 끝에서 잎이 모여 난다. 잎은 바늘모양이고, 꽃은 6-7월에 피고, 열매는 긴타원형 삭과이다.
2. 주요물질·성분
뿌리줄기에 Asphonin, Sarasapogenin, Markogenin, Mangiferin, Isomangiferin, Nicotinic acid, Pantothenic acid, 점액, Tannin질이 있고, 잎에는 Mangiferin, Timosaponin A-Ⅰ, Timosaponin A-Ⅲ, Protcocathechic acid 등이 있다.
3. 약리효능·효과
해열, 진정, 혈당량강하, 항균 작용이 있으며 발열, 소갈, 갈증, 변비, 소변불리, 마른 기침 등에 사용한다.
4. 채집가공·활용
봄과 가을에 채취하여 술에 담근 후 건조하거나 소금물에 담근 다음 볶아서 사용한다.

265. 오이풀

학명 : *Sanguisorba officinalis, S. hakusanensis, S. sitchensis,*
이명 : 지유(地榆), 백지유(白地榆), 지유근(地榆根), Sanguisorbae radix
기원 : 장미과 오이풀과 그 근연식물의 뿌리를 건조한 것
1. 생물특성·분포
높이 1-1.5m. 꽃은 7-9월에 어두운 홍자색으로 핀다. 열매는 수과로 난형으로 날개가 있다.
2. 주요물질·성분
뿌리와 뿌리줄기에는 Tannin(12-20%), Gallic acid, Ellagic acid, Saponin(2-4%), Sanguisorbic acid(약 1%), Poterin, Pomolic acid, Sterin, Gentiacontan, 색소물질, 정유, 녹말, Quercetin, Kaempgerol, Roicoanthocyan, Calciumoxalate, Vit. A, 탄닌질(Pyrogallol, Gallic acid, Ellagic acid, Catechin, Gallocatechin) 등
3. 약리효능·효과
항균, 장연동운동억제, 항염, 혈관수축 작용 등이 있고. 치질로 인한 출혈과 대변출혈, 설사, 이질, 위장출혈, 객혈, 생리량 과다증, 위산과다증 등에 쓰고, 외용약으로악창, 화상 등에 바른다.
4. 채집가공·활용
봄과 가을에 채취하며 생용하거나 검은 색으로 볶아서 사용한다.

266. 차엽(茶葉)

학명 : *Thea sinensis*

이명 : 다엽(茶葉), 차나무, Green tea

기원 : 차나무과에 차나무의 어린 잎

1. 생물특성·분포

녹차나무에는 변종이 많으며, 이들 변종은 그 모양이 각기 크게 다르다. 중국이나 일본에서 재배되는 소엽종은 자연 상태에서도 높이가 2~3m이고, 인도 아삼 지방의 대엽종은 높이가 15m이다. 꽃은 10~11월에 흰색 또는 연분홍색으로 피고, 열매는 갈색으로 속에는 단단한 종자가 있다.

2. 주요물질·성분

차의 성분에는 Caffeine, Asparagine, Xanthine, Hypoxanthin, Adenine, Guanine, Choline, Tannin, Theanine, 떫은 맛인 폴리페놀성 물질은 생차엽에는 Catechin, Gallocatechin, Catechingallate, Gallic acid 등의 형태로 존재한다. 차의 향기는 Hexanol, Aldehyde류이며 홍차에는 에스테르류가 들어 있다.

3. 약리효능·효과

해열, 이뇨, 각성 효능이 있고, 두통과 코막힘, 머리와 눈을 맑게 해주고, 풍열상 두통, 번갈 및 피부조직 재생과 아토피성 피부염(건선 등), 습진, 뾰루지, 곰팡이성 피부질환에 효과가 있다.

4. 채집가공·활용

가지 끝에서 어린 잎이 났을 때 채취하며 주로 생용 사용하며 신선할수록 약성이 좋다.

267. 진교(秦膠)

학명 : *Gentiana macrophylla*

이명 : 진교(秦膠), 진규(秦糾), Gentianae macrophyllae radix

기원 : 용담과 진교의 뿌리를 건조한 것

1. 생물특성·분포

높이 50-80㎝. 자줏빛이 돌고, 뿌리잎은 원심형으로 5-7개로 갈라진다. 꽃은 8월에 연한 자줏빛으로 피며, 열매는 골돌과로 3개로서 끝에 뒤로 젖혀진 암술대가 남아 있다.

2. 주요물질·성분

Lycaconitine, Miostin, Gentianine A, B, Gentianidine, Gentianol, septentridine 등이 함유되어 있다.

3. 약리효능·효과

혈압강하, 장연동운동억제, 자궁수축 작용 등이 있으며 황달, 고혈압, 장출혈, 치통, 신경통, 두통에 사용

4. 채집가공·활용

중국의 감숙, 협서, 내몽고, 사천 등지에 자생하며 가을에 채취하여 생용하거나 약한 불로 볶아서 사용한다.

268. 댑싸리씨

학명 : *Kochia scoparia*

이명 : 지부자(地膚子), 천두자(千頭子), 낙추자(落帚子), Kochiae fructus

기원 : 명아주과 댑싸리의 성숙한 과실을 건조한 것

1. 생물특성·분포

높이 1m. 꽃은 7-8월에 피며, 꽃받침은 자라서 열매를 둘러싼다. 약재는 편구상의 5각의 별모양이다.

2. 주요물질·성분

전초에 Tanin 3%, Flavonoid, Cumarin, Saponin 등이 있고, 열매에 Triterpene 배당체, 지방이 있다.

3. 약리효능·효과

간보호, 이뇨, 해독, 항균 작용이 있고, 소변불리와 배뇨통증, 임질과 부인 대하, 소양증, 습진 등에 쓴다.

4. 채집가공·활용

가을에 열매가 익었을 때 전초를 채집하여 햇볕에 말려서 과실만 모은다.

269. 귤껍질

학명 : *Citrus unshiu*
이명 : 진피(陳皮), 귤피(橘皮), 광진피(廣陳皮), 귤껍질, Citri pericarpium
기원 : 운향과 귤의 성숙한 과실의 껍질을 건조한 것
1. 생물특성·분포
높이 5m. 꽃은 6월에 흰색, 열매는 장과로서 편구형으로 지름은 3-4㎝이고, 10월에 등황색으로 익는다.
2. 주요물질·성분
외과피에는 Pectin, Vit. C, Vit. A 와 B, Vit. P(Bioflavonoids), Hesperidin, Naringin 등이 있다.
3. 약리효능·효과
위액분비촉진, 소화 작용이 있고, 속이 거북하고 식욕이 부진한데, 구토, 기침, 가래 있는데 좋다.
4. 채집가공·활용
가을에 완숙과실을 채취하여 과피를 벗겨서 햇볕에 말린다.

270. 질경이씨

학명 : *Plantago asiatica, P. depressa, P. major var japonica,*
이명 : 차전자(車前子), 차전실, 하마의자(蝦馬衣子), Plantaginis semen
기원 : 질경이과 다년생 초본인 질경이의 성숙한 종자를 건조한 것
1. 생물특성·분포
많은 잎이 뿌리에서 나오고, 꽃은 6-8월에 흰색으로 피며, 삭과는 익으면 6-8개의 검은색 종자가 나온다.
2. 주요물질·성분
차전자에는 Disaccharide, Plantenolic acid, Succinic acid, Adenine 등이 함유되어 있다. 전초에는 다량의 점액질과 Plantenolic acid, 호박산, Adenine, Choline, Aucubin, Catalpol, Methylcatalpol이 있다.
3. 약리효능·효과
이뇨, 거담, 진해, 항궤양, 항염, 점막보호, 상피화촉진, 조직재생촉진, 위산도조절, 지혈촉진, 콜레스테롤강하작용 등이 있고, 이수(利水), 청습열(清濕熱), 삼습지사(滲濕止瀉), 청간명목(清肝明目), 청간화담(清肝化痰) 효능이 있어 신우신염, 요도염, 방광염, 설사, 눈이 충혈되고 흐린데, 어지럼증, 두통, 해수 등에 사용한다.
4. 채집가공·활용
여름과 가을에 성숙한 종자를 채취하여 생용을 하거나 소금물에 담근 다음 약한 불로 볶아서 사용한다.

271. 도꼬마리

학명 : *Xanthium strumarium*
이명 : 창이자(蒼耳子), 호침자(胡寢子), 창자(蒼子), Xanthii fructus
기원 : 국화과 일년생 초본인 도꼬마리의 성숙한 과실을 건조한 것
1. 생물특성·분포
높이 1m. 꽃은 노란색으로 8-9월에 핀다. 열매는 수과이다. 약재는 긴 난원형으로 길이 10-15㎜, 지름 3-5㎜이다.
2. 주요물질·성분
열매에 Xanthostrumarin(독성 Glucoside, 노란색의 배당체), 수지, 요드염, 씨에 수지, 40%까지의 기름(Linoleic acid 63.4%, Oleic acid 27%, 포화지방산 8.2%)이 있다.
3. 약리효능·효과
정유와 알칼로이드에 독성, 혈당강하, 백혈구감소방지, 진해, 심장억제작용 등이 있고, 축농증 코가 막힌데, 비염, 두통, 발열, 기침, 사지동통마비, 굴신(屈伸), 피부가려움증, 중이염 에도 활용된다.
4. 채집가공·활용
가을에 성숙한 과실을 채취하여 약한 불에 볶은 다음 사용한다.

272. 물푸레나무껍질

학명 : *Fraxinus rhynchophylla, F. sieboldiana,*
이명 : 진피(秦皮), 백심목피(白心木皮), 물푸레껍질, Fraxini cortex
기원 : 물푸레나무과 물푸레나무의 가지와 줄기껍질을 건조한 것
1. 생물특성·분포
높이 10m. 잎은 마주나고, 홀수 1회깃꼴겹잎, 꽃은 5월에 피며, 열매는 시과로서 길이 2-4㎝이다.
2. 주요물질·성분
Aesculin, Aesculetin, Esculin, α-Mannitol, Fraxin, Fraxetin, Tannin 등이 들어 있다.
3. 약리효능·효과
장연동운동억제, 혈압상승, 항염, 이뇨, 혈액응고억제 작용이 있고, 요산증, 이질, 장염, 여성의 대하 등에 씀.
4. 채집가공·활용
봄과 가을에 채취하여 햇볕에 말린다.

273. 삽주

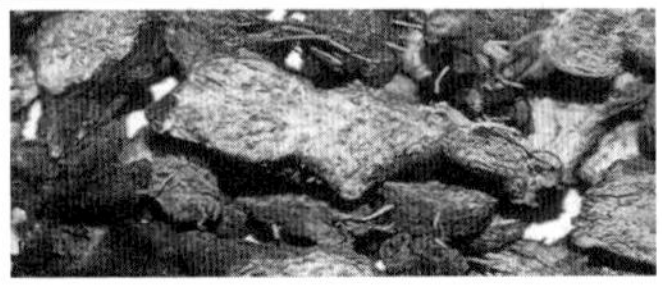

학명 : *Atractylodes japonica*
이명 : 창출(蒼朮), 선출(仙朮), 삽주, 산정(山精), Atractylodis rhizoma
기원 : 국화과 다년생초본인 삽주의 덩이 줄기를 건조한 것
1. 생물특성·분포
높이 30-100㎝. 뿌리줄기가 굵고 마디가 있다. 줄기 잎은 긴 타원형, 열매는 수과로 긴털과 관모가 있다.
2. 주요물질·성분
정유에는 Hinesol, β-Eudesmol, Elemol, Atractylodin, β-Selinene, 2-Furaldehyde, Atractylon, Atractylodinol 등이 함유되어 있다.
3. 약리효능·효과
이뇨, 건위, 조혈, 발한 작용이 있으며 소화불량이나 설사, 복부팽만, 발한, 감기, 발열, 중풍, 배뇨곤란, 결막염, 고혈압, 현기증, 노인의 천식 등에 사용한다.
4. 채집가공·활용
봄과 가을에 채취하여 생용하거나 쌀뜨물에 2-3일 정도 담가 겉껍질이 황색이 될 때까지 볶아서 사용한다.

274. 천궁(川芎)

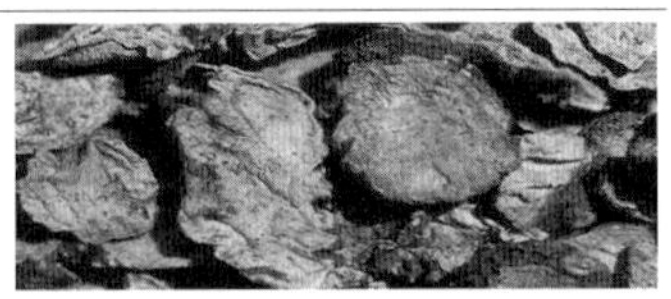

학명 : *Cnidium officinale, Lingustieum chuangxiong*
이명 : 향과(香果), 호궁(胡芎), 경궁(京芎), 궁궁(芎芎), Cnidii rhizoma
기원 : 미나리과 다년생초본인 천궁 및 일천궁의 뿌리줄기
1. 생물특성·분포
높이 30-60㎝, 뿌리줄기는 굵다. 꽃은 8월에 흰색으로 피며, 열매는 타원형이고, 날개 같은 흰색 능선이 있다.
2. 주요물질·성분
근경 정유에 Cnidilide, Ligustilide, Neocnidilide, Butylphthalide, Butylidenphthalide, Cnidium-lactone, Sedanolide, Sedanon IC50-acid-anhydride, Senkyunolide A, B, C, D, E, G, H, I를 1~2% 함유한다.
3. 약리효능·효과
진정, 혈압강하, 항균, 자궁수축, 혈액순환촉진 작용 등이 있고, 월경부조, 월경통, 부월경, 두통, 복통 등과 외상이나 타박상 통증에도 좋다.
4. 채집가공·활용
가을에 각각 채취하여 건조하여 사용하거나 황주에 섞어서 약한 불에 볶아서 사용한다.

275. 천련자(川練子)

학명 : *Melia azedarach*

이명 : 고련자(苦련子), 고련실(苦련實), 멀구슬나무열매, Toosendan fructus

기원 : 멀구슬나무과 천련의 성숙한 과실을 건조한 것

1. 생물특성·분포

높이 15m 안팎, 직경 60cm 이며, 수피(樹皮)가 잘게 갈라지며, 잎은 호생하고 기수 2-3회 우상복엽, 꽃은 5월에 피고 연한 자주색이며 원추화서, 열매는 9월에 성숙되고 핵과로서 넓은 타원형이다.

2. 주요물질·성분

열매에 Toosendanin, Melianone, Acetic acid, Caproic acid, 껍질에 Tannin 7%, Nimbiol, Azadiradione, Epoxyazadiradione, Azadilone, Meldenin, Nimbin, Melianone, Sugiol, β-Cytosterol, 정유 등이 있다.

3. 약리효능·효과

협통증, 복통, 흉통, 고환이나 허벅지 쪽으로 뻗는 산통 및 기생충증에도 사용된다.

4. 채집가공·활용

가을~겨울에 과실이 성숙했을 때 채취하여 생용하거나 볶아서 사용한다.

276. 천마(天麻)

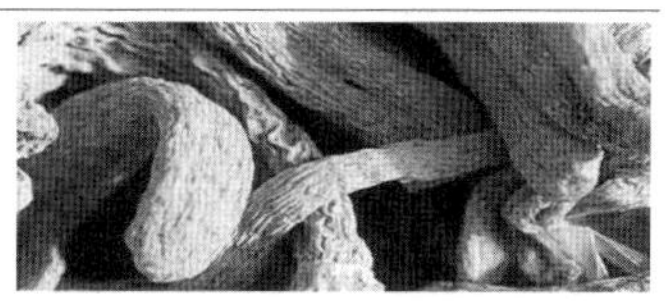

학명 : *Gastrodia elata*

이명 : 명천마(明天麻), 수양우(水洋芋), Gastrodiae rhizoma

기원 : 난초과 기생초본인 천마의 덩이줄기를 건조한 것

1. 생물특성·분포

높이 60-100cm. 잎은 퇴화되어 없고, 땅속에 있는 덩이줄기는 고구마 같으며, 잎은 비늘 같다. 꽃은 6-7월에 황갈색으로 피고, 화서는 길이 10-30cm로서 많은 꽃이 달린다. 열매는 길이 3cm정도이고 짧은 자루가 있다.

2. 주요물질·성분

주성분 Gastrodin이며 Vanillyl alcohol, Alkaloid, Phenolglycoside, Citric acid, Palmitic acid 등이 있다.

3. 약리효능·효과

진정, 진경, 진통 작용이 있으며 두통과 어지럼증에 좋은 약재로 고혈압, 뇌졸중, 불면증, 신경쇠약, 중풍, 당뇨병, 출혈 증세에도 사용된다.

4. 채집가공·활용

봄, 겨울에 채취하여 물에 담근 후 계속 끓여서 중심에 백색이 사라진 다음 건져내어서 말려서 사용한다.

277. 천문동(天門冬)

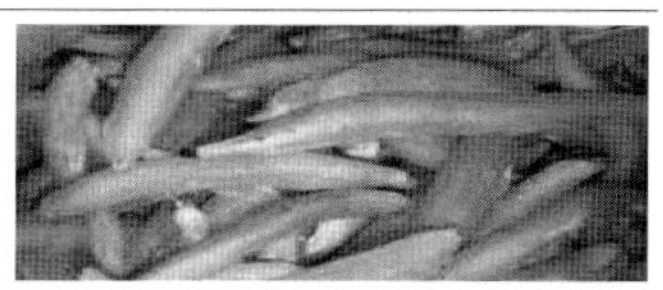

학명 : *Asparagus cochinchinensis*

이명 : 천동(天冬), Asparagi radix

기원 : 백합과 천문동의 덩이뿌리를 건조한 것

1. 생물특성·분포

뿌리줄기는 짧고, 방추형 뿌리가 사방으로 퍼짐, 잎은 가시모양, 꽃은 5-6월에 연한 노란색, 열매는 흰색이다.

2. 주요물질·성분

덩이뿌리에 Asparagine, β-Sitosterol, 5-Methoxy-methylfurfural, 점액질, Steroide saponin이 있다. 주요성분은 Asparagoside IV, V, VI 및 VII, Asparagus saponin Asp-IV, -V, -VI 및 -VII가 있다.

3. 약리효능·효과

거담, 진해, 항암, 약한 이뇨, 항균 작용과 윤조(潤燥), 강화(降火), 자음(滋陰), 청폐(淸肺) 효능이 있어 변비(便秘), 음허발열(陰虛發熱), 인후종통(咽喉腫痛), 폐옹(肺癰), 폐위(肺痿), 해수토혈(咳嗽吐血)에 약용한다.

4. 채집가공·활용

가을과 겨울에 채취하여 쪼개어 그 심을 제거한 다음 건조하여 사용한다.

278. 천오두(川烏頭)

학명 : *Aconitum carmichaeli*

이명 : 천오(川烏), 오두(烏頭), Aconiti radix

기원 : 미나리아재비과 오두의 덩이뿌리를 건조한 것

1. 생물특성·분포

괴근은 방추형이나 도란형, 외피는 흑갈색, 높이는 60-120cm, 꽃은 원추화서로 열매는 골돌과, 종자는 막질임

2. 주요물질·성분

뿌리와 괴경에는 Acetyltalatizamine, Aconitine, Alkaloids, Arsenic, Atisine, Fuziline, Hygenamine, Hypaconitine, Hypognavine, Ignavine, Isotalatizidine, Jesaconitine, Karacoline, Kobusine, Mesaconitine, Napelline, Neoline, Senbusine-A-C, Songorine, Talitazamine 등이 있고, 전초에는 Carmichaeline, Hokbusine, Hokbusine-B 등이 있다.

3. 약리효능·효과

강심, 항염 작용과 제습산한(除濕散寒), 온경지통(溫經止痛) 효능이 있어 급성 류머티즘성 다발성 관절염, 팔다리가 오그라드는 증상, 저리고 아픈 증상, 반신불수, 명치와 배가 차면서 아플 때, 부스럼 등에 쓴다.

4. 채집가공·활용

가을에 덩이뿌리를 캐서 햇볕에 건조하여 찬물에 침지하면서 하루 2-3회 물을 갈아주고 아린맛이 거의 없어지면 같은 양의 검정콩을 넣고 천오두 중심까지 흰색이 변하면 삶아 쪼개어 햇볕에 건조하여 사용한다.

279. 하늘타리뿌리

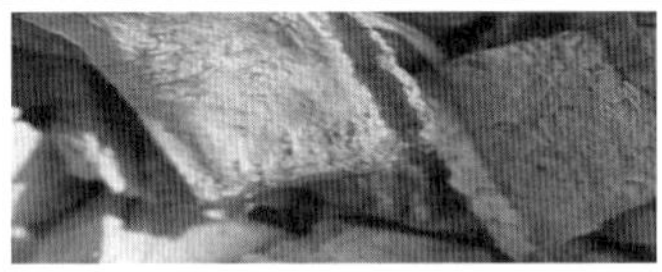

학명 : *Trichosanthes kirilowii*

이명 : 천화분(天花粉), 과루근(括樓根), 하늘타리, Trichosanthis radix

기원 : 박과 하늘타리의 덩이뿌리를 건조한 것

1. 생물특성·분포

잎은 어긋나고 5-7개 장상이고, 꽃은 암수 딴그루로서 7-8월에 핀다. 열매는 둥글며 오렌지색으로 익고, 많은 회갈색의 종자가 들어 있다. 땅속의 원주형-방추형의 괴근은 비대하며 전분이 많아 식용으로 사용한다.

2. 주요물질·성분

괄루근에 다량의 전분, Triterpenoid계 Saponin, 유기산, 수지, 당류, 색소 등이 있다.

3. 약리효능·효과

항암, 항균 작용이 있고, 폐와 위의 열성 기침, 가래에 피가 나는데, 소갈, 당뇨병, 농양, 황달, 치질 등

4. 채집가공·활용

봄과 가을에 채취하여 건조하여 가늘게 절단하여 사용한다.

280. 개맨드라미

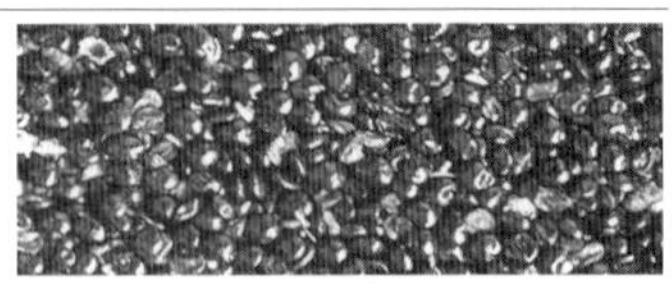

학명 : *Celosia argentea*

이명 : 청상자(靑箱子), 우미화자(牛尾花子), Celosiae semen

기원 : 비름과 개맨드라미의 성숙한 종자를 건조한 것

1. 생물특성·분포

높이 40-80㎝, 잎은 어긋나고 침상, 꽃은 7-8월에 연한 적색 수상화서, 열매는 짧으며 종자는 여러개이다.

2. 주요물질·성분

종자에는 지방유, potassium nitrate, nicotinic acid, 꽃에는 Amaranthin, arsenic, betaxanthin, celosianin, ferulic-acid, 전초에는 betanin 등이 있다.

3. 약리효능·효과

청상자는 안과질환에 상용하는 약재로 고혈압, 코피를 치료한다. 혈압강하, 동공산대, 항균 작용이 있다.

4. 채집가공·활용

가을에 성숙한 종자를 채취하여 건조하여 사용한다.

281. 청대(青黛)

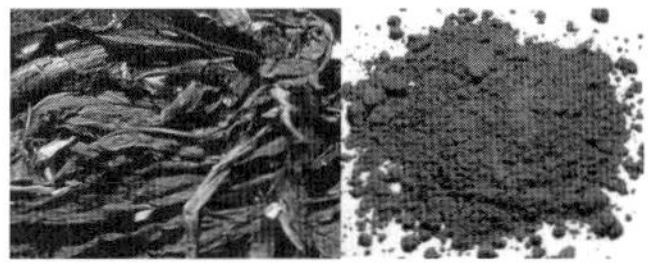

학명 : *Persicaria tinctoria*
이명 : 청항화(青缸花), 청합분(青蛤粉), Indigo naturalis
기원 : 쥐꼬리망초과의 마판이나 콩과 야청수 잎과 가지을 가공한 분말

1. 생물특성·분포

높이 50-60㎝. 꽃은 8-9월에 붉은색 또는 흰색으로 핀다. 열매는 수과로 흑갈색이고, 꽃 덮이로 싸여 있으며, 세모진 달걀 모양이다. 길이는 2㎜이다. 약재는 아주 고운 가루이며 질은 가볍고 진한 청색이다.

2. 주요물질·성분

식물전체 특히 잎에 indican 산화반응으로 indigo와 indirubin이 함유하며, indigotin 5~8%, isatan 등이 함유되어 있다. 인도람(인도쪽)의 경우 indican, indigotin, K_2O, P_2O_5 등이 함유되어 있다.

3. 약리효능·효과

탄저균과 폐렴간균, 적리균에 대한 항균작용이 있고, 발진, 객혈, 토혈, 코피 등의 출혈증상과 발열, 인후동통, 경련 등을 풀어 주고, 또한 고열로 인한 소아들의 경련을 치료하기도 한다.

4. 채집가공·활용

봄과 여름에 채취하여 2-3일동안 깨끗한 물에 담근 후 가지를 건져내고 잎과 석회를 10:1의 비율로 섞어서 그 침액이 붉은 색으로 변하면 물위에 떠 있는 거품을 걷어내고 햇볕에 건조한다.

282. 청피(青皮)

학명 : *Citrus unshiu, C. reticulata*
이명 : 청귤피(青橘皮), 청감피(青柑皮), Citri reticulatae viride pericarpium
기원 : 운향과 귤의 미성숙한 과피를 건조한 것

1. 생물특성·분포

미숙 귤의 과피로 바깥면은 회록색-청록색을 띠고, 꽃대의 자국이 있고 아랫쪽에는 둥근 과병의 흔적이 있다.

2. 주요물질·성분

비타민 C, 구연산, 헤스페리딘(Hesperidine) 등이 함유되어 있다.

3. 약리효능·효과

위액분비촉진, 소화작용이 있고, 우울증, 옆구리통증, 젖앓이, 식체, 적취, 학질, 간종대, 간경변, 비장종대에 씀.

4. 채집가공·활용

늦봄~초여름에 미성숙한 과실의 과피를 채취하여 햇볕에 말린다.

283. 천축황(天竺黄)

학명 : *Bambusa textilis, Schizostachyum chinense*
이명 : 죽황, 천축황(天竹黃), 참대속진, Bambusae concretio silicea
기원 : 대나무과 청피죽에 기생하는 죽황봉의 분비물이 굳은 것

1. 생물특성·분포

높이 15-20m. 죽순대 다음으로 크며, 줄기는 처음에는 녹색이지만 황록색으로 변한다. 약재는 불규칙한 덩어리이거나 작은 알맹이로서 지름 2-10㎜이며 바깥면은 엷은 황색이고 광택이 난다.

2. 주요물질·성분

수산화칼륨(KOH), Sillica, Silicic acid, Kalium, Calcium, Al_2O_3, Fe_2O_3 등이 함유되어 있다.

3. 약리효능·효과

명목이규(明目利竅), 복분상(伏粉霜), 양심정경(凉心定驚), 자양오장(滋養五臟), 제열(除熱), 청열활담(淸熱豁痰), 평간잠양(平肝潛陽) 효능과 해열, 거담, 진정, 진경 작용이 있어 소아 급성발작이나 중풍으로 말문이 막힌데, 근육이 뒤틀리는데, 신경통 등에 약용한다.

4. 채집가공·활용

여름에 채취하여 생용으로 쓰거나 생강즙과 같이 볶아서 쓴다.

284. 꼭두서니

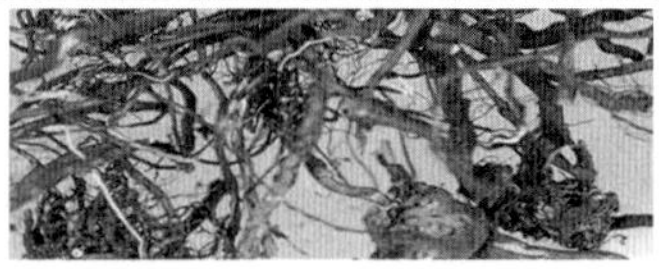

학명 : *Rubia akane*
이명 : 천초근(茜草根), 혈견수(血見愁), 지소목(地蘇木), Rubiae radix
기원 : 꼭두서니과 꼭두서니의 뿌리를 건조한 것
1. 생물특성·분포
길이 1m. 줄기는 네모지고, 뿌리는 공기에 노출되면 황적색으로 변한다. 잎은 4개씩 돌려나며 꽃은 7-8월에 연한 노란색으로 피며, 열매는 장과로 둥글며 2개씩 달리고, 검은색으로 익는다.
2. 주요물질·성분
뿌리에 Methylanthraquinone, Alizarin, Anthraquinones, Munjistine, Pseudopurpurin, Purpurin, Rubiadin, Xanthopurpurin, 전초에는 Hexapeptides, β-Sitosterol, nor-Damnacanthal, Oleanolic-acid-acetate, Physcion, Purpuroxanthins, Rubicoumaric-acid, Rubifolic-acid, Scopoletol 등이 있다.
3. 약리효능·효과
진해, 거담, 자궁평활근수축, 혈액응고단축, 항암, 방광결석형성억제 증의 작용이 있으며 양혈지혈(凉血止血), 활혈거어(活血祛瘀) 효능이 있으며 혈열(血熱)로 인한 코피, 토혈 및 자궁 출혈, 대장 출혈 등의 각종의 출혈증 및 부인의 생리통, 타박어혈(瘀血), 토혈, 자궁출혈, 혈뇨, 관절통, 무월경 등에 사용된다.
4. 채집가공·활용
봄과 가을에 채취하여 혈액순환 도울때는 생용하고, 지혈목적으로는 표면이 흑색이 될 때까지 볶아 사용한다.

285. 총백(葱白)

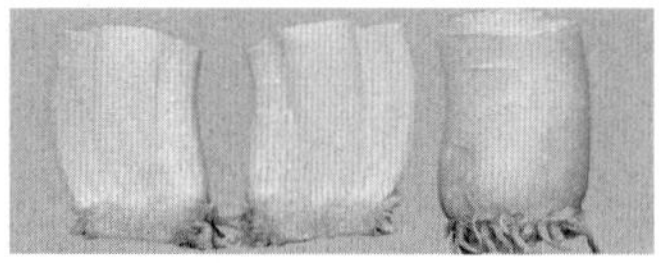

학명 : *Allium fistulosum*
이명 : 총경백(葱莖白), 총백두(葱白頭), 파뿌리, Allii radix
기원 : 백합과 파의 비늘줄기를 건조한 것
1. 생물특성·분포
높이 60㎝. 매운냄새, 수염뿌리, 꽃은 6-7월에 흰색, 열매는 삭과로 3개의 삼각형 능선이 있고, 종자는 검은색
2. 주요물질·성분
탄수화물(5-6%), 단백질(1-1.4%), 기름, 무기질이 있다. 휘발성 정유가 있고, 주성분은 Allicin, Allylsulfide인 Diallyl-disulfied, Diallyl-monosulfide이다. 그 밖에 Malic acid, Vit C, B, E, 철, 염 등이 함유되어 있다.
3. 약리효능·효과
건위, 강심, 항균, 청열, 위액분비촉진, 발한, 살충, 살균, 항암. 소염 및 소종 효능이 있고, 오심, 회충증, 감기에 땀을 내고 복부냉통, 소화불량, 사지냉증, 맥박미약, 종기, 피부발진에 사용한다.
4. 채집가공·활용
여름과 가을에 걸쳐서 채집하여 생용한다. 총백의 흰색부는 열을 내리고, 파란잎은 열을 올리는 상반작용함

286. 놋젓가락나물

학명 : *Aconitum ciliare, A. racemulosum var. austrokoreense*
이명 : 초오(草烏), 오두(烏頭), 투구꽃, Aconiti ciliare tuber
기원 : 미나리아재비과 다년생 초본인 놋젓가락나물의 덩이뿌리를 건조한 것

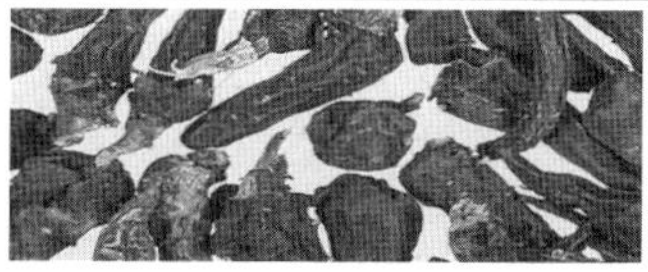

1. 생물특성·분포

높이 1m. 잎은 어긋나고, 꽃은 9월에 자색으로 피고, 꽃잎은 2개로 꽃받침 속에 들어 있고, 자방은 3-5개가 있다.

2. 주요물질·성분

덩이뿌리에는 Aconitine, Mesaconitine, Hypaconitine, Atisine, Jesaconitine, Pseudoaconitine, Bikhaconitine, Higenamine, Coryneine, Chloride, Aconin 등이 함유되어 있다.

3. 약리효능·효과

반신불수, 인사불성, 구안와사, 류마티스성 관절염, 신경통, 요통, 하지마비, 파상풍, 마비성질환, 통증질환 등

4. 채집가공·활용

가을에 채취하여 검정콩과 같이 넣고 삶아 10배량 물에 우려 약한 불로 가열하여 조린 다음 햇볕에 말려서 쓴다.

287. 초과(草果)

학명 : *Amomum tsao-ko*
이명 : 초과인(草果仁), 초과자(草果子), Tsaoko fructus
기원 : 생강과 초과의 성숙한 과실을 건조한 것

1. 생물특성·분포

높이 2-3m. 뿌리줄기는 짧고 굵은 녹백색, 매운 향기, 잎몸은 긴 타원형, 화관은 흰색, 열매는 삭과로 타원상 원형

2. 주요물질·성분

정유는 과실에 1.6%, 종자에 2.2%, 과피에 0.38% 있고, 주요성분은 1-α-Phellandrene, α-Pinene, α-Terpineol, β-Pinene, β-Pinene, Cadinadiene, Camphor, 3-Carene, 1,8-Cineole, 1,4-Cineole, Citral, Citronellal, Elemol, Fenchone, Geraniol, 15-Hexadecenal, 4-Indanecarbaldehyde, Limonene, Linalool, Methyl-α-cinnamaldehyde, Myrcenol, Nerolidol, p-Cymene, Sabinol, Terpinen-4-ol, Thymol, trans-Citral 등

3. 약리효능·효과

방향, 소화촉진, 거담, 항학질 등 작용이 있고, 복통, 소화장애, 복부 팽만감, 구토, 묽은 설사 등에 쓴다.

4. 채집가공·활용

가을에 성숙한 과실을 채취하여 볶아서 껍질을 제거한 다음 사용하거나 생강즙을 축인 다음 볶아서 쓴다.

288. 초두구(草豆寇)

학명 : *Alpinia katsumadai*
이명 : 초구(草寇), 두구(荳寇), 누구(漏寇), Alpiniae katsumadai semen
기원 : 생강과 다년생 초본인 초두구의 성숙한 종피를 제거한 건조한 씨

1. 생물특성·분포

줄기는 곧고, 뿌리줄기는 굵고 짧음, 잎이 2줄로 나온다. 꽃은 총상화서, 꽃은 흰색, 열매는 둥근 장과로 황록색임.

2. 주요물질·성분

Terpinyl acetate, Terpineol 등의 정유성분이 있다. 주요성분은 α-Pinene, Alpinetin, β-Pinene, Borneol acetate, Cardamonin, Cineole, Cinnamic acid methyl ester, Citronellol acetate, Citronello, Fenchone, Geraniol, Linalool, Nerolidol, Pinocembrin 등이 있다.

3. 약리효능·효과

조습건비(燥濕健脾), 온중지구(溫中止嘔) 효능이 있고, 식욕부진, 딸꾹질, 구토, 가슴앓이, 설사, 학질 등에 씀

4. 채집가공·활용

가을에 익은 과실을 채취하여 밀가루로 싸서 약하게 구워 반죽은 버리고 껍질을 제거한 다음 사용한다.

289. 가죽나무껍질

학명 : *Ailanthus altissima, A. altissima for. erythrocarpa*
이명 : 저근백피(樗根白皮), 춘피(椿皮), 춘백피(椿白皮), Ailanthi cortex
기원 : 소태나무과 가죽나무의 수피(樹皮)나 근피(根皮)를 건조한 것
1. 생물특성·분포
약재는 관상-반관상이며, 바깥면은 회백색-엷은 갈색으로 엉성하며 때로는 코르크층이 떨어져 황백색이 됨.
2. 주요물질·성분
carboline, ailanthinone, amarolide, canthin-6-one, canthin-6-one-3-oxide, carboline-1-carboxylate, isoquercetin, phlobaphene, quassiin, saponin, shinjulactone-C 등이 있다.
3. 약리효능·효과
해열, 지사, 지혈, 살충 효능이 있으며 만성이질, 설사, 생리시 적·백대하, 회충증 등에 약용한다.
4. 채집가공·활용
봄에 채취하여 잘게 쪼개어 식초나 꿀과 함께 볶아 사용한다.

290. 접시꽃

학명 : Althaea rosea
이명 : 촉규화(蜀葵花), 덕두화, 접중화, 촉계화, 단오금, Althaeae flos
기원 : 아욱과 접시꽃의 꽃
1. 생물특성·분포
높이 2.5m. 꽃은 6월에 흰색, 붉은색, 적자색 등이고, 접시 같은 열매가 달린다. 약재는 황색-엷은 갈색이다.
2. 주요물질·성분
Astragalin, Caffeic-acid, Chlorogenic-acid, Ferulic-acid, Hypolaetin-4'-o-methyl-ether-8-o-β-D-glucoside, Isoquercitrin, Naringenin-4'-o-β-D-glucoside, Naringenin-4'-o-glucoside, p-coumaric-acid, p-Hydroxyphenylacetic-acid, Populnin, protocatechuic-acid, Salicylic-acid, Scopoletin, Sinapic-acid, Spiraeoside, Syringic-acid, Tiliroside, Vanillic-acid 등이다.
3. 약리효능·효과
해열, 청열, 이뇨, 소염 효능이 있고, 토혈, 혈뇨, 혈변, 방광염, 요도염, 백대하, 피부 가려움증과 습진을 치료한다.
4. 채집가공·활용
중국이 원산지로 귀화식물이며, 여름에 꽃을 채집하여 건조하여 쓴다.

291. 사철쭉

학명 : *Artemisia annua*

이명 : 청호(菁蒿), 야란호(野蘭蒿), 제비쑥, Artemisiae annuae herba

기원 : 국화과 개똥쑥이나 사철쑥의 지상부를 건조한 것

1. 생물특성·분포

높이 1-1.5m. 꽃은 6-8월에 녹황색으로 피고, 수과는 길이 0.7㎜정도이다. 약재는 잎이 거의 없는 꽃대가 줄기

2. 주요물질·성분

주요성분은 α-Copaene, α-Pinene, Artemisinin, Artemisia ketone, β-Bourbonene, β-Pinene, β-Sitosterol, Caffeic acid ethyl ester, Caffeic acid methyl ester, Campesterol, 1,8-Cineole, Daphnetin, Daphnetin methyl ether, delta-Cadinene, γ-Cadinene, Herniarin, Hydrangetin, 7-Isopentenyloxy-8-methoxycoumarin, p-Cymene, Scopoletin, Rancinamycin IV, Stigmasterol,3-Thujone 등

3. 약리효능·효과

명목(明目), 벽예(辟穢), 살충(殺蟲), 양혈퇴열(凉血退熱), 해서치학(解暑治瘧) 효능이 있고, 항암작용, 억균작용, 항균작용, 학질, 코피, 치통, 타박상, 금창, 귀고름, 치질, 황달, 종기, 설사, 풍습성관절염, 대장하혈, 구토, 도한, 위통, 각종암, 폐암, 간암, 위암, 유선암, 열내림약, 지혈약, 해독약, 악창, 말벌에 쏘인데 사용한다.

4. 채집가공·활용

여름철 꽃 피기 전에 채취하여 건조하여 사용 하거나 볶아서 쓴다.

292. 익모초씨

학명 : *Leonurus sibiricus*

이명 : 충울자(茺蔚子), 익모(益母), 충옥자(充玉子), Leonuri semen

기원 : 꿀풀과 익모초의 과실이 성숙한 것

1. 생물특성·분포

높이 1m. 꽃은 7-8월에 연한 홍자색, 윗부분에 층층이 달리고, 꽃받침은 5개, 꽃통은 아래위 2개로 갈라짐.

2. 주요물질·성분

Leonurine, 소량 Stahydrin, Choline, 지방 37%(64%가 Oleic acid, 21%는 Linolenic acid), Vit. A emd

3. 약리효능·효과

진정, 강심이뇨, 강혈압, 자궁수축 작용 등이 있고, 생리불순과 월경통, 냉대하, 산후 어혈로 인한 통증, 타박상의 통증, 어혈, 두통과 눈의 출혈 등에 사용한다.

4. 채집가공·활용

가을에 종자나 과실을 채취하여 햇볕에 말린다.

293. 누리장나무

학명 : *Clerodendron trichotomum*
이명 : 취오동(臭梧桐), 해주상산(海州常山), Clerodendri trichotomi folium
기원 : 취오동-줄기와 잎, 취오동화-꽃, 취오동근-뿌리

1. 생물특성·분포

키 2m. 잎은 대생하며 삼각상 난형, 고약한 냄새, 꽃은 양성화, 열매는 둥근 핵과 진한 남빛, 꽃받침에 싸임.

2. 주요물질·성분

지방유, Myristic acid, Palmitic acid, Stearic acid, Cerotic acid, Chirottin, Chirotlin, Opheic acid, Clerodendrin, Alkaloid, Meso-inositol, Clerodendrin A, Clerodendrin B, Aeaeetin-7-glueurono-(1-2)-glueuronide, Clerodendronin A, Kusaginin, Cleroden-droside, 쓴맛물질로 Friedelin 등을 함유

3. 약리효능·효과

혈압강하, 진경, 진통 작용이 있고, 풍습으로 인한 사지마비와 저림증, 반신불수, 관절염, 신경통 등을 치료하고, 마음을 안정시키고, 고혈압, 편두통, 이질, 치질, 옹종, 창양, 옴 등에 쓴다.

4. 채집가공·활용

여름부터 가을 사이에 잎을 채취하여 그늘에서 말려서 사용한다.

294. 치자(梔子)

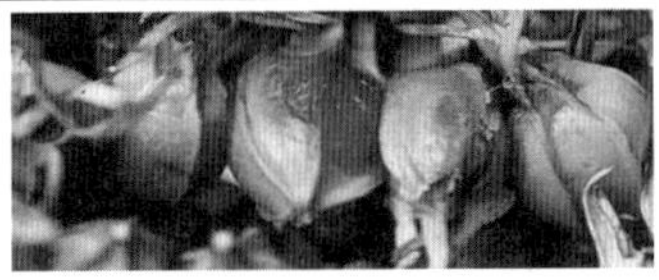

학명 : *Gardenia jasminoides for.grandiflora*
이명 : 목단(木丹), 산치자(山梔子), 황치자(黃梔子), Gardeniae fructus
기원 : 꼭두서니과 치자나무의 성숙한 과실을 건조한 것

1. 생물특성·분포

높이 1.5-2m. 잎은 대생, 꽃은 6-7월에 흰색, 열매는 긴 타원형으로 9월에 노란빛을 띤 붉은색으로 익는다.

2. 주요물질·성분

주성분은 색소인 Crocin과 Iridoid 배당체인 Genipin, Geniposide, Gardenoside이 있다.

3. 약리효능·효과

혈압강하, 항균, 이뇨, 지혈 작용이 있으며 가슴이 답답하고 잠이 안온데, 눈충혈, 구강과 인후에 염증, 오줌이 잘 안나노는데, 소갈, 황달, 코피, 오줌이나 대변에 피가 섞여 나오는 증상 등을 다스린다.

4. 채집가공·활용

여름과 가을에 익어 황색으로 변하면 과실을 채취하여 주로 껍질을 벗겨서 사용하고, 지혈용으로는 검은 색이 될 때까지 볶아서 사용하고, 폐와 위의 열을 내리는데는 술에 우려내어 사용한다.

295. 침향(沈香)

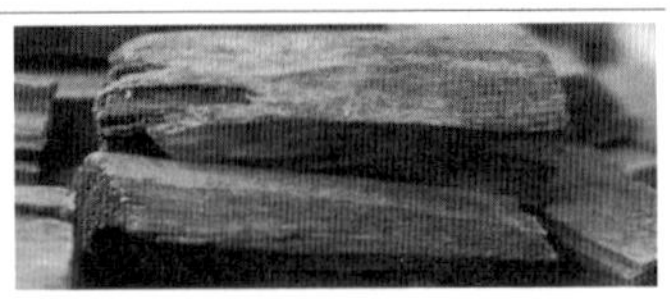

학명 : *Aquilaria agallocha*
이명 : 밀향(蜜香), 침수향(沈水香), Aquilariae resinatum lignum
기원 : 팥꽃나무과 백목향이 수지가 함유되어 있는 목재

1. 생물특성·분포

줄기는 회갈색, 잎은 어긋나며 두껍고, 꽃은 황록색, 열매는 달걀 모양으로 딱딱하며, 종자는 흑갈색으로 난형이다.

2. 주요물질·성분

정유의 26%는 Benzyl acetone, P-Methoxybenzyl acetone, 11%는 Terpen alcohol 이고, 이외 이며 Hydrocinnamic acid, P-Methoxy hydrocinnamic acid 등이 있다.

3. 약리효능·효과

기침, 구토, 딸국질 및 배가 그득하고 아픈데, 변비, 소변이 뿌옇게 나오는데 약용한다.

4. 채집가공·활용

월남, 인도, 인도네시아, 말레이지아에 분포하고, 수지가 함유된 심재로서 약으로 쓸 때는 갈아서 사용한다.

296. 측백엽(側柏葉)

학명 : *Biota orientalis, Thuja orientalis, T. occidentalis*
이명 : 백엽(柏葉), 총백엽(叢柏葉), 편백(扁柏), 측백나무잎, Biotae cacumen
기원 : 측배나무과 측백나무의 가지와 잎을 건조한 것

1. 생물특성·분포

측백나무 가지와 잎을 약용하고, 키는 작으며 수꽃은 둥글고, 황갈색으로 가지 끝에 1개 달리며, 암꽃은 구형이고 연한 자갈색이다. 열매는 구과로 난형이다. 약재는 인편상 소엽이 겹쳐 서로 대생하고 중엽은 능형이다.

2. 주요물질·성분

측백엽에 Abietatriene, α-Biotol, α-Cedrol, α-Cuparenol, α-Isocuparenol, α-Pinene, α-Thujene, α-Thujone, Amentoflavone, Amentoflavone-4'-monomethyl ether, Apigenin, Aromadendrin, β-Biotol, β-Cuparenol, β-Isobiotol, β-Sitosterol, Bisabolapentaene, Catechin, Cedrol, Communic acid, Cuparene, Cupressuflavone, Curcumene ether, Daucosterol, 6-Dehydroferruginol, Deoxypodophyllotoxin, Epicatechin, Fenchone, Ferruginol, Ferulic acid, 16-Feruloyloxypalmitic acid, Gamma-Thujaplicin, Hentriacontan-16-one, Hinokiflavone, 15-Hydroxypinusolidic acid, Isoikshusterol, Kaempferol-7-O-β-D-glucoside, Luteolin, Monomethylhinokiflavone, mono-O-Methylamentoflavone, Myricetin, Nezukone, Occidentalol, Palmitic acid, Pinusolide, Platidiol, Procyanidin B3, Quercetin, Quercitrin, Sandaracopimaric acid, Stearic acid, Thujic acid,3-Thujone, 3(15),4-Thujopsadiene, Thujopsene, Totarol 등이 있고, 종자는 지방유, 지엽은 정유 0.26%, 주성분은 d-α-Pinene, 목재에 β,α-Thujoplicin, Thujopsene, β-Biotol, β-Isobiotol, Thujopsadiene, Dehydro-α-curcumene을 함유한다.

3. 약리효능·효과

혈관수축, 혈액응고, 진해, 거담, 소염, 항균, 항바이러스 작용 등이 있으며 각종 출혈증상(코피, 위장출혈, 피오줌, 부정자궁출혈, 산후출혈, 적리), 만성기관지염, 머리칼이 빠지는 데, 흰 머리카락에 사용한다.

4. 채집가공·활용

여름과 가을에 채취하여 조경을 제거하고 그늘에 말려서 사용한다.

397. 개별꽃

학명 : *Pseudostellaria heterophylla, Stellaria heterophylla*
이명 : 태자삼(太子蔘), 동삼(童蔘), 들별꽃, Pseudostellariae radix
기원 : 석죽과 개별꽃(큰개별꽃, 참개별꽃)의 뿌리를 건조한 것

1. 생물특성·분포

높이 10-18㎝, 괴근은 방추형, 잎은 마주나며 꽃은 5월에 흰색으로 핀다. 열매는 삭과, 종자는 돌기가 있음

2. 주요물질·성분

전분, 과당, saponin등 함유. 주요성분은 behnic acid, β-carotene, butane-1-4-dioic acid, ceryl-cerotate, chlorine, coumarins, decane-1-10-dioic acid, diethyleneglycol, γ-linolenic-acid, genistein, glycerol, gypsogenin, hentriacontanol, heptadecan-1-ol, heptane-1-7-dioic acid, hexacosanoic-acid, hexadecan-1-ol, hexane-1-6-dioic acid, hydroxycoumarins,icosanoic acid, luteolin, methyl-branch ed-docosanoic acid, mucilage, octacosanoic-acid, octadecatetraenic-acid, pentadecan-1-ol, pentadecanoic-acid, pentane-1-5-dioic acid, propane-1-3-dioic acid, rutin, saponins, skatole, stearic-acid, steroids, tetracosanoic-acid, tocopherols, tricosanoic-acid, undecane-1-11-dioic acid 등

3. 약리효능·효과

폐가 허하여 기침이 나는 증상, 입안이 마르고 건조할 때, 밤에 가슴이 뛰며 잠이 안올 때 약용한다.

4. 채집가공·활용

여름에 잎이 단풍질 때 뿌리를 채취하여 잔뿌리를 제거하고 끓는 물에 5분간 담궜다가 일광건조하여 사용한다.

298. 택란(澤蘭)

학명 : *Lycopus lucidus, L. ramosissimus*
이명 : 소택란(小澤蘭), 호란(虎蘭), 호포(虎蒲), 산란, 쉽싸리, Lycopi herba
기원 : 꿀풀과 다년생초본 택란의 전초를 건조한 것
1. 생물특성·분포
높이 1m 내외, 땅속줄기는 다소 굵은 흰색, 잎은 대생하며 흰색 꽃은 6-8월에 피고, 열매는 각진 소견과이다.
2. 주요물질·성분
잎과 뿌리에 Saponin이 있고, 정유가 전초에 0.01%, 잎에 0.06% 들어 있다. 그 외 Tannin, 수지, Stachyose, Lycopose, 탄수화물, 강심 배당체가 있다.
3. 약리효능·효과
강심, 진통, 지혈 작용이 있고, 산후복통, 생리불순, 생리통, 상처, 타박상, 부스럼, 황달, 중풍, 고혈압 등
4. 채집가공·활용
여름과 가을 줄기와 잎을 채처럼 썰어 그늘에 말려서 사용한다.

299. 등대풀

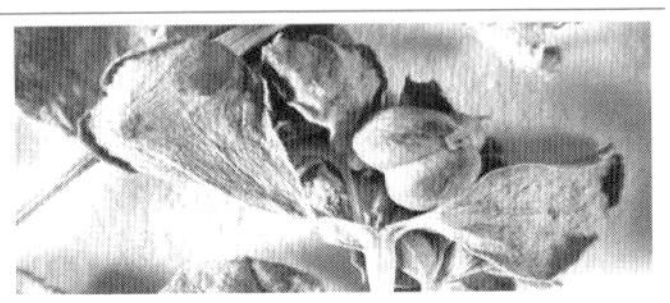

학명 : *Euphorbia helioscopia*
이명 : 택칠(澤漆), 녹엽녹화초(綠花草), Euphorbiae helioscopiae herba
기원 : 등대풀의 전초을 건조한 것
1. 생물특성·분포
유독성 식물, 높이 30cm, 줄기를 자르면 유액이 나오며 잎은 호생하며 주걱상 도란형, 꽃은 3-5월에 황녹색으로 피고, 열매는 8-9월에 성숙되며 삭과는 밋밋하고 털이 없고, 종자는 도란형, 갈색으로 겉은 그물 무늬가
2. 주요물질·성분
Quercetin, Quercetin-3-galactoside, Quercetrin-5,3-di-d-galactoside, Phasin, Sauersaponin, eUphonin, Gallic acid 등이 함유되어 있다.
3. 약리효능·효과
복수와 부종, 가래와 기침이 나는데 약용하고, 고약으로 만들어 종양이나 가려운 창상면에 붙인다.
4. 채집가공·활용
중부이남에 분포하며 4-5월에 개화할 때 채취하여 햇볕에 말립니다.

300. 청미래덩굴뿌리

학명 : *Smilax glabra, Smilax china*
이명 : 토복령(土茯苓), 우여량(禹餘糧), Smilacisglabrae rhizoma
기원 : 백합과 청미래덩굴(광엽발계)의 뿌리줄기를 건조한 것
1. 생물특성·분포
뿌리줄기는 굵고 꾸불꾸불 함, 줄기는 길이 3m, 갈고리 같은 가시가 있음, 잎은 어긋나며 꽃은 5월에 황록색으로 피고, 열매는 9-10월에 붉은색으로 익고, 종자는 황갈색이며 5개가 들어 있다.
2. 주요물질·성분
Cinchonin, Diosgenin, Isoseryl-S-methy lcysteamine-sulfoxide, rEsin, Smilax-saponin-A, Smilax-saponin-B, Smilax-saponin-C, Tannin 등이 들어 있다.
3. 약리효능·효과
임질, 매독을 치료에 사용되고, 허리와 등이 아프고 관절이 저리며 아픈데, 소변을 자주 보고 탁한데 사용한다.
4. 채집가공·활용
늦가을부터 초겨울에 채취하여 물에 담갔다가 물을 하루에 3-3회 갈라주고 오두를 제거하고건조하여 사용한다.

301. 택사(澤瀉)

학명 : *Alisma canaliculatum, A. orientale*

이명 : 수사(水瀉), 급사(及瀉), 택지(澤芝), Alismatis rhizoma

기원 : 택사과 질경이 택사의 덩이뿌리를 건조한 것

1. 생물특성·분포

뿌리줄기는 짧고 둥글며 수염뿌리가 있음, 잎은 난상 타원형, 꽃은 7-8월에 흰색, 열매는 수과로 환상으로 배열

2. 주요물질·성분

16-β-Hydroxyalisol-β-monoacetate, 16-β-Methoxyalisol-β-monoacetate, Acetylvaline, Alisol-A-C, Arsenic, β-sitosterol, Choline, Epialisol-A, Lecithin, Valine 등이 있다.

3. 약리효능·효과

이뇨, 혈압강하, 혈당강하, 콜레스테롤저하, 항균 작용이 있고, 빈뇨, 설사. 부종, 고지혈증, 어지럼 등에 씀

4. 채집가공·활용

겨울에 채취하며 술에 축여서 볶거나 소금물에 넣고 볶아서 쓴다.

302. 대청뿌리

학명 : *Isatis indigotica, I. tinctoria*

이명 : 판람근(板藍根), 전근(전根), 전청근(靛靑根), Isatidis radix

기원 : 십자화과 이년생 초본인 대청 및 둥근 대청의 뿌리

1. 생물특성·분포

높이 50-70㎝. 털이 없고, 뿌리 잎은 잎자루가 있고 줄기 잎은 잎자루가 없다. 꽃은 5-6월에 노란색으로 피며, 열매는 각과로 쐐기 같은 바늘 모양으로 끝이 뾰족하며 밑으로 처진다. 종자는 1개로 검은색이다.

2. 주요물질·성분

전초에 1-Sulfo-3-indolylmethylglucosinolate, β-Galactan, Cicerose, Gamma-galactan, Isatan, Kaempferol, Lupeose, Manneotetrose, Quercetin, Stachyose, Tryptanthrin 등이 있고, 뿌리에 3-Butenyl-isothiocyanate, Indican, Myrosin, Sinigrin, 씨에는 지방산인 Erucic-acid, Linoleic-acid, Linolenic-acid 등이 있음.

3. 약리효능·효과

해열, 해독 작용이 있어 열이 나는 두통, 인후통, 발진, 이하선염, 볼거리, 종기 및 염증에 효과가 있다.

4. 채집가공·활용

중부이북의 바닷가에 자생하고, 가을에 뿌리를 채집하여 건조한 것을 절편으로 만들어 사용한다.

303. 실새삼씨

학명 : *Cuscuta japonica, C. australis* (실새삼), *C. chinensis* (갯실새삼)

이명 : 토사자(菟絲子), 토사실(菟絲實), 토사자(吐絲子), Cuscutae semen

기원 : 메꽃과 일년생 기생초본인 실새삼 성숙한 종자를 건조한 것

1. 생물특성·분포

종자는 땅에서 발아하지만 기주 식물(주로 활엽수)에 붙게 되면 뿌리가 없어진다. 줄기는 황적색이 돌고 반점이 있으며, 잎은 비늘 같다. 꽃은 8-9월에 연한 황백색으로 피고, 삭과는 달걀 모양, 지름은 2.5-3㎜이다.

2. 주요물질·성분

Glycoside, β-Carotene, γ-Carotene, 5,6-Epoxy-α-carotene, Tetraxanthine, Lutein 등을 함유한다.

3. 약리효능·효과

강근육 및 명안(明眼), 신장을 튼튼하게 하여 유정과 소변을 자주보고, 정력감퇴, 요통과 무릎통증 등에 사용함

4. 채집가공·활용

가을철에 종자가 성숙했을 때 채취하여 생용하거나 술과 같이 볶으며 술에 넣고 4-5일이 지난 다음 4-5번 쪄서 익힌 후 덩어리를 만들어서 햇볕에 말린 후 사용한다.

304. 파두(巴豆)

학명 : *Croton tiglium*

이명 : 강자(剛子), 노양자(老陽子), 파숙(巴菽), Tiglii semen

기원 : 대극과 파두의 성숙한 과실을 건조한 것

1. 생물특성·분포

높이 5m. 잎은 어긋나며 꽃은 4-9월에 피며, 황백색의 작은 홑꽃이 많이 핀다. 열매는 토란형의 분과로 3개의 종자가 들어 있고 종자는 회갈색의 편평한 타원형이다.

2. 주요물질·성분

Arachidic-acid, Crotin, Crotofolin-A, Crotonoside, Formic-acid, Glycerol, Ingenol-3,20-dibenzoate, Invertin, Isoguanoriboside, Lauric-acid, Linoleic-acid, Myristic-acid, Palmitic-acid, Phorbol, Resin, Ricin, Stearic-acid, Tiglic-acid, Valeric-acid 등이 있다.

3. 약리효능·효과

일본뇌염바이러스에 대한 억제, 적혈구용혈, 세포괴사 작용 등이 있으며 파두는 자극이 강하여 심한 설사와 뱃속의 적체(積滯)을 없애고, 살충효과도 있다. 한성(寒性) 변비, 위염, 소화불량, 장염, 복부의 맺힌 덩어리, 심한 붓기, 옴, 악창 등에 약용한다.

4. 채집가공·활용

중국 남부지방 자생, 여름에 종자가 익으면 생용을 하거나 볶거나 종이로 압착시켜 기름을 제거하고 복용한다.

305. 패모(貝母)

학명 : *Fritillaria verticillata var. thunbergii, F. cirrhosa*

이명 : 천패모(川貝母), 평패모(平貝母), Fritillariae cirrhosae bulbus

기원 : 나리과 다년생 초본인 천패모와 절패모의 비늘 줄기

1. 생물특성·분포

비늘줄기는 흰색이고, 육질비늘 조각이 모여 둥글게 되어 수염뿌리가 달린다. 줄기는 곧게 서고, 높이 25-30㎝. 꽃은 4-5월에 피고, 열매는 삭과로 육각형으로 짧은 날개가 있다.

2. 주요물질·성분

Apoverticine, β-Sitosterol, Campesterol, Fritillarine, Fritilline, Peimidine, Peimine, Peiminine, Peimisine, Peimitidine, Stigmasterol, Trans-communol, Verticilline, Verticine, Verticinone 등이 있다.

3. 약리효능·효과

폐에 작용하여 해열, 거담, 진해 등과 기관지평활근이완 및 기관지분비억제 작용 등이 있다. 마른 기침과 피나는 가래를 개선하며 주로 기관지 질환에 효과가 좋다.

4. 채집가공·활용

여름과 가을에 채취하여 건조하여 산제(散劑)로 만들어 복용한다.

306. 등칡줄기

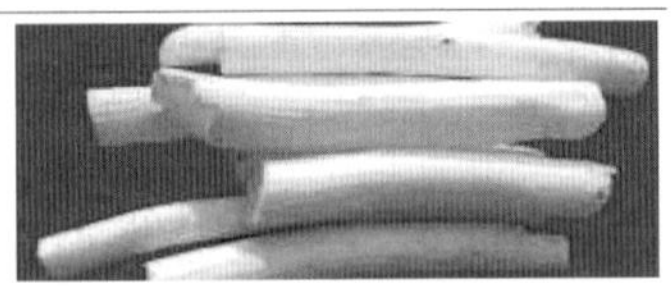

학명 : *Tetrapanax papyriferus*

이명 : 통초(通草), 통탈목(通脫木), 총초(총草), Tetrapanacis medulla

기원 : 두릅나무과 통탈목의 가지를 건조한 것

1. 생물특성·분포

높이 3-4m. 잎은 가지 끝이나 원줄기 끝에서 모여 나고, 장상이다.꽃은 10월에 피고 열매는 둥글고 검은색이다.

2. 주요물질·성분

D-Galacturonic-acid, Papyriogenin-G, Papyriosides, Pentosans, Uronide 등이 있다.

3. 약리효능·효과

강심, 항암, 혈압강하 작용 등이 있고, 배뇨시 소변불리, 부종, 산후 젖이 잘 나오지 않는데 치료한다.

4. 채집가공·활용

남부 해안지방과 제주도에 자생하며 가을에 생장 2-3년생 지상부 줄기를 베어서 생용한다.

307. 호자나무뿌리

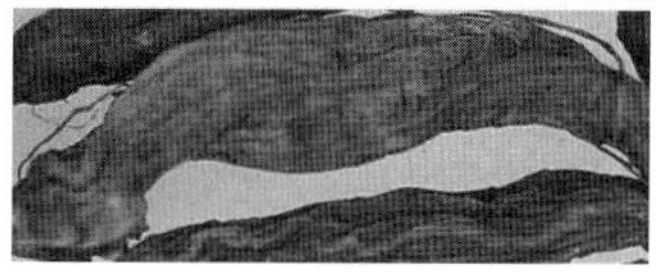

학명 : *Morinda officinalis*

이명 : 파극천(巴戟天), 파극, 계장풍(鷄腸風), Morindae officinalis radix

기원 : 꼭두서니과 파극천의 뿌리를 건조한 것

1. 생물특성·분포

뿌리는 육질로 비후한 염주상, 잎은 마주나며 꽃은 두상화서로 달린다. 꽃잎은 흰색, 열매는 장과로 둥글고 붉은색

2. 주요물질·성분

주요성분은 Asperuloside, Tetraacetate, Isoalizarine, Sterol 등이 있다.

3. 약리효능·효과

신장보양, 뼈와 힘줄을 강건하게하여 팔다리가 저린 것을 없앤다. 또한 신장의 양기가 허약하여 생기는 유정, 발기부전, 야뇨증, 여자가 아랫배가 차서 임신하지 못하는데 사용한다.

4. 채집가공·활용

중국의 남방에 분포하고, 겨울과 봄에 채취하여 소금물에 달인 다음 두들겨서 심을 제거하여 사용한다.

308. 부들꽃가루

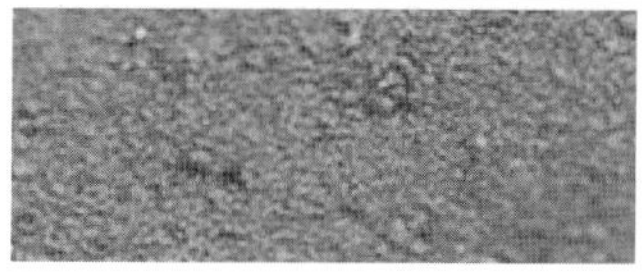

학명 : *Typha latifolia*(큰잎부들), *T. angustata*(애기부들). *T. orientalis*(부들)

이명 : 포황(蒲黃), 감통(甘痛), 향포(香蒲), 부들꽃가루, Typhae pollen

기원 : 부들과 다년생 수생 초본인 부들의 화분

1. 생물특성·분포

높이 1.5m. 잎은 바늘모양, 꽃은 6-7월에 줄기 끝에 달리고, 열매는 적갈색 원주형이다.

2. 주요물질·성분

주요성분은 isorhamnetin, 정유, 지방유(palmitic acid, stearic acid, β-sitosterol), vit B1, B2, C, α-typha sterol, pentacosan, quercetin-3-monomethylester, rutin, arachidonic acid, catechins 등이다.

3. 약리효능·효과

혈액응고촉진, 자궁수축, 이뇨, 어혈제거, 지혈, 이뇨 작용이 있고, 각종 출혈증 즉 코피, 객혈, 토혈, 외상출혈 등과 생리 불순, 대하, 탈항. 치질, 방광염에 사용하고, 어혈로 아랫배가 아프고 생리통이나 무월경에도 쓴다. 지혈제로 사용시는 약간 태워서 사용하고, 어혈을 제거할 목적으로 사용할 경우에는 생으로 사용한다.

4. 채집가공·활용

여름에 꽃필 때 채취하여 햇볕에 건조한 다음 생용하거나 볶아 사용한다.

309. 마디풀

학명 : *Polygonum aviculare*

이명 : 편축(萹蓄), 편죽(萹竹), 편만(萹蔓), Polygni avicularis herba

기원 : 마디풀과 일년생 초본인 마디풀의 지상부를 건조한 것

1. 생물특성·분포

높이 30-40㎝. 줄기는 밑부분에서 갈라지고 털이 없으며 비스듬하게 선다. 잎은 어긋나고, 꽃은 양성으로서 6-7월에 피며, 잎겨드랑이에 1개 내지 여러 개씩 달린다. 열매는 세모지고 꽃덮이보다 짧으며, 작은 점이 있다

2. 주요물질·성분

Avicularin, Calcium-oxalate, Catechin, Delphinidin, Hyperin, Myricetin, Oxymethylanthraquinone, Polygonic-acid, Quercetin, Quercetin-3-arabinoside, Quercitrin, Rutin, Salicylic-acid, Tannic-acid 등

3. 약리효능·효과

열이 있어 소변이 잘 나오지 않는 증상, 옹저와 치질, 회충증, 피부습진, 습열로 인한 황달을 치료한다.

4. 채집가공·활용

여름에 꽃이 피고 줄기와 잎이 무성할 때 채취하여 그늘에 건조하여 사용한다.

310. 벌등골나무

학명 : *Eupatorium fortunei*
이명 : 패란(佩蘭), 수향(水香), 목택란(木澤蘭), 향등골나물, Eupatorii herba
기원 : 국화과 다년생 초본인 벌등골나무의 지상부 전초
1. 생물특성·분포
줄기는 원주형, 표면은 황갈색~황녹색으로 마디와 세로로 능선이 있고, 맛은 맵고 성질은 평(平)하다.
2. 주요물질·성분
5-Methyl Thymol ether, Eupafortunin, Eupatoriopicrin, Neryl acetate, 7-O-Acetylrinderine, p-Cymene, Rinderine, Supinine, Thymol methyl ether 등이 함유되어 있다.
3. 약리효능·효과
혈압강하, 생리조정하며 부종, 황달 약용하고, 설태(舌苔)와 구취(口臭), 오심, 구토 등을 개선하고, 여름에 발열, 두통, 가슴이 답답하고 몸이 나른한 증상에 좋다.
4. 채집가공·활용
여름에 줄기와 잎이 무성하고 개화 전에 지상부를 채취하여 건조한 후 사용한다.

311. 패장초(敗醬草)

학명 : *Patrinia villosa*(뚝갈), *P. scabiosaefolia*(마타리)
이명 : 마초(馬草), 녹장(鹿醬), 야고채(野苦菜), 말냉이, Patrinae radix
기원 : 마타리과 다년생 초본인 뚝갈나물 및 마타리의 대근 전초
1. 생물특성·분포
높이 1-1.5m. 꽃은 7-8월에 노란색, 열매는 타원상 구형, 약재는 원주형의 근경과 분지된 뿌리로 갈색이다.
2. 주요물질·성분
Triterpenoid saponin, Volatile oils, Tannic Acid, Patrinoside, Coumarin, Scabioside 등이 있음
3. 약리효능·효과
진정, 항균, 소염, 해열, 배농, 소염 등의 작용이 있고, 주로 장옹(腸癰, 충수돌기염), 폐농양과 간농양 치료 및 이 외에 옹종과 설사, 산후 어혈로 인한 복통, 피부병, 적대하에도 좋고, 급성 황달성 간염, 포도상구균, 연쇄상구균 및 바이러스 감염, 폐농양, 자궁부속기염, 난소낭종 등에도 이용된다.
4. 채집가공·활용
여름과 가을에 전초 채취하여 건조하여 사용한다.

312. 하수오(何首烏)

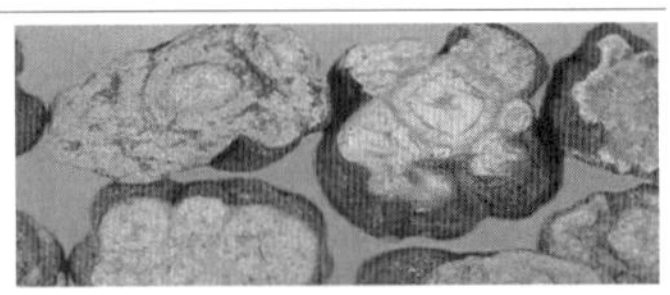

학명 : *Polygonum multiflorum*
이명 : 진지백(陳知白), 마간석(馬肝石), Polygoni multiflori radix
기원 : 여뀌과 다년생 덩굴초본인 적하수오의 덩이뿌리
1. 생물특성·분포
뿌리는 땅 속으로 뻗고 둥근 뿌리줄기가 있으며, 잎은 어긋나고 심장형이다. 꽃은 8-9월에 흰색으로 피며, 수과는 3개의 날개가 있으며 꽃받침으로 싸인다. 열매는 세모진 달걀 모양이다.
2. 주요물질·성분
Oxymethyl anthraquinone체(Chrysophanol, Emodin 등), Tetrahydroxystilbene-2-O-β-D-glucoside, Tannin, lenin, physcion, 녹말 약 45%, 기름 약 3%, 레시틴 3.7% 등이 들어 있다.
3. 약리효능·효과
강장, 조혈기능강화, 피로회복촉진 작용 등이 있고, 빈혈성 어지러움증, 머리 세는 것, 유정, 대하, 오랜 설사, 종기, 만성간염, 치질 등에 쓰고, 간과 신장의 허약하여 생긴 요통과 무릎이 시리고 아픈 것에 좋다.
4. 채집가공·활용
늦가을에서 이른봄에 걸쳐 채취하여 생용을 하거나 흑두와 황주를 넣고 삶아 말려서 사용한다.

313. 하고초(夏枯草)

학명 : *Prunella vulgaris var. asiatica, P. vulgaris var. aleutica*
이명 : 석구(夕句), 유월건(六月乾), 꿀방망이, 꿀풀, Prunellae spica
기원 : 꿀풀과 다년생 초본인 조개나물, 단향과 제비꿀(대용)의 전초

1. 생물특성·분포

높이 20-30㎝. 꽃은 5-7월에 적자색, 열매는 분과로 황갈색이다. 약재는 화축이 많은 포엽 및 꽃받침이 붙어 있다.

2. 주요물질·성분

Ursolic acid, Oleanolic acid, Daucosterol 및 전초의 정유에는 Prunellin, Rutin, Hyperoside 등이 있음

3. 약리효능·효과

혈압강하, 이뇨, 항균 작용 등이 있고, 눈충혈과 아프고 잘보이지 않은데, 두통과 어지러움, 유방의 종양이나 암, 고혈압, 자궁염, 폐결핵, 간염, 구안와사, 갑상선종, 발열 등에 약용한다.

4. 채집가공·활용

여름에 지상부 전초를 채취하며 그늘에 말린 후 사용한다.

314. 담배풀씨

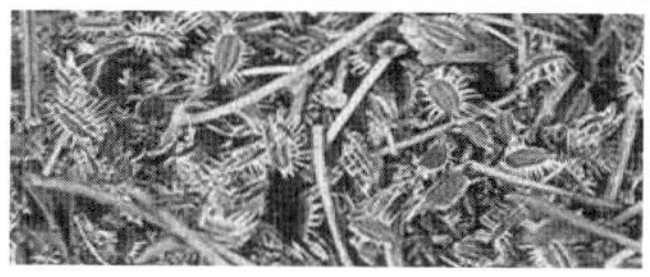

학명 : *Carpesium abrotanoides*
이명 : 학슬(鶴蝨), 천명정(天名精), 귀슬(鬼蝨), Carpesii fructus
기원 : 국화과 다년생 초본인 담배풀의 성숙한 과실

1. 생물특성·분포

줄기는 높이가 50~100cm, 잎은 긴 타원형, 꽃은 8-9월에 황색으로 피고, 열매는 수과로 점액이 있어 부착됨.

2. 주요물질·성분

열매에는 정유가 약 1%, 주요성분은 Carabrone, Carpesialactone, Carpesiolin, 11(13)-Dihydrotelekin, Granilin, Isoivaxillin, Ivalin, Ivaxillin, Telekin 등이 있다.

3. 약리효능·효과

해열, 지혈, 해독, 살충 등의 효과가 있으며 회충이나 요충 기생충증, 어린이의 복통, 항문질환 등에 이용한다.

4. 채집가공·활용

가을 과실이 성숙하였을 때 채취하여 햇볕에 말려 건조하여 사용한다.

315. 민들레

학명 : *Taraxacum mongolicum, T. ohwianum, T. coreanum*
이명 : 포공영(蒲公英), 포공초, 부공영(鳧公英), 지정(地丁), Taraxaci herba
기원 : 국화과 다년생 초본인 민들레의 지상부 전초

1. 생물특성·분포

꽃은 4-5월에 피고, 잎보다 다소 짧은 꽃자루 있고, 꽃통은 노란색, 수과는 갈색이 돌고 긴 타원형이다.

2. 주요물질·성분

꽃에는 Carotene 7-sterol, Violaxanthin, Taraxacin, Neoxanthin, Xanthophyll, 뿌리에 Taraxerol, Taraxasterol, β-sltosterol, Stigmasterol, Caffeic acid, Choline, Inulin, Acylated butyrolactoneglycoside, Taraxacoside, Mulcilage, Pectin, Taraxien 등이 함유

3. 약리효능·효과

해열, 해독, 소염, 억균, 건위, 이뇨, 면역증강 작용 등이 있고, 열독으로 인한 종창, 유방염, 인후염, 맹장염, 폐농양 등의 각종 외과질환에 많이 사용하고, 급성간염, 황달, 위염이나 위궤양, 소화불량, 변비 등에도 좋다.

4. 채집가공·활용

봄과 여름에 전초를 채취하여 햇볕에 건조하여 사용한다.

316. 필발(華撥)

학명 : *Piper longum*
이명 : 서미(鼠尾), 필발(蓽發), Piperis longi fructus
기원 : 필발의 덜 익은 열매을 말린 것.

1. 생물특성·분포

원주형으로 길이 2-5cm, 지름 5-8mm, 하나의 축을 중심으로 작은 알맹이의 열매가 무수히 붙은 그물눈 모양이고, 표면은 적갈색 또는 흑갈색이다. 특이한 방향성의 냄새가 있다. 맛은 맵고 성질은 따뜻하다.

2. 주요물질·성분

주요성분은 Acetylcholine, α-Copaene, α-Cubebene, α-Curcumene, α-Ocimene, 1-α-Phellandrene, α-Pinene, α-Santalal, α-Santalene, α-Selinene, α-Terpinene, α-Terpineol, α-Thujene, Astragalin, β-Bisabolene, β-Cubebene, β-Farnesene, β-Phellandrene,β-Pinene, β-Selinene, β-Sitosterol, Caffeic acid, Calamenene, 3-Carene, Caryophyllene α-oxide, Choline, cis-α-Bergamotene, cis-Carveol, Piperine, Piperolein B, Piperoleine B, Piperonal, Pisatin, Pyrrolidine, Pyrroperine, Quercetin, Quercitrin, Retrofractamide A, Rhamnetin-O-triglucoside, Sandaracopimarinol, Carvone, Sesquisabinene, Sophorol, Terpinen-4-ol, trans-α-Bergamotene, 2,3,9-Trimethoxypterocarpan 등

3. 약리효능·효과

상한복통, 구토, 설사, 이질, 두통, 축농증 등에 약용하고, 치통이 있을 경우 외용약으로 사용한다.

4. 채집가공·활용

중국의 남부, 광동과 인도, 월남 등지에서 산출되고, 9-10월 열매가 흑색으로 변할 때 채집하여 말려 사용한다.

317. 현호색(玄胡索)

학명 : *Corydalis ternata*
이명 : 연호(延胡), 원호색(元胡索), 연호색(延胡索), Corydalidis tuber
기원 : 앵속과 다년생 초본인 현호색의 덩이줄기

1. 생물특성·분포

높이 20㎝. 땅속에 1㎝의 덩이줄기가 있고, 꽃은 4월에 연한 홍자색 총상화서, 열매는 삭과로 편평한 타원형

2. 주요물질·성분

덩이뿌리에는총알칼로이드가 0.34%, 프로토핀 0.17%가 함유되어 있고, 주요성분은 12-Formyloxycorynoline, 12-Hydroxycorynoline, 6-Acety Lcorynoline, Acety Lcorynoline, Acetylisocorynoline, Corynoline, Corynoloxine, Isoboldine, Isocorynoline, Norjuziphine, 6-Oxoacety Lcorynoline, Acety Lcorydamine, Adlumidine, A-Allocryptopine, Ambinine, Aurotensine, Berberine, Bicucine, Bicuculline, Bracteoline, Bulbocapnine, Bulleyanine, Bulleyanoline, Canadine, Capauridine, Capaurimine, Capaurine, Capnaudine, Casealutine, Cheilanthifoline, Conspermine, Coptisine, Cordrastine, Coresimine, Corgoine, Corlumidine, Corlumine, Corpaverine, Corybulbine, Corycavamine, Corycavidine, Corycavine, Corydalidzine, Corydaline, Corydine, Corynoxidine, Corypalline, Corypalmine, Corytenchine, Corytenchirine, Corytuberine, Cryptocavine, Cryptopine, Cularine, Dehydrocorydaline, Dihydrosanguinarine, Domesticine, Epicorynoxidine, Gorchacoine, Govanine, Lienkonine, Isocorybulbine, Isocorydine, Isocorypalmine, N-Formy Lcorydamine, Ochotensimine, Ochotensine, Ochrobirine, Palmatine, Protopine, Sanguinarine, Scoulerine, Stylopine, Tetrahydrocoptisine, Tetrahydropalmatine 등이 있다.

3. 약리효능·효과

진정, 진통, 혈압강하 작용 등이 있고. 어혈은 생리통, 두통, 복통, 관절통, 산후 어지러움증, 생리불순 및 타박상 멍이나 부은데도 사용한다.

4. 채집가공·활용

초여름에 껍질이 마를 때 채취하여 잔뿌리를 제거하고 삶아 내부 흰색이 황색으로 변하면 햇볕에 말려서 사용하거나 식초에 볶아서 사용하며 진통효능이 강화된다.

318. 피마자(皮麻子)

학명 : *Ricinus communis, R. dicoccus*
이명 : 대마자(大麻子), 홍대마자, 아주까리, 대마자, 피마주, Ricini semen
기원 : 대극과 일년생초본인 아주까리의 성숙한 종자
1. 생물특성·분포
높이 2-2.5m. 꽃은 8-9월에 원줄기 끝에길이 20㎝의 총상화서로 달린다. 수꽃은 밑부분에 달리며, 암꽃은 윗부분에 모여 달린다. 삭과는 3실, 종자가 1개씩 들어 있고, 겉에가시가 있으며, 종자에는 반점이 있다.
2. 주요물질·성분
지방유 64-71%, ricin, ricinine, Alanine, Arginine, Aspartic acid, Astragalin, β-Amyrin, β-Carotene, β-Sitosterol, Brassicasterol, Campesterol, Casbene, Casbene synthetase, Chlorogenic acid, Chlorophyll A, B, Dihydroxy-3,4-dimethoxycoumarin, Dihydroxy-8-methoxycoumarin, Enolase, Gallic acid, Glutamic acid, Hemagglutinin, Hyperoside 등
3. 약리효능·효과
변비, 소변이 잘안올 때, 장내 적취, 버짐, 종기, 옴, 편도선염, 부종으로 몸이 붓는 증상을 치료한다. 잎은 부종, 음낭이 붓고 아픈 증상, 기침과 가래를 치료하고, 피마자유는 사하제, 변비, 옴과 버짐, 화상에 쓴다.
4. 채집가공·활용
가을에 종자를 채집하여 내복시에는 기름과 껍질을 제거하고 종인을 사용하고 외용시는 분쇄하여 사용한다.

319. 한련초(旱蓮草)

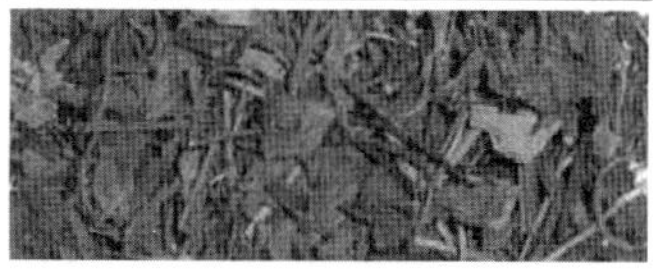

학명 : *Eclipta prostrata*
이명 : 예장초(鱧腸草) 묵한련(墨旱蓮), 한련풀, Ecliptae herba
기원 : 한련초 전초를 건조한
1. 생물특성·분포
키는 10-60cm, 전체에 짧은 강모가 있음, 잎은 대생하며 꽃은 두상화는 흰색, 열매는 수과, 검은색으로 익는다.
2. 주요물질·성분
전초에 Nicotine, Coumarin 화합물인 Wedelolactone은 공기중에 가지색으로 변한다.
3. 약리효능·효과
치아의 흔들림, 머리가 세는데, 어지럼증, 허리나 무릎이 아픈데, 각종 출혈증에 사용하고, 피부염에 외용함.
4. 채집가공·활용
여름과 가을에 채취하여 말려 사용한다

320. 자귀나무껍질

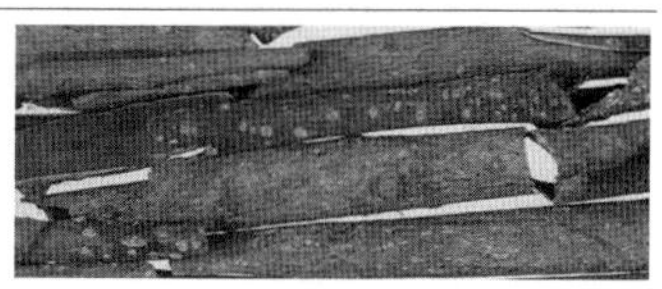

학명 : *Albizzia julibrissin*
이명 : 합환피(合歡皮), 피(合昏皮), 야합피(夜合皮), Albizziae cortex
기원 : 콩과 낙엽교목인 자귀나무의 수피
1. 생물특성·분포
높이 3-5m. 꽃은 6-7월에 피고, 꼬투리는 9-10월에 익으며, 길이 15㎝, 5-6개의 종자가 있다.
2. 주요물질·성분
껍질에 Alkaloid, Tannin, Saponin이 있고, 그 외 Trihydroxyflavone, Acacic-acid, Albiside, Albizziin, Saponin, Tannin 등이 있다.
3. 약리효능·효과
수피는 강장, 흥분, 이뇨, 구충, 진해, 진통, 살충 작용이 있으며 충독, 안오장, 창종, 늑막염, 타박상 등에 쓰고, 황달에도 사용되며 꽃은 진정, 건위 작용이 있어 정신 불안증상, 불면증에 꽃잎을 차로 복용한다.
4. 채집가공·활용
여름과 가을에 껍질을 채취하여 건조하여 사용한다.

321. 고사리포자

학명 : *Lygodium japonicum*

이명 : 해금사(海金莎), 좌전등회(左轉藤灰), 실고사리 종자, Lygodii spora

기원 : 실고사리과 다년생 양치식물인 고사리의 성숙한 포자

1. 생물특성·분포

뿌리줄기는 검은색, 잎은 잎자루가 원줄기처럼 자라며, 잎줄기는 잎처럼 1쌍의 깃조각과 작은 깃조각으로 갈라지고, 작은 깃조각은 3출상 2-3회 깃모양으로 갈라진다. 뒷면 가장자리에 포자낭군이 달린다.

2. 주요물질·성분

Fatty oil과 Flavonoid계 8-Hydroxyhexad-decanoic acid, Gibberellin A가 있고, 잎과 줄기에 Flavonoid, Phenol류, 포자에는 Lygodin이 함유되어 있다.

3. 약리효능·효과

소변불리, 형뇨나 탁한 증상, 요로에 결석 통증 등에 약용한다.

4. 채집가공·활용

가을에 실고사리의 성숙한 포자를 채취하여 건조하여 사용한다, 아침에 이슬이 마르기전에 채취하고 모은다.

322. 향유(香유)

학명 : *Elsholtzia ciliata E. splendens*

이명 : 향유(香유), 향채(香菜), 향용(香茸), 노야기, Elsholtziae herba

기원 : 꿀풀과 일년생초본인 향유 및 꽃향유의 지상부 전초

1. 생물특성·분포

높이 30-60㎝. 꽃은 8-9월에 홍자색, 열매는 분과로 난형이다. 약재는 특이한 방향이 있다.

2. 주요물질·성분

정유 약 1% 함유, Apigenin, Apigenin-4'-rutinopyranoside, Apigetrin, Baicalein-7-methyl ether, β-Sitosterol, Citronellol;(R)-form, Corosolic acid, Daucosterol, 3,7-Dimethyl-2,6-octadien-1-ol;(E)-form, acetate, Elsholtzia ketone, Geraniol, Luteolin, Naginata ketone, Tormentic acid, Ursolic acid 등

3. 약리효능·효과

발한, 해열, 위액분비촉진, 지혈 작용 등이 있고, 향유는 여름철 감기와 소화기 질환에 주로 사용되고, 여름철 감기나 오한, 발열, 가슴이 답답한 복통, 구토 등에 사용한다.

4. 채집가공·활용

늦은 가을에 이삭이 나온 다음 채취하여 불순물을 제거하고 건조하여 사용한다.

323. 해동피(海桐皮)

학명 : *Kalopanax pictus*

이명 : 정동피(釘桐皮), 자동피(刺桐皮), 자통(刺通), Kalopanacis cortex

기원 : 콩과 낙엽교목인 송곳오동나무, 오갈피나무과 엄나무의 수피

1. 생물특성·분포

크기는 25m에 달함, 잎은 어긋나며 5-7개 열편, 꽃은 황록색의 산형화서, 열매는 둥근 핵과로 검은색 임.

2. 주요물질·성분

소량의 Alkaloid와 Flavonoid, 정유 등이 있고, Triterpene 배당체인 Saponin 2.4% 들어 있다. 뿌리에는 kalopanaxsaponin A와 B가 있다.

3. 약리효능·효과

요통, 습진, 피부병 및 기침, 객담, 신장병, 당뇨병, 위염, 위궤양, 배뇨장애, 신경통, 류머티즘에 약용 함,

4. 채집가공·활용

봄에 엄나무의 껍질을 벗겨 햇볕에 건조하여 술에 담갔다가 건져내어 다시 건조한 다음 사용한다.

324. 향부자(香附子)

학명 : *Cyperus rotundus*

이명 : 향부미(香附米), 뇌공두(雷公頭), 사초근(莎草根), Cyperi rhizoma

기원 : 사초과 다년생초본인 사초의 덩이뿌리 줄기

1. 생물특성·분포

높이 15-40㎝. 땅속의 뿌리줄기 끝에 덩이줄기가 생김, 꽃은 7-8월에 피며, 열매는 수과는 흑갈색의 긴 타원형

2. 주요물질·성분

주성분은 1,8-Cineole, Alkaloids, α-Cyperone, α-Rotunol, β-Cyperone, β-Pinene, β-Rotunol, β-Seline ne, Camphene, Copaene, Cyperene, Cyperenone, Cyperolone, Cyperotundone, Cyperol, D-Copadien e, D-Epoxyguaiene, Flavonoids, Gamma-cymene, Isocyperol, Isokobusone, Kobusone, Limonene, Lin oleic-acid, Linolenic-acid, Mustakone, p-Cymol, Patchoulenone, Pectin, Polyphenols, Resin, Rotunde ne, Rotundenol, Rotundone, Selinatriene, Sitosterol, Sugenol, Sugeonol, Sugetriol 등이 있다.

3. 약리효능·효과

자궁과 내장평활근이완, 강심, 이뇨 작용이 있으며 생리불순과 통증을 개선하고, 신경성 소화불량, 가슴과 옆구리 및 배가 아픈 증상, 대하 등에 사용한다.

4. 채집가공·활용

가을에 뿌리줄기를 채취하여 햇볕에 건조한 후 불로 잔뿌리를 태워버리고, 생용하거나 식초에 볶아 사용한다.

325. 살구씨

학명 : *Prunus armeniaca*

이명 : 행인(杏仁), 고행인(苦杏仁), Armeniacae amarum semen

기원 : 장미과 낙엽교목인 살구나무의 열매 종자

1. 생물특성·분포

높이 5-10m. 잎은 어긋나며 넓은 타원형, 꽃은 4월에 연한 붉은색, 열매는 7월에 황적색으로 익음,

2. 주요물질·성분

지방이 35~50%, β-Sitoseterol, Campesterol, Cyanide, Estrone, Neo-chlorogenic acid, HCN, Oleic acid, Pangamic acid, Squalene 단백질 등이 있음.

3. 약리효능·효과

거담, 진해 작용이 있으며 기침, 가래, 천식 등에 좋고, 변비, 위장의 연동운동을 촉진으로 소화에도 좋다.

4. 채집가공·활용

여름에 익은 열매를 채취하여 과육과 핵의 껍질을 제거하고 생용하거나 약한 불로 볶아서 사용한다.

326. 해백(薤白)

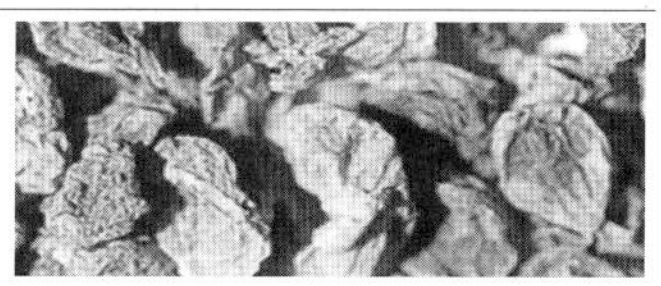

학명 : *Allium marcrostemon, A. bakeri, A. chinenseg*

이명 : 야산(野蒜), 해근(薤根), 해백두(薤白頭), Allii macrostemi bulbus

기원 : 백합과 다년생 초본인 산달래와 염부추, 산부추의 뿌리줄기

1. 생물특성·분포

비늘줄기는 둥글며 흰색 막질로 덮혀 있고, 잎은 2-9개이고, 꽃은 5-6월에 흰색~연한 붉은색으로 피고, 약재는 겉표면은 황갈색으로 백색은 비늘막으로 싸여 있다. 마늘 냄새가 나며 맛은 조금 아리다.

2. 주요물질·성분

Alliin, Scorodose, Methyl alliin 등이 함유되어 있다.

3. 약리효능·효과

가슴이 저리고 아픈 흉비(胸痺) 증상, 가래와 함께 기침을 할 때, 설사 후 뒤가 개운하지 않은 증상 등 사용함.

4. 채집가공·활용

여름과 가을에 주로 채취하여 줄기와 잔뿌리를 제거하고 생용하거나 볶아서 쓴다.

327. 형개(荊芥)

학명 : *Schizonepeta tenuifolia var.japonica*
이명 : 향형개(香荊芥), 선개(線芥), 가소(假蘇), Shizonepetae herba
기원 : 꿀풀과 일년생 초본인 형개의 지상부 전초
1. 생물특성·분포
높이 60㎝. 원줄기는 네모지고, 잎은 마주나며 꽃은 8-9월에 피며 원줄기 윗부분에는 층층으로 달린다. 열매는 분과로 4개로 난형이다. 약재는 보통 꽃대만 사용하며 작은 순형화로 향과 맛이 시원한 느낌을 준다.
2. 주요물질·성분
전초에 정유 1-2% 함유되어 있으며 d-Menthone이 주성분이며 dl-Menthone, l-Limonene, l-Pulegone, l-Isomenthone, Isopulegone, α-Pinene, β-Pinene, d-Limone, d-Limonene, Caryophyllene, β-Eleme me, β-Humulene, Schizo-nepetoside A, B, C, D 및 E, Diosmetin, Hesperetin, Luteolin 등이 있다.
3. 약리효능·효과
해열, 발한촉진, 혈액순환촉진, 진경, 소화, 항균 작용 등이 있고, 열과 오한이 나고 두통, 인후통, 피부에 풍진이나 두르러기, 소양감 및 변혈, 붕우, 자궁출혈 등의 각종 출혈증 등이 사용한다.
4. 채집가공·활용
가을에 꽃 필 때 채취하여 햇볕에 말려서 사용하거나 지혈용으로는 볶아서 태워서 사용한다.

328. 현삼(玄蔘)

학명 : *Scrophularia buergeriana, S. koraiensis, S. kakudensis*
이명 : 중태(重台), 정마(正馬), 녹장(鹿腸), 현태(玄台), Scrophulariae radix
기원 : 현삼과 다년생 초본인 현삼의 뿌리
1. 생물특성·분포
높이 80-150㎝. 잎은 마주나며 긴 난형, 꽃은 8-9월에 황록색으로 피고, 열매는 삭과로 불규칙한 난형이다.
2. 주요물질·성분
뿌리에 Harpagide 배당체, 정유, Sitosterin, Alkaloide, Saponin(16%) 및 8-(o-Methyl-p-coumaroyl)-harpagide, Harpagide, Harpagoside, Oligosaccharide, p-Methoxy-cinna mic-acid, Stachyose 등이 있다.
3. 약리효능·효과
해열, 혈압강하, 혈당량강하, 항균 작용이 있고, 변비, 갈증, 발진 및 눈의 충혈과 인후통 등에 좋다.
4. 채집가공·활용
입동 전후에 채취하며 잔뿌리를 제거하고 쪄서 반정도 건조하여 흑색으로 될 때 다시 건조하여 사용한다.

329. 치커리

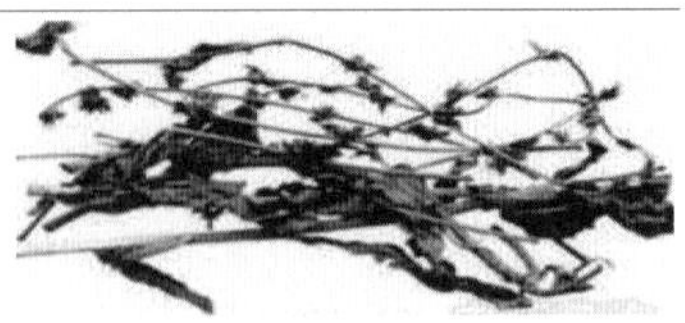

학명 : *Cichorium intybus*
이명 : 국거(菊苣), 치커리, Common chicory
기원 : 국화과 치커리의 전초를 건조한 것
1. 생물특성·분포
키는 60~130 cm, 뿌리는 방추형, 꽃은 5~8월에 짙은 하늘색, 열매는 수과로 회백색이고 관모는 비늘 모양이다.
2. 주요물질·성분
Inulin 58%, 고미질, Tannin, Galactose, 불휘발정유, Alkaloid, Esculetin, Esculin, thicholin, Lactucin 등.
3. 약리효능·효과
항균, 수렴, 소화촉진, 간장보호, 담즙분비촉진 작용이 있고, 강장제, 건위소화제, 해열제, 이뇨제, 완하제로 쓰이며 간장질환 (황달성 간염), 당뇨병, 변비, 빈혈, 류마티스, 통풍 등의 치료에 사용된다.
4. 채집가공·활용
유럽, 북아프리카 원산으로 전초를 채취하여 건조하여 사용한다.

330. 가시오갈피나무껍질

학명 : *Acanthopanax sessiliflorus*
이명 : 자오가(刺五加), 가시오갈피(五加皮), 시베리아인삼, Siberian ginseng
기원 : 오갈피나무과 낙엽소관목인 가시오갈피나무의 근피 혹은 수피
1. 생물특성·분포
높이 2-3m, 전체에 가늘고 긴 가시가 있음, 잎은 장상으로 어긋나며 넓은 타원형, 꽃은 6-7월에 자황색, 열매는 구형 장과로 10월에 짙은 자주색으로 익는다.
2. 주요물질·성분
3alpha,29-Dihydroxy-23-oxo-12-oleanen-28-oic acid, Linolenic acid, Palmitic acid, Spinogenin C3, C2, C5, C6 및 C7, Spinoside C1, C2, C3, C4, C5. C6 및 C7. Vit. A, B1 등이 있음.
3. 약리효능·효과
신체기능과 면역기능 향상, 항암, 성기능향상 등의 작용이 있고, 고혈압, 당뇨병에 좋고, 관절염, 류머티즘, 요통(腰痛), 퇴행성관절증후군, 부종, 각기 타박상, 종창(腫脹), 신경쇠약, 우울증, 불면증 등에 효과가 좋다.
4. 채집가공·활용
추풍령 이북에 자생하며 여름-가을에 뿌리와 나무껍질을 채취하여 햇볕에 말려 생용하거나 술에 씻어 사용
5, 기타
오가과(두릅나무과)에 속한 낙엽관목인 오갈피와 동속 근연식물의 건조한 근피로 맛은 맵고 쓰며 성질은 따뜻하다. 간과 신장에 작용한다. 밖으로는 풍습을 없애고 경락을 잘 소통하게 하며 진통작용을 가지고 있고 안으로는 간장과 신장의 기능을 튼튼하게 하여 근육과 뼈를 튼튼하게 하는 작용이 있다. 따라서 몸이 저리고 아픈 증상이나 근골이 약하고 힘이 없는 증상 등에 효과가 있으며, 또한 부종과 각기 등에도 이용된다. 오갈피와 동속 근연식물은 우리나라 각지에 분포하며, 중국산 세계오가는 호북, 하남, 안휘성 등지에 분포한다. 여름과 가을에 채취하여 잡질을 제거한 후 햇볕에 말려서 이용하며, 하루에 8-16g을 복용한다. 약리실험결과 중추신경 흥분작용, 비특이적 면역강화작용, 강심작용, 강장작용 등이 있음이 밝혀졌다.

331. 호황련(胡黃連)

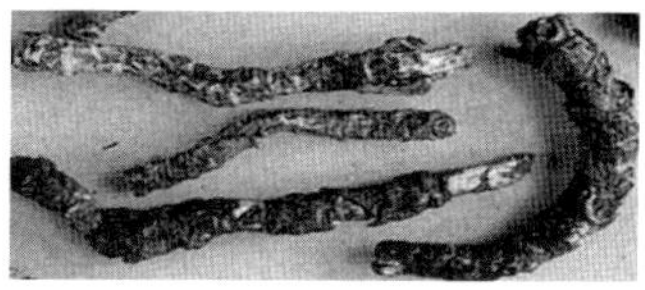

학명 : *Picrorrhiza kurrooa*
이명 : 호황연(胡黃連), 호련(胡連), Picrorrhizae rhizoma
기원 : 현삼과 서장호황련의 근연식물의 뿌리
1. 생물특성·분포
약재는 원주형, 길이 3-12㎝, 색은 어두운 갈색, 질은 단단하면서도 부스러지기가 쉽다. 맛이 매우 쓰다.
2. 주요물질·성분
뿌리에는 Kutkin 3.4%, D-Mannitol 0.5%, Vanillic acid 0.1%, Kutkiol, Kutkisterol 0.18%, Apocynin 등이 있고, 뿌리줄기에는 쓴맛배당체 약 3.4%, Vanillic acid이 있다.
3. 약리효능·효과
현삼과에 속한 다년생 초본인 서장호황련과 인도호황련의 근경이다. 맛은 쓰고 성질은 차갑다. 심장과 간, 위, 대장에 작용한다. 호황련은 해열작용을 가지고 있다. 주로 허해서 생긴 열을 내리므로 열이 왔다 갔다 하는 것과 자다 땀나는 것을 없애며 장위의 열과 적체를 없애 소화불량, 복부팽만감, 설사, 황달, 치질을 다스린다. 서장호황련은 중국의 서장남부와 운남 남부 및 사천 서부에서 재배되고, 인도호황련은 인도와 히말리야산 지역에서 산출된다. 가을에 채취하여 수염뿌리를 제거한 후 건조하여 이용하며, 하루 4-12g을 복용한다. 약리실험 결과 피부사상균 억제작용, 항균작용 등이 밝혀졌다.
4. 채집가공·활용
중국의 운남, 서장 지방에 자생하고, 가을에 채취하여 잔뿌리을 제거하고 햇볕에 말려 사용한다.

332. 호도육(胡桃肉)

학명 : *Juglans sinensis*
이명 : 호도인(胡桃仁), 핵도인(核桃仁), 호두살, Juglandis semen
기원 : 가래나무과 낙엽교목인 호두나무의 성숙한 과실

1. 생물특성·분포

높이가 20m, 수피는 회백색, 잎은 기수우상복엽, 꽃은 4~5월에 피고, 열매는 둥글고 핵은 도란형으로 4실이다.

2. 주요물질·성분

주요성분은 Behnic acid, β-Carotene, β-Sitosterol, Caffeic-acid, Campesterol, Eicosadienoic-acid, Eicosenoic-acid, Ferulic-acid, Fluorine, Gadoleic-acid, Gallic-acid, γ-Tocopherol, Heneicosanoic-acid, Heptadecadienoic-acid, Heptadecanoic-acid, Heptadecenoic-acid, Hexadecadienoic-acid, Hexadecenoic-acid, Isoleucine, Juglone, Octadecadienoic-acid, Octadecatrienoic-acid, Octadecenoic-acid, p-Hydroxy-benzoic-acid, Pentadecadienoic acid, Pentadecanoic-acid, Pentadecenoic-acid, Phenylacetic-acid, Protocatechuic-acid, Phytate, Phytosterols, Serotonin, Syringic-acid, Tetradecanoic-acid, Tetradecenoic-acid, Vanillic-acid 등이 있다.

3. 약리효능·효과

보익의 효능 효능이 있어 신체가 허하여 생기는 기침, 요통과 다리에 힘이 없는 경우, 고환이 위축되는 것, 유정, 소변이 잦은 것, 변비 등에 사용한다. 변비에도 좋다.

4. 채집가공·활용

가을에 채집하여 호도육울 골라서 생용(진해용)하거나 볶아서(보익용) 사용한다.

333. 홍화(紅花)

학명 : *Carthamus tinctorius*
이명 : 자홍화(刺紅花), 초홍화(草紅花), 홍란(紅蘭), 잇꽃, Carthami flos
기원 : 국화과 일년생초본인 잇꽃의 꽃봉오리

1. 생물특성·분포

높이 1m, 꽃은 7-8월에 노란색으로 피며 엉겅퀴와 adid이 비슷하며 시간이 지나면 붉은색으로 변한다. 열매는 수과로 흰색이고 윤채가 있다. 약재는 꽃봉오리로 홍색의 화관과 황색의 화주, 수술이 포함되어 있다.

2. 주요물질·성분

꽃에는 2-Hexenal, β-Farnesene, 2,4-Decadienal, 2,8-Decadiene-4,6-Diyne-1-yl-3-methylbutyrate, 1,3,5,11-Tridecatetraene-7,9-diyne, 8-Decene-4,6-diyne-1-yl-3-methylbutyrate, 1,8,11-Heptadecatriene, 3,11-Tridecatriene-5,7,9-triyne, 1,8,11,14-Heptadecatetraene, 1,2,3-Trimethoxy-5-methyl-benzene, 1-Heptadecene, 1-Hexadecene, 1-Pentadecene, 1-Tridecene-3,5,7,9,11-pentayne, 2-Hexanol, 2-Hydroxyarctiin, 2-Methyl-butyric-acid, 3-Hexanol, 3-Methyl-butyric-acid, 3,11-Trideca-1,3,11-triene-5,7,9-triyne, 3,11-Trideca-1,3,11-triene-5,7,9-triyne, α-Cedrene, α-Copaene, Ascorbic-acid, Benzene, Benzothiazole, β-Carotene, β-Cyclocitral, β-Ionone, β-Selinene, Carthamin, Carthamone, Caryophyllene, Caryophyllene-epoxide, Deca-4,6-diyn-1-yl-3-methylbutyrate, Decanal, Delta-cadinene, Dihydroactinidiolide, Ethyl-acetate, Ethylbenzene, Humulene, Isocarthamin, Kaempferol-glycoside, Methyl-cinnamate, Mucilage, Neocarthamin, Niacin, Nonanal, o-Xylene, p-Xylene, Pent-1-en-3-ol, Phenyl-acetaldehyde, Riboflavin, Safflower-yellow, Terpinen-4-ol, Tetracheloside, Thiamine, Verbenone 등이 있다.

3. 약리효능·효과

자궁수축, 관상동맥확장, 혈압강하, 어혈제거, 혈액순환촉진 작용이 있으며 어혈성 생리통과 무월경, 산후 오로(惡露, 자궁내막이나 잔류태반, 혈액 등) 빠지지 않을 때, 삐거나 타박상에 좋고, 강골(强骨) 효능이 있어 관절염, 요통, 골절, 산후조리 및 나이들어 뼈속이 약해지거나 뼈가 약한 소아에게도 좋다.

4. 채집가공·활용

여름에 꽃이 핀 후 꽃이 선홍색이 되면 채집하여 건조하여 사용한다.

334. 호초(胡椒)

학명 : *Piper nigrum*

이명 : 옥초(玉椒), 부초(浮椒), 후추, Piperis nigri fructus

기원 : 후추과 상록목질등본인 후추나무의 미성숙한 과실

1. 생물특성·분포

열매를 완숙전에 채취하여 열수에 데쳐 햇볕에 말린 것을 흑호초, 완숙한 열매를 물에 침지하여 탈피하여 건조한 것을 백호초이다. 따라서 외피는 황적색이거나 흑갈색이고, 내면은 백색이거나 회갈색이다.

2. 주요물질·성분

주요성분은 Acetylcholine, α-Copaene, α-Cubebene, α-Curcumene, α-Ocimene, 1-α-Phellandrene, α-Pinene, α-Santalal, α-Santalene, α-Selinene, α-Terpinene, α-Terpineol, α-Thujene, Astragalin, β-Bisabolene, β-Cubebene, β-Farnesene, β-Phellandrene, β-Pinene, β-Selinene, β-Sitosterol, Caffeic acid, Calamenene, 3-Carene, Caryophyllene α-oxide, Choline, cis-α-Bergamotene, cis-Carveol, Piperine, Piperolein B, Piperoleine B, Piperonal, Pisatin, Pyrrolidine, Pyrroperine, Quercetin, Quercitrin, Retrofractamide A, Rhamnetin-O-triglucoside, Sandaracopimarinol, Carvone, Sesquisabinene, Sophorol, Terpinen-4-ol, trans-α-Bergamotene, 2,3,9-Trimethoxypterocarpan 등이 있다.

3. 약리효능·효과

소화액 분비촉진, 장연동운동촉진 작용이 있고, 흉중의 냉기와 담을 제거하고, 몸을 덥혀주고, 해독작용이 있어 담이나 소화가 안되는데, 배가 차고 아픈데, 토하거나 설사하는데, 식중독 등에 사용한다.

4. 채집가공·활용

동남아시아에 자생하고, 가을부터 익년 봄에 미성숙 혹은 완숙 열매를 채집하여 말려 분쇄하여 사용한다.

335. 호로파(葫蘆巴)

학명 : *Trigonella foenum-graecum*

이명 : 로파(蘆巴), 호파(胡巴), Trigonellae semen

기원 : 콩과 일년생초본인 호로파의 성숙한 종자

1. 생물특성·분포

높이 50-80㎝. 향기가 나고, 잎은 어긋난다. 꽃은 흰색, 열매 꼬투리는 가늘며, 종자는 다갈색이다.

2. 주요물질·성분

씨앗에는 방향성 지방이 6-10% 들어 있고, 알카로이드인 Trigonelline 0.13%, Choline 0.05% 등과 Mannogalactan 28% 함유되어 있어 물속에서 점액성이 된다. 주요성분으로는 Acetoxy-methylcoumarin, Arginine, Artecanin, Behenic acid, β-Carotene, β-Sitosterol, Campesterol, Coumarin, Choline, Dihydroxyflavone, Dimethylpyrazine, Dioscin, Diosgenin, methylpyrazine, Trigoforin, Trigonella furostanolglycoside, Trigonellaglycoside B, Trigonellic acid, Trigonelline, Trigonelloside C, Trihydroxyflavone, Tripsin reductase TFI-A8, Tripsin reductase TFI-N2, Tryptophan, Tyrosineammonialyase, Valine, Vicenin 1, Vicenin 2, Vitamin C, Vitexin, Yamogenin, Yuccagenin 등이 있다.

3. 약리효능·효과

신장의 양기를 보하고 진통작용이 있고, 허리와 무릎이 시리고 아픈데, 발기부전과 정력약화, 속이 차고 배가 아프고 방광까지 당기고 아픈데, 위경련, 각기, 배뇨장애 등에 사용한다.

4. 채집가공·활용

가을철에 종자가 성숙하면 채취하여 햇볕에 말려 소금물과 함께 볶거나 술로 씻어 약한 불에 볶아서 사용한다.

336. 호장근(虎杖根)

학명 : *Polygonum cuspidatum, Reynoutria japonica, R. sachalinensis*

이명 : 반장(斑杖), 호장(虎杖), 범싱아뿌리, Polygoni cuspiodati rhizoma

기원 : 여뀌과 다년생 초본인 호랑이지팡이 및 왕호장근의 뿌리

1. 생물특성·분포

높이 1.5m, 뿌리줄기는 굵고, 잎은 어긋나며 꽃은 6-8월에 피고, 열매는 수과는 세모진 난형이다.

2. 주요물질·성분

Emodin, Emodin Monoethyl ether, Chrysophanic acid 등과 생뿌리에 환원형인 Anthrone이 있음

3. 약리효능·효과

이뇨, 설사유발, 항균, 항바이러스, 소염, 풍습제거, 진통, 활혈 및 어혈제거, 생리조정, 이뇨, 진해, 거담, 효능이 있다. 풍습성 관절통이나 황달, 어혈로 인한 생리통, 타박상, 무월경 등을 치료하고, 폐열로 기침하거나 가래가 끓는 데, 화상이나 뱀에 물린 데도 사용한다.

4. 채집가공·활용

봄, 가을에 뿌리를 채취하여 잔뿌리를 제거하고 햇볕에 말려서 사용한다.

337. 황금(黃芩)

학명 : *Scutellaria baicalensisg*

이명 : 내허(內虛), 편금(片芩), 황금초(黃芩草), Scutellariae radix

기원 : 꿀풀과의 다년생초본인 황금의 뿌리

1. 생물특성·분포

높이 60cm. 꽃은 7-8월 자줏빛으로 피며, 열매는 꽃받침 안에 들어 있으며 둥글다. 약재는 황금과 같은 노란색 임.

2. 주요물질·성분

뿌리에는 Bicalein, Bicalin, Wogonin, Wogonoside, Neobicalein 등이 있다.

3. 약리효능·효과

해열작용, 소염작용, 이뇨작용, 위액분비억제작용, 항균작용 등이 밝혀졌다. 주로 폐에 작용하여 폐의 열로 인한 기침, 가래 등에 많이 사용한다. 또한 대장에 작용하여 이질과 설사를 치료한다. 또 임산부가 태동불안으로 유산의 기미가 있을 경우에도 쓰인다. 기타 황달, 당뇨, 코피, 피를 토하는 증상 등에 사용한다.

4. 채집가공·활용

봄에서 가을에 재배 3-4 년생 뿌리를 채취하여 해독용으로는 생용하고, 해열용으로는 술에 볶거나 물에 담근 후 볶아서 쓰고, 진토(鎭吐)용으로는 생강즙에 볶고, 지혈용에 표면이 검게 될 때까지 볶아 사용한다.

338. 진득찰

학명 : *Siegesbeckia pubescens, S. glabresecenes*

이명 : 희렴(豨薟), 희렴초(豨薟草), 화렴(火薟). 진득찰, Siegesbeckia herba

기원 : 국화과인 진득찰의 지상부 전초

1. 생물특성·분포

높이 30~60cm, 줄기는 네모지며 잎은 대생하며 난형, 열매는 난형 4각 능각이 있다. 약재는 잎이 많고 황록색이다.

2. 주요물질·성분

β-Sitosterol, Darutigenol, Darutine, Darutinoside, Isodarutigenol, Diterpene-daturoside, Stigmasterol 등.

3. 약리효능·효과

주로 사지마비 증상이나 무릎이 아프고 시린 것, 구완와사, 반신불수 등에 사용하고, 코막힘과 코의 염증, 고혈압과 심장질환 등을 치료한다. 이외에도 습진이나 종양, 뱀이나 벌레에 물린데 해독에도 사용한다.

4. 채집가공·활용

여름 꽃이 개화할 무렵 채취하여 생용하거나 황주에 쪄서 사용한다.

339. 단너삼뿌리

학명 : *Astragalus membranaceus, A. mogolicus*
이명 : 황기(黃芪), 면황기(綿黃芪), 황초(黃草), 단너삼, Astragali radix
기원 : 콩과 다년생초본인 단너삼의 뿌리
1. 생물특성·분포
높이 1m. 꽃은 연한 노란색으로 7-8월에 총상화서, 열매 꼬투리는 난형이다. 약재는 원주형으로 황색이다.
2. 주요물질·성분
Saponin 종류인 Astragaloside와 γ- Aminobutyricacid(GABA), L-Canavanine, Isoliquiritizenin 등과 Formononetin, Isoliquiritigenin, Betain, Cholin 등을 함유하고 있음
3. 약리효능·효과
강장, 면역기능조절, 강심, 이뇨, 혈압강하, 소염 작용이 있고, 보기(補氣)약으로 기운을 돋우고, 피부강건효능이 있어 상처를 잘 낫게 하고, 권태감, 모력감 및 얼굴빛이 창백, 토혈, 변혈, 피하출혈, 자궁출혈, 위하수, 탈항, 장기탈수, 식은땀, 발진, 혈행장애로 인한 피부와 감각마비, 반신불수, 구안와사, 소갈증, 각종 암 등에 사용한다.
4. 채집가공·활용
봄이나 가을에 3-4년생 뿌리를 채취하여 잔뿌리를 제거하고 생용하거나 꿀에 볶아 사용한다.

340. 황련(黃連)

학명 : *Coptis chinensis, C. japonica*
이명 : 천련(川連), 왕련(王連), 지련(支連), 깽깽이풀뿌리, Coptidis rhizoma
기원 : 중국 운남황련, 삼각엽황련, 깽깽이풀(한국)의 뿌리
1. 생물특성·분포
뿌리줄기가 굵고 담황색이며 차츰 색이 짙어진다. 잎은 뿌리에서 나며 2~3회 깃꼴겹잎, 꽃대는 담록색으로 이른봄에 피고, 열매는 담갈색 대과(袋果)를 형성하고 5월 하순에 익는다.
2. 주요물질·성분
Arsenic, Berberine, Caeruleic-acid, Columbamine, Coptisine, Ateorrhizine, Ferulic-acid, Magnoflorine, Worenine 등 각종 알칼로이드가 있다.
3. 약리효능·효과
항균, 해열, 소염 작용 등이 있고, 열이나는 불면증, 코피나 토혈(吐血), 설사 및 이질, 장염, 갱년기 수족이 아픈데, 심장이 두근거리는 홍안, 혓바늘이 돋는데 효과가 있다. 외용제로 염증과 습진, 소양증 등에 사용한다.
4. 채집가공·활용
가을에 채집하여 생용하거나 술, 오수유(吳茱萸) 달인 물, 소금물, 생강즙과 함께 볶아서 사용한다.

341. 후박(厚朴)

학명 : *Magnolia officinalis, M. obovata*
이명 : 중피(重皮), 후피(厚皮), 적박(赤朴), 열박(烈朴), Magnoliae cortex
기원 : 목련과 후박의 수피를 건조
1. 생물특성·분포
높이 20m. 수피는 회백색, 잎은 새가지 끝에 모여나며 꽃은 황백색으로 핀다. 열매는 긴 타원형, 홍자색으로 익음
2. 주요물질·성분
Magnolol, Honokinol, Machiol, α- 및 β-Eudesmol, α- 및 β-Pinene, Camphene, Limonene, Magnocurarine, Magnoflorine 등이 함유되어 있다.
3. 약리효능·효과
항균 및 이뇨작용 등이 있고, 장과 위의 음식 적체, 기침이 나고 숨이 찬데, 헛배와 토하고 설사하는데 좋다.
4. 채집가공·활용
여름에 15-20년생 수피를 채취하여 생용하거나 생강즙과 같이 볶아서 사용한다.

342. 황백(黃栢)

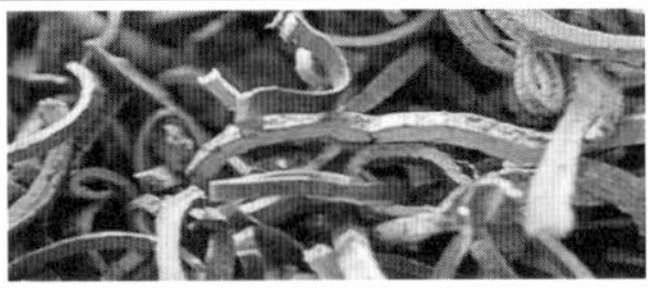

학명 : *Phellodendron amurense, P. molle, P. insulare*

이명 : 황벽(黃檗), 황경피(黃莖皮), 황백피(黃柏皮), Phellodendri cortex

기원 : 산초과 낙엽교목인 황벽 나무의 코르크층을 분리한 수간피

1. 생물특성·분포

높이 7-10m. 줄기 껍질은 연한 회색이나 코르크층이 발달, 내피는 노란색, 잎은 마주나며 홀수 1회 깃꼴겹잎, 꽃은 5-6월에 노란색으로 핀다. 열매는 둥글고 9-10월에 검은색으로 익는다.

2. 주요물질·성분

7-Dehydrostigmasterol, Berberine, β-Sitosterol, Campesterol, Candicine, Guanidine, Jatrorrhizine, Magnoflorine, Menisperine, Obaculactone, Obacunone, Palmatine, Phellodendrine 등이 있다.

3. 약리효능·효과

칸디다균과 피부사상균 항균작용이 있고, 대장의 습열로 인한 설사와 이질, 방광의 습열로 인해 소변이 탁한 것, 신장에 허열이 생겨서 식은땀과 유정, 다리에 힘이 없는데 사용한다. 외용제로 습진이나 소양증에도 쓴다.

4. 채집가공·활용

봄과 여름 10년 이상 된 수피를 채집하여 생용하거나 생강즙이나 소금물에 볶아 건조하여 사용한다.

343. 흑지마(黑芝麻)

학명 : *Sesamum indicum*

이명 : 호마(胡麻), 흑지마(黑脂麻), 오마(烏麻), 참깨, Sesami semen nigrum

기원 : 참깨과 일년생 초본인 참깨의 성숙한 검은 종자

1. 생물특성·분포

높이 1m. 원줄기는 사각형이며 잎과 함께 털이 많고, 잎은 마주나며 꽃은 7-8월에 연한 자줏빛으로 피고, 열매는 짧은 원주형 4실, 종자는 흰색, 노란색, 검은색이 있다. 약재는 난형으로 흑색을 띠고 기름기가 많다.

2. 주요물질·성분

지방이 40-45% 정도 함유하며 주요 지방산은 Oleic acid, Linoleic acid, Palmitic acid 등이다.

3. 약리효능·효과

영양, 설사유발, 지혈, 소염 작용 등이 있고, 신장의 허약하여 생기는 이명:증, 어지럼증, 모발이 일찍 세는 것, 병후에 탈모 등을 치료하고, 지방이 많아 변비도 사용한다.

4. 채집가공·활용

가을에 과실이 익으면 종자를 채취하여 햇볕에 말려 사용하며 탈피하여 약한 불에 볶아서 사용한다.

344. 해표초(海螵蛸)

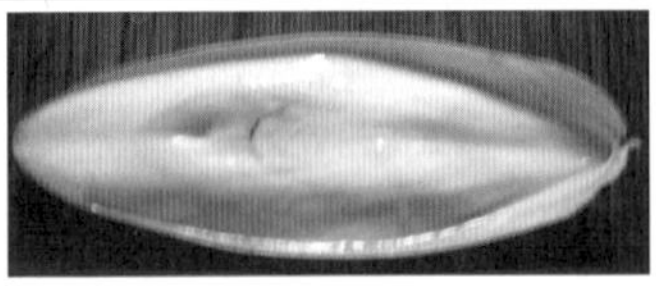

학명 : *Sepiella maindroni*

이명 : 오적골(烏賊骨), 오적어골(烏賊魚骨), 오징어뼈, Sepiae os

기원 : 오징어 및 같은 속의 연체동물의 뼈를 말린 것

1. 생물특성·분포

긴 타원형으로 납작하고, 바깥면은 위쪽은 엷은 황백색, 아랫면은 회백색, 부서진 가루는 흰색 결정상

2. 주요물질·성분

탄산칼슘과 소량의 인산칼슘, 키틴, 콜라겐 등이 함유되어 있다.

3. 약리효능·효과

상처치료, 지혈, 혈액순환촉진, 위산중화(제산) 작용이 있으며 각종 궤양성 상처, 장출혈, 부정자궁출혈, 대하 등 각종 출혈증상과 빈혈, 난청, 유정, 소화성 궤양, 월경이 없는데도 이용한다.

4. 채집가공·활용

번식기 오징어 뼈를 발라내어 말리거나 자연채취하여 사용한다.

345. 해조(海藻)

학명 : *Sargassum pallidum, S. fusiforme*
이명 : 낙수(落首), 담해조(淡海藻), 바닷말, 양서체, 해호자, Sargassum
기원 : 모자반과 다년생 갈조식물인 양서채 및 해호자의 전초
1. 생물특성·분포
높이 30-60㎝, 나뭇가지 모양으로 암갈색, 잎과 같은 돌기는 바늘모양, 돌기 사이에서 둥근 기낭이 나온다. 약재는 갈조류로서 바깥면에는 백색의 염분의 가루가 묻어있고 물에 담그면 연한 육질로 변한다.
2. 주요물질·성분
Alginic acid 20.8%, Sargassan, 조단백, Mannitol, 회분, 칼륨 등이 있다.
3. 약리효능·효과
갑상선종, 간비종대 등의 각종 종양과 고환이 붓고 아픈데, 부종 등에 약용한다. 기타 성인병 예방에도 사용함.
4. 채집가공·활용
여름과 가을에 채취하여 햇볕에 말려 사용한다.

346. 오배자(五倍子)

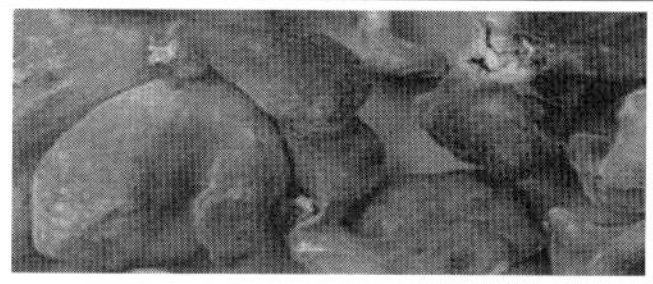

학명 : *Rhus chinensis, Schlechtendanria chinensis*
이명 : 문합(文蛤), 백충창(白蟲倉), 붉나무, Chinensis galla, Galla Rhois
기원 : 옻나무과 붉나무잎에 자생하는 오배자 진드기의 벌레집을 건조한 것
1. 생물특성·분포
불규칙한 원형, 길이는 2.5-9cm 내외, 지름은 1.5-4cm, 표면은 회갈색이나 엷은 갈색으로 부드러운 털로 싸여 있다. 질은 부서지기 쉬우며 표면에는 광택이 있고 안쪽에는 죽은 진드기의 사체가 있는 경우가 많다.
2. 주요물질·성분
오배자탄닌(Gallotannin) 70-80%, 몰식자산(Gallic acid) 2-4%, Demethoxykanugin, Ovalitenone, 지방, 수지 등이 있고, Gallotannin은 단백질과 결합하면 불용성물질로 변하여 혈관수축 등의 수렴작용을 일으킨다.
3. 약리효능·효과
수렴, 해독과 지혈 작용으로 오래된 기침, 설사, 이질, 다한증 및 코피, 장출혈, 외상 등의 각종 출혈증상의 지혈제로 으로 사용할 수 있다.
4. 채집가공·활용
가을에 오배자을 모아서 삶거나 표면이 회색으로 될때까지 쪄서 속의 진드기 사체를 제거하고 말려 사용한다.

347. 노봉방(露蜂房)

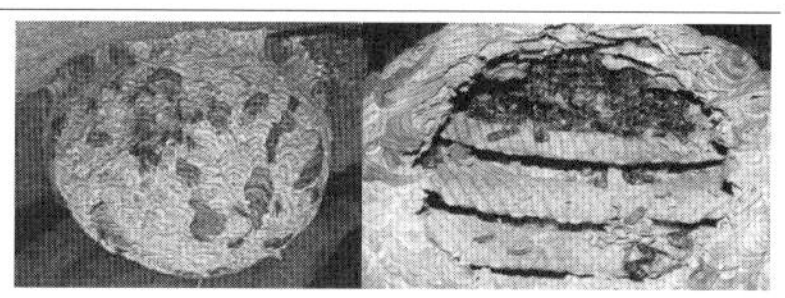

학명 : *Vespa mandarina*
이명 : 봉장(蜂腸), 봉소(蜂巢), 장수말벌집, 땅벌집, Vespae nidus
기원 : 말벌과 말벌 또는 어린별쌍상벌의 집(땅벌집)
1. 생물특성·분포
말벌의 집으로 큰것은 축구공보다 크며 색은 엷은 갈색, 표면은 무늬지며 질은 가볍고 질기며 약간 탄성이 있다.
2. 주요물질·성분
플라보노이드 화합물로 Galangin, Pinocembrin 등과 Kaempferol, Apigenin, Isorhamnetin, Quercetin 및 Esculetin, Scopoletin, Caffeic acid, Cinnamic acid, Ferulic acid, Benzoic acid, Gallic acid 등의 유기성분, Vit. A, B_2, B_3, 무기물로 Al, Co, Cu, Fe, Se, Zn 등도 있다.
3. 약리효능·효과
주성분인 프로폴리스는 항균, 진통, 항염, 조직재생촉진, 산화방지, 혈액정화, 면역력의 증강, 마취 작용이 있고, 당뇨병, 위장염, 관절염, 알레르기성 질환, 순환기 장해, 호흡기 장해, 백내장, 치조농루(齒槽膿漏), 치질 에 사용
4. 채집가공·활용
가을과 겨울에 채취하여 햇볕에 말리거나 혹은 약간 쪄서 죽은 벌을 제거하고 햇볕에 말려 분쇄하여 사용한다.

348. 혈갈(血竭)

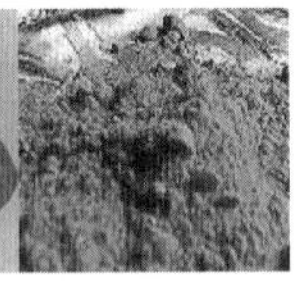

학명 : *Daemonorops draco, Calamus draco*

이명 : 목혈갈, 기린갈(騏麟竭), 해랍, 기린혈, Draconis resina

기원 : 종려과 다년생 상록등본인 기린갈 과실과 줄기의 건조 수지

1. 생물특성·분포

수마트라 지방 산림소택지에 자생, 크기는 60-180m, 잎은 어긋나며 깃꼴로 갈라진다. 꽃이삭이 원추꽃차례로 연한 노란색 작은 꽃이 달린다. 열매는 붉은 구형으로 비늘조각이 덮여 있고, 성숙하면 붉은 수지를 분비한다.

2. 주요물질·성분

수지에테르와 Dracoresinofannol 혼합물이 함유되어 있다.

3. 약리효능·효과

혈액순환촉진, 어혈제거, 진통, 지혈, 상처치료 작용이 있고, 타박상, 상처, 산후 출혈, 코피, 장출혈, 어혈로 인한 아픔, 헌데, 악성종양, 옴 등 약용하고, 창상에 바르고, 타박상과 어혈증상, 출혈증에도 내복한다.

4. 채집가공·활용

동남아시아, 대만, 이란 등지에 분포하고, 열매를 찜통에서 쪄서 수지를 분출시켜 건조하여 분쇄하여 사용한다.

349. 녹용(鹿茸)

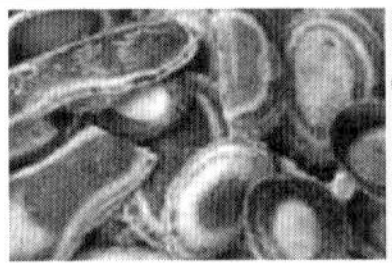
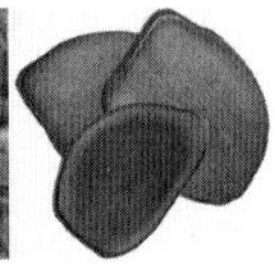

학명 : *Cervus albirostris*

이명 : 반룡주(斑龍珠), 흰입술사슴, Cervi pantotrichum

기원 : 사슴과 매화록 미골화된 뿔을 채취하여 건조

1. 생물특성·분포

자라기 시작하여 한달 이내의 뿔로 부드럽고 혈액이 많다. 대개는 약 60-70cm 정도에서 잘라서 약용한다.

2. 주요물질·성분

호로몬류로 Estradiol, Oestrone, Testosterone, Cerebrin. 아미노산류로 Glycine, Glutamic acid, Proline, Aspartic acid, Leucine, Arginine, Alanine, Lysine, Phenylalanine, Valine, Serine, Threonine, Isoleucine, Tyrosine, Histidine, Methionine, Typtophan. 인지질로 Cephalin, Lecithin, Sphingophospholipid, 당류로 Glucose, Galactosalmine, Mucopolysaccharides 및 무기물류로 Na, Ca, Mg, Ba, Cl, P, 기타 Cholesterol, Oleo-vitamin, 유리지방산 등이 함유되어 있다.

3. 약리효능·효과

양기부족, 정과 혈이 허한데 매우 뛰어난 치료효과가 있다. 또한 관절과 허리 통증, 몽설(夢泄), 여성의 자궁이 차갑거나 적색의 대하에 사용되고, 유사약재로 녹각, 녹혈, 녹각교 등도 약재로 사용된다.

4. 채집가공·활용

불로 잔털을 제거한 후 황주나 소주에 담궈서 24시간 두었다가 건조하여 사용하거나 불에 약간 구워 사용한다.

350. 아교(阿膠)

학명 : *Equus asinus*

이명 : 부치교(傅致膠), 분복교(盆覆膠), 여피교(驢皮膠), 갖풀, Asinigelatinum

기원 : 말과 당나귀의 피부를 끓여서 농축한 고체상의 교질

1. 생물특성·분포

당나귀의 기원:은 야생종인 아프리카 당나귀와 아시아 당나귀가 있고, 몸의 크기는 말과 당나귀의 중간 정도 됨.

2. 주요물질·성분

Collagen, Glutin 및 Elastin(Desmosine, Isodesmosine 함유) 등이 있다.

3. 약리효능·효과

지혈, 조혈촉진 작용이 있고, 가슴 두근거리는 불면증, 피가나는 기침, 비위허한 소화불량, 각종 출혈증에 사용

4. 채집가공·활용

당나귀의 가죽을 벗겨 잔 털을 제거하고 잘라 장시간 가열하여 분해물을 그늘에 말려서 응고하여 사용한다.

351. 뇌환(雷丸)

학명 : *Omphalia lapidescens, Polyporus mylittae*
이명 : 죽령(竹苓), 뇌실(雷實), 백뇌환(白雷丸), Omphalia polyporus
기원 : 구멍쟁이버섯과에 속한 균류인 뇌환균의 균핵
1. 생물특성·분포
불규칙한 덩어리, 지름은 1-3㎝, 표면은 회갈색이나 흑갈색으로 주름이 있고, 질은 단단하고 절단면은 백색이다.
2. 주요물질·성분
Omphaliaglucanol-3, Omphaliaglucanol-2, Omphaliaglucanol-2-1, Omphaliaglucanol-2-II, Omphaliaglucanol-2-III 등이 함유되어 있다.
3. 약리효능·효과
해열, 해독, 설사, 살충(회충, 촌백충, 십이장충, 요충) 효능이 있고, 소아풍간경련, 충적복통(蟲積腹痛), 간기능 활성화, 감질(疳疾), 중풍, 간질, 위열(胃熱) 등에 약용한다.
4. 채집가공·활용
중국의 남부지방에서 생산되고, 연중 채취하여 씻어서 햇볕에 말려 절편이나 분말로 만들어 사용한다.

352. 녹각(鹿角)

학명 : *Cervus elaphus*
이명 : 사슴뿔, 붉은사슴, 마녹(馬鹿), 큰사슴, 느리, Cervi cornu
기원 : 사슴과 매화록 녹각이나 자연 탈락된 녹각
1. 생물특성·분포
원주형의 나뭇가지와 유사하게 분지됨, 길이는 큰것은 20㎝ 지름은 5㎝, 색은 밝은 갈색, 절단면은 잔 기공이 있다.
2. 주요물질·성분
교질(25%), Protein, 인산칼슘(50-60%), 탄산칼슘, 염화칼슘 등이 있고, 녹각 기원:에 따라 Estrone, Cholesterol, Estradiol, Progesterone, Uracil, Putrescine, Spermidine, Spermine 등을 함유하고 있음
3. 약리효능·효과
골질화가 된 사슴뿔로서 녹용과의 차이가 있고, 혈액순환을 촉진시켜 종기나 종양을 치료, 접골과 골통 치료에 사용
4. 채집가공·활용
녹각을 깨끗이 씻은 온수에 침지하여 잘라서 누렇게 굽거나 쪄서 사용한다.

353. 호골(虎骨)

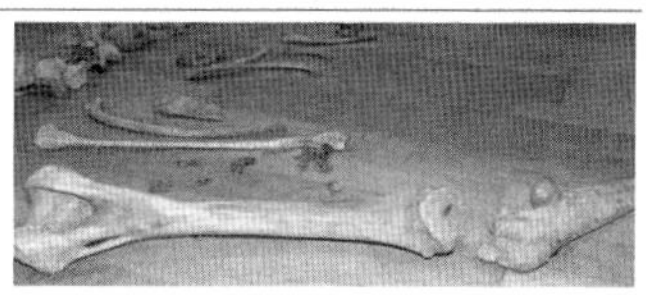

학명 : *Panthera tigris*
이명 : 대경골(大脛骨), 호신골(虎身骨), 대충골(大蟲骨), 호랑이뼈, Tigridis os
기원 : 호랑이 골격뼈 대가리뼈와 정강이뼈, 수컷이 더 효능이 좋음
1. 생물특성·분포
호골의 바깥면은 황백색-엷은 황백색, 무겁고 단단하며 절단면은 속이 비어 있다. 약간의 특이한 냄새가 있다.
2. 주요물질·성분
Calcium phosphate, Protein 등이다.
3. 약리효능·효과
뼈와 관절의 통증 해소, 힘줄과 뼈를 강화, 경련해소 효능이 있고, 사지가 저리고 마비되거나 관절염, 신경통, 굴신(屈伸)불편, 관절운동장애, 허약한 다리, 가슴이 두근거릴 때 약용한다.
4. 채집가공·활용
주로 다리뼈와 대가리 뼈을 약재로 이용하며 굵은 모래와 함께 강한 불로 볶아 쌀로 만든 식초에 담구었다가 햇볕에 말려서 분쇄하여 사용한다.

354. 호박(琥珀)

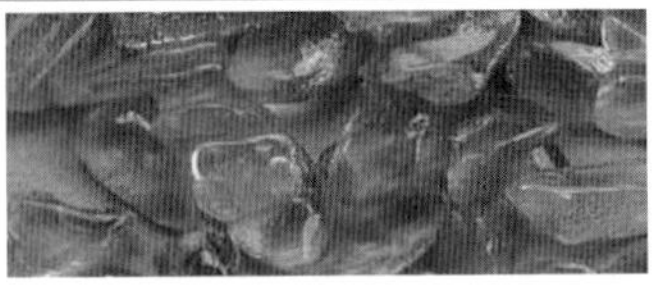

학명 : *Pinus spp.*
이명 : 호혼(琥魂), 호박(虎珀), 강주(江朱), 홍송지(紅松脂), Succinum
기원 : 소나무 수지가 땅 속에서 오랜 세월을 경과하여 화석

1. 생물특성·분포

불규칙한 덩어리나 과립상-다면상, 바깥면은 황갈색-검붉은색 또는 흑갈색, 불투명하며 송지와 비슷한 광택,

2. 주요물질·성분

수지와 휘발성 정유를 함유하고, Succinoabietinolic acid, Succinogiluinic acid, Succinoresinol, Succino abietinol, Resin, Succinic acid 등을 함유한다.

3. 약리효능·효과

정신안정, 진정, 어혈제거, 지혈, 이뇨 작용이 있고, 불안, 불면 및 방광장애로 인한 소변불리와 배뇨통, 산후복통, 생리가 없는데, 상처가 헌데 약용한다.

4. 채집가공·활용

땅속에서 채굴해서 사용하며 갈아서 분말로 사용한다. 흔히 보석용으로 중국의 남부지방에서 산출된다.

355. 용골(龍骨)

학명 : *Elephas species*
이명 : 육호유생(陸虎遺生), 오화용골(五花龍骨), Fossilia ossis mastodi
기원 : 동물의 뼈가 땅속 고압과 열에 의해 화석화 된 것

1. 생물특성·분포

동물의 뼈가 오랫동안 압력을 받아서 화석이 된 것으로 동물 뼈의 형태를 띠고 있지만 재질은 돌과 같이 단단하며 부서지기 쉬운 것도 있다. 상류(象類)에 속하는 Mastodon이 흙 속에 매몰되어 골격이 화석화된 것

2. 주요물질·성분

탄산칼슘($CaCO_3$), 인산칼슘($Ca(H_2PO_4)_2$, $Ca_3(PO_4)_2$) 등이 함유

3. 약리효능·효과

지혈, 정신안정 효능이 있어 정신불안, 불면증, 다몽피로(多夢疲勞), 건망증, 식은땀, 대하, 살을 잘 돋게 하는 효능

4. 채집가공·활용

중국의 호북과 하남성에서 주로 산출되며 세척하여 잘게 분쇄하여 사용한다.

356. 영양각(羚羊角)

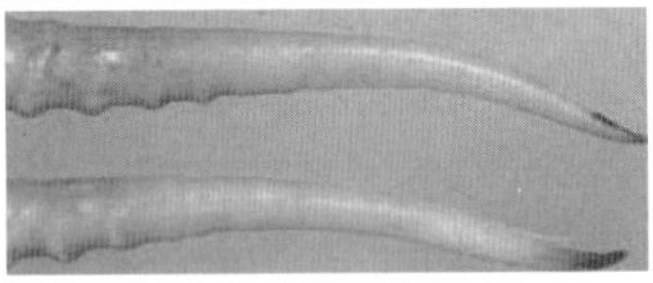

학명 : *Gazella subgutturosa, Saiga tatarica*
이명 : 영양(羚羊), 구미양(九尾羊), 영양각(靈羊角), Gazellae cornu
기원 : 소과 영양의 뿔을 잘라서 건조한 것

1. 생물특성·분포

영양의 뿔을 건조한 것, 길이는 15-30cm에 이르며 밑면에 지름은 5cm정도, 겉은 흑색에 가깝고, 둥근 돌기가 남.

2. 주요물질·성분

아미노산류로 Alanine, Arginine, Aspartic acid, Cysteine, Glutamic acid, Isoleucine, Serine, Lysine, Phenylalanine, Proline, Threonine, Tyrosine, Valin 등과 Karatin, Lecithin, Cephalin, Sphingomyelin, Phosphatidylserine, Phosphatidylinositol, Calcium Phosphate, Vit. A 등이 있다.

3. 약리효능·효과

간열성 현기증, 눈충혈과 통증, 정신혼미한 발광증에 효능이 좋다. 청열해독 효능이 있어 종기나 부종에도 좋다.

4. 채집가공·활용

주로 8-10월 뿔을 잘라서 사용하며, 잘게 잘라서 탕제에 넣어서 사용하거나 절편으로 만들어 사용한다.

357. 땅강아지

학명 : *Gryllotalpa orientalis, Gryllotalpa africana*
이명 : 누고(螻蛄), 토구자(土狗子), 지랄고(地蝲蛄), Gryllotalpa
기원 : 땅강아지과 곤충인 땅강아지를 건조
1. 생물특성·분포
곤충인 땅강아지 말린 것으로 6개의 다리가 있고, 길이는 2-4㎝ 정도, 전체적으로 진한 갈색, 겉껍질은 광택이 짐
2. 주요물질·성분
Alanine, Arginine, Aspartic acid, Glutamic acid, Glycine, Histidine, Isoleucine, Leucine, Lysine, Proline, Serine, Tyrosine, Valine 등이 있다.
3. 약리효능·효과
통변(通便), 해독(解毒), 이수소종(利水消腫), 질타손상(跌打損傷), 소변불리(小便不利), 창종(瘡腫), 수종(水腫), 석림(石淋) 효능이 있으며 수종, 결석, 옹종, 수종 치료 및 소변이 잘나오게 하는 효능이 있다.
4. 채집가공·활용
채집하여 다리를 제거하고 약한 불로 살짝 볶아서 사용한다.

358. 닭모래주머니

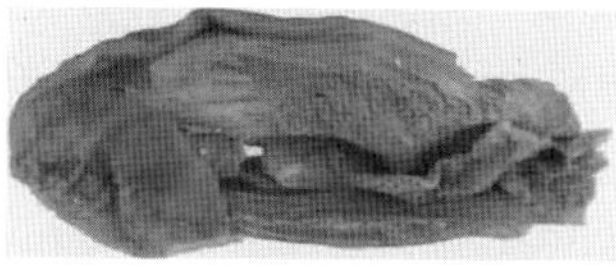

학명 : *Gallihum corium*
이명 : 계내금(鷄內金), 계순내황피(鷄肫內黃皮), Galli stomachichum corium
기원 : 꿩과에 속한 닭의 모래주머니 내막을 건조한 것
1. 생물특성·분포
원형의 부서진 조각, 물결모양의 주름, 황색이나 황갈색을 띠고 너비는 3-5㎝, 두께는 3㎜에 이른다. 단단한 광택성
2. 주요물질·성분
α-Tocopherol, Cholesterol, 3-methyl histidine, Vit. B1, B2 및 C 등이 있다.
3. 약리효능·효과
비위가 약한 식욕부진과 소화불량에 약용하고, 요실금, 유정, 소화불량, 구토증, 소화정체, 식체, 복부팽만에 사용
4. 채집가공·활용
닭의 모래주머니를 채취하여 건조하여 생용하거나 볶아서 사용한다.

359. 사향(麝香)

학명 : *Moschus moschiferus*
이명 : 당문자(當門子), 사제향(麝臍香), 사미취(四味臭), 사향노루, Moschi moschus
기원 : 사슴과 사향노루, 암록, 마록의 성숙한 수컷 사향주머니 분비물
1. 생물특성·분포
무스크 향료, 숫사향노루의 사향선을 건조시켜 얻는 분비물, 향낭은 달걀정도로 약 30g, 잘라서 건조시키면 분비물이 약간 축축한 자갈색의 분말로 굳어지며 이것을 묽게 희석하면 향기로운 무스크 향이 난다.
2. 주요물질·성분
Muscone, Muscopyridine, Androsterone, Epiandrosterone, Steroid hormone, Cholesterol, 지질(脂質), 膠質(교질) 등이 함유되어 있다.
3. 약리효능·효과
통상적인 구급약으로 사용되며 급성열병, 중풍 등에 두루 사용된다. 정신을 맑게 하고, 어혈을 풀어주며, 경련, 부종, 종기, 복통, 타박상, 난산 등에도 사용한다.
4. 채집가공·활용
네팔, 부탄, 티베트. 운남 등지에 자생하고, 겨울-봄 사이에 채취하여 사향인으로 만들어 잘게 분쇄하여 사용한다.

360. 동충하초(冬蟲夏草)

학명 : *Cordyceps sinensis*
이명 : 하초동충(夏草冬蟲), 동충초(冬蟲草), Cordyceptis vermis
기원 : 맥각균과 진균인 동충하초균이 기생하여 자란 것
1. 생물특성·분포
충체와 진균 자실체가 부착된 모양, 길이 5㎝내외, 황색이나 밝은 황색을 띠며 주름이 지고, 질은 부서지기 쉽다.
2. 주요물질·성분
단백질 25-32%, 지방 8.4%, 조섬유 19%, 탄수화물 29%, 회분 4% 등이 들어 있고, 약리성분으로 β-(1→3)-Glucan, Galactosaminoglucan(항종양성분), Ophiogodein(항진균 성분), Cordycepin 등이 있다.
3. 약리효능·효과
양기를 보하는 약재로 몸이 허하고 약한 증상, 정기부족, 폐의 음기를 보하여 기침을 멎게하는 효능이 있다.
4. 채집가공·활용
중국의 주로 사서 생산되며, 건조하여 생용한다.

361. 웅담(熊膽)

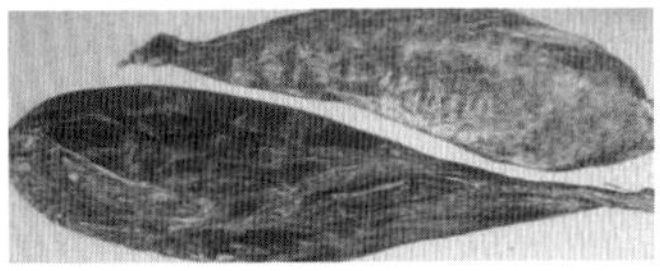

학명 : *Selenarctos thibetanusg, Ursus arctos*
이명 : 흑할자담(黑瞎子膽), 웅할자담(熊瞎子膽), 곰쓸개, Selenarctotis Fel
기원 : 곰과 동물인 흑곰, 갈색곰, 반달가슴곰의 담즙을 건조한 것
1. 생물특성·분포
곰의 쓸개로 길이는 10-20cm, 너비는 5-10cm, 진한 흑색으로 안쪽에는 건조된 담즙 덩어리로 금황색이다.
2. 주요물질·성분
Tauroursodesoxycholic acid, Glycoursodesoxycholic acid, Taurine, Ursidesoxycholic acid, Chenodesoxycholic acid, Cholic acid 등이다.
3. 약리효능·효과
청심(淸心), 평간(平肝), 진경(鎭驚), 명목(明目), 거예(去翳), 해독(解毒), 살충(殺蟲), 제열거사(除熱去邪) 효능이 있으며 간열목적종통(肝熱目赤腫痛), 감질(疳疾), 구리(久痢), 소아경간(小兒驚癎), 시기열병(時氣熱病), 식육({식}肉), 악창(惡瘡), 양매창(楊梅瘡), 예막(翳膜), 정독(疔毒), 치(痔), 황달(黃疸), 후비(喉痺) 등을 치료한다
4. 채집가공·활용
겨울에 담낭을 절취하여 그늘에 건조하거나 분쇄하여 사용한다.

362. 귀판(龜板)

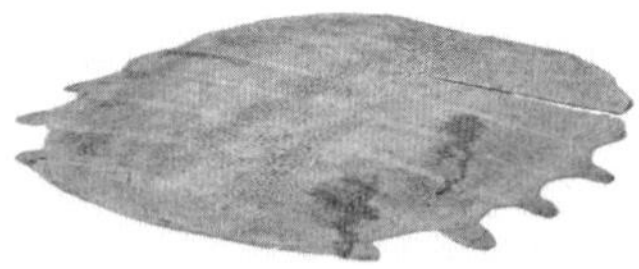

학명 : *Testudinis plastrum*
이명 : 귀갑(龜甲), 귀통(龜筒), 패귀판(敗龜板), 남생이, Chinemydis carapax
기원 : 남생이과 남생이의 복갑(腹甲)을 건조한 것
1. 생물특성·분포
원형의 방사형, 길이는 15㎝, 너비는 5-8㎝ 정도, 외표면은 엷은 황색, 그물무늬, 질은 단단하지만 부셔지기 쉽다.
2. 주요물질·성분
교질, 지방, 칼슘염
3. 약리효능·효과
목의 통증, 어지럼증, 귀울음, 가슴 두근 거림, 유정, 자궁출혈, 치질, 학질 등에 사용한다.
4. 채집가공·활용
가을과 겨울에 주로 포획하여 모래를 가열한 후 귀판을 썰어 넣어 가열하여 표면이 황색이 되면 모래를 제거하고, 식초에 담갔다가 건조하여 사용한다.

363. 별갑(鱉甲)

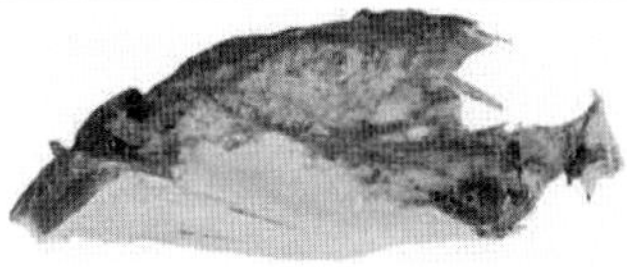

학명 : *Trionyx sinensis, Amyda sinensis*

이명 : 자라, 상갑(上甲), Trionycis Carapax

기원 : 자라과 자라의 배부분을 분리하여 살을 벗겨내고 그늘에 건조한 것

1. 생물특성·분포

계란형의 평탄한 형태로 길이는 10-15cm, 너비는 9-14cm정도, 외표면은 흑갈색이나 진한 녹색, 주름이 방사형으로 있고, 표면에는 흰색 반점이 있으며 벗기면 톱니모양 맞물린 선이 있다.

2. 주요물질·성분

Collagen, Calcium phosphate 등이 함유

3. 약리효능·효과

종기나 간과 비가 비대해진 것을 치료, 여성이 어혈로 인한 월경부조에 약용한다.

4. 채집가공·활용

남생이 등껍질을 채집하여 모래를 강한 불로 볶으면서 겉표면이 황색을 될 때 식초에 담갔다가 건조하여 사용한다.

364. 굴껍질

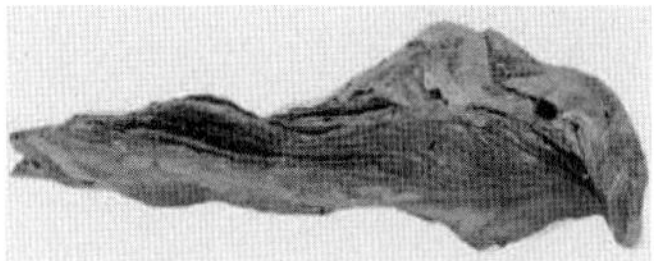

학명 : *Ostrea gigas*

이명 : 모려(牡蠣), 려합(蠣蛤), 모합(牡蛤), 참굴, 긴굴, Ostreae concha

기원 : 굴과 연체동물인 굴의 껍질을 건조

1. 생물특성·분포

길이가 작은 것은 10cm 정도, 큰 것은 50cm, 비늘모양 껍질로 단단하고 두꺼운 편, 외표면은 자색이나 백색을 띤다.

2. 주요물질·성분

$CaCO_3$, $CaPO_4$, $CaSO_4$, Keratin 등이 함유되어 있다.

3. 약리효능·효과

정신불안, 불면증, 현기증, 귀울림 치료 효능이 있고, 위산분비를 억제하여 위산과다로 인한 위염과 위궤양에 사용

4. 채집가공·활용

주로 생용하지만 제산용으로는 불에 볶아서 사용한다.

365. 자하거(紫河車)

학명 : *Homo sapiens*

이명 : 태의(胎衣), 포의(胞衣), Hominis placenta

기원 : 건강한 사람의 태반을 건조한 것

1. 생물특성·분포

불규칙한 원형, 지름은 9-16 cm, 표면은 붉은 빛을 띠며 한 쪽면은 울룩불룩하고, 주름이 많다. 다른 한 쪽은 막으로 싸여 있어 비교적 평탄하고 질은 굳은 편이며 무게는 50g 내외이다.

2. 주요물질·성분

감마글로블린(gammaglobulin), 휘부린(Fibrin) 안정인자, 성선자극호르몬(Gonadotropin), 갑상선자극호르몬(Thyroid-stimulating hormone ; TSH), 옥시토신(Oxytocin)상물질, 에스트라디올(Estradiol), Acetylglucosamine, 프로게스테론(Progesterone)과 같은 다종의 스테롤체 홀르몬 등 수많은 성분이 함유되어 있다.

3. 약리효능·효과

보기(補氣), 양혈(養血), 익정(益精) 효능이 있고, 각혈(咯血), 노열골증(勞熱骨蒸), 도한(盜汗), 부녀혈기부족(婦女血氣不足), 불잉(不孕), 양위(陽痿), 유소(乳少), 유정(遺精), 허로해천(虛勞咳喘)에 약용한다.

4. 채집가공·활용

신선한 태반을 취하여 양막과 탯줄을 떼어버리고 혈액을 깨끗하게 씻은 다음 뜨거운 물 속에서 조금 삶아 건조한다.

366. 백화사(白花蛇)

학명 : Agkistrodon acutusgunther(五步蛇), Bungarus multicinctus (銀環蛇)

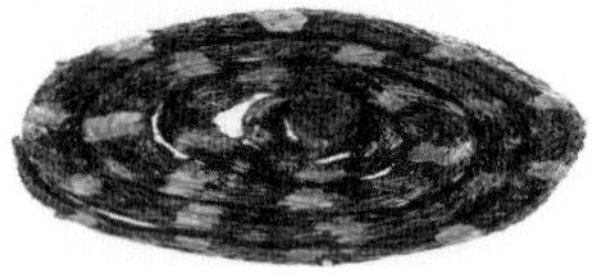

이명 : 소화사(小花蛇), 금전백화사(金錢白花蛇), 기사(蘄蛇)

기원 : 살모사과 오보사, 은환사의 내장을 뺀 몸체를 건조한 것

1. 생물특성·분포

원반형 건조체로 지름은 15-40cm 정도, 길이는 2m 정도, 머리는 삼각형, 약간의 흑색으로 겉에 비늘이 많이 있다.

2. 주요물질·성분

Saponin, Protein, Fat 등이 있다.

3. 약리효능·효과

백화사는 풍으로 마비나 반신불수, 구완와사 등의 풍병을 치료하는데 사용한다.

4. 채집가공·활용

머리와 꼬리를 떼어낸 후 황주에 담가서 보관한 후 대나무칼로 내장을 제거한 후 복부를 벌려서 원형으로 건조한다.

367. 섬수(蟾酥)

학명 : *Bufo bufo*

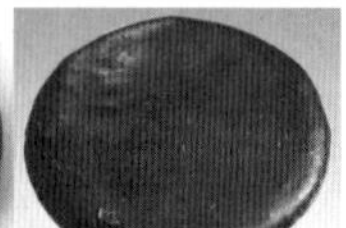

이명 : 섬여미지(蟾蜍眉脂), 두꺼비, Bufonis venennum

기원 : 두꺼비과 두꺼비의 분비물을 건조한 것

1. 생물특성·분포

두꺼비의 분비물을 모아 건조한 것, 납작하고 둥근 덩어리 모양 혹은 편상, 단면은 검은색을 띠고, 약간 광택이 있다.

2. 주요물질·성분

Cinobufotoxin, Cinobufotalin, Cinobufotalidin, Cinofufagin, Bufotenine, Adrenaline, Ergosterol, Cholesterol, Suberic acid, Arginine 등이 있다.

3. 약리효능·효과

해독, 소종 효능이 있어 종창이나 종독, 인후의 통증이나 종기 치료 및 진통과 정신안정과 맑게하는 효능이 있다.

4. 채집가공·활용

적당하 잘라 술에 넣어 용해하면 건조하여 사용한다.

368. 합개(蛤蚧)

학명 : *Gekko gecko*

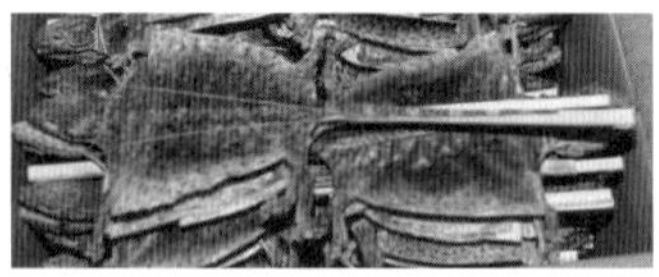

이명 : 대벽호(大壁虎), Gekkonis caro

기원 : 도마뱀과 파충류인 큰도마뱀의 내장을 제거한 전체를 말린 것

1. 생물특성·분포

도마뱀의 내장을 제거하고 대나무 살에 네 발과 꼬리를 펴고 몸통을 벌려 말린 것, 몸체의 길이 10-15cm, 너비 6-10cm, 꼬리의 길이 10-15cm, 바깥면은 황갈색-적갈색, 조금 비린 냄새가 난다.

2. 주요물질·성분

Carnosine, Choline, Guanine, 단백질, 지방 등이 있다.

3. 약리효능·효과

납기정천(納氣定喘), 보폐익신(補肺益腎), 조신양익정(助腎陽益精) 효능이 있으며 각혈(咯血), 소갈(消渴), 음위(陰痿, 발기부전), 허로해수(虛勞咳嗽)에 약용한다.

4. 채집가공·활용

5-6월 잡은 도마뱀을 배를 갈라 내장을 분리하고 대나무조각으로 사지, 머리, 복부를 고정시켜서 약한 불에 말린다.

369. 천산갑(穿山甲)

학명 : *Manis pentadactyla*
이명 : 아산갑(牙山甲), 천산갑비늘, Manititis squama
기원 : 천산갑과 아산갑의 껍질을 건조한 것
1. 생물특성·분포
부채모양의 삼각형, 마름모꼴, 외표면은 흑갈색이나 황갈색으로 광택이 있고, 끝에는 수십개의 세로주름과 가로주름이 있고, 내표면은 색이 외표면보다 엷고 질은 각질로 반투명하고 탄력성이 있다.
2. 주요물질·성분
각종 단백질과 다종의 아미노산과 지질 등이 함유되어 있다.
3. 약리효능·효과
활혈통경(活血通經), 해산여독(解散餘毒), 궤농소종(潰膿消腫), 수풍활락(搜風活絡), 지혈(止血), 통경하유(通經下乳), 통규살충(通竅殺蟲) 효능이 있으며 근골구련(筋骨拘攣), 옹종(癰腫), 풍습비통(風濕痺痛)에 약용한다.
4. 채집가공·활용
채집하며 모래와 같이 볶은 후 식초에 하루 정도 담갔다가 건조하여 사용한다.

370. 수질(水蛭)

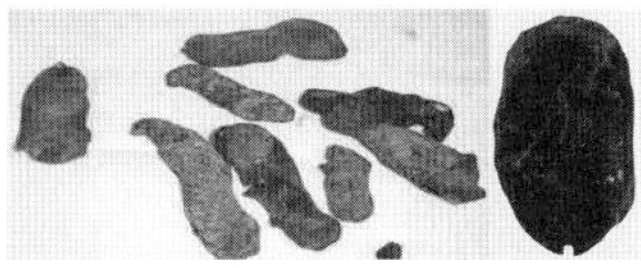

학명 : *Whitmania pigra*
이명 : 마질(馬蛭), 지장(至掌), 말거머리, Hirudo
기원 : 거머리과 환영동물인 거머리를 건조한 것
1. 생물특성·분포
납작한 원기둥모양으로 몸체가 약간 구부러져 있고, 길게 늘리면 2-5cm, 너비는 0.2-0.3cm를 이룬다.
2. 주요물질·성분
Hiruidine, Heparin, Histamin 유사물질
3. 약리효능·효과
강한 용혈제로 어혈성 타박상이나 혈액순환 불량하여 생긴 발광증 등과 여성 월경을 원활히 하는 효능도 있다.
4. 채집가공·활용
여름이나 가을에 주로 채집하며 건조하여 사용한다.

371. 해마(海馬)

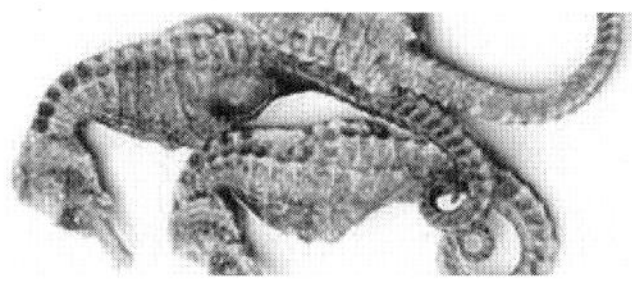

학명 : *Hippocampus kuda*
이명 : 수마(水馬), 용락자(龍落子), 마두어(馬頭魚), Hippocampi caro
기원 : 해룡과 복해마의 내장을 제거한 전체
1. 생물특성·분포
해마는 구부러진 10-30cm, 황백색의 말의 머리와 비슷하고, 닭벼슬 모양의 돌기가 있음, 몸에는 꼬막 조개모양 마디무늬와 짧은 가시가 있다. 몸은 골질이며 단단하고, 비린내가 난다.
2. 주요물질·성분
단백질과 아미노산 등이 함유되어 있음
3. 약리효능·효과
보신(補腎), 장양(壯陽), 산결(散結), 소종(消腫), 조기(調氣), 활혈(活血) 효능이 있으며 주로 보양제로 널리 사용된다. 난산(難産), 양위(陽痿), 양위(陽痿), 양위(陽痿), 징하적취(癥瘕積聚) 등에 약용한다.
4. 채집가공·활용
열대 아역대 해역에 자생하며 내장기관을 제거하고 건조하고 술과 함께 볶아서 사용한다.

372. 오공(蜈蚣)

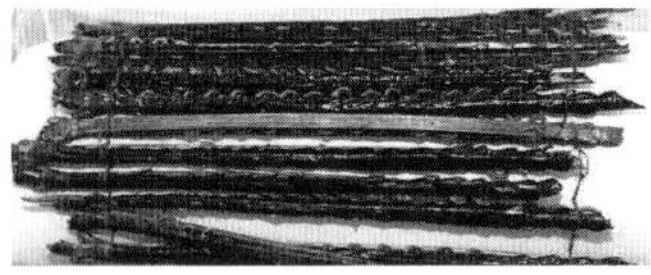

학명 : *Scolopendra subspinipes mutilans*

이명 : 오공(吳公), 천룡(天龍), 백각(百脚), 왕지네, Scolopendra corpus

기원 : 왕지네과 왕지네의 건조체

1. 생물특성·분포

왕지네 건조체로 10-15cm 정도, 다리를 제거한 다발모양, 중간에 마디가 있다. 전체적으로 검은 빛의 광택이 남

2. 주요물질·성분

유독성분인 Histamine 유사물질과 용혈 Protein 및 Tyrosine, Leucine, 지방유 등을 함유하고 있다.

3. 약리효능·효과

풍을 소산시키고 경련을 그치게 하는 약재로 급성이나 만성의 경풍(驚風), 파상풍 치료에 사용한다. 해독 효능으로 뱀에 물린 데, 살기생충, 멍울이나 종기 치료 및 경락순화(經絡巡還)시켜 손발마비, 안면통증 등에 사용한다.

4. 채집가공·활용

봄과 가을에 주로 채취하여 생강즙을 발라서 머리와 다리를 제거한 다음 생용하거나 불에 볶아서 사용한다.

373. 오초사(烏梢蛇)

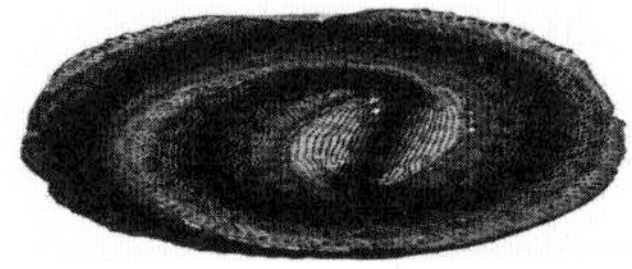

학명 : *Zaocys dhumnades*

이명 : 오사(烏蛇), 흑화사(黑花蛇), 오초사, 먹구렁이, Zaocys

기원 : 유사과 오초사의 건조체

1. 생물특성·분포

배를 가른 다음 펴서 둥그렇게 말아서 건조한 원반 형태, 표면은 비늘로 덮혀 있고, 갈색이나 흑록색을 띰,

2. 주요물질·성분

단백질 22.1%, 지질 1.7%, 골교질, 알돌라아제(Aldolase) 등이 있다.

3. 약리효능·효과

안면이나 사지마비 증상, 경련, 중풍으로 인한 구완와사와 반신불수, 파상풍 등을 치료하는데 효과가 좋다.

4. 채집가공·활용

여름과 가을에 채집하여 내부 장기를 제거하고 황주에 담구었다가 약한 불로 황색이 될 때까지 볶아서 사용한다.

374. 전갈(全蝎)

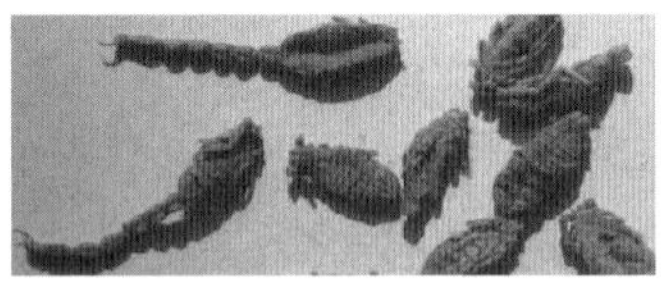

학명 : *Buthus martensi*

이명 : 갈자(蝎子), 두백(杜伯), 주박충(主薄蟲), Scorpio

기원 : 전갈과 곤충인 전갈의 건조체

1. 생물특성·분포

전갈을 채취하여 곧게 펴서 건조한 적갈색 충체, 길이는 약 6-8cm정도, 두 개 집게다리, 4개 다리, 큰 꼬리가 있음,

2. 주요물질·성분

Buthotoxin, Buthoic acid, Lecithin, Trimethylamine, Taurine, Betaine, Cholesterol 등이 있다.

3. 약리효능·효과

식풍지경(熄風止痙), 통락지통(通絡止痛) 효능이 있고, 경풍추휵(驚風抽搐), 구안왜사(口眼歪斜), 반신불수(半身不遂), 중풍(中風), 창양종독(瘡瘍腫毒), 파상풍(破傷風), 풍진(風疹)에 약용한다.

4. 채집가공·활용

봄과 가을에 전갈을 채취하여 다리를 제거하고 끓는 물에 넣어 삶은 후 그늘에 말려서 사용한다.

375. 진주(珍珠)

학명 : *Pinctada martensii*

이명 : 진주(眞珠), 주자(珠子), Margarita

기원 : 진주조개과 진주조개의 체내 진주를 건조

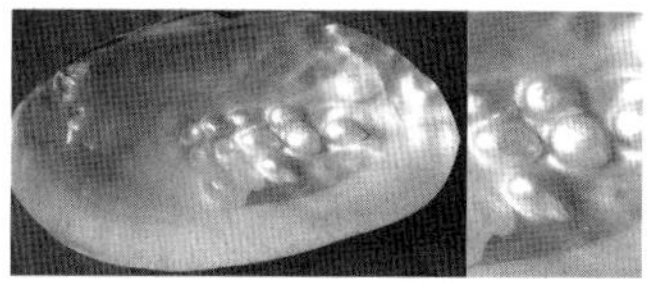

1. 생물특성·분포

구상 혹은 난형으로 지름이 1-7㎜ 내외, 연한 노란색을 띠나 거의 백색, 진주 특유의 광택, 단단하고 피막이 있음

2. 주요물질·성분

Calcium carbonate, Glycine, Alanine, Leucine, Glutamic acid 등이 있음

3. 약리효능·효과

정신안정, 눈을 밝게 하고 다래끼 등의 종기를 삭힘, 피부종기와 상처의 새 살을 돋게 한다.

4. 채집가공·활용

물위에 뜬 것을 사용하며 두부와 같이 삶은 후 분쇄하여 사용한다.

376. 한수석(寒水石)

학명 : *Glauberite*

이명 : 백수석(白水石), 염정석(鹽精石), Glauberitum

기원 : 황산염류 석회망초의 천연결정체, 홍석고와 방해석 두가지가 사용

1. 생물특성·분포

모양과 그 크기가 고르지 않고 바깥면은 회백색을 띠고 광택이 있으며 세로로 날카로운 모가 있다.

2. 주요물질·성분

Calcium carbonate, Magnesium sulfate 석회망초, Na2Ca(SO4)

3. 약리효능·효과

혈액순활을 원활하게 하고, 해열, 소종 효능이 있고, 수종, 소변이 잘 나오지 않는 증상, 치통에 이용된다.

4. 채집가공·활용

남해안, 일본 해안가에 산출되며 분쇄하여 생용하거나 생강즙과 끓이거나 약한 불로 볶아서 사용한다.

377. 황단(黃丹)

학명 : *Plumbum rubrum*

이명 : 연단(鉛丹), 연화(鉛華), 진단(眞丹),단(丹),단분(丹粉), Minium

기원 : 납을 제련하여 제조한 사산화삼납 Pb_3O_4

1. 생물특성·분포

황색과 홍색의 질이 무거운 고운가루, 전체적으로 색이 어둡고 불투명한 광택을 가진다. 손가락이 붉게 염색된다.

2. 주요물질·성분

사산화삼납(Pb_3O_4)이 주요성분이다.

3. 약리효능·효과

납의 한 종류로 해독과 새살을 돋게 하는 효능이 있다고 알려져 있고, 종창, 학질, 구내종기, 눈주위 종기에 사용

4. 채집가공·활용

중국의 하남, 광동, 복건, 운남등의 지역에서 주로 산출되고, 가루로 만들어 사용하거나 볶아서 사용하였다.

378. 활석(滑石)

학명 : *Talc*

이명 : 액석(液石), 탈석(脫石), 석냉(夕冷), Talcum

기원 : 규산염 광물인 활석의 덩어리

1. 생물특성·분포

백색이나 황백색 덩어리로 질은 연하고, 손으로 만지면 까끌까끌한 느낌이 있으며 수분을 흡수하는 성질이 없다.

2. 주요물질·성분

산화철(FeO), 알루미나(Al_2O_3) 및 칼슘이 혼합되어 있다.

3. 약리효능·효과

방광의 열을 내려서 소변을 잘나오게 하고, 여름철 더위 먹은 증상에 좋다. 외용으로는 습진 등에 사용한다.

4. 채집가공·활용

충주에서 다량 생산되며 물 속에서 갈아서 물에 떠 오르는 미세 분말을 건져 내서 사용한다.

379. 경분(輕粉)

학명 : *Hydrargyrum chloratum*

이명 : 염화제1수은, 수은분(水銀粉), 초분(峭粉), 이분(膩粉), Calomelas

기원 : 염화 제 1수은의 백색 결정체 분말

1. 생물특성·분포

백색의 광택의 비늘모양으로 부서지기 쉬움, 공기중에서는 안정하나 햇빛에서는 회색으로 광택이 없어진다.

2. 주요물질·성분

무기염화수은(HgC)l이 주요성분이다.

3. 약리효능·효과

외용제로 건선치료에 사용되고, 악성 창양, 목의 임파선염, 매독, 변비, 헛배 부른데,부종 등에 사용한다.

4. 채집가공·활용

각지에서 생산되며 분말로 만들어 사용한다.

380. 노감석(爐甘石)

학명 : *Smithsonite, Smitosothsonitum, Calamina*

이명 : 감석(甘石), 노감석(盧甘石), 부수감석(浮水甘石), Calamina

기원 : 탄산염류에 속한 방해석

1. 생물특성·분포

덩어리모양의 회백색 또는 담홍색, 표면은 가루가 묻고, 울룩불룩하며 많은 구멍이 있고, 가볍고 부서지기 쉽다.

2. 주요물질·성분

탄산염류

3. 약리효능·효과

동의보감에 노감석은 눈병을 치료하는데 으뜸으로 기록되어 있다. 방부효능이 있어 습진 등의 피부질병에 사용함.

4. 채집가공·활용

중국 호남, 광서, 운남, 사천 등의 지방에서 산출되며 불에 붉게 달구어 물로 식히는 것응 3-4회 반복하여 사용한다.

381. 대자석(代赭石)

학명 : *Haematites*

이명 : 적철광(赤鐵鑛), 적토(赤土), 대자(代赭), 혈사(血師), Haematitum

기원 : 삼방결계에 속한 적철광의 광석을 채취한 것

1. 생물특성·분포

전체는 홍갈색 또는 철청색으로 붉은 분말이 묻는다, 표면은 원형으로 유두상의 돌기가 있고 질이 단단하다.

2. 주요물질·성분

적철광인 삼산화제이철($Fe_2O_3.nH_2O$)의 광석으로 SiO, Fe_2O_3 등이 주성분이다.

3. 약리효능·효과

지혈 효능이 있으며 두통과 현기증, 딸국질, 구토, 토혈 등의 증상을 치료한다.

4. 채집가공·활용

중국의 산서, 하북, 하남, 산동에서 산출되며 생용하거나 불에 달구었다가 사용한다.

382. 담반(膽礬)

학명 : *Chalcanthite*

이명 : 석담(石膽), 흑석(黑石), 군석(君石), 입석(立石), Chalcanthitum

기원 : 황산염류의 황화동광물이 산화분해되어 형성된 결정체

1. 생물특성·분포

황산동으로 이루어진 광물. 삼사정계에 딸리는 결정을 갖음, 콩팥 모양이나 종유상 광물로 청색 반투명체이다.

2. 주요물질·성분

유산동($CuSO_4$) 등이 주성분이다.

3. 약리효능·효과

내복하여 체내독을 배출하게 하고, 담으로 인후가 막힌 인후마비증상에 사용하며 외용제로 해독, 소독용으로 사용

4. 채집가공·활용

중국 서북 지방에서 산출되고, 갈아서 분말로 만들어 사용한다.

383. 망초(芒硝)

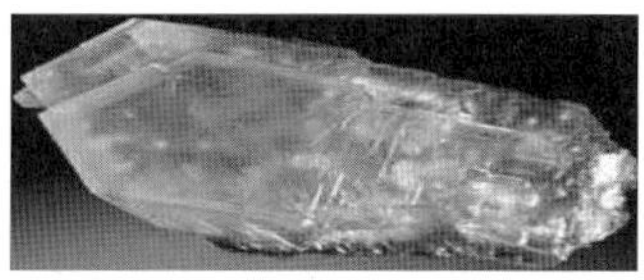

학명 : *Mirabiite*

이명 : 박초(朴硝), 분소(盆消), 망소(芒消), 마아초, 피초, Natrii sulfas

기원 : 황산염류 광물인 망초를 가공하여 얻은 결정체

1. 생물특성·분포

불규칙한 무색투명하거나 백색의 반투명한 덩어리, 단면은 유리모양의 광택, 망초(芒硝)라고도 부른다.

2. 주요물질·성분

Na_2SO_4. $10H_2O$ 주성분으로 천연에는 테날드석(Thenardite, Na_2SO_4)이나 미라빌석(Mirabilite, Na_wSO_4. $10H_2O$)으로 강우량이 적은 사막지방에 산출하고, 북미, 캐나다, 몽골 등이 주요 산지이다.

3. 약리효능·효과

장의 연동운동 증가, 해열, 배변촉진 등의 효능이 있으며 외용제로 눈이 충열되고 아픈데, 인후통 등의 치료에 사용

4. 채집가공·활용

천연산의 망초를 뜨거운 물에 용해하고 상층액만 걸려내어 건조시키고, 복용시에는 분말로 만들어 사용한다.

384. 몽석(礞石)

학명 : *Lapis chloriti*

이명 : 청몽석(青蒙石), 백몽석(白蒙石), 금몽석(金蒙石), Biotitum

기원 : 변질암 흑운모편석 및 흑운모탄산염 편

1. 생물특성·분포

표면은 흑갈색이나 녹흑색, 유리모양의 광택이 있으며 질은 연하고 단단하다. 청몽석(青蒙石), 백몽석(白蒙石), 금몽석(金蒙石)이 있으며 주로 운모편석으로 되어 있다.

2. 주요물질·성분

Ca, Na, Mg, Fe, Al, Si 및 니켈, 티타늄, 인(P) 등이 함유되어 있다.

3. 약리효능·효과

간에 주로 작용하여 간을 안정시켜 호흡이 가쁘고 기침이 심한 증상, 가래 끓을 때, 정신질환, 열병에 사용한다.

4. 채집가공·활용

중국의 정강성에서 산출되며 불로 황색이 되게 가열한 후 쇄하여 물위에 뜬 것을 모아서 그늘에 말려 사용한다.

385. 백반(白礬)

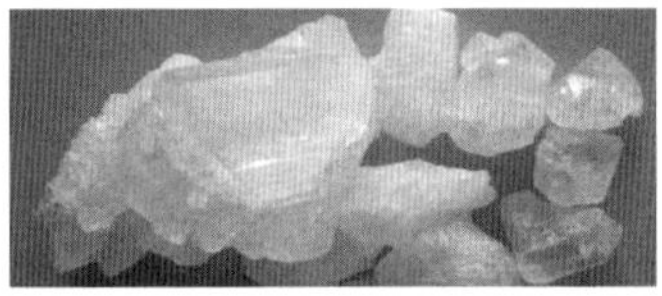

학명 : *Alunitum*

이명 : 명반(明礬), 반석(礬石), 명반석(明礬石), 고백반, 고반(枯礬), Alumen

기원 : 명반석을 제련한 황산 알루미늄

1. 생물특성·분포

무색 또는 노란빛을 띠는 덩어리로 내부가 투명 또는 반투명하고, 표면은 울퉁불퉁하고 유리모양의 광택이 있다.

2. 주요물질·성분

유산알루미늄[$Al_2(SO_4)_3$]이 주로 함유되어 있고, 미량성분은 납, 칼슘, 철, 마그네슘, 규소, 구리 등이 있다.

3. 약리효능·효과

주로 외용약으로 사용되는 백반은 해독, 살충 효능이 있으며 습진 치료에 사용되고, 내복제로는 설사의 지사제 및 지혈제로 오래된 설사나 이질, 출혈, 혈변 등에 사용된다.

4. 채집가공·활용

중국의 감숙, 산서 등지가 주산지로 내복시에는 세척한 후 갈아서 사용하고, 외용시는 강하게 가열한 후 사용한다.

386. 붕사(硼砂)

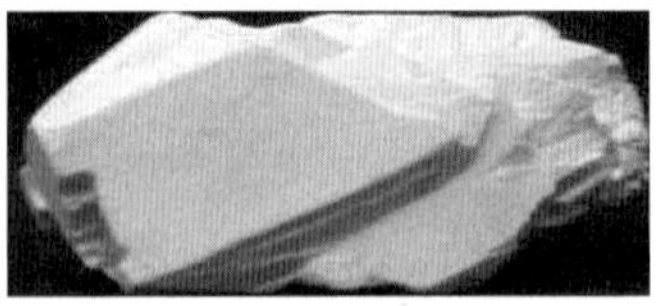

학명 : *Borax*

이명 : 봉사(蓬砂), 월석(月石), 분사(盆砂), Borax

기원 : 천연의 붕사를 채취하여 정제한 것

1. 생물특성·분포

원기둥 모양, 백색의 반투명하며 유리와 같은 광택을 띤다. 공기중에서 풍화되면 백색의 분말로 불투명하게 됨.

2. 주요물질·성분

주요성분은 $Na_2B_4O_7$, $10H_2O$ 이다.

3. 약리효능·효과

열을 내리고 해독시키며 종기를 없애고 방부하는 효능이 있어 인후통, 입과 혀가 헌데, 눈충혈과 통증에 사용한다.

4. 채집가공·활용

중국의 청해와 티벳 등지에서 많이 산출되며 가루로 만들어 사용하거나 달구어서 사용한다.

387. 석고(石膏)

학명 : *Gypsum*

이명 : 세석(細石), 세리석(細理石), 백호(白虎), Gypsum Fibrosum

기원 : 유산염 광물에 속한 석고을 채취한 것

1. 생물특성·분포

길죽한 판상의 불규칙한 덩어리, 백색 또는 회백색의 반투명한 특징이 있으며 체는 무거우나 그 질은 가볍다.

2. 주요물질·성분

주성분은 $CaSO_4$ 、$2H_2O$ 이다.

3. 약리효능·효과

극심한 발열에 해열제로 쓴다. 주로 폐와 위의 열을내리고, 심한 갈증을 치료 한다.

4. 채집가공·활용

중국의 호북, 사천, 감숙 등지에서 생산되며 해열용은 생용하고, 수렴용으로는 불에 달군 후 사용한다.

388. 양기석(陽起石)

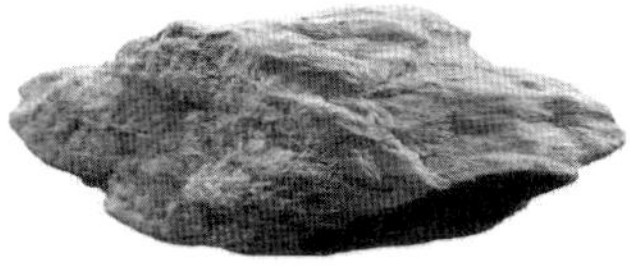

학명 : *Actinolite*

이명 : 백석(白石), 양기석(陽起石), 각섬암(角閃岩), 석생(石生), Tremolitum

기원 : 규산염류에 속한 광물인 양기석

1. 생물특성·분포

단방결정체로 긴 원주형이나 바늘모양, 엷은 녹색을 띠며 유리와 같은 광택, 투명 혹은 반투명 부분이 섞여있다.

2. 주요물질·성분

$Ca_2(Mg,Fe)_5(Si_8O_{22})(OH)_2$ 주성분으로 한방에서 무수규산과 산화마그네슘이 주성분인 약재이다.

3. 약리효능·효과

보양약인 양기석(陽起石)은 신장에 양기를 돕고 기능을 항진시키는 작용이 있고, 남성의 발기부전이나 정력부족, 여성의 자궁이 차가워서 발생하는 불임 등에 많이 사용하였다,

4. 채집가공·활용

중국의 호북과 하남성에서 주산지로 양기석만 사용하거나 활석과 같이 섞어서 사용하기도 한다.

389. 웅황(雄黃)

학명 : *Realgar*

이명 : 황금석(黃金石), 명웅황(明雄黃), 웅정(雄精), 요황(腰黃), Realgar

기원 : 광물에 속하는 웅황으로 유화비소 AsS를 함유

1. 생물특성·분포

덩어리나 과립상의 집합체의 불규칙한 덩어리로 표면은 붉은 빛깔을 띠고 금강석과 같은 광택이 있다.

2. 주요물질·성분

유화비소(AsS), AS_2S_2 등이 함유되어 있다.

3. 약리효능·효과

웅황은 독성이 있어 피부에 기생하는 진딧물 등의 기생균 살충과 습진과 피부 종기와 종양, 뱀에 물린데 사용한다.

4. 채집가공·활용

중국의 호남, 호북 등지에서 산출되며 잘게 부수어 물에 담근 다음 물 위에 뜬 것만 채취하여 건조하여 사용한다.

390. 유황(硫黃)

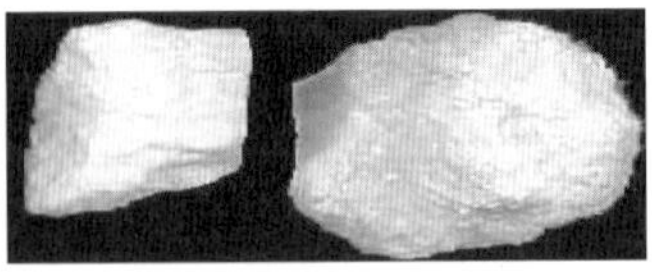

학명 : *Sulfur*

이명 : 석유황(石流黃), 석류황(石留黃), Sulphur

기원 : 유황광이나 유화광물의 유황을 채취한 것

1. 생물특성·분포

불규칙한 덩어리로 황색 또는 농황색, 표면은 평탄하지 않고 작은 구멍이 있으며 반투명하고, 독특한 향기가 있다.

2. 주요물질·성분

유황(S)

3. 약리효능·효과

외용제로 많이 응용되는 유황은 살충력이 강하여 습진, 종창 등의 피부병에 사용된다.

4. 채집가공·활용

중국의 산서, 협서 등지에서 산출되며 내부시에는 두부와 유황(2 : 1)을 넣고 삶아 두부가 검게되면 꺼내 물로 세척한 다음 그늘에 말려서 사용하고, 외용시에는 작은 덩어리로 만들어 사용한다.

391. 자석(磁石)

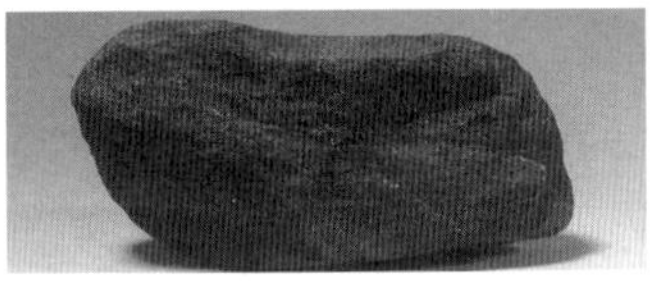

학명 : *Magnetite*

이명 : 현석(玄石), 자군(磁君), 처석(處石), Magnetitum

기원 : 산소화합물류에 속하는 자철광으로 사산소화삼철을 함유

1. 생물특성·분포

불규칙한 덩어리로 자석은 각이 많이 나있고 회색이나 흑색을 띤다. 체는 중하고 질은 단단하며 자성이 있다.

2. 주요물질·성분

Ferriferrous oxide(Fe_3O_4), Fe_2O_3, FeO 등으로 구성되어 있다.

3. 약리효능·효과

보신(補腎), 평간잠양(平肝潛陽), 납기평천(納氣平喘), 익정(益精), 강골(强骨), 진경안신(鎭驚安神), 명목(明目), 총이(聰耳) 효능이 있으며 열로 인한 정신불안이나 불면증, 다몽(多夢), 발광 등의 증상을 치료하다.

4. 채집가공·활용

강원도와 경북 영덕지방이 산지로 아주 작게 갈아서 철을 제거하고 복용한다.

392. 자연동(自然銅)

학명 : *Pyrite*

이명 : 석수(石髓), 함류화철, Pyritum

기원 : 유화물류의 광물중 황철광족에 속하는 황유화철광석

1. 생물특성·분포

모양이 일정하지 않은 입방체, 지름은 1-2㎝ 내외이며 표면은 평탄하고 엷은 황록색을 띤 광택, 단면은 황백색이다.

2. 주요물질·성분

FeS_2.

3. 약리효능·효과

안심(安心), 정경(定驚), 행혈(行血), 산어(散瘀), 지통(止痛), 속근(續筋), 접골(接骨), 파적취(破積聚), 배농창(排膿瘡) 효능이 있고, 심통(心痛), 어혈(瘀血), 절상(折傷), 타박상(打撲傷), 골절상 및 종창 등에도 사용한다.

4. 채집가공·활용

강원도와 중국 사천이 산지로 강한 불로 달구고 식초에 식히는 작업을 3회 반복 후 땅에 몇일간 묻었다가 사용한다.

393. 적석지(赤石脂)

학명 : *Halloysite*

이명 : 적부(赤符), 홍고영(紅高嶺), 적석토(赤石土), *Halloysitum rubrum*

기원 : 규산염류에 속하는 함수규산알루미늄을 함유한 홍색의 광물

1. 생물특성·분포

불규칙한 덩어리로 모양이 일정하지 않다. 표면은 빨간 빛을 띠며 단면은 평평하고 물을 흡수하는 성질이 있다.

2. 주요물질·성분

함수규산알루미늄($Al_2O_3 \cdot 2SiO_2 \cdot 2H_2O$, $Al_2O_3 \cdot 4SiO_2 \cdot H_2O$), $Al_2O_3 \cdot 2SiO_2 \cdot 4H_2O$ 등이 함유되어 있음.

3. 약리효능·효과

삽장지사(澁腸止瀉), 지혈(止血), 생기염창(生肌斂瘡), 구복(久服) : 보수(補髓), 익지(益智), 불기(不饑), 경신(輕身), 연년(延年) 효능이 있고, 구리(久痢), 난산(難産), 누하(漏下), 대하(帶下), 변혈(便血), 붕중(崩中), 소변불금(小便不禁), 소아감충(小兒疳蟲), 습창(濕瘡), 옹저(癰疽), 유정(遺精), 치(痔), 탈항(脫肛), 포의불하(胞衣不下)에 사용

4. 채집가공·활용

중국에서 주로 생산되며 가늘게 갈아서 사용하거나 식초를 넣고 반죽하여 길게 만든 다음 불에 구워서 사용한다.

395. 주사(朱砂)

학명 : *Cinnabaris*

이명 : 단사(丹砂), 적단(赤丹), 진사(辰砂), Cinnabaris

기원 : 황화물류에 속한 천연진사로 황화수은을 함유

1. 생물특성·분포

괴상의 집합체로 분말로 만들면 광택이 있고, 수은의 한 종류인 Mercuric sulfide와 유황 등을 함유하고 있다.

2. 주요물질·성분

유화수은(硫化水銀, HgS) 주성분이다.

3. 약리효능·효과

정신을 안정시키는 작용이 있는 약재이다. 주로 심장에 작용하여 가슴이 두근거리고 정신이 불안정한 증상에 좋고, 자주 놀라고 예민하여 잠이 오지 않는데, 정신이 혼란할 때 많이 사용하고, 입안이 헌데나 인후마비에도 사용한다.

4. 채집가공·활용

중국 귀주, 운남 지방이 주산지로 가루로 만들어 물 위에 뜨는 것만 따로 모아서 자석으로 철을 제거하고 사용한다.

396. 종유석(鍾乳石)

학명 : *Stalactite*

이명 : 허중(虛中), 공유(公乳), 류공유(留公乳), 하석(夏石), Stalactitum

기원 : 석회암의 용해되어 생성된 방해석이나 돌고드름

1. 생물특성·분포

크기는 발생한 연대에 따라서 일정하지 않으나 오래될 수록 큰 편이다. 색은 엷은 갈색을 이룬다.

2. 주요물질·성분

탄산수소칼슘[$Ca(HCO_3)_2$] .탄산수소칼슘[$Ca(HCO_3)_2$]로 굳은 광물이다.

3. 약리효능·효과

과로나 신체 허약으로 인한 기침, 발기부전, 유정, 허리나 관절에 마비감과 통증, 젖이 안 나오는데 사용한다.

4. 채집가공·활용

평안도와 강원도에서 주로 산출되며 깨끗이 세척하여 사용한다.

\- 이상 -